Physik und Technik der Härte und Weiche

Von

Dr. phil. Wilhelm Späth VDI
Beratender Physiker, Wuppertal-Barmen

Mit 214 Textabbildungen

Berlin
Verlag von Julius Springer
1940

Softcover reprint of the hardcover 1st edition 1940

ISBN-13: 978-3-642-98209-5 e-ISBN-13: 978-3-642-99020-5
DOI:10.1007/978-3-642-99020-5

Vorwort.

Der Begriff der Härte nimmt in Physik und Technik eine Sonderstellung ein. So sehr wir gezwungen sind, uns zur Kennzeichnung eines Werkstoffs des Begriffes der Härte zu bedienen, so stößt doch der Versuch, das hiermit Gemeinte theoretisch zu bestimmen und praktisch aufzuzeigen, auf unvermutete Schwierigkeiten. Auch heute gilt, was Martens schon im Jahre 1898 bemerkte:

„Zur Zeit gibt es in der Technik noch keine ausreichende und allgemein anerkannte Begriffsfestlegung für die Eigenschaften der Härte. Auch ich vermag sie nicht zu bieten und werde mich darauf beschränken, die verschiedenen Vorstellungen und darauf gegründeten Messungen kurz zu beschreiben."

Die Technik konnte sich durch diesen Mangel nicht aufhalten lassen. Sie schuf für ihren Gebrauch eine große Anzahl von Meßmethoden zur Bestimmung der Härte. Entsprechende Prüfgeräte sind in den letzten Jahren immer weiter entwickelt und vervollkommnet worden. Die Bedeutung dieser Messungen für die Praxis kommt in dem Ausspruch eines französischen Schriftstellers nach dem Weltkrieg: „Il est donc juste, d'attribuer au billage une certaine part de gloire militaire", besonders anschaulich zum Ausdruck.

Im Zeichen dieser Entwicklung nach der praktisch-technischen Seite entstand ein fast unübersehbar gewordenes Schrifttum. Eine völlig befriedigende Klärung wurde jedoch nicht erreicht. Vielmehr hat der Mangel an Grundeinsichten zu einer weiteren Aufsplitterung geführt. Es ist eine im Meßwesen einmalige Erscheinung, daß je nach der Wahl des Meßverfahrens ein und derselbe Meßwert in ganz verschiedenen Dimensionen angegeben wird, und daß je nach Wahl der besonderen Versuchsbedingungen beim gleichen Meßgerät die verschiedensten Werte sich ergeben.

Den dringendsten praktischen Bedürfnissen genügen freilich die heutigen Meßverfahren insofern, als die erhaltenen Meßwerte im allgemeinen in gleicher Richtung zu- und abnehmen. Auch die Abweichungen von einem als günstig befundenen Sollwert lassen sich hinreichend feststellen.

Doch bleiben mit der unbefriedigenden Einsicht in die Grundlagen nicht nur für theoretische Betrachtungen manche Fragen offen, gerade auch die Praxis leidet unter dem Fehlen einer umfassenden Gesamtschau. Insbesondere gelang es noch nicht, den Begriff der Härte aus seiner Sonderstellung zu lösen und ihn in einen einsehbaren Zusammenhang mit der übrigen Werkstoffprüfung zu bringen.

Dieses Buch will nicht die heute als gesichert angesehenen Kenntnisse über den Begriff der Härte darstellen, diese werden nur insoweit berührt, als sie als Ausgangspunkte für die anzustellenden Überlegungen nötig erscheinen. Es wird vielmehr der Versuch unternommen, unter Sprengung der heute geltenden Anschauungen zu neuen Einsichten in den Begriff der Härte zu gelangen. Insbesondere ist die grundsätzliche Frage zu stellen, ob der aus der sinnenhaften Anschauung gewonnene Begriff der Härte nicht den Weg zu einer endgültigen Klärung bis heute verlegt hat. Statt von der Härte auszugehen, die zunächst nur die rohe und gefühlsmäßige Kennzeichnung der Qualität eines Werkstoffes anzugeben vermag, scheint es vorteilhafter zu sein, von den schon durchdrungenen und meßbaren Zusammenhängen der Werkstofflehre ausgehend, einen Weg zum Begriff der Härte zu suchen. Darüber hinaus ist die Frage zu beantworten, ob der Begriff der Härte nicht besser durch einen Umkehrwert, also durch die „Weiche" ersetzt wird, oder zum mindesten diese Weiche als gleichberechtigt neben die Härte zu stellen ist. Bei allen diesen Überlegungen wird stets die Möglichkeit einer nutzbringenden Anwendung auf praktische Bedürfnisse ausschlaggebend sein.

Freilich hat hierbei eine Loslösung von manchen überkommenen und heute allgemein anerkannten Anschauungen zu erfolgen. Dies ist nicht immer leicht. Gerade solche Auffassungen, die weniger durch ihre innere Klarheit und Folgerichtigkeit zu überzeugen vermögen, als vielmehr durch langjährige Gewohnheit und liebgewordene Tradition zu einem unverwüstlichen Bestandteil des Schrifttums geworden sind, zeichnen sich erfahrungsgemäß durch besondere Lebensfähigkeit aus. Die Meinung, daß in bezug auf das Härteproblem heute nichts Entscheidendes für praktische Belange mehr gesagt werden kann, ist weit verbreitet, selbst bei Stellen mit besonderer Verantwortung gegenüber den technischen Aufgaben unserer Zeit. Auch die von Ludwik vorgeschlagene Kegeldruckprobe wurde seinerzeit schroff abgelehnt. Erst als sie aus dem Ausland, allerdings nunmehr unter einem anderen Namen zurückkehrte, fand sie die ihr gebührende Beachtung. Überhaupt spricht die Fülle von ausländischen Namen zur Bezeichnung verschiedener Härtewerte, Rockwell-, Vickers-, Herbert-, Brinell-Härte, in dieser Hinsicht eine eindringliche Sprache.

Den Büchereien des Deutschen Museums in München und des Vereins Deutscher Eisenhüttenleute in Düsseldorf danke ich herzlich für die erhaltene Unterstützung. Besonders aber danke ich dem Verlag für seine Einsatzbereitschaft!

Im Felde, Februar 1940.

W. Späth.

Inhaltsverzeichnis.

Erster Teil.

Einige Grundbegriffe.

Zweiter Teil.

Die gebräuchlichsten Härteprüfverfahren.

Dritter Teil.

Physik der Härte.

Vierter Teil.

Zusammenhang der verschiedenen Härtewerte.

Fünfter Teil.

Kalthärtung.

Sechster Teil.

Sonderprüfungen.

Siebenter Teil.

Härte und andere Werkstoffeigenschaften.

Achter Teil.

Die Härte im Rahmen der Werkstoffprüfung.

Schlußbetrachtung.

Erster Teil.

Einige Grundbegriffe.

Als der Mensch begann, Geräte und Waffen zu formen, entwickelten sich bald gewisse Regeln für die Auswahl der Werkstoffe und deren Behandlung. Die Beobachtung des Verhaltens dieser Geräte im täglichen Gebrauch ergab einen Erfahrungsschatz, der zu immer besserer Auswahl der Werkstoffe und zu geeigneteren Herstellungsverfahren führte. Auch für die moderne Technik ist diese Prüfung durch die Bewährung der Erzeugnisse unter den Bedingungen des praktischen Gebrauchs eine zwar kostspielige aber unbestechliche Richterin.

Die Beobachtungen und Erfahrungen bei der Verarbeitung fanden ihren Niederschlag in einer Fülle von Wortschöpfungen zur Beschreibung des Verhaltens der Werkstoffe. Beispiele hierfür sind Geschmeidigkeit, Zähigkeit, Sprödigkeit usw. Zu diesen Ausdrücken gehört auch die Werkstoffeigenschaft, mit der sich dieses Buch beschäftigt, die Härte.

Als nun allmählich eine Werkstoffprüfung im eigentlichen Sinne sich entwickelte, wurden diese Ausdrücke übernommen. Ihre Anschaulichkeit und auch ihre weite Verbreitung in der Umgangssprache ließen eine klare Kennzeichnung erhoffen. Es zeigte sich aber, daß gerade diese von der Erfahrung geprägten Wortbildungen meist einer genauen Begriffsbestimmung nur schwer zugänglich sind.

Eine exakte Wissenschaft kann sich jedoch nur auf Begriffe stützen, die durch die drei Grundgrößen Länge, Masse und Zeit ausdrückbar sind. An Stelle von vermeintlich anschaulichen, aber in ihrer Bedeutung nicht vollständig erfaßbaren Begriffen haben in der Werkstofflehre eindeutige Größen zu treten.

Ehe in die Besprechung der eigentlichen Härte eingetreten wird, müssen die zur Verwendung kommenden Grundbegriffe genau in ihrer Bedeutung abgesteckt werden. In diesem ersten Teil wird daher auf drei Begriffe näher eingegangen, die bei der Beschreibung der Erscheinungsformen der Härte eine große Rolle spielen werden. Es sind dies der Formänderungswiderstand, die Verfestigung und die Dämpfung.

Beim Studium des Schrifttums über die Härte, wie der Werkstofflehre überhaupt, fällt vor allen Dingen ein Begriff infolge der Häufigkeit seiner Anwendung auf. Es ist dies der Begriff des Formänderungswiderstandes. Dieser Begriff bedarf einer eingehenden Untersuchung, eine Reihe grundsätzlicher und für die Härte wichtiger Fragen werden hierdurch angeschnitten.

Ein weiterer wichtiger Begriff hängt eng mit diesem Formänderungswiderstand zusammen, die Verfestigung. Auch dieser Begriff bedarf einer näheren Untersuchung, da seine Bedeutung im heutigen Sprachgebrauch nicht eindeutig festgelegt ist.

Die dritte der hier zu erörternden Grundgrößen ist die innere Dämpfung der Werkstoffe. Diese Größe wird bei den anzustellenden Betrachtungen über die Härte eine wichtige Rolle spielen, so daß, um Wiederholungen zu vermeiden, eine Zusammenfassung der heute gesicherten Kenntnisse sich empfiehlt.

Eine gewisse Ausführlichkeit und Beharrlichkeit bei der Besprechung dieser drei Grundbegriffe kann nicht vermieden werden. Zu einer befriedigenden Behandlung der als Härte bezeichneten Werkstoffeigenschaft ist eine unmißverständliche und erschöpfende Auseinandersetzung über die Bedeutung der zur Verwendung kommenden Grundbegriffe unbedingt erforderlich.

I. Formänderungswiderstand.

1. Begriffsbestimmung.

Nach der heute allgemein anerkannten Begriffsbestimmung von Martens (*103*)[1]) versteht man in der Werkstoffkunde unter Härte den „Widerstand, den der Prüfkörper dem Eindringen eines anderen (härteren) entgegensetzt". Auch im englischen Schrifttum findet sich eine entsprechende Festlegung. Nach Osmond, Hadfield, Unwin und Turner wird die Härte als „resistance to indentation" aufgefaßt.

Der Begriff „Widerstand", der auch sonst in der Werkstofflehre eine große Rolle spielt, tritt uns demnach auch bei der Deutung der Härte eines Werkstoffs entgegen. Was nun unter „Widerstand" eigentlich zu verstehen ist, ist freilich nicht ohne weiteres erkennbar. Der Sprachgebrauch im Schrifttum weist einige Schwankungen auf, auch finden sich Wortbildungen wie „Formänderungswiderstand" oder „Verformungswiderstand", ohne daß damit anscheinend irgendwelche Unterschiede bezeichnet werden sollen. Es ist daher zunächst herauszustellen, was heute in der Werkstofflehre unter „Widerstand" verstanden wird, und was darunter in diesem Buch verstanden werden soll.

Martens versteht ganz allgemein unter „Widerstand" eines belasteten Werkstoffes die auf die Querschnittseinheit entfallende Kraftgröße, also die Spannung oder spezifische Belastung.

Nach Goerens-Mailänder (*194*) ist „Zweck der mechanischen Prüfverfahren hauptsächlich die Ermittlung des Formänderungswiderstandes und der Formänderungsfähigkeit der Werkstoffe bei mechanischer Beanspruchung. Die Formänderungs- und Trennungswiderstände bei statischen Versuchen werden gemessen durch die angewendete Belastung, die auf die Einheit der tragenden Fläche entfällt, dieser Quotient wird als Spannung (Normalspannung, Schubspannung, im Sonderfall Zug-Druckspannung usf., Härte) bezeichnet".

Infolge der unter einer äußeren Kraft entstehenden Verformung werden innere Gegenkräfte im Werkstoff geweckt, die im Gleichgewichtszu-

[1]) Die schräg gedruckten zwischen Klammern stehenden Zahlen beziehen sich auf das Literaturverzeichnis.

stand „Widerstand" gegen weitere Verformungen zu leisten vermögen. Der Widerstand des Körpers ist nach der heutigen Auffassung gleich der von außen aufgebrachten Kraft je Flächeneinheit, seine Richtung ist jedoch gerade entgegengesetzt zur äußeren Kraftrichtung. Beide Kräfte heben sich demnach im Gleichgewichtszustand gegenseitig auf, d. h. die durch die äußere Kraft erzwungene Verformung läßt im Innern des Körpers Gegenkräfte gleicher Größe, aber entgegengesetzter Richtung entstehen. Der Widerstand eines Werkstoffs wird daher als spezifische Flächenbeanspruchung heute in kg/cm² gemessen. Hierbei ist es gleichgültig, ob unter der äußeren Beanspruchung nur elastische oder auch bleibende Verformungen entstehen, denn die oben angeführten Begriffsbestimmungen lassen diese Frage offen. Tatsächlich kann man im Schrifttum Belastungs-Verformungs-Schaubilder finden, deren in kg/cm² eingeteilte Belastungsachse als Formänderungswiderstand, etwa gemäß Abb. 1 bezeichnet ist.

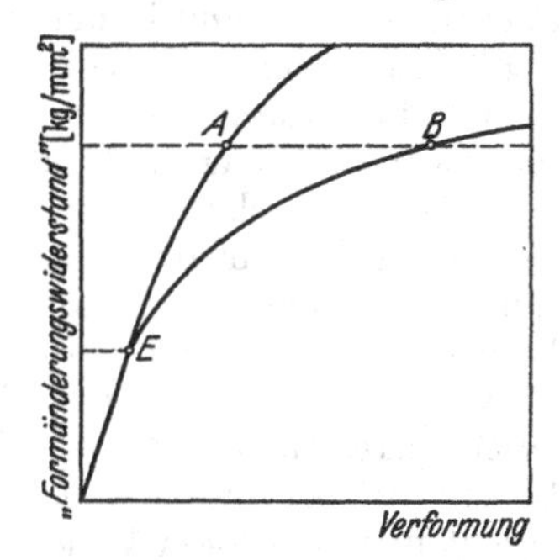

Abb. 1. Belastungs-Verformungs-Schaubild, schematisch.

Formänderungswiderstand und spezifische Flächenbelastung sind nach dieser Auffassung identisch. Die beiden in Abb. 1 eingezeichneten Belastungskurven besitzen demnach in den Punkten *A* und *B* gleichen Formänderungswiderstand, d. h. gleiche spezifische Beanspruchung.

Die Einführung des Begriffes „Formänderungswiderstand" wäre somit überflüssig, denn es ist nicht einzusehen, warum für die klare und einfache Bezeichnung der spezifischen Flächenbelastung nebenbei das unklare und sprachlich unschöne Wort „Formänderungswiderstand" benutzt werden soll.

Sieht man das Schrifttum näher durch, so werden allerdings einige bemerkenswerte Unterscheidungen gemacht. So steht bei Sachs-Fiek (*140*):

Eine durch den Zugversuch feststellbare Zahlenangabe kann ferner je nach den Eigenschaften des betreffenden Werkstoffes und der Versuchsdurchführung völlig andere Materialeigenschaften erfassen. Die beim Zugversuch beobachtete Höchstlast, die Zugfestigkeit, gibt z. B. bei Zerreißproben, die sich an einer Stelle besonders stark verjüngen (örtlich einschnüren), einen Anhalt für den Widerstand des Stoffes gegenüber der Verschiebung seiner Teilchen gegeneinander (Verformungswiderstand). Hingegen tritt bei Proben die nicht örtlich einschnüren, mit Erreichung der Höchstlast auch der Bruch ein. Die Zerreißfestigkeit mißt daher bei solchen Stoffen den Widerstand seiner Teilchen gegenüber Trennung (Trennungswiderstand). Verformungswiderstand und Trennungswiderstand sind aber, wie ihre gänzlich verschiedenartige Abhängigkeit von den Versuchsbedingungen beweist, als Materialeigenschaften streng auseinander zu halten.

Demnach wäre unter Verformungswiderstand die Zugfestigkeit, und zwar für den speziellen Fall eines einschnürenden Stabes zu verstehen. Schnürt der Stab nicht ein, und fällt damit die Last nach Überschreitung des Höchstwertes — auf den heute üblichen Prüfmaschinen — nicht ab, so besitzt nach dieser Auffassung der Werkstoff keinen Verformungswiderstand, sondern einen Trennwiderstand.

Doch gebrauchen auch Sachs-Fiek (*140*) den Begriff Verformungswiderstand ganz allgemein in der Bedeutung von Spannung. So ist auf S. 17 ihres erwähnten Buches zu lesen:

Im weiteren Verlauf des Verformungsvorganges ändert sich der Verformungswiderstand des Stoffes, der immer gleich der von ihm getragenen Spannung ist, mit zunehmender Verformung und zwar wächst er bei allen Metallen ständig an.

Es tritt uns also auch hier der Verformungswiderstand bzw. Formänderungswiderstand in der ganz allgemeinen Bedeutung als Spannung je Flächeneinheit entgegen.

Aus diesen angeführten Stellen, die sich beliebig vermehren lassen, folgt ganz eindeutig, daß unter Widerstand heute in der Werkstofflehre die „Widerstandskraft“ verstanden wird, die der verformte Körper gegen die äußere Einwirkung entwickelt. Je höher diese Widerstandskraft, d. h. die aufgebrachte Spannung ist, desto größer ist nach der heutigen Auffassung der Formänderungswiderstand.

Nicht nur in der Werkstofflehre, sondern in der Technik überhaupt spricht man sehr häufig von Widerstand im Sinne der Widerstandskraft, die ein Körper irgendeiner äußeren Beeinflussung entgegensetzt. So spricht man von dem Widerstand einer Rohrleitung gegen den Durchfluß von Flüssigkeit oder Gasen, und versteht darunter die Widerstandskraft, die zur Aufrechterhaltung einer bestimmten Durchflußgeschwindigkeit überwunden werden muß.

Zur ausreichenden Kennzeichnung der Leitung muß für jede Durchflußgeschwindigkeit die zugehörige Spannung, also die Widerstandskraft angegeben werden, so daß die Widerstandskraft als Funktion der Durchflußgeschwindigkeit vorliegt. Setzt man jedoch die Widerstandskraft ins Verhältnis zu der Durchflußgeschwindigkeit, so erhält man in diesem Quotienten, dem „Widerstandsbeiwert“, oder kurz „Widerstand“, eine umfassende und wichtige Kennzahl. Ist insbesondere dieser Widerstand in gewissen Grenzen von den Versuchsbedingungen unabhängig, so genügt zur Kennzeichnung der Eigenschaften der Leitung eine einzige Zahl.

In anderen Fällen ist die Unterscheidung zwischen Widerstandsbeiwert und Widerstandskraft auch in der Technik schärfer durchgeführt. So wird bei Reibungsvorgängen zwischen der Reibungszahl oder dem Reibungsbeiwert und der eigentlichen Reibungskraft unterschieden.

In der Physik wird von den Vorteilen des Widerstandsbeiwertes weitgehend Gebrauch gemacht. Besonders die Elektrizitätslehre bietet ein Beispiel, das vorteilhaft zum Vergleich mit Vorgängen in belasteten Werkstoffen herangezogen werden kann. So spricht man vom Widerstand eines elektrischen Leiters schlechtweg, und versteht darunter das Verhältnis der angelegten Spannung zu der hierdurch in dem Leiter erzeugten Stromstärke. Durch die Angabe dieses Widerstandes ist die besondere Eigenschaft des Leiters, unabhängig von den jeweiligen Versuchsbedingungen, ausreichend gekennzeichnet. Es kann nun sofort für jede beliebige, innerhalb bestimmter Grenzen bleibende Spannung die zugehörige Stromstärke errechnet werden. Man wird aber nicht sagen: „Der Widerstand einer Leitung beträgt soundsoviel Volt", weil zufällig gerade eine solche Spannung aufgebracht ist. Genau so wenig läßt sich im Grunde genommen sagen: „Der Widerstand eines Körpers gegen Verformung beträgt soundsoviel kg/mm^2", weil zufällig eine solche Spannung vorhanden ist.

Schon gefühlsmäßig wird jedermann die steilere Kurve in Abb. 1 einem Werkstoff mit größerem „Widerstand" zuschreiben, trotzdem der „Formänderungswiderstand" in seiner heutigen Bedeutung etwa in den beiden Punkten A und B gleich groß ist. Der Begriff „Widerstand" enthält im physikalischen Sinn ganz allgemein die Inbezugsetzung einer erregenden Ursache zu der von dieser Ursache erzeugten Wirkung. Auf diese Weise gelangt man zu einer wichtigen Kennzahl für den „mechanischen Widerstand" eines Körpers, den dieser einer äußeren Kraft entgegensetzt. Dieser Widerstand eines Körpers ist sinngemäß durch den Quotienten aus Spannung je Flächeneinheit und erzeugter Verformung gegeben. Er ist demnach um so größer, je kleiner die erzeugte Wirkung unter einer bestimmten Ursache ist, und je größer die Ursache sein muß, um eine bestimmte Wirkung, insbesondere die Wirkung von der Größe 1 zu erzielen. Diese Unterscheidung zwischen Widerstandskraft und Widerstand, bzw. Widerstandsbeiwert, wird auch in der Werkstofflehre zur Klärung mancher Fragen beitragen.

2. Widerstand und Beanspruchung.

Trotzdem der Ausdruck „Formänderungswiderstand" gemäß der heutigen Begriffsbestimmung ganz allgemein die spezifische Flächenbelastung eines Werkstoffs darstellt, gleichgültig ob der Werkstoff nur rein elastisch, oder aber bis ins bildsame Gebiet hinein verformt ist, wird andererseits mit Vorliebe dann von dem „Widerstand" eines Stoffes gesprochen, wenn bleibende Verformungen merklicher Größe auftreten. Die Zwischenfrage liegt nun sehr nahe, wie groß der Formänderungswiderstand eines Werkstoffes ist, der nicht bis zu bleibenden Verformungen, sondern nur elastisch beansprucht wird.

Für den „Formänderungswiderstand" eines nur elastisch beanspruchten Körpers, in der heute üblichen Weise gemessen als spezifische Beanspruchung, ergeben sich offensichtlich niedrigere Werte als im bildsamen Bereich. So ist die Spannung z. B. an der E-Grenze, Punkt E in Abb. 1, wesentlich kleiner als für die beiden im bildsamen Bereich liegenden Punkte A und B.

Wird die aufgebrachte Spannung noch kleiner gewählt, so wird nach der heutigen Auffassung der „Formänderungswiderstand" entsprechend kleiner, ja dieser „Formänderungswiderstand" wird sogar zu Null, wenn schließlich die aufgebrachte Spannung Null wird.

Nach der heutigen Auffassung ist demnach der „Formänderungswiderstand" im bildsamen Bereich auf jeden Fall größer als im elastischen. Folgerichtig glaubt man heute durchweg, daß der Stoff nach dem Auftreten von bleibenden Verformungen gegen eine weitere Vergrößerung dieser bleibenden Verformungen fester und widerstandsfähiger wird. Es wird geradezu von einer „Verfestigung" des Werkstoffes im bildsamen Bereich gesprochen. Diese Verfestigung spielt bekanntlich im Schrifttum der Werkstofflehre eine große Rolle, sie wird uns noch häufig beschäftigen.

Ein nur elastisch beanspruchter Körper muß selbstverständlich einer äußeren Belastung ebenfalls einen Widerstand entgegensetzen, was ja schon in der Begriffsbestimmung des festen Körpers begründet ist. Wenn nun ein fester Körper einen beträchtlichen Widerstand unter hohen Beanspruchungen entwickelt, diesen Widerstand aber mit einer gewaltsamen, bleibenden Formänderung bezahlen muß, so setzt er elastischen, also wesentlich geringeren Beanspruchungen erst recht einen Widerstand entgegen, denn er hält diese Beanspruchungen ohne eigene Schädigung und ohne erkennbare Veränderung nach Aufhören des Zwanges aus.

Mit dieser Auffassung lassen sich Schlußfolgerungen vertreten, die den heutigen Anschauungen gerade entgegengesetzt sind. Ein Werkstoff ist danach gegenüber kleineren Belastungen „widerstandsfähiger", da er diese Belastungen ohne Schädigung ertragen kann. Wächst nun die Belastung an, so nimmt der Widerstand nicht etwa zu, sondern im Gegenteil ab, weil eben außer der elastischen Verformung zusätzlich eine bleibende Verformung, und damit eine dauernde Schädigung aufgetreten ist. Wenn also ein Werkstoff in einem Zug bis zum Bruch belastet wird, so „verfestigt" sich derselbe keineswegs beim Auftreten plastischer Verformungen, im Gegenteil, er „entfestigt" sich.

Ganz allgemein läßt sich feststellen, daß in der Natur die Wirkung unter einer anwachsenden Ursache irgendwelcher Art zunächst langsam zunimmt, daß aber nach Überschreiten einer kritischen Größe der Ursache, die Widerstandsfähigkeit nachläßt, also ein beschleunigtes Anwachsen der Wirkung auftritt, bis schließlich eine Zerstörung des Körpers erfolgt.

Das Verhältnis von Ursache zu Wirkung, d. h. der jeweilige Widerstandsbeiwert nimmt demnach mit wachsender Ursache ab, weil die Wirkung schneller zunimmt. Der Körper ist entschieden weniger widerstandsfähig geworden.

Die Frage nach dem Widerstand eines nur elastisch beanspruchten Körpers rührt demnach an grundsätzliche Fragen der Begriffsbestimmung der Härte. Trotzdem läßt die eingangs erwähnte Begriffsbestimmung der Härte diese Frage unbeantwortet. Es wird ganz allgemein von Widerstand gesprochen gegen das Eindringen eines anderen, härteren Körpers.

Wird nun dieser Widerstand in der heute üblichen Weise als Beanspruchung gemessen, so ist offensichtlich der Widerstand im elastischen Bereich kleiner als im plastischen. Dies steht aber in Widerspruch zu der oben erwähnten physikalischen Grundbeobachtung. Zudem bietet sich im elastischen Bereich kein ausgezeichneter Punkt an, dessen Formänderungswiderstand maßgeblich sein soll.

Bekanntlich ist von Hertz als Härte diejenige Beanspruchung bezeichnet worden, die im Grunde eines Kugeleindrucks beim Überschreiten der E-Grenze vorhanden ist. Obgleich eine eingehendere Besprechung dieser Härtebestimmung erst später folgen wird (S. *210*), sei diese Einschaltung zur Klärung der grundsätzlichen Begriffe hier gestattet.

Die Technik sieht in dieser „physikalischen" Begriffsbestimmung keine Ermittlung eines „Widerstandes", weil das Merkmal des bleibenden Eindrucks fehlt. So liest man im technischen Schrifttum etwa folgende Unterscheidung zwischen der Härtebestimmung nach Hertz und dem technischen Härtebegriff:

„Der Physiker versteht unter Härte eine Beanspruchung, welche eben noch keine bleibende Formänderung hervorbringt, während die technische Härte, in Übereinstimmung mit dem Sprachgebrauch, den Widerstand bezeichnet, den ein Werkstoff dem Eindringen eines anderen Körpers, d. h. der Erzeugung deutlicher, bleibender Formänderungen entgegensetzt."

Hier ist also ganz klar ausgesprochen, daß nur einem bleibend verformten Stoff ein „Formänderungswiderstand" zugeschrieben wird, daß insbesondere die „technische Härte" einen „Widerstand" gegen die Erzeugung deutlicher, bleibender Formänderungen angibt. Die „physikalische Härte" dagegen stellt nach dieser Anschauung keinen „Widerstand" dar, sie ist lediglich durch eine „kritische Beanspruchung" bestimmt, welche eben noch keine bleibende Formänderung hervorbringt.

Durch diese Unterscheidung zwischen der technischen Härte als „Widerstand" und der physikalischen Härte als „Beanspruchung" entsteht aber eine neue Schwierigkeit. Durch Auswertung des Schrifttums wurde nachgewiesen, daß gerade die Technik heute allgemein unter Widerstand, eine Widerstandskraft, gemessen in kg/cm², also eine Beanspruchung versteht. Nun macht aber obige Begriffsbestimmung einen grundsätzlichen Unterschied zwischen „Beanspruchung bei elastischem Verhalten" und „Widerstand bei plastischem Verhalten", obgleich die Technik diesen Widerstand im plastischen Bereich ebenfalls als Beanspruchung in kg/cm² mißt. Also gibt die technische Härte genau so gut wie die sogenannte physikalische Härte eine Beanspruchung an, oder umgekehrt auch die physikalische Härte mißt einen Widerstand im technischen Sinn.

Dieser Versuch zur Klärung der eingangs gestellten Frage nach dem „Widerstand" eines rein elastisch beanspruchten Körpers aus dem Schrifttum zeigt, wie schwankend der Sprachgebrauch in der Werkstofflehre heute noch ist. Diese Schwierigkeiten werden beseitigt, wenn man sich der oben dargelegten Bedeutung eines „Widerstandes" erinnert.

3. Elastizitätsmodul.

Der Formänderungswiderstand eines festen Körpers im elastischen Verformungsbereich kann sinngemäß nur durch das Verhältnis der aufgebrachten Belastung P zu der hierdurch erzeugten elastischen Verformung λ eindeutig und hinreichend erfaßt werden, also durch das Verhältnis

$$c = \frac{P}{\lambda}\left[\frac{\text{kg}}{\text{cm}}\right]. \tag{1}$$

Dieser Ausdruck stellt die Federkonstante des betreffenden Körpers in seiner jeweilig vorliegenden Form dar.

Meist wird sich die aufgebrachte Gesamtkraft P einem wirksamen Querschnitt f zuordnen lassen, so daß die spezifische Flächenbelastung gemäß

$$\sigma = \frac{P}{f} \tag{2}$$

berechenbar ist. Damit ergibt sich die auf die Flächeneinheit bezogene Federkonstante zu

$$c_1 = \frac{P}{f\lambda}\left[\frac{\text{kg}}{\text{cm}^3}\right]. \tag{3}$$

Die Dimension dieses Ausdrucks ist kg/cm³, worauf hier besonders hingewiesen sei.

Wenn außerdem die unter der Beanspruchung auftretende Gesamtverformung auf eine festgelegte Meßlänge bezogen werden kann, so läßt sich die relative Verformung anschreiben als

$$\varepsilon = \frac{\lambda}{l}, \tag{4}$$

worin l diese Meßlänge darstellt. Damit erhält man für die Federkonstante des Einheitskörpers aus dem betreffenden Werkstoff

$$c_2 = \frac{\sigma}{\varepsilon} = E\left[\frac{\text{kg}}{\text{cm}^3}\right], \tag{5}$$

also den Elastizitätsmodul.

Die Dimension des E-Moduls wird meist in kg/cm² angegeben. Danach hätte also der E-Modul die Dimension einer auf die Flächeneinheit bezogenen Kraft, d. h. einer Spannung. Dies rührt daher, daß die im Zähler stehende spezifische Beanspruchung auf die verhältnismäßige Verformung, also auf eine reine Zahl bezogen wird. Streng genommen ist jedoch diese Spannung nicht auf eine Verhältniszahl, sondern auf die Längenänderung des Einheitskörpers, demnach auf eine Länge zu beziehen, so daß die Dimension des E-Moduls eigentlich besser als kg/cm³ angegeben würde, wodurch eine Unterscheidung von der Spannung erleichtert wird.

Wenn man heute den E-Modul von Stahl zu 20000 kg/mm² angibt, so ist dabei die stillschweigende Voraussetzung gemacht, daß diese Zahl nur für den Fall gilt, daß der Einheitskörper um die Länge 1 verlängert wird.

In diesem Fall müßte also die aufgebrachte Spannung 20000 kg/mm² betragen, um die Längung 1 zu erzielen, vorausgesetzt, daß der Werkstoff sich bis zu dieser Beanspruchung rein elastisch verhalten würde. Trotzdem die heute übliche Dimension des E-Moduls mit derjenigen einer Spannung übereinstimmt, stellt der E-Modul keine Spannung, sondern das Verhältnis einer Spannung zur erzeugten elastischen Verformung, die im besonderen zu 1 gewählt werden kann, dar. Durch die Bezeichnung dieses Verhältnisses als Modul, und nicht als Spannung, wird angedeutet, daß es sich um einen Widerstandsbeiwert und nicht etwa um eine Widerstandskraft handelt.

Durch Angabe des Moduls, oder mit anderen Worten der Steigung des Verformungs-Belastungs-Schaubildes wird innerhalb des elastischen Bereichs der Gesamtverlauf gekennzeichnet. Aus dem E-Modul lassen sich für beliebige Belastungszustände sofort die entsprechenden elastischen Verformungen angeben.

Durch die Wahl des Wertes 1 für die spezifische Längung im Nenner ergeben sich sehr hohe und unbequeme Zahlen. Auch kann eingewendet werden, daß praktisch kein Werkstoff eine solche Längung um die ursprüngliche Länge ohne grundlegende Änderungen, insbesondere des Moduls selbst zuläßt.

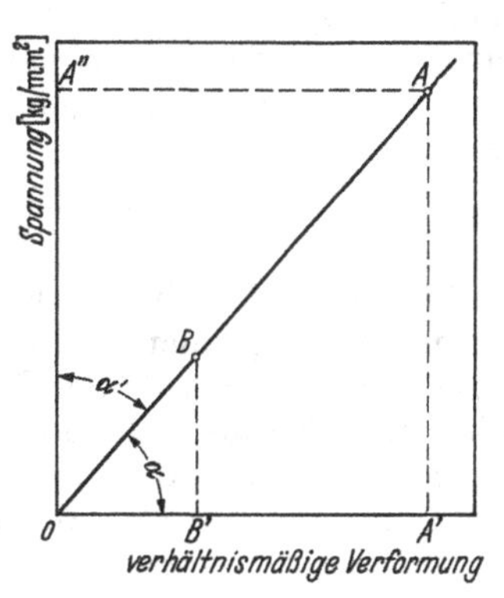

Abb. 2. Ermittlung des E-Moduls (tgα) und der elastischen Dehnungszahl (tgα')

Es steht aber nichts im Wege, die spezifische Belastung für jede andere Verformung anzugeben. So kann durch Übereinkunft festgelegt werden, daß die den E-Modul kennzeichnende, spezifische Belastung für eine beliebige, andere Verformung bestimmt wird. Man kann z. B. diejenige spezifische Belastung angeben, bei der die relative Verformung nur den Wert 1/1000 annimmt. Dann sinken die Werte für diese „abgekürzte" Bezeichnung des E-Moduls auf 1/1000 ihres wirklichen Wertes. Die E-Moduln für Stahl und Aluminium lassen sich in ihrem gegenseitigen Verhältnis also durch 20 bzw. 6,3 kg/mm² kennzeichnen, da zur Erzeugung dieser wesentlich kleineren Verformung eine entsprechend kleinere, spezifische Belastung nötig wird.

Eine solche Begriffsbestimmung ist ohne weiteres zulässig, sie hätte sogar gerade in der praktischen Werkstoffprüfung den Vorteil, daß die Werte für Belastung und Verformung in einer technisch bedeutsamen Größenordnung liegen, und auch mit den statischen Festigkeitswerten vergleichbar wären. Allerdings besteht die Gefahr, daß diese Werte mit anderen Festigkeitszahlen, etwa mit der E-Grenze verwechselt werden.

Wenn man gemäß Abb. 2 die Spannung in Abhängigkeit von der verhältnismäßigen Verformung aufträgt, so erhält man für den elastischen Bereich eine gerade Linie, etwa OA. Der elastische Widerstand im Punkt A ist anzusetzen als Verhältnis von AA' zu OA'. Durch dieses Verhältnis ist demnach die Steigung der Geraden OA, also tg α gegeben. Ist die verhältnismäßige Verformung $OA' = 1$, so wird diese Steigung unmittelbar durch die Spannung AA' gegeben, und diese Spannung für die verhältnismäßige Verformung 1 gibt den E-Modul an. Wie aus Abb. 2 ersichtlich, kann man aber auch für jeden anderen Punkt, etwa für Punkt B ein entsprechendes Verhältnis BB'/OB' bilden, wodurch ebenfalls die Steigung der Geraden erhalten wird. Wenn daher lediglich die Spannung BB' bei Erreichen einer bestimmten verhältnismäßigen Verformung, die wesentlich kleiner als 1 ist, angegeben wird, so gibt diese Spannung ein Vergleichsmaß an. Zur Kennzeichnung des Steigungswinkels α muß aber stets das Verhältnis von Spannung zu verhältnismäßiger Verformung gebildet werden.

Bei der Kennzeichnung des elastischen Verhaltens durch die Spannung BB' muß stets bemerkt werden, daß sie sich nicht auf die Verformung 1, sondern auf einen anderen Wert, also z. B. 1/1000 bezieht. Die sich ergebenden Zahlen stehen in gleichem Verhältnis zueinander, wie die auf die Längeneinheit bezogenen E-Moduln, den eigentlichen Formänderungswiderstand geben sie aber nicht an, dieser wird grundsätzlich nur durch die Bildung des Verhältnisses der angegebenen Spannung zu der von ihr erzeugten elastischen Verformung erhalten. Der elastische Formänderungswiderstand für Stahl und Aluminium ergibt sich also zu:

$$E_{Stahl} = 20/0.001 \quad = 20000 \text{ kg/mm}^2$$
$$E_{Alum} = 6.3/0.001 = 6300 \text{ kg/mm}^2 .$$

Durch die Angabe des Elastizitätsmoduls kann, ähnlich wie bei der Kennzeichnung einer elektrischen Leitung durch den Widerstand, zu jeder innerhalb bestimmter Grenzen bleibenden Spannung die zugehörige Wirkung, also die Stromstärke bzw. die elastische Formänderung berechnet werden. Auf dieser einfachen Beziehung beruht letzten Endes die Lehre von den elastischen Verformungen der technischen Gebilde.

4. Plastizitätsmodul.

In Abb. 3 ist wiederum durch die Gerade OA das Schaubild eines sich nur elastisch verformenden Werkstoffes gegeben. Es werde nun angenommen, daß mit wachsender Spannung gleichzeitig eine linear anwachsende, bleibende Verformung zusätzlich auftritt, so daß sich als endgültiges Schaubild die Gerade OB ergibt. Die Gerade OC stellt die für sich herausgezeichneten, bleibenden Verformungen in Abhängigkeit von der Spannung dar.

Genau, wie für den bisher betrachteten Fall des rein elastischen Verhaltens ist die Frage zu stellen, wie groß der „plastische Verformungswiderstand" des Werkstoffs ist. Auf Grund der bisherigen Ausführungen ist diese Frage an dem idealisierten Beispiel der Abb. 3 sehr einfach zu beantworten. Man bildet zu diesem Zweck das Verhältnis der jeweiligen Spannung zu der von dieser Spannung erzeugten bildsamen Verformung. Wenn bei Erreichen der Spannung CD die zugehörige bleibende Verformung OD beträgt, so ist der plastische Widerstand durch das Verhältnis

$$\frac{CD}{OD} = \operatorname{tg} \beta$$

gegeben. Durch dieses Verhältnis wird die Steigung der Geraden OC erhalten, sie ist für alle Punkte der Geraden OC gleich groß.

Der Nenner dieses Verhältnisses läßt sich nun genau wie bei der Begriffsbestimmung des E-Moduls zu 1 wählen. Man erhält dann im

Zähler diejenige Belastung, die zur Erzeugung einer bleibenden Verformung des Prüfstückes um seine eigene anfängliche Länge nötig wäre, wenn das Verhältnis von Spannung zu bleibender Verformung, also die Steigung der Geraden OC stets erhalten bliebe.

Dieses Verhältnis, bzw. die zur Erzielung der bleibenden Verformung von 1 nötige Spannung, sei entsprechend als „Plastizitätsmodul" eingeführt. Gemäß der abgekürzten Bezeichnung des Elastizitätsmoduls als E-Modul sei dieser Wert abgekürzt P-Modul genannt.

Zur Bestimmung des Winkels β ist es nicht nötig und praktisch unmöglich, den Nenner, also die bleibende Verformung zu 1 anzunehmen. Man kann jedoch jede beliebige bleibende Verformung, bezogen auf die Anfangslänge festlegen, und die zur Erzeugung dieser bleibenden Verformung nötige Belastung bestimmen. Man kann sich z. B. auf eine bleibende Verformung von 1/1000 der Anfangslänge beziehen, und die zur Erzeugung dieser zusätzlichen bleibenden Verformung nötige Belastung ermitteln. Ist die Beanspruchung bei Erreichung dieses Wertes der bleibenden Verformung etwa 50 kg, so ergibt sich hieraus ein P-Modul von

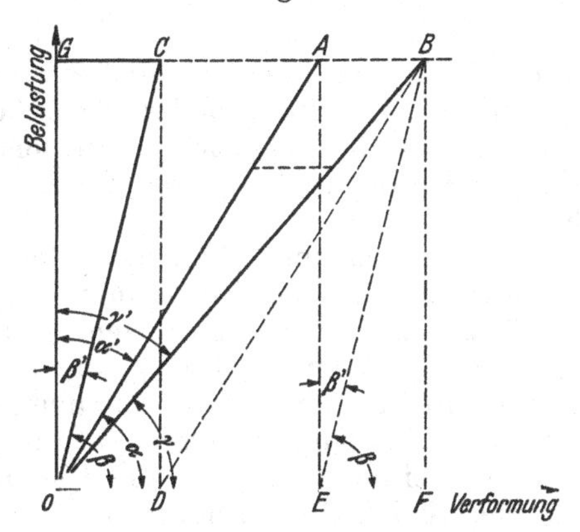

Abb. 3. Elastische und plastische Verformung. $\mathrm{tg}\,\alpha = E$-Modul, $\mathrm{tg}\,\beta = P$-Modul, $\mathrm{tg}\,\gamma =$ Gesamtmodul, $\mathrm{tg}\,\alpha' =$ elastische, $\mathrm{tg}\,\beta' =$ plastische, $\mathrm{tg}\,\gamma' =$ gesamte Dehnungszahl.

$$50/0.001 = 50000\,\mathrm{kg/mm^2}.$$

Dies bedeutet also, daß eine Beanspruchung von 50000 kg/mm² aufgebracht werden muß, um den Probestab bleibend um seine Anfangslänge zu verformen, vorausgesetzt, daß das Verhältnis von Belastung zu bleibender Verformung stets das gleiche bleibt, der Winkel β sich also nicht ändert.

Der Einfachheit halber kann aber an Stelle des Wertes 50000 kg/mm² auch der Wert 50 kg/mm² angegeben werden. Man muß sich aber bewußt bleiben, daß die an sich nötige Bezugnahme auf die bildsame Längung 1 durch einen anderen Wert ersetzt wurde, im obigen Fall also durch die verhältnismäßige, bleibende Verformung von 0,1% der Prüflänge.

5. Gesamtmodul.

Der Werkstoff, dessen idealisiertes Belastungsschaubild in Abb. 3 durch die Gerade OB dargestellt ist, besitzt also einen elastischen und einen plastischen Modul oder Formänderungswiderstand. Der elastische Modul ist durch $\mathrm{tg}\,\alpha$, der plastische Modul dagegen durch $\mathrm{tg}\,\beta$ gegeben. Da angenommen wurde, daß sowohl die elastischen, als auch die plastischen Verformungen mit wachsender Belastung linear zunehmen, gelten diese beiden Werte für den ganzen betrachteten Belastungs- bzw. Verformungsbereich.

Es erhebt sich nun die Frage, wie groß der Gesamtwiderstand, bzw. der Gesamtmodul ist. Aus Abb. 3 folgt, daß der Gesamtmodul sinngemäß als Verhältnis von Beanspruchung zu Gesamtverformung durch:

$$\operatorname{tg}\gamma = \frac{BF}{OF}$$

gegeben ist. Setzt man hierin die elastische Verformung $OE = e$ und die plastische Verformung $EF = OD = p$, so erhält man

$$\operatorname{tg}\gamma = \frac{P}{e + p}$$

worin P die Belastung bedeutet.

Durch das Hinzutreten des plastischen zum elastischen Modul, wird der Gesamtmodul nicht etwa größer, sondern im Gegenteil kleiner. Eine einfache Zusammenzählung der beiden Einzelwerte ist keineswegs statthaft.

Schon in dem unter (*163*) genannten Buch des Verfassers wurde ausgeführt, daß die Verhältnisse in einem Werkstoff mit elastischer und plastischer Verformung am besten verglichen werden können mit einer elektrischen Stromverzweigung, die in Parallelschaltung zwei Widerstände enthält. Durch diese Anordnung kann z. B. der Einfluß der Belastungsgeschwindigkeit sehr einfach nachgeahmt werden.

Auch bei der Ermittlung des Gesamtmoduls kann dieser Vergleich mit elektrischen Verhältnissen mit Vorteil herangezogen werden. Bei einer elektrischen Stromverzweigung nach Abb. 4b mit den beiden Einzelwiderständen w_1 und w_2 muß der Ausdruck:

$$\frac{w_1 w_2}{w_1 + w_2} \tag{6}$$

gebildet werden, um den Gesamtwiderstand zu erhalten. Da die beiden Einzelwiderstände im mechanischen Fall durch die Ausdrücke P/e bzw. P/p gegeben sind, errechnet sich somit der Gesamtwiderstand zu:

$$\frac{P/e \cdot P/p}{P/e + P/p} = \frac{P}{e + p}. \tag{7}$$

Dieser Ausdruck stimmt mit dem oben aus Abb. 3 unmittelbar abgeleiteten überein.

Die bisher in der Werkstofflehre übliche Anschauung läßt sich am besten durch die Hintereinanderschaltung zweier Widerstände nach Abb. 4a veranschaulichen. In diesem Fall muß durch das Hinzutreten des zweiten Widerstandes die Spannung erhöht werden, um die gleiche Stromstärke zu erzeugen, man glaubt daher, daß sich der „Formänderungswiderstand" im plastischen Bereich erhöht. Diese Anschauung führt jedoch zu sinnwidrigen Schlußfolgerungen.

Wenn in einem Werkstoff außer dem elastischen Widerstand noch ein plastischer auftritt, so ist dieser plastische Widerstand „neben" den elastischen Widerstand, also in Nebeneinanderschaltung oder Parallelschaltung zu denken. Denn außer der elastischen Verformung „fließt" beim Auftreten des plastischen Widerstandes unter der gleichen angelegten Spannung noch eine zusätzliche, plastische Verformung.

Der Formänderungswiderstand eines elastisch verformten Körpers wird demnach infolge Auftretens einer zusätzlichen, bleibenden Verformung bei gesteigerter Belastung nicht etwa größer, sondern im Gegenteil kleiner. Durch die zusätzliche, bleibende Verformung steigt die Gesamtverformung schneller an, die Folge hiervon ist, daß die Steigung des Schaubildes, also das Verhältnis von Belastung zu Gesamtverformung kleiner wird. Offensichtlich nimmt der Winkel γ gegenüber dem für elastisches Verhalten geltenden Winkel α ab.

Der plastische Widerstand eines rein elastisch beanspruchten Körpers ist demnach unendlich groß, in diesem unendlich großen, zum elastischen Widerstand parallel geschaltet zu denkenden Widerstand kann keine plastische Verformung „fließen". Trotzdem ist in diesem Fall der Gesamtwiderstand nicht unendlich groß, sondern durch den allein maßgeblichen elastischen Modul gegeben.

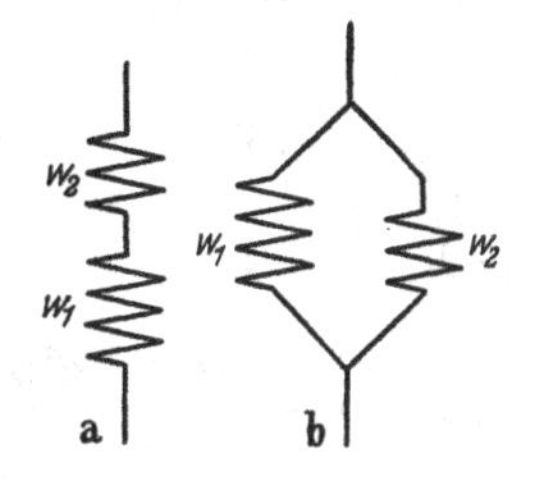

Abb. 4. Zwei elektrische Widerstände, in Hintereinanderschaltung (a) und in Nebeneinanderschaltung (b).

Sobald jedoch der plastische Widerstand einen endlichen Wert annimmt, beginnt eine zusätzliche plastische Dehnung sich auszubilden. Die Gesamtwirkung unter der angelegten Spannung wird größer und damit wird der Gesamtwiderstand offensichtlich kleiner. Wenn also bei einem Belastungsversuch die Beanspruchung bis ins plastische Gebiet gesteigert wird, so wird entgegen der heute allgemein verbreiteten Auffassung, trotz weiter steigender Widerstandskraft der Formänderungswiderstand nicht größer, sondern kleiner.

6. Auswertung eines Belastungs-Verformungs-Schaubildes.

In der schematischen Darstellung der Abb. 3 wurde zur Klarstellung der Bildung des Gesamtmoduls aus dem E- und P-Modul angenommen, daß die bleibende Verformung sich gleichmäßig mit wachsender Spannung ausbilde. Zur Kennzeichnung der verschiedenen Moduln, d. h. zur Angabe der Steigung der verschiedenen Verformungsanteile, genügt dann eine einzige Zahl im ganzen Verformungsbereich.

Bei praktischen Belastungsversuchen sind jedoch die Verhältnisse verwickelter. Im allgemeinen läßt sich bei sehr geringen Spannungen ein lineares Anwachsen der elastischen Verformung mit der Belastung annehmen. Bald jedoch treten in steigendem Maße Fließerscheinungen auf, die nicht mehr verhältnisgleich mit der Spannung anwachsen.

In Abb. 5a ist eine solche Belastungskurve schematisch gezeichnet. Die Spannung steigt zunächst linear mit der Verformung an. Nach Überschreiten des Punktes E treten zunächst kleine, bleibende Verformungen auf, die mit weiter gesteigerter Spannung immer mehr anwachsen. Die Aufgabe besteht nun darin, den entsprechenden Verlauf des Formänderungswiderstandes zu ermitteln.

Der E-Modul ist durch tg α gegeben und dieser Wert ist bis zur E-Grenze für den Widerstand des Werkstoffes allein maßgebend. Der Verlauf des Widerstandes innerhalb des elastischen Bereiches ist daher gemäß Abb. 5b durch eine waagerechte Gerade im Abstand von tg α bestimmt. Würde sich der Werkstoff auch über den Punkt E hinaus elastisch verhalten, so würde der Widerstand entsprechend durch die in Abb. 5b über E hinaus verlängerte, gestrichelt gezeichnete Parallele gegeben sein.

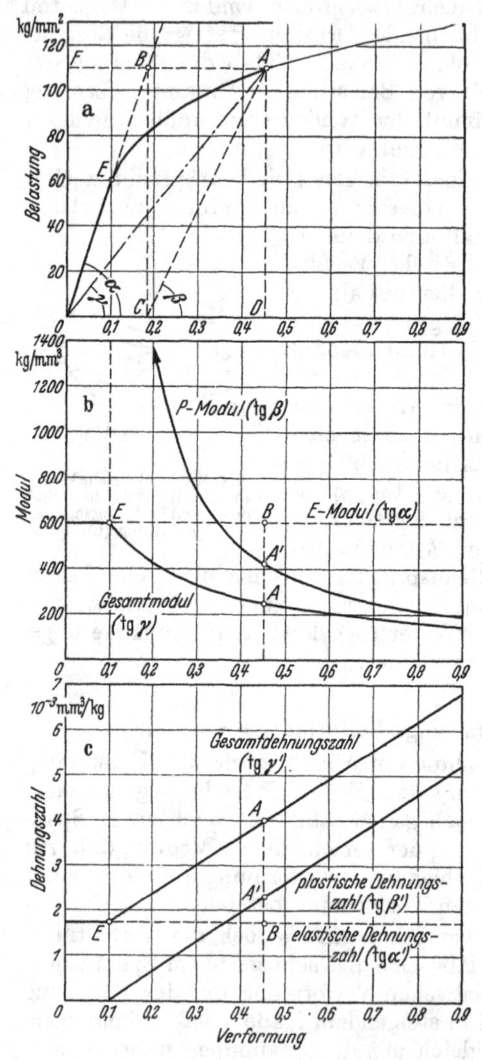

Abb. 5. Auswertung eines Belastungs-Verformungs-Schaubildes (a) nach dem Modul (b) und nach der Dehnungszahl (c).

Für alle Belastungen von 0 bis zur E-Grenze ist der P-Modul unendlich groß. Tritt nun nach Überschreiten dieser E-Grenze ein meßbarer, bleibender Verformungsrest auf, so nimmt der P-Modul endliche, aber noch immer sehr hohe Werte an. Werden mit weiter gesteigerter Belastung die bleibenden Verformungen größer, so sinkt der P-Modul gemäß Abb. 5b sehr steil ab, um bald in die Größenordnung des E-Moduls zu gelangen. So kann z. B. für den Punkt A der Belastungskurve eine elastische Verformung von BF und eine zusätzliche plastische Verformung von AB aus der Abb. 5a entnommen werden. Der P-Modul ist durch tg β, also durch das Verhältnis AD/AB gegeben. Dieser Wert gibt in Abb. 5b den Punkt A'. In dieser Weise ist der Verlauf des P-Moduls in Abb. 5b Punkt für Punkt gezeichnet worden. Der P-Modul ist also zunächst unendlich groß, fällt dann bei Überschreiten der E-Grenze sehr steil ab, um sich mit weiter wachsender Verformung der Abszissenachse zu nähern.

Der Gesamtmodul für den betrachteten Punkt A wird durch

$$\operatorname{tg}\gamma = \frac{AD}{OD} = \frac{P}{e+p}$$

erfaßt. Dieses Verhältnis stimmt im elastischen Bereich, wo $p = o$ ist, mit $\operatorname{tg}\alpha$ überein. Der Gesamtmodul ist bis zur E-Grenze durch den E-Modul allein gegeben. Nach Überschreiten der E-Grenze wird $\operatorname{tg}\gamma$ infolge allmählichen Anwachsens der bleibenden Dehnung p offensichtlich kleiner, damit sinkt auch der Gesamtmodul. Wenn die bleibende Dehnung p größer als die elastische Dehnung wird, so ist $\operatorname{tg}\gamma$ schließlich im wesentlichen durch p gegeben, d. h. der Gesamtwiderstand wird im plastischen Bereich immer mehr durch den P-Modul bestimmt, während der E-Modul in seinem Einfluß zurücktritt. Entsprechend nähert sich die Kurve des Gesamtmoduls in Abb. 5b immer mehr derjenigen des P-Moduls.

Der Widerstand eines Werkstoffes gegen Verformung ist im elastischen Bereich also am größten. Wenn der Belastungsvorgang bis in den plastischen Bereich fortgesetzt wird, so wächst der Formänderungswiderstand nicht etwa mit der weiter wachsenden Spannung, im Gegenteil die Widerstandsfähigkeit des Werkstoffs nimmt ab. Der Werkstoff wird weicher, er „entfestigt" sich, eine Schlußfolgerung, auf die hier wegen ihrer Wichtigkeit nochmals hingewiesen wird. Den Verlauf dieser „Entfestigung" für die in Abb. 5a dargestellte Belastungskurve zeigt das Schaubild des Gesamtmoduls in Abb. 5b.

7. Plastizitätsmodul und Festigkeitswerte.

Bei der Auswertung von statischen Belastungsversuchen werden kritische Spannungen angegeben, bei denen die bleibende Verformung bestimmte Bruchteile der Prüflänge ausmacht. Es handelt sich hierbei also im Grunde genommen um eine abgekürzte Angabe des P-Moduls, wie wir sie oben bereits kennengelernt haben. Wenn z. B. die Streckgrenze als diejenige Spannung definiert wird, bei der die bleibende Verformung den Betrag von 0,2% der Prüflänge ausmacht, so genügt die Angabe dieser Spannung zur Unterscheidung des betreffenden Werkstoffes von einem anderen. Zur Kennzeichnung des wirklichen plastischen Widerstandes ist jedoch die Angabe der Streckgrenze allein nicht ausreichend. Für grundsätzliche Erörterungen muß streng genommen das Verhältnis der Streckgrenze zur bleibenden Verformung gebildet werden. Beträgt z. B. die Streckgrenze eines Werkstoffes 50 kg, dann ist der Formänderungswiderstand gegen diese bleibende Formänderung als $50/0{,}002 = 25000\ \text{kg/mm}^2$ anzusetzen. Es müßte also eine Spannung von $25000\ \text{kg/mm}^2$ aufgebracht werden, um eine bleibende Verlängerung um die Anfangslänge zu erzeugen, vorausgesetzt, daß der Prüfstab sich bis zu dieser Belastung genau so verhalten würde, wie an der Streckgrenze. Dieser Wert ist unmittelbar vergleichbar mit dem E-Modul, da er sich ebenfalls auf die Verformungseinheit bezieht. Da für Stahl der E-Modul rund $20000\ \text{kg/mm}^2$ beträgt, so ist in diesem Beispiel der P-Modul 1,25 mal so groß wie der E-Modul.

Zur Kennzeichnung der „Festigkeit“ des betreffenden Werkstoffes genügt die Angabe der Streckgrenze, diese ist aber kein unmittelbar vergleichbares Maß für den plastischen Formänderungswiderstand.

Man erkennt aber auch, daß der Plastizitätsmodul, bzw. die heute üblichen statischen Festigkeitswerte nur eine Beurteilung des mittleren Verhaltens eines Werkstoffes ermöglichen, da der Verlauf der plastischen Verformungen im einzelnen hierbei nicht erfaßt wird.

Wenn man z. B. gemäß Abb. 6 einen Werkstoff annimmt, der sich zunächst bis zum Punkt E elastisch verhält, dann aber mit weiter gesteigerter Belastung sich bleibend verformt, so daß im Punkt A eine bleibende Dehnung von 0,2% erreicht wird, so ist der P-Modul durch $\operatorname{tg}\alpha = SE/SA$ gegeben. Entsprechend ist der Gesamtmodul durch die Neigung der Geraden OA, also $\operatorname{tg}\gamma$, bestimmt.

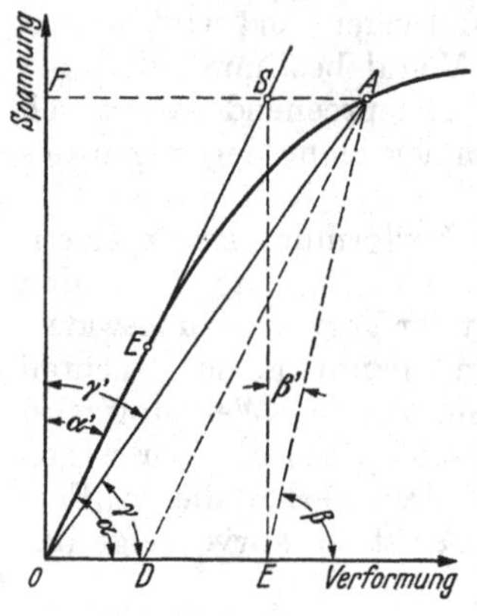

Abb. 6. Zur Bedeutung der Streckgrenze.

Der tatsächliche Verlauf der Kurve von O über E nach A wird somit durch die Gerade OA mit gleichbleibender Steigung ersetzt, diese Gerade OA erreicht bei gleichmäßig zunehmender bleibender Verformung im Punkt A die vorgeschriebene bleibende Verformung von 0,2%. Durch die Angabe der Streckgrenze, bzw. des P-Moduls wird also nichts über den wirklichen Verlauf der Kurve ausgesagt. So kann sich z. B. der Werkstoff etwa bis zum Punkt S rein elastisch verhalten, worauf plötzlich eine Fließerscheinung einsetzt, so daß also der Werkstoff in einem Zuge die bleibende Verformung nachholt. Auch in diesem Fall wird die vorgeschriebene bleibende Dehnung erreicht, und der P-Modul ist wiederum durch $\operatorname{tg}\beta$ gegeben. Bekanntlich hat sich gerade an solchen Werkstoffen mit plötzlich einsetzendem Fließen der Begriff der Streckgrenze auch für Werkstoffe entwickelt, die eine allmählich einsetzende, bleibende Verformung zeigen.

Um den Verlauf des Kurvenzuges bis zur Streckgrenze näher zu kennzeichnen ist daher die Angabe eines oder mehrerer Zwischenpunkte nötig. Hierzu wird am besten derjenige Belastungspunkt gewählt, bei welchem bleibende Verformungen meßbarer Größe erstmalig auftreten. Hierzu dient die E-Grenze.

Auch die E-Grenze gibt im Grunde genommen einen P-Modul an. Die E-Grenze wird heute als Spannung definiert, bei der die bleibende Dehnung etwa 0,001% der Prüflänge ausmacht. Ist in einem besonderen Fall diese Spannung 20 kg, so ergibt sich demnach ein plastischer Modul von $20/0{,}00001 = 2\,000\,000$ kg/mm², d. h. also, wenn das Verhältnis von Spannung zu bleibender Verformung an der E-Grenze erhalten bliebe, so müßte eine Spannung von 2 000 000 kg/mm² aufgebracht werden, um den Stab bildsam um seine eigene Länge zu vergrößern. Der plastische Verformungswiderstand an der E-Grenze ist also nicht etwa kleiner als an der Streckgrenze, sondern vielmals größer, er ist auch vielmals größer als der elastische Verformungswiderstand. In unserem Beispiel ist er 100mal größer, d. h. an der E-Grenze ist die bleibende Verformung nur 1/100 der hier unter der gleichen Last vorhandenen elastischen Dehnung.

Aus dem statischen Belastungsversuch wird ferner die Zerreißfestigkeit oder Bruchfestigkeit als Höchstlast bestimmt. Diese Spannung wird aus dem höchsten Wert der Belastung entnommen, trotzdem im allgemeinen kurz vor dem endgültigen Bruch — wenigstens auf den heute üblichen Prüfmaschinen — ein Absinken der Last unter Einschnürung des Probestabes erfolgt. Die Bruchdehnung dagegen wird aus der gesamten Verlängerung nach dem Bruch bestimmt.

Bruchfestigkeit und Bruchdehnung gehören also streng genommen nicht zusammen, und man kann aus ihrem Verhältnis nicht einen entsprechenden Gesamtwiderstand errechnen. Nur bei spröden Stoffen, wo der Bruch auf den üblichen Maschinen mit dem Erreichen der größten Dehnung zusammenfällt, ist eine Ermittlung des Moduls aus Bruchfestigkeit und Bruchdehnung möglich.

Die gebräuchliche Auswertung eines statischen Belastungsversuchs läßt sich demnach zusammenfassend etwa gemäß Abb. 7 darstellen. Es werden aus dem Verlauf der Kurve einige Punkte mit bestimmten Dehnungen herausgegriffen, wodurch im Grunde genommen die entsprechenden P-Moduln, also die Werte $\operatorname{tg} \beta_1$, $\operatorname{tg} \beta_2$, und $\operatorname{tg} \beta_3$ für verschiedene Kurvenpunkte festgelegt werden. Dazu hat noch die Angabe des E-Moduls, also von $\operatorname{tg} \alpha$ zu treten, insbesondere bei Werkstoffen mit verschiedenem E-Modul.

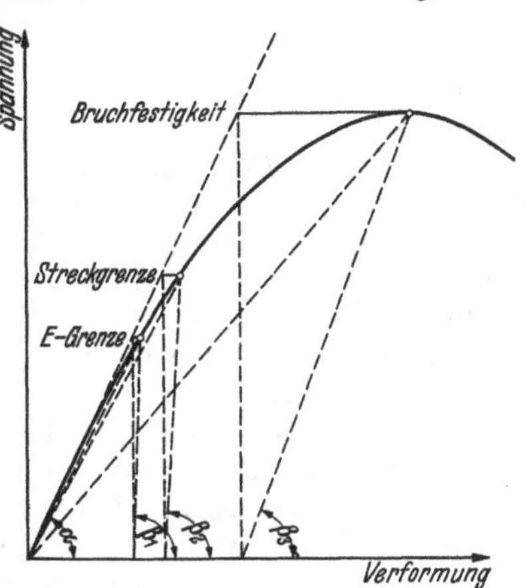

Abb. 7. Auswertung eines Belastungs-Verformungs-Schaubildes nach P-Moduln.

Durch die Angabe dieser P-Moduln für verschiedene Belastungen bzw. Verformungen, ist die Belastungskurve in ihrem Verlauf mit Hilfe einiger Zahlenwerte ungefähr wiederzugeben. Die Auswahl der Meßpunkte ist an sich beliebig, vorteilhaft ist jedoch eine möglichst günstig gewählte Verteilung dieser Meßpunkte über den ganzen Kurvenzug. In dieser Hinsicht dürfte heute eine befriedigende Lösung gefunden worden sein. Die E-Grenze gibt denjenigen Punkt auf der Kurve an, bei der sich der Kurvenzug allmählich vom geradlinigen Verlauf ablöst. Die Streckgrenze kennzeichnet einen Punkt mit verhältnismäßig großer bleibender Dehnung, während über die Bedeutung der Zerreißfestigkeit als Höchstlast nichts weiter zu sagen ist. Diese Verteilung der ausgewählten Bezugspunkte ermöglicht eine befriedigende Wiedergabe des Kurvenzugs, wobei jedoch über die Bedeutung dieser ausgewählten Meßpunkte nichts ausgesagt werden kann. Meist wird man ohne weiteres andere Werte zugrunde legen können, wenn sie nur einigermaßen in den drei wichtigsten oben gekennzeichneten Bereichen liegen, wie ja auch die Praxis in verschiedenen Ländern lehrt.

8. Dehnungszahl.

An Stelle des E-Moduls kann bekanntlich auch dessen Umkehrwert zur Kennzeichnung des elastischen Verhaltens eines Werkstoffs gebildet werden. Für diesen Umkehrwert, die sog. Dehnungszahl, gilt:

$$\alpha = \frac{\varepsilon}{\sigma} = \frac{\lambda}{l} \cdot \frac{1}{\sigma} = \frac{\lambda}{l} \frac{f}{P}. \tag{8}$$

Die Dehnungszahl stellt also die verhältnismäßige Dehnung, oder unmittelbar die Verlängerung des Einheitskörpers, unter der Belastung von 1 kg dar. Diese Dehnungszahl im elastischen Bereich ist gemäß Abb. 2 durch die Beziehung:

$$\operatorname{tg} \alpha' = \frac{AA''}{OA''}$$

gegeben. Der den E-Modul kennzeichnende Winkel α und der entsprechende Winkel α' für die Dehnungszahl sind Komplementwinkel.

Während der E-Modul unbequem hohe Zahlen liefert, ergeben sich für die Dehnungszahl sehr kleine, unübersichtliche Werte, da die spezifische Verlängerung unter der Belastung von 1 kg sehr klein ist. Nehmen wir z. B. Stahl mit einem auf cm² bezogenen E-Modul von rund 2000000 kg/cm², so ergibt sich für die Dehnungszahl der Wert 1/2000000 · cm²/kg. Wenn also eine Belastung von 1 kg/cm² aufgebracht wird, so verlängert sich der Körper um $0{,}5 \cdot 10^{-6}$ der Anfangslänge. Die Dimension der Dehnungszahl ist der Umkehrwert von kg/cm², also cm²/kg.

Als Grund für die Einführung, bzw. Beibehaltung des E-Moduls an Stelle der Dehnungszahl wird die leichtere Einprägsamkeit der sich ergebenden Zahlenwerte geltend gemacht. Wenn jedoch die Dehnungszahl nicht auf cm², sondern auf mm² bezogen, und außerdem die Längenänderung nicht in Bruchteilen, sondern in Hundertteilen der Anfangslänge angegeben wird, wie dies ja auch sonst in der Werkstoffprüfung geschieht, so werden die Dehnungszahlen um vier Stellen größer.

Ferner kann, wie beim Modul, für die Dehnungszahl ein abgekürzter Wert gewählt werden, derart, daß man die Dehnung nicht für die Spannung von 1 kg/mm², sondern für einen anderen, größeren Wert angibt. Setzt man z. B. die Bezugsspannung zu 100 kg/mm² fest, so werden die Werte nochmals um zwei Stellen größer, so daß man für die Dehnungszahl von Stahl 0,5% erhält. Diese Zahl zeichnet sich für den praktischen Gebrauch durch die nötige Kürze aus. Sie besagt, daß bei der Aufbringung einer Spannung von 100 kg/mm² der betreffende Werkstoff eine elastische Verlängerung von 0,5% der Anfangslänge erfährt, vorausgesetzt, daß das Verhältnis von Dehnung zu Belastung bis zur Belastung von 100 kg/mm² konstant bleibt. Die entsprechenden Zahlen für Kupfer, Aluminium und Zinn sind, um nur einige Werte herauszugreifen, rund 1%, 1,4% und 2%.

Bei der Benutzung dieser Werte muß man sich aber bewußt bleiben, daß sie die eigentlichen Dehnungszahlen nicht angeben, genau so wenig, wie etwa durch die für die elastische Dehnung von $1/1000$ an Stelle von 1 gültige Spannung, der E-Modul erfaßt wird.

Es handelt sich in beiden Fällen um Vergleichszahlen, aus denen aber ohne weiteres der Modul oder die Dehnungszahl berechnet werden kann.

In ähnlicher Weise läßt sich zur Kennzeichnung des bildsamen Verhaltens eine plastische Dehnungszahl aufstellen. Für den in Abb. 3 dargestellten Werkstoff mit stetig zunehmender bleibender Verformung, ist die plastische Dehnungszahl durch das Verhältnis

$$\operatorname{tg} \beta' = \frac{CG}{GO} = \frac{p}{P}$$

gegeben. Diesen Winkel β' finden wir auch in dem Winkel AEB wieder.

Bei den obigen Betrachtungen über den Gesamtmodul ergab sich, daß dieser aus einem elastischen und einem plastischen Anteil zusammenzusetzen ist, wobei die entsprechenden Widerstände, ähnlich wie bei einer elektrischen Stromverzweigung in Parallelschaltung angeordnet gedacht werden müssen.

Da der gesamte Leitwert einer solchen Stromverzweigung sich unmittelbar aus den beiden einzelnen Leitwerten zusammensetzt, errechnet sich also für die gesamte Dehnungszahl der Ausdruck:

$$\frac{e}{P} + \frac{p}{P} = \frac{e+p}{P}. \tag{9}$$

Da hier die Nenner den gleichen Wert, nämlich die Spannung P besitzen, kann die Summe aus der elastischen Dehnung e und plastischen Dehnung p ohne weiteres in den Zähler geschrieben werden.

Diese Beziehung für die gesamte Dehnungszahl kann unmittelbar aus Abb. 3 abgelesen werden. Wenn die gesamte Dehnung $e + p$ unter der Spannung P beträgt, so ist entsprechend die auf die Spannungseinheit bezogene Dehnung $(e + p)/P$.

Solange sich ein Werkstoff elastisch verhält, ist die gesamte Dehnungszahl durch die elastische Dehnungszahl allein gegeben. Im elastischen Bereich ist die plastische Dehnungszahl 0. Wenn in Abb. 4 der Leitwert des einen Stromzweiges 0 und demnach sein Widerstand unendlich groß ist, so fließt in diesem Stromzweig kein Strom und im mechanischen Fall tritt demnach keine bleibende Verformung auf.

Beim Einsetzen bleibender Verformungen fällt, wie wir gesehen haben, der P-Modul von unendlich hohen Werten sehr steil herab, die plastische Dehnungszahl dagegen wächst, von 0 beginnend, allmählich an.

Aus dieser grundsätzlichen Verschiedenheit des Verlaufes von Modul und Dehnungszahl folgt ein wesentlich anderes Bild bei der Auswertung einer Belastungskurve nach der Dehnungszahl. In Abb. 5c ist die in Abb. 5a dargestellte Belastungskurve nach Dehnungszahlen ausgewertet. Zunächst ergibt sich für die elastische Dehnungszahl eine zur Abszissenachse parallele Gerade. Würde sich der Werkstoff auch über den Punkt E hinaus rein elastisch verhalten, so würde die Dehnungszahl durch den gestrichelten Teil dieser Geraden gegeben sein.

Die plastische Dehnungszahl ist innerhalb des elastischen Bereichs 0, sie setzt bei Überschreiten der E-Grenze ein, um ungefähr geradlinig hochzusteigen. Der Punkt A z. B. ist hierbei in der Weise gefunden worden, daß die plastische Dehnung durch die für den Punkt A gültige Spannung dividiert wurde.

Die Gesamtdehnungszahl kann nunmehr durch einfache Zusammenzählung der Ordinaten dieser beiden Linien erhalten werden. Sie fällt zunächst mit der elastischen Dehnungszahl zusammen, um dann ebenfalls ungefähr linear hochzusteigen. Wie man sieht, ist die Auswertung eines Belastungsschaubildes nach der Dehnungszahl unvergleichlich übersichtlicher, als beim Modul. Vor allen Dingen ergibt sich der unschätzbare Vorteil, daß in technisch bedeutungsvollen Bereichen, also insbesondere im Bereich der E-Grenze, der Einsatz und der weitere Verlauf der plastischen Dehnungszahl bequem verfolgt werden kann, während dies für den plastischen Modul nicht möglich ist. Der P-Modul kommt völlig unübersichtlich aus dem Unendlichen und hat auch an der E-Grenze noch unbequem hohe Werte.

9. Modul oder Dehnungszahl?

Heute wird im physikalischen und technischen Schrifttum vorwiegend der Elastizitätsmodul zur Kennzeichnung des elastischen Verhaltens eines Werkstoffs zugrunde gelegt. Auf den ersten Blick scheint es gleichgültig zu sein, ob dieser Modul, oder aber sein Umkehrwert, die Dehnungszahl, benutzt wird. Für den Elastizitätsmodul spricht hierbei, daß er als spezifische Belastung sich in ähnlicher Form darbietet, wie die übrigen Festigkeitswerte auch. Der Konstrukteur denkt heute meist in zulässigen Belastungen und nicht in zulässigen Dehnungen. Die zulässige Belastung ergibt sich aus der zulässigen Beanspruchung je Flächeneinheit, d. h. zur Bemessung seiner Gebilde braucht der Konstrukteur lediglich die zu übertragende Gesamtlast auf einen entsprechend großen, tragenden Querschnitt zu verteilen.

Andererseits ist die Festlegung des E-Moduls als diejenige Kraft, die ein Prisma vom Querschnitt 1 um seine eigene Länge dehnen würde, unanschaulich und im Grunde genommen sinnwidrig, so daß der E-Modul zum Teil leidenschaftliche Ablehnung gefunden hat.

So erscheint Bach „die Einführung des E-Moduls als höchst bedenklich, da dieser mit dem tatsächlichen Verhalten der Werkstoffe nicht in Einklang steht. Für schmiedbares Eisen ist der E-Modul rund 2 000 000 kg/cm², während in Wirklichkeit schon bei 4000 kg/cm² ein Bruch eintritt. Wie man sich die Zusammendrückung eines Körpers um seine ganze Länge vorstellen soll, darf unerörtert bleiben" (*3*).

„Die Bedeutung der Dehnungszahl als Zunahme der Längeneinheit für das Kilogramm Spannung" ist dagegen nach Bach „eine so einfache und natürliche, daß, wenn nicht die Macht der Gewohnheit in Betracht käme, es nicht erklärlich erscheinen würde, daß der unanschauliche Begriff Elastizitätsmodul nicht schon längst von der gesamten technischen Literatur über Bord geworfen ist."

„Die Zahl, welche Dehnungen und Spannungen verbindet, hat naturgemäß ein Maß für die Formänderung des Materials zu bilden, und zwar derart, daß sie, je nachgiebiger ein Stoff ist, umso größer sein muß. Nun ist aber der Elastizitätsmodul umgekehrt proportional der Größe der Längenänderung, so daß einem Material, das eine größere Dehnung ergibt, dessen Nachgiebigkeit also bedeutender ist, ein kleinerer Elastizitätsmodul entspricht, und umgekehrt. Dies erweist sich oft recht unbequem für den, der sich mit dem Material selbst zu beschäftigen hat. Die Dehnungszahl dagegen steht in geradem Verhältnis zur Formänderung, ist also tatsächlich ein unmittelbares Maß derselben."

Von der richtigen Festsetzung der Grundgrößen hängt sehr oft die Möglichkeit einer befriedigenden und übersichtlichen Darstellung der zu beschreibenden Vorgänge ab. Eine unzweckmäßige Wahl der Grundgrößen kann das Verständnis außerordentlich erschweren und sich hemmend weiteren Fortschritten eines Wissenszweiges in den Weg stellen.

Durch die Notwendigkeit, zur Beschreibung des Verhaltens der Werkstoffe, insbesondere in Hinsicht auf den Begriff der Härte, außer dem bisher üblichen Elastizitätsmodul nun auch den neu eingeführten Plastizitätsmodul, und auch den Gesamtmodul zu betrachten, ist eine wohlüberlegte Entscheidung darüber, ob der jeweilige Modul, oder aber die entsprechenden Umkehrwerte, also neben der elastischen Dehnungszahl, noch die plastische Dehnungszahl und die Gesamtdehnungszahl vorzuziehen sind, von grundlegender Bedeutung. Irgendwelche Vor- und Nachteile, die bereits bei der Abwägung des Elastizitätsmoduls gegen die elastische Dehnungszahl sichtbar werden, müssen sich jetzt in weit höherem Maße auswirken. Zur Entscheidung dieser Frage, ob Modul oder Dehnungszahl, seien einige einfache Aufgaben gestellt.

Die erste Aufgabe ist, die aus zwei Einzelmessungen der elastischen Verformung unter der Last P, einen entsprechenden Mittelwert zu bilden. Bei zwei Einzelmessungen der elastischen Verformung unter einer bestimmten Last seien die Werte von e_1 und e_2 gemessen worden. Die beiden E-Moduln sind also

$$E_1 = \frac{P}{e_1}; \; E_2 = \frac{P}{e_2}.$$

Es ist naheliegend, den Mittelwert des Moduls aus diesen beiden Einzelwerten anzusetzen als:

$$E = \frac{E_1 + E_2}{2}.$$

Dies ist aber, worauf schon Bach aufmerksam machte, nicht zulässig.

Der Mittelwert der beiden Dehnungen e_1 und e_2 ist

$$e = \frac{e_1 + e_2}{2},$$

also der Mittelwert der Dehnungszahl

$$a = \frac{e_1 + e_2}{2P} = \frac{1}{2}\left(\frac{e_1}{P} + \frac{e_2}{P}\right) = \frac{1}{2}(a_1 + a_2).$$

Hieraus errechnet sich der E-Modul als Umkehrwert zu:

$$E = \frac{1}{a} = \frac{2\,E_1 E_2}{E_1 + E_2}.$$

Also schon die einfache Aufgabe der Mittelwertbildung aus zwei Einzelmessungen im elastischen Bereich führt beim Modul auf unübersichtliche Verhältnisse. Die Mittelbildung der Dehnungszahl dagegen ist klar und durchsichtig.

Die Verhältnisse werden noch verwickelter, wenn etwa aus drei Einzelmessungen der Dehnung ein Mittelwert gebildet werden soll. Sind die drei gemessenen Dehnungen etwa e_1, e_2, e_3, dann ist der Mittelwert:

$$e = \frac{e_1 + e_2 + e_3}{3}$$

und entsprechend ist der mittlere Wert der Dehnungszahl:

$$a = \frac{e_1 + e_2 + e_3}{3P} = \frac{1}{3}(a_1 + a_2 + a_3)\,.$$

Der Mittelwert des Umkehrwertes dagegen ist:

$$E = \frac{3\,E_1 E_2 E_3}{E_2 E_3 + E_1 E_3 + E_1 E_2}\,.$$

Aus dieser verwickelten Formel müßte demnach streng genommen der Mittelwert des Elastizitätsmoduls aus drei Einzelmessungen berechnet werden.

Besonders eindringlich wird der Unterschied in der Betrachtungsweise, wenn außer dem elastischen Verhalten, nunmehr auch das plastische Verhalten zu erfassen ist.

Wenn bei einer bestimmten Belastung P sich eine elastische Dehnung e und eine bleibende Dehnung p zeigt, so ist die Gesamtdehnung $e + p$; die Dehnungszahl, d. h. die für die Belastung von 1 kg geltende Gesamtdehnung wird hieraus in einfachster Weise durch Division mit P erhalten, also:

$$\frac{e + p}{P}\,.$$

Die Dehnungszahl nimmt demnach mit der im Versuch festgestellten Summe der verschiedenen Dehnungen verhältnisgleich zu und ab. Wird ein Bestandteil der Gesamtdehnung 0, so ist eben die Gesamtdehnungszahl durch den anderen Bestandteil allein gegeben. Ist z. B. die bleibende Dehnung 0, so ist die plastische Dehnungszahl ebenfalls 0 und die Gesamtdehnungszahl ist durch e/P allein bestimmt.

Ganz anders beim Modul. Wie wir gesehen haben ist der E-Modul P/e und der P-Modul entsprechend P/p. Die Summe beider ist jedoch $P/(e + p)$. Wenn also die Dehnung zunimmt, so nehmen die entsprechenden Moduln ab. Wird die plastische Dehnung 0, so ist der P-Modul unendlich groß.

Besonders deutlich werden diese Zusammenhänge durch Betrachtung der Abb. 8 und 9. In Abb. 8 sind verschiedene Strahlen gezeichnet, mit allmählich kleiner werdendem Steigungswinkel. Die jeweilige Dehnungszahl ist durch tg α' gegeben, sie wird demnach erhalten durch Division der bei der zugrunde gelegten Spannung vorhandenen jeweiligen Verformungen, durch diese Spannung. Das Schaubild der Dehnungszahl beginnt daher gemäß Abb. 9 mit 0 und steigt dann linear mit der Verformung an.

Ganz anders dagegen der entsprechende Modul. Dieser beginnt für die Verformung 0 mit ∞, fällt dann sehr steil ab, um sich allmählich der Abszissenachse zu nähern. Der Verlauf des Moduls mit steigender Verformung bei gleichbleibender Belastung ist durch eine Hyperbel gegeben.

Die Verhältnisse lassen sich demnach wesentlich übersichtlicher mit Hilfe der Dehnungszahl wiedergeben. Diese Übersichtlichkeit der Dehnungszahl muß sich bei der Behandlung schwieriger Fragen günstig auswirken. Besonders wichtig ist, daß die Dehnungszahl für eine Dehnung von 0, ebenfalls 0 ist, daß also z. B. die plastische Dehnungszahl bei Überschreiten der E-Grenze ebenfalls mit 0 einsetzt, während der Plastizitätsmodul mit unendlich beginnt, und dann sehr steil herabfällt.

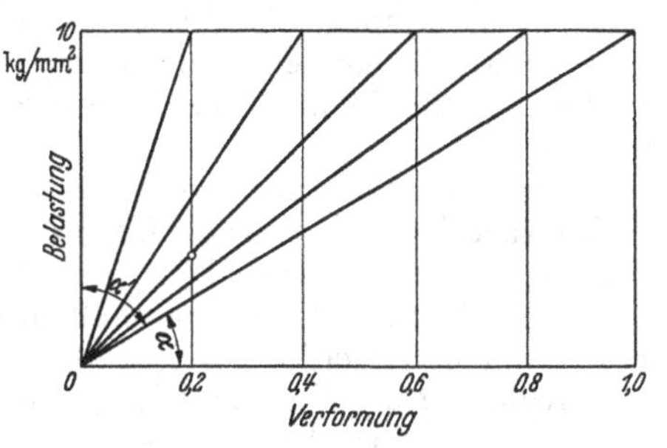

Abb. 8. Werkstoffe mit verschiedenem Modul.

Oder mathematisch ausgedrückt, durch Benutzung der Dehnungszahl an Stelle des Moduls werden die nötigen Operationen um einen Grad erniedrigt. Die Dehnungszahl läßt sich gemäß Abb. 9 durch eine lineare Gleichung darstellen, während die Beschreibung des gleichen Vorgangs mit Hilfe des Moduls eine quadratische Gleichung benötigt.

Endziel der Werkstoffprüfung ist aber, keine an sich vielleicht reizvollen mathematischen Ableitungen zu geben, sondern die verschiedenen Eigenschaften der Werkstoffe in möglichst einfache und übersichtliche Beziehung zu bringen. Gerade in der Werkstoffprüfung ist Voraussetzung für die befriedigende Auswertung einer wissenschaftlichen Erkenntnis in der Praxis die Möglichkeit, die aufgefundenen Beziehungen in einfacher und einprägsamer Form darzustellen. Durch die Verwendung der Dehnungszahl an Stelle des Formänderungswiderstandes bzw. des Moduls, und zwar für elastisches, plastisches und für das Gesamtverhalten, ist daher eine wesentliche Vereinfachung der Verhältnisse zu erwarten.

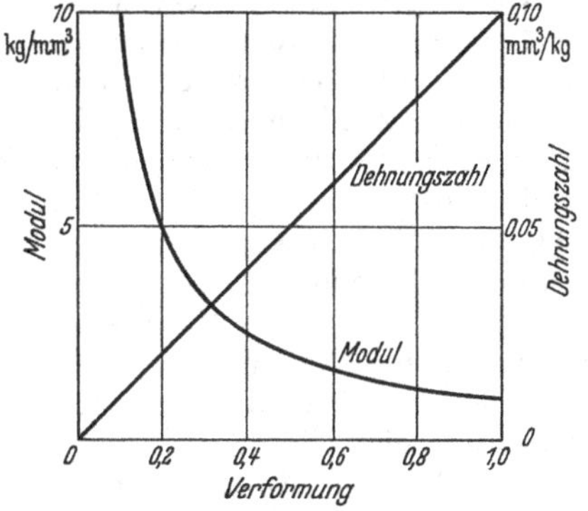

Abb. 9. Abhängigkeit des Moduls und der Dehnungszahl von der Verformung bei gleichbleibender Belastung.

10. „Härte“ oder „Weiche“?

Die Ablehnung des Moduls und die Bevorzugung der Dehnungszahl, für die schon Bach eintrat, wird somit heute durch neue und gewichtige Gründe unterstützt. Von der allgemeinen Einführung der Dehnungszahlen an Stelle der Moduln ist heute wegen der Notwendigkeit der Erfassung des plastischen Verhaltens in entsprechenden Kennwerten, eine bemerkenswerte Erleichterung zu erhoffen.

Kommen wir daher zur Begriffsbestimmung der „Härte", von der diese allgemeinen Betrachtungen über den Widerstand ihren Ausgang nahmen, zurück, und betrachten wir von dem gewonnenen Standpunkt aus nochmals die heute übliche Deutung der „Härte" als Widerstand, den der Werkstoff dem Eindringen eines anderen (härteren) entgegensetzt.

Dieser „Widerstand" wird heute als spezifische Beanspruchung in der Eindruckfläche gemessen. Insofern als die zum Einpressen des härteren Körpers in die Oberfläche des zu prüfenden Werkstoffes nötige Gesamtlast durch den Flächeninhalt des entstehenden Eindrucks dividiert wird, kommt indirekt die Größe der entstehenden Verformung bei der Berechnung der Beanspruchung zur Geltung. Die heutigen Härtezahlen stellen jedoch keinen Widerstand, sondern lediglich eine Widerstandskraft dar. Zur Gewinnung des eigentlichen Widerstandes ist außerdem noch die Wirkung selbst zu berücksichtigen, wie dies bei der Begriffsbestimmung des Plastizitätsmoduls eingehend dargelegt wurde. Dieser Plastizitätsmodul eines Stoffes muß, abgesehen von den besonderen Verhältnissen bei der Durchführung eines Eindruckversuchs, eine große Rolle bei der Bestimmung des „wahren Eindringwiderstandes" spielen, vgl. S. 76.

Wie eingehend erläutert wurde, eignet sich der Modul sehr wenig zur Beschreibung verwickelter Verhältnisse. Der Gedanke liegt daher nahe, an Stelle dieses Moduls auch zur Erfassung des Begriffes „Härte" die Dehnungszahl zugrunde zu legen. Es steht nichts im Wege, um dies hier schon zu erwähnen, zur Kennzeichnung eines Werkstoffes in Übereinstimmung mit dem Ersatz des Moduls durch die Dehnungszahl, den Umkehrwert der „Härte" einzuführen. Hierfür wird am besten ein besonderes Wort geprägt. Unter Anlehnung an die Wortbildung „Härte" wird für diesen Umkehrwert das Wort „Weiche" vorgeschlagen. Die „Weiche eines Werkstoffes" ist demnach sinngemäß „die Nachgiebigkeit, die der Prüfkörper beim Eindringen eines anderen (härteren) zeigt".

Diese Weiche ist, abgesehen von den besonderen Vorgängen beim Eindringen eines Körpers in einen anderen, mit der neu eingeführten plastischen Dehnungszahl des statischen Belastungsversuchs eng verwandt.

Es mag vielleicht auf den ersten Blick befremden, anstatt von der Härte, umgekehrt von der Weiche eines Werkstoffes zu sprechen. Immerhin benutzt der heutige Sprachgebrauch die Eigenschaftswörter „weich" und „hart" in völlig gleichwertigem Sinne. Man kann sagen, ein Werkstoff A ist härter als ein Werkstoff B, oder, der Werkstoff B ist weicher als der Werkstoff A. Dieser völligen Gleichberechtigung der beiden Ausdrücke „hart" und „weich" ist aber die Sprachschöpfung bei der Bildung entsprechender Hauptwörter nicht gefolgt. Man spricht lediglich von der Härte, und dieser Begriff ist auch allgemein in die wissenschaftliche Betrachtung eingegangen; man spricht aber nicht vom Umkehrwert, also von der Weiche. Diese einseitige Entwicklung ist eigentlich sehr verwunderlich, denn gerade aus dem täglichen Umgang mit den Werkstoffen hätte eher sich das Wort Weiche bilden müssen. Die sinnliche Wahrnehmung bezieht sich in erster Linie auf die Größe der durch äußere Einwirkungen erzielbaren Verformung, also auf die Weiche, und nicht auf die Härte. Es liegt daher näher, diese sinnlich wahrnehmbare Größe der Nachgiebigkeit einem entsprechenden Begriff, also der Weiche zugrunde zu legen, als von der Härte zu sprechen, die sich gerade umgekehrt wie die wahrnehmbare Nachgiebigkeit verhält.

Der oben von Bach angeführte Einwand gegen den Elastizitätsmodul ist daher in entsprechender Ausweitung auch für die Härte zutreffend, denn die Zahl, welche die beim Eindruckversuch entstehenden Verformungen und Spannungen verbindet, hat naturgemäß ein Maß für die Formänderung des Werkstoffs zu bilden, und zwar derart, daß sie, je nachgiebiger ein Stoff ist, um so größer sein muß. Nun ist aber die Härte ähnlich wie der Modul umgekehrt proportional der Größe der Verformung, so daß einem Werkstoff, der einen größeren Eindruck ergibt, dessen Nachgiebigkeit also bedeutender ist, eine kleinere Härtezahl entspricht und umgekehrt. Die Weiche dagegen steht in geradem Verhältnis zur Formänderung, ist also tatsächlich ein unmittelbares Maß derselben.

Diese neu einzuführende Werkstoffeigenschaft der Weiche wird auf große Schwierigkeiten, ja selbst Ablehnung stoßen, schon deshalb, weil die Härte in einer jahrzehntelangen Tradition alle Bemühungen zur Erfassung des Verhaltens der Werkstoffe auf sich zog. Diese einseitige Bevorzugung der Härte braucht aber nicht ein Beweis dafür zu sein, daß in der heute üblichen Darstellung die bestmögliche Lösung gefunden wurde.

II. Verfestigung.

Die Betrachtungen über den Begriff des Formänderungswiderstandes haben uns, fast ungewollt, schon tief in das Problem der Begriffsbestimmung der Härte geführt. Auch wurde ein weiterer Begriff kurz gestreift, der im Schrifttum der Härte, darüber hinaus in der Werkstofflehre überhaupt, eine große Rolle spielt, nämlich die Verfestigung.

Ähnlich wie beim Widerstand ist auch hier der Sprachgebrauch noch nicht zu einer scharfen Unterscheidung verschiedenartiger Erscheinungen gelangt. Es würde zu weit führen, auf das umfangreiche Schrifttum über die Verfestigung und die aufgestellten Theorien näher einzugehen. Lediglich an Hand weniger Schrifttumsstellen soll versucht werden, die Begriffsbestimmung der Verfestigung soweit abzustecken, wie dies zur Beschreibung der Vorgänge bei der Härteprüfung nötig erscheint.

1. Einmalige Belastung.

Man findet den Begriff der Verfestigung sehr häufig bei der Beschreibung eines statischen Belastungsversuchs, der in einem einzigen Zuge bis zum endgültigen Bruch durchgeführt wird. Nach Sachs (*139*) erhöht sich bei der hierbei auftretenden Verformung der Widerstand infolge Verfestigung der Kristalle, wenn die Verformung bei Temperaturen stattfindet, die im Verhältnis zur Schmelztemperatur des betreffenden Stoffes niedrig sind.

Eine ähnliche Darstellung findet sich in dem Buche von Sachs und Fiek (*140*):

Im weiteren Verlauf des Verformungsvorganges ändert sich der Verformungswiderstandes des Stoffes, der immer gleich der von ihm augenblicklich getragenen Spannung ist, mit zunehmender Verformung, und zwar wächst er bei allen Metallen (bei verhältnismäßig niedrigen Temperaturen) ständig an. Der Anstieg des Verformungswiderstandes, also das Verhältnis der Spannungszunahme zur Verformungszunahme, das sich ebenfalls mit fortschreitender Verformung ändert, sei als „Verfestigungsfähigkeit" des betreffenden Werkstoffes eingeführt.

Ferner führen Sachs und Fiek aus, daß „die wahre Spannung hauptsächlich infolge der als Verfestigung bezeichneten Erscheinung zunimmt" und daß „die Verfestigungsfähigkeit um so größer ist, je steiler das Belastungs-Verformungs-Schaubild verläuft.

Nach Körber (*74*) „wird die Fähigkeit des Metalles, trotz Verkleinerung des tragenden Querschnitts bei der Durchführung eines Zugversuchs, eine größere Belastung aufnehmen zu können, als ‚Verfestigung' infolge ‚Kaltreckung' oder ‚Kalthärtung' bezeichnet".

Diese Stellen, die beliebig vermehrt werden könnten, mögen hier genügen. Versucht man, sich ein Bild von der als Verfestigung bezeichneten Werkstoffeigenschaft zu machen, so ergibt sich, daß das Ansteigen der spezifischen Beanspruchung, also nach dem üblichen Sprachgebrauch des Formänderungswiderstandes, im bildsamen Bereich des Belastungsvorganges als Verfestigung bezeichnet wird.

Aus den bisherigen Ausführungen folgt eine andere Auffassung von diesen Vorgängen. Es wurde gezeigt, daß der Verformungswiderstand im elastischen Bereich, gegeben durch den E-Modul, am größten ist. Tritt nun bei weiterer Steigerung der Spannung eine zusätzliche bleibende Verformung auf, so nimmt das Verhältnis von Spannung zu Verformung ab, der Gesamtwiderstand wird kleiner. Wenn aber ein Werkstoff bei stetiger Steigerung der Belastung eine stärker als linear ansteigende Gesamtverformung zeigt, so kann man nicht von einer „Verfestigung" sprechen, eher findet eine „Entfestigung" statt. Nach dieser Anschauung ist ferner die Verfestigungsfähigkeit eines Werkstoffs nicht um so größer, je steiler das Belastungs-Verformungs-Schaubild verläuft, sondern umgekehrt die „Entfestigung" eines solchen Stoffes setzt erst bei höheren Beanspruchungen ein. Mit steigender Belastung behält ein solcher Werkstoff bis zu hohen Werten den durch den E-Modul allein gegebenen Höchstwert des Verformungswiderstandes bei. Erst allmählich wird dieser Widerstand durch das zusätzliche Auftreten bleibender Verformungen herabgesetzt.

Ähnliche Folgerungen ergeben sich aber auch aus der heute üblichen Begriffsbestimmung der „Verfestigungsfähigkeit" selbst. Wenn man etwa nach Sachs-Fiek das Verhältnis von Spannungs- zu Verformungszunahme eines Belastungsschaubildes als „Verfestigungsfähigkeit" betrachtet, so besitzt dieses Verhältnis offensichtlich seinen größten Wert im elastischen Bereich. Mit steigender Spannung wird die Neigung der Belastungskurve zur Abszissenachse geringer. Die „Verfestigungsfähigkeit" nimmt also ab, während die allgemeine Bezeichnung Verfestigung eher eine Zunahme vermuten läßt. Das Wort „Verfestigung" ist daher zur Kennzeichnung der Verhältnisse bei einem in einem einzigen Zug bis zum Bruch belasteten Werkstoffs nicht recht geeignet.

2. Wiederholte Belastungen.

Von den bisher betrachteten „Verfestigungserscheinungen" ist eine andere Gruppe von Werkstoffeigenschaften scharf zu trennen, trotzdem sie ebenfalls unter dem Sammelwort „Verfestigung" eingeführt werden.

Nach Fraenkel (*31*) lassen sich die Erscheinungsformen dieser Verfestigung im wesentlichen durch folgende Punkte beschreiben:

„Es ist möglich, durch mechanische Beanspruchung Metalle in ihren mechanischen Eigenschaften so zu verändern, daß ein als Verfestigung bezeichneter Zustand eintritt.

Nur eine zur bleibenden Deformation führende mechanische Bearbeitung vermag Verfestigung zu bewirken.

Verfestigte Metalle können durch Erwärmen wieder entfestigt werden, wobei eine sichtbare Gefügeveränderung eintritt.

Bei mechanischen Beanspruchungen, die zur Verfestigung führen, kann man auf polierten Flächen meist das Auftreten einer Streifung beobachten."

Nach Körber und Rohland (*76*) wird unter „Verfestigung von Metallen und Metallegierungen die Zunahme von Fließgrenze, Zugfestigkeit und Härte unter gleichzeitiger Abnahme der Formänderungsfähigkeit durch Kaltbearbeitung (Kaltrecken, Kaltziehen, Kaltwalzen, Kaltpressen und Kaltschmieden) verstanden".

Das gemeinsame Merkmal dieser zweiten Gruppe von „Verfestigungserscheinungen" besteht im Gegensatz zu der erstgenannten Gruppe darin, daß die Veränderungen des Belastungs-Schaubildes an einem vorbelasteten Prüfstück gegenüber demjenigen im jungfräulichen Zustand des Stoffes betrachtet werden. Diese Vorbelastung kann durch irgendeine vorangehende Bearbeitung, aber auch durch einen vorangehenden Belastungsversuch gegeben sein.

Eine schematische Darstellung dieser Erscheinungen zeigt Abb. 10. Wenn man zunächst den Werkstoff innerhalb des elastischen Bereichs belastet, etwa bis zum Punkt A, hierauf entlastet und erneut belastet, so wird stets der gleiche Belastungs-Verformungs-Verlauf erhalten. Der Werkstoff ändert durch eine rein elastische Belastung seine Eigenschaften nicht merklich.

Belastet man nun den Prüfstab in einem einzigen Zuge stetig bis zu großen Verformungen, so erhält man etwa das Schaubild $OABCDE$. Wird die Belastung schrittweise, mit eingeschalteten Entlastungen aufgebracht, so ergibt sich ein ungefähr gleicher Kurvenzug. Sobald die bei der vorangehenden Belastung erreichte Spannungshöhe erreicht ist, setzt erneut das Fließen ein. Jeder Belastungshub bildet sozusagen die Fortsetzung des vorangehenden.

Vergleicht man jedoch die einzelnen Belastungshübe untereinander, so ergibt sich ein wesentlich anderes Bild. Wird der Prüfstab zunächst etwa bis B belastet und sofort entlastet, so bleibt bei dieser ersten Belastung eine bleibende Verformung OF zurück. Bei erneuter Belastung verhält sich der Stab bis zu der vorangegangenen Belastungshöhe annähernd elastisch und erst bei Überschreiten des Punktes B setzt der Fließvorgang erneut ein. Insofern als beim zweiten für sich betrachtetenBelastungsversuch die bleibende Verformung für die gleiche Endlast wesentlich kleiner bleibt als beim ersten Versuch, kann man mit einiger Berechtigung von Verfestigung reden. Übergibt manetwa den vorbelasteten Stab einem zweiten Prüfer, der von dieser vorangegangenen Belastung nichts weiß, so bezieht dieser die bei einem anschließenden Versuch gemessenen Verformungen nicht auf den Nullpunkt des Anfangszustandes, sondern auf den Punkt F. Er mißt also in bezug auf diesen neuen Nullpunkt wesentlich kleinere bleibende Verformungen, und er findet daher die auf bleibende Verformungen bestimmter Größe bezogenen Spannungswerte höher, als der erste Prüfer.

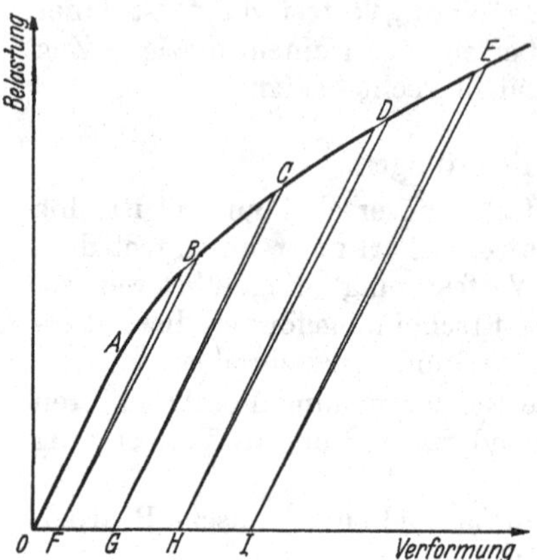

Abb. 10. Belastungs-Verformung-Schaubild in einzelnen Belastungshüben (schematisch).

Insofern als beim zweiten Belastungsversuch die bleibende Verformung, bezogen auf die bereits vorverformte Prüflänge, für die gleiche Endlast wesentlich kleiner bleibt, und entsprechend die verschiedenen kritischen Spannungswerte höher gefunden werden, kann mit einiger Berechtigung von einer Verfestigung durch den vorangehenden Belastungsversuch gesprochen werden. Streng genommen ist aber auch hier eine Erhöhung des Formänderungswiderstandes nicht eingetreten. Da beim zweiten Belastungsversuch die durch die vorangegangene Belastung erzwungene Verformung nicht mitgezählt wird, verhält sich der Stab jetzt bis zu höheren Belastungen im wesentlichen elastisch. Eine Entfestigung durch das Auftreten neuer bleibender Verformungen tritt demnach jetzt erst bei höheren Belastungen auf, oder mit anderen Worten, der Höchstwert des Formänderungswiderstandes, gegeben durch den E-Modul ist nunmehr bis zu höheren Belastungen maßgeblich. Dieser E-Modul aber wird durch die Vorbelastung nicht wesentlich verändert.

Diese Ausführungen mögen hier zunächst genügen, da insbesondere im fünften Teil über die Kalthärtung noch ausführlich im Zusammenhang mit der Härte berichtet wird.

III. Dämpfung.

Die bisher betrachteten Grundbegriffe des Formänderungswiderstandes und der Verfestigung sind der Lehre von der statischen Belastungsprüfung entnommen. Der dritte und letzte Grundbegriff bei den späteren Betrachtungen über die Härte, spielt dagegen hauptsächlich bei dynamischen Belastungsprüfungen eine Rolle. Es ist dies die innere Dämpfung der Werkstoffe.

Solange sich ein Werkstoff vollkommen elastisch verhält, wird die während der Belastung in der Federung des Prüfkörpers aufgespeicherte Energie bei der Entlastung restlos wiedergewonnen. Das Schaubild besteht demnach aus einer einzigen Linie für Be- und Entlastung. Treten jedoch im Werkstoff innere Verluste auf, so beschreibt das Schaubild eine Schleife. Der Inhalt dieser Schleife ist ein Maß für die verbrauchte Energie.

Im Laufe der Zeit wurden mehrere Verfahren zur Messung der Dämpfung entwickelt. Je nach der angewandten Meßmethode bieten sich verschiedene Kennwerte zur Erfassung dieser Werkstoffeigenschaft an, so daß im Schrifttum mehrere Kennwerte nebeneinander Verwendung finden. Um spätere Wiederholungen zu vermeiden, sei hier eine kurze Übersicht gegeben. Für eine eingehendere Unterrichtung wird auf (*163*) verwiesen.

1. Messung und Begriffsbestimmung.

Die ältesten Versuche zur Messung der Dämpfung durch die im Prüfstab erzeugte Wärme gehen auf Hopkinson zurück, der die Temperatur des Prüfstabs in Abhängigkeit von der Schwingungsbeanspruchung mißt. Zur Auswertung können kalorimetrische Verfahren verwandt werden. Meist wird hierbei ein Vergleich mit einem durch elektrischen Strom geheizten Vergleichsstab herangezogen. Als Maß der Dämpfung ergibt sich hierbei die je Volum- oder Gewichtseinheit und Belastungszyklus verbrauchte Arbeit, gemessen in Grammkalorien oder auch in Wattsekunden.

Wenn man im statischen Versuch einen vollständigen Belastungszyklus ausführt, so kann die Hysteresisschleife Punkt für Punkt aufgetragen und die je Zyklus verbrauchte Arbeit durch Planimetrieren ermittelt werden. Mehrfach ist auch versucht worden, bei Wechselbeanspruchung durch eine optische Einrichtung die Hysteresisschleife unmittelbar auf einen Schirm zu projizieren. Es sei noch erwähnt, daß Föppl den Inhalt der Dämpfungsschleife als $\mathrm{cmkg/cm^3}$ je Belastungswechsel mißt. Dieser Betrag wird von ihm Dämpfung genannt. Das Verhältnis dieses Arbeitsbetrages zur elastischen Verformungsarbeit nennt er verhältnismäßige Dämpfung.

Die Messung der Dämpfungsarbeit kann auch dadurch erfolgen, daß man den Leistungsbedarf einer Dauerprüfmaschine ermittelt und die Leerlaufverluste abzieht. Die Restleistung muß der im Werkstoff verbrauchten Leistung entsprechen. Ein Beispiel hierfür ist die rotierende Dauerbiegemaschine von Schenck. (Lehr *92*).

Schon von Guillet rührt der Vorschlag her, ein Prüfstück in Eigenschwingungen zu versetzen und das Abklingen dieser Schwingungen zu untersuchen. Je größer die innere Dämpfung ist, desto schneller wird die anfängliche Energie verzehrt und desto schneller müssen die freien Schwingungen abklingen.

Dieses Verfahren wird heute mit Ausschwingmaschinen durchgeführt, um deren Ausbildung sich besonders O. Föppl (*28*) und A. Esau (*24*) verdient gemacht haben Werden zwei aufeinanderfolgende Schwingungsausschläge, die also durch eine ganze Schwingungsperiode voneinander getrennt sind, A_1 und A_2 genannt, so wird bekanntlich in dem Ausdruck $D = \log \text{nat} \frac{A_1}{A_2}$ das logarithmische Dekrement der Dämpfung erhalten.

Eine von Walther (*188*) ausgearbeitete Methode zur Ermittlung der Dämpfung benutzt das bekannte Resonanzkurvenverfahren zur Ermittlung der Dämpfung von Schwingungssystemen. Hierbei wird der längliche Prüfkörper in der Mitte aufgehängt. Mit Hilfe eines Magnets, der durch einen Röhrengenerator gespeist wird, werden Longitudinalschwingungen des Prüfstückes erzeugt. Diese Schwingungen induzieren in einem am anderen Ende angebrachten Empfänger elektrische Spannungen. Durch Veränderung der Frequenz der erregenden Kräfte kann eine vollständige Resonanzkurve aufgenommen werden, woraus das logarithmische Dekrement der Dämpfung zu entnehmen ist. Neuerdings werden mit einer ähnlichen Einrichtung Dämpfungsmessungen von Foerster und Köster ausgeführt (*30*).

2. Verlustwinkel.

Nach einem Vorschlag von Späth (*163*) wird, in Anlehnung an ähnliche Verhältnisse bei der elektrischen Belastung eines Dielektrikums, der Verlustwinkel zur Kennzeichnung der Dämpfung eingeführt. Solange sich ein Werkstoff rein elastisch verhält, sind belastende Kraft und Verformung in Phase, die beiden sinusförmig schwankenden Vektoren der Kraft und Verformung erreichen also gleichzeitig ihre Höchstwerte, sie gehen entsprechend gleichzeitig durch die Null-Lage hindurch. Hierbei wird keine Arbeit geleistet, weil der Vektor der Verformungsgeschwindigkeit senkrecht zum Vektor der Kraft steht. Treten im Werkstoff jedoch Verluste auf, verhält er sich also nicht mehr rein elastisch, so muß eine Komponente der Verformungsgeschwindigkeit in die Kraftrichtung fallen. Dadurch entsteht eine Phasenverschiebung zwischen der erregenden Kraft und dem durch sie erzeugten Ausschlag. Eine entsprechende Phasenverschiebung ist auch zwischen der Verformung eines rein elastischen Werkstoffes und der Verformung eines Werkstoffes mit innerer Dämpfung vorhanden. Diese Phasenverschiebung sei der Verlustwinkel des periodisch belasteten Werkstoffes genannt. Durch die Einführung eines solchen Verlustwinkels zur Kennzeichnung der inneren Dämpfung werden eine Reihe von Vorteilen gewonnen.

Wenn man in Abb. 11 den Vektor der periodischen, mechanischen Kraft senkrecht nach oben bis zum Punkt *0* als Ausgangsstelle annimmt, so fällt für elastisches Verhalten auch der Vektor der Verformung in diese Richtung, wobei hier der Einfachheit halber beide Vektoren gleich groß gezeichnet werden. Läßt man nun diese beiden Vektoren rotieren, z. B. im Uhrzeigersinn, so gibt die Projektion dieser Vektoren etwa auf die Abszissenachse, die jeweilige zeitliche Größe von Kraft und Verformung an. Wird nun im gleichen Schaubild die Verformung als Abszisse und die zugehörige Belastung als Ordinate aufgetragen, so erhält man eine unter 45° geneigte Gerade, die vom Ursprung zunächst nach rechts aufwärts ansteigt, einen bestimmten Höchstwert erreicht, um zurück nach der anderen Seite zu wandern. Diese Gerade wird für einen Schwingungszyklus einmal durchlaufen.

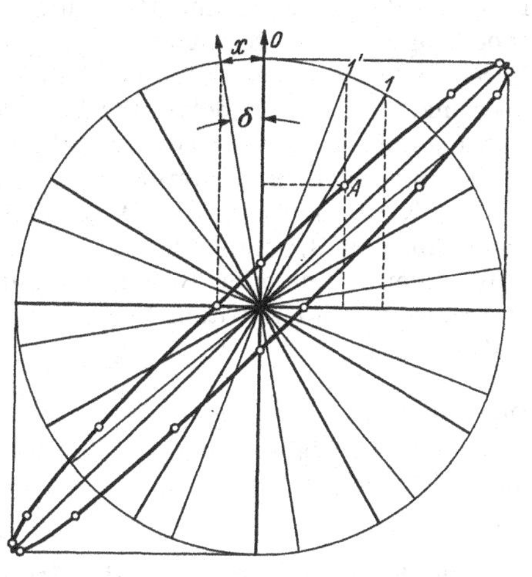

Abb. 11. Vektorielle Zusammensetzung von Belastung und Verformung.

Der andere Grenzfall ist durch vollkommen plastisches Verhalten des Werkstoffes gegeben. In diesem Fall ist nicht die Verformung, sondern die Verformungsgeschwindigkeit in Phase mit der Belastung. Zwischen Kraft und Verformung herrscht also eine Phasenverschiebung von genau 90° und die Zusammensetzung dieser beiden Vektoren ergibt einen Kreis. Dieser Kreis ist also das Schaubild für einen ideal plastischen Körper.

Bei technischen Werkstoffen zeigt sich mit zunehmender Belastung eine allmähliche Abweichung der Phase der Verformung von derjenigen der Kraft. Wenn man in Abb. 11 den Vektor der Kraft sich wiederum in der Stellung *0* angekommen denkt, so hat also die Verformung diese Stellung in diesem Zeitpunkt noch nicht erreicht, sie liegt um einen bestimmten Winkel δ zurück. Mit dieser Phasenverschiebung durchwandern beide Vektoren im Uhrzeigersinn für einen Schwingungszyklus den ganzen Kreis. In der Abb. 11 sind die jeweiligen Stellungen der beiden Vektoren eingezeichnet, wobei der Vektor der Kraft stark, derjenige der Verformung schwach ausgezogen ist. Wenn z. B. der Kraftvektor bei 1 angekommen ist, so steht der Vektor der Verformung um den Winkel δ zurück, also bei 1'. Die zeitliche Schwankung der beiden Vektoren ergibt sich wiederum durch Projektion auf die Abszissenachse. Trägt man die so gewonnenen zeitlich zueinander gehörenden Stücke der Verformung auf der Abszissenachse und der Kraft auf der Ordinatenachse auf, so erhält man eine Ellipse, wie sie in Abb. 11 Punkt für Punkt aufgesucht wurde. An die Stelle der tatsächlich vorhandenen Hysteresisschleife ist also eine Ellipse getreten. Diese Ellipse kann jedoch mit sehr großer Annäherung wenigstens für kleine Phasenverschiebungswinkel die Hysteresisschleife ersetzen, dies um so mehr, als praktisch meist nur der Beginn der Dämpfung interessiert. In der Abb. 11 wurde ein Phasenverschiebungswinkel von 10° angenommen, um übersichtliche Verhältnisse zu bekommen. Tatsächlich ist jedoch dieser Winkel bei Werkstoffen in der Nähe der Dauerfestigkeit meist wesentlich kleiner.

Die Einführung dieses Verlustwinkels bedeutet also nichts anderes als die Ersetzung der Hysteresisschleife, die sich einer genauen mathematischen Erfassung entzieht, durch eine einfache Ellipse. Diese Ellipse ist aber rechnerisch sehr einfach zu behandeln. Die große Anpassungsfähigkeit der Messung und Rechnung in der Elektrotechnik bei der Bearbeitung von Wechselstromvorgängen ist zum großen Teil auf diese Vereinfachung zurückzuführen. Ähnliche Vorteile sind auch für den Verlustwinkel periodisch belasteter Werkstoffe zu erwarten. Insbesondere können aus dem Verlustwinkel alle sonstigen Größen durch einfache Gleichungen berechnet werden.

Zur Kennzeichnung der Dämpfung wird im Schrifttum häufig das logarithmische Dekrement der Dämpfung, wie es sich z. B. aus Ausschwingversuchen oder Resonanzversuchen ergibt, angegeben. Dieses Dekrement hängt mit dem Verlustwinkel durch die einfache Beziehung

$$\vartheta = \pi \operatorname{tg} \delta = \pi \delta \tag{10}$$

zusammen.

Die je Schwingungszyklus verbrauchte Arbeit ergibt sich als Flächeninhalt der Ellipse zu

$$Q = \pi P A \delta . \tag{11}$$

Die wattlos in der Federung des Prüfkörpers aufgespeicherte Energie bei Annahme des Hookeschen Gesetzes ist

$$E = \frac{1}{2} P A . \tag{12}$$

Von Föppl wurde das Verhältnis von je Zyklus verbrauchter Arbeit zur elastischen Formänderungsarbeit die verhältnismäßige Dämpfung genannt. Für dieses Verhältnis ergibt sich demnach

$$\psi = 2 \pi \delta = 2 \vartheta . \tag{13}$$

Die verhältnismäßige Dämpfung wird also aus dem Verlustwinkel durch Multiplikation mit 2π erhalten. Ebenso folgt aus der obigen Gleichung ohne weiteres, daß die verhältnismäßige Dämpfung gleich dem doppelten Wert des logarithmischen Dekrements ist. Diese Beziehungen gelten jedoch nur angenähert. Je größer die Dämpfung wird, desto größer sind die Fehler, die durch den Ersatz der Hysteresisschleife durch eine Ellipse entstehen.

Die Phasenverschiebung zwischen Verformung und Belastung läßt sich experimentell durch die Anordnung gemäß Abb. 12 bestimmen. Dem Prüfstab werden hierbei durch einen mit einem Schwungrad rotierenden Exzenter wechselnde Drehmomente aufgezwungen, deren Größe an einem Kraftzeiger abgelesen wird. Mit der Schwungscheibe rotiert eine Glimmlampe, die durch einen Kontakt gesteuert wird, und zwar wird die Glimmlampe jedesmal gezündet, wenn das Drehmoment durch Null hindurchgeht. Dadurch entsteht auf der Schwungscheibe eine stillstehende Leuchtmarke. Je größer die Phasenverschiebung zwischen Vefrormung und Drehmoment wird, desto mehr verschiebt sich diese Leuchtmarke entgegengesetzt zur Drehrichtung des Schwungrades, Näheres (*163*).

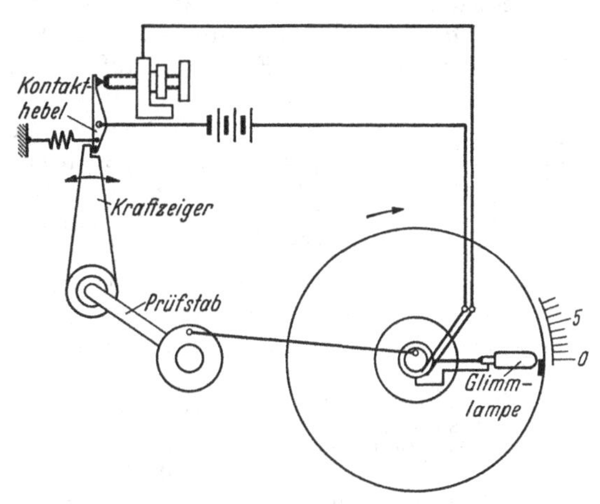

Abb. 12. Elektrische Messung des Verlustwinkels.

3. Änderung der Dämpfung.

Die Dämpfung eines Werkstoffes ist keine gleichbleibende Kennzahl, sie zeigt sich in einer außerordentlich mannigfaltigen Weise von den verschiedensten Einflüssen abhängig.

Wenn man einen Werkstoff einer Dauerwechselbelastung unterwirft, so stellt man fest, daß trotz gleichbleibender Versuchsbedingungen eine langdauernde Änderung der Dämpfung zu beobachten ist. Nach Messungen von Esau und Kortum (*24*), wird schließlich ein stabiler Endwert der Dämpfung erreicht, wenn die Wechselbelastung unterhalb der Dauerfestigkeit liegt. Liegt die Belastung dagegen oberhalb der Dauerfestigkeit, so wird ein stabiler Endwert der Dämpfung nicht erreicht, die Dämpfung steigt bis zum Bruche an.

Auch Thum (*175*) stellt fest, daß die Dämpfungsfähigkeit sich zumeist mit der Zeit aufbraucht. Ebenso wird durch Arbeiten des Wöhler-Institutes (*28*) eine Abhängigkeit der Dämpfung von der absoluten Höhe der Lastwechselzahl festgestellt. Lehr findet, daß die infolge innerer Dämpfung zunächst auf 200° ansteigende Temperatur des Probestückes bei weiter dauernder Beanspruchung auf 80° fiel, daß also die Dämpfung im Laufe des Dauerversuchs abgenommen hat. Nach Memmler und Laute (*107*) schwankt die Dämpfung bei Zug-Druck-Versuchen sehr stark. Herold (*58*) findet, daß die Dämpfung bei wechselnder Beanspruchung knapp an oder unter der Schwingungsfestigkeit mit der Lastwechselzahl abnimmt.

Es ist ferner durch zahlreiche Beobachtungen erwiesen, daß die Dämpfung im allgemeinen mit steigender Festigkeit abnimmt. Die größten Werte weisen C-Stähle und die geglühten Stähle auf, während auf höhere Festigkeit vergütete Stähle in der Regel nur geringe Dämpfung haben. Sehr eingehend wurde die Abhängigkeit der Dämpfung im Laufe eines Dauerversuchs von Ludwik untersucht, und zwar meist durch Beobachtung der Übertemperatur, die der Stab annimmt. Nach seinen Untersuchungen steigt die Dämpfung im allgemeinen mit der Lastwechselzahl zunächst stark an, um nach Erreichen eines Höchstwertes wieder abzufallen. Die Versuche ergaben, daß der Grenzwert der Dämpfung bei 10 Millionen Lastwechsel noch nicht erreicht wird und daß selbst nach 100 Millionen Lastwechsel noch ein Abfall der Dämpfung zu beobachten ist. Bei Drehschwingungen wurde von Ludwik und Scheu (*95*) auch durch Ausmessung der Hysteresisschleife die gleiche Beobachtung gemacht. Ferner sei auf den zusammenfassenden Bericht von Föppl verwiesen (*29*).

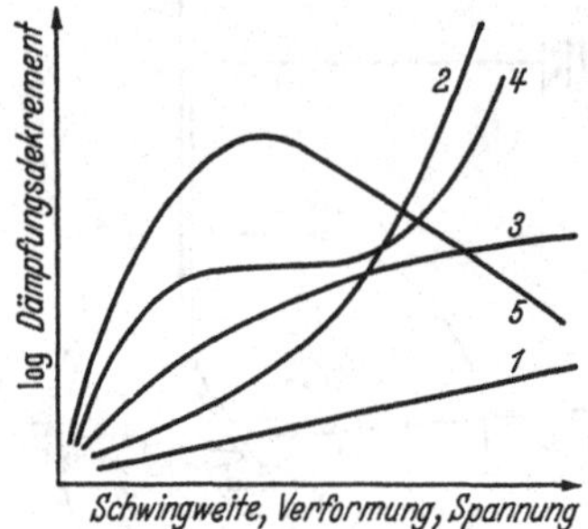

Abb. 13. Stabile Enddämpfung. (Hempel, Arch. Eisenhüttenw. 1934/35.)

Nach einer Zusammenstellung von Hempel (*51*) müssen zur Beurteilung eines Werkstoffes in bezug auf das Verhalten seiner Dämpfungsänderungen folgende Bestimmungen gemacht werden.

a) Amplitudenabhängigkeit, ermittelt z. B. aus Ausschwingversuchen, gekennzeichnet durch die stabile Dämpfungskurve. Je nach Werkstoff bzw. Gefügezustand oder Wärmebehandlung werden Dämpfungskurven erhalten, wie sie in Abb. 13 wiedergegeben sind. Hierbei wird für Belastungen unterhalb der Dauerfestigkeit der stabile Endwert der Dämpfung nach ganz verschiedenen Beanspruchungszeiten oder Lastwechselzahlen erreicht. Die Dämpfung kann mit wachsender Verformung allmählich zunehmen, sie kann mit steigender Verformung auch beschleunigt zunehmen. Die Dämpfung kann aber nach Erreichen eines Höchstwertes wieder abfallen, oder aber sie kann nach zunächst steilem Anstieg wesentlich langsamer weitersteigen, um schließlich wieder in einen schneller steigenden Ast umzuschwenken.

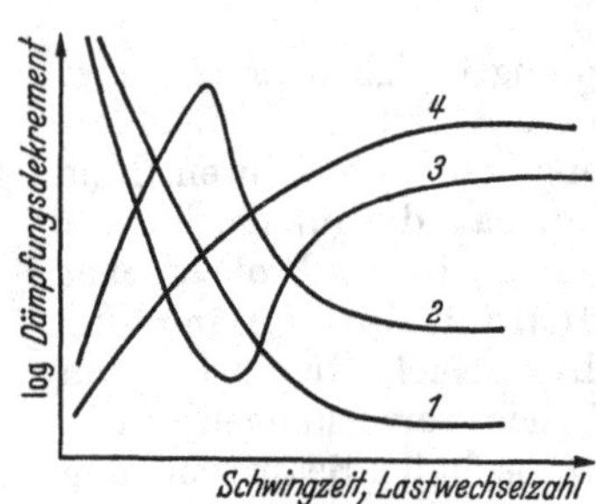

Abb. 14. Zeitlicher Dämpfungsverlauf. (Hempel, Arch. Eisenhüttenw. 1934/35.)

b) Zeitabhängigkeit. In Abb. 14 sind die bisher beobachteten vier verschiedenen Arten bis zum Stabilwerden der Dämpfung zusammengestellt. Die Dämpfung kann also bei gleichbleibenden Versuchsbedingungen entweder allmählich ansteigend oder abfallend einen Grenzwert annehmen. Oder sie kann zunächst abfallen, um dann ansteigend allmählich in einen Grenzwert einzubiegen. Sie kann aber auch zunächst stark ansteigend, nach Überschreitung eines Höchstwertes wieder abfallen, um dann schließlich einen Grenzwert anzunehmen. Als weitere Möglichkeit wäre ergänzend hier zu bemerken, daß die Dämpfung auch um einen mittleren Wert periodische Schwankungen ausführen kann.

4. Dämpfung und statische Festigkeitswerte.

Von Späth (*163*) wurde gezeigt, daß die Dämpfung eines Werkstoffs ein wichtiges Bindeglied zwischen statischen und dynamischen Prüfungen darstellt. Insoweit diese Überlegungen für spätere Betrachtungen über die Härte von Bedeutung sind, soll hier kurz auf die wichtigsten Zusammenhänge hingewiesen werden.

Nach den obigen Darlegungen ist die Dämpfung durch den Verlustwinkel, d. h. durch das Verhältnis von bleibender und federnder Verformung sehr einfach festzulegen. Bei der Dämpfungsmeßeinrichtung nach Abb. 12 wird entsprechend jeweils der Verformungsrest beim Kraftdurchgang durch Null gemessen und zur elastischen Verformung in Beziehung gesetzt.

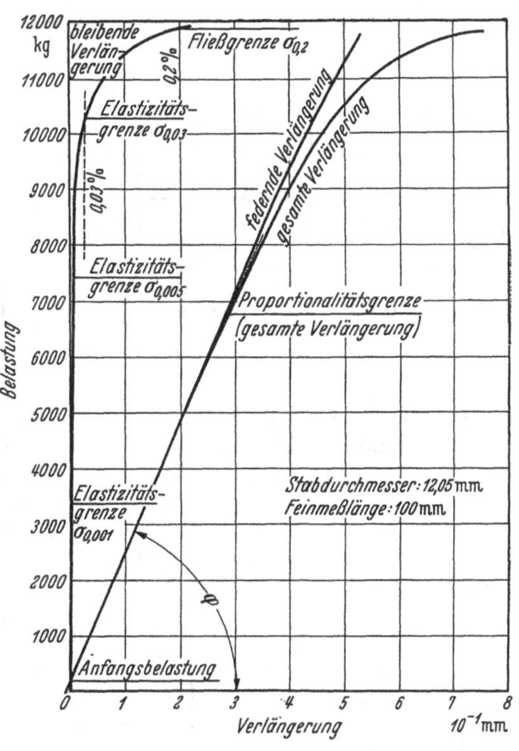

Abb. 15. Belastungs-Verformungs-Schaubild eines Stahlstabes. (Goerens und Mailänder, Hdbch. Exp. Physik.)

Auch bei der heute üblichen Bestimmung der Festigkeitswerte aus dem statischen Zerreißversuch wird der bleibende Verformungsrest nach der Entlastung gemessen, er wird jedoch nicht zur elastischen Dehnung, sondern zur Prüflänge L in Beziehung gesetzt. Für die elastische Dehnung eines Prüfstücks mit dem E-Modul E ergibt sich unter der Belastung P der Wert

$$e = \frac{P\,L}{q \cdot E} = \sigma \frac{L}{E}.$$

Wird die bei dieser Belastung sich zeigende, bleibende Dehnung p genannt, dann läßt sich ähnlich wie beim Dämpfungsversuch auch beim statischen Belastungsversuch ein entsprechendes Verhältnis

$$\frac{p}{e} = \operatorname{tg} \delta \tag{14}$$

entnehmen. Wir kommen also zu dem Ergebnis, daß der Verlustwinkel als Maß der Dämpfung für jede Belastung grundsätzlich auch aus dem statischen Zerreißversuch zu ermitteln ist. Dies sei an einem Beispiel gezeigt.

In Abb. 15 ist das Zerreiß-Schaubild eines Stahlstabes mit einer Meßlänge von 100 mm nach Goerens-Mailänder (*194*) dargestellt. Die sich zeigenden gesamten Verlängerungen sind in federnde und bleibende Verlängerungen aufgeteilt und in Abhängigkeit von der Belastung aufgetragen.

In Tab. 1 sind nun die verschiedenen Festigkeitswerte, wie sie heute die statische Werkstoffprüfung zur Kennzeichnung der Werkstoffe auseinem derartigen Feinmeßversuch entnimmt, zusammengestellt. Für diese kritischen Spannungswerte werden die zugehörigen bildsamen und elastischen Dehnungen bestimmt. Ermittelt man nunmehr das Verhältnis der bildsamen zur elastischen Dehnung, so erhält man ohne weiteres den Verlustwinkel als tg δ. Für kleine Werte, etwa für die verschiedenen Elastizitätsgrenzen, geben diese Zahlen unmittelbar den Verlustwinkel im Bogenmaß an. In einer weiteren Spalte sind die Winkel in Winkelgraden ausgerechnet. Durch Multiplikation mit π wird das logarithmische Dekrement der Dämpfung erhalten.

Tabelle 1.

Elastizitätsgrenze	Punkt	Belastung kg	Beanspruchung kg/mm²	Verlustwinkel		log. Dekr.
				tgδ	Grad	πtgδ
0,001%	1	3 400	30	0,0073	0,42	0,023
0,005%	2	7 400	65	0,016	0,91	0,05
0,03%	3	10 200	80	0,066	3,75	0,21
Dehngrenze 0,2% .	4	11 800	104	0,36	20,5	1,14
Proportionalitätsgrenze	5	6 700	50	0,013	0,71	0,039

In Abb. 16 ist der Gesamtverlauf des Verlustwinkels in Abhängigkeit von der Spannung aufgetragen, wie er sich aus Abb. 15 ergibt. Die linke Ordinate gibt tgδ an, während die rechte Ordinate in Einheiten des logarithmischen Dekrements eingeteilt ist. Diese aus einer statischen Feinmessung gewonnene Kurve entspricht durchaus einer Dämpfungskurve, wie sie üblicherweise bei dynamischen Versuchen gewonnen wird. Sie zeigt das von dynamischen Messungen her bekannte Bild. Nach einem langsamen Anstieg nimmt die Dämpfung bei Überschreiten einer bestimmten Spannung wesentlich schneller zu. In diese Dämpfungskurve sind ferner die aus dem statischen Feinmeßversuch entnommenen verschiedenen Festigkeitswerte eingetragen und durch die Punkte 1 bis 5 bezeichnet.

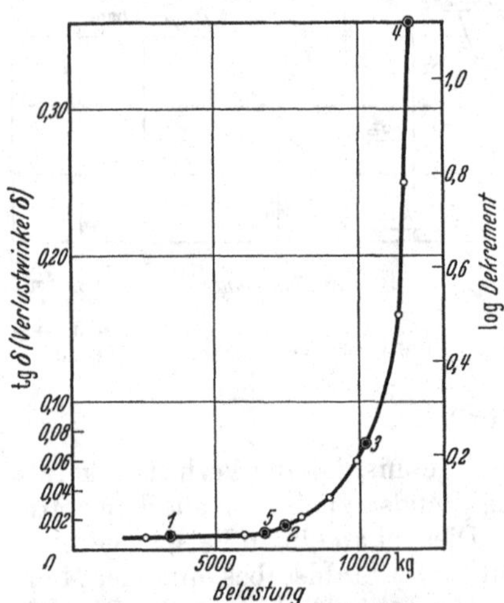

Abb. 16. Entnahme von Dämpfungswerten aus der statischen Zerreißkurve nach Abb. 15.

Damit ist ein enger Zusammenhang zwischen der klassischen statischen Belastungsprobe und der dynamischen Forschungsrichtung geknüpft. Auch für die Begriffsbestimmung der Härte wird sich dieser Zusammenhang sehr nützlich erweisen.

5. Modul, Dehnungszahl, Dämpfung.

Die Dämpfung erweist sich aber auch nahe verwandt mit dem neu eingeführten Plastizitätsmodul. Dieser ist bestimmt durch

$$\operatorname{tg} \beta = \frac{P}{p}\,. \tag{15}$$

Die im Zähler auftretende Kraft P läßt sich bei bekannter elastischer Verformung e aus dem E-Modul berechnen zu

$$P = eE\,. \tag{16}$$

Hiermit ergibt sich für den Plastizitätsmodul die Beziehung:

$$\operatorname{tg} \beta = \frac{E}{p/e} = \frac{E}{\delta}\,. \tag{17}$$

Der Plastizitätsmodul, also der Formänderungswiderstand eines Werkstoffes gegenüber bleibenden Verformungen, ist demnach verhältnisgleich mit dem E-Modul und umgekehrt verhältnisgleich mit der Dämpfung. Ist die Dämpfung 0, so ist nach Gl. (17) der Plastizitätsmodul unendlich groß; denn bei Abwesenheit von Dämpfung ist der Verformungsrest 0, und wie bereits dargelegt, ist in diesem Fall der Plastizitätsmodul unendlich groß.

Beginnt bei weiter steigender Belastung eine bleibende Dehnung sich zu zeigen, etwa von $^1/_{1000}$ der elastischen Verformung, so ist das Verhältnis beider Verformungen, also die Dämpfung, $^1/_{1000}$, und der Plastizitätsmodul ist entsprechend tausendmal so groß wie der E-Modul.

Bilden wir nun das Verhältnis von elastischem zu plastischem Modul, so ergibt sich

$$\delta = \frac{E\text{-}Modul}{P\text{-}Modul}\,. \tag{18}$$

Das Verhältnis der beiden Moduln ist demnach unmittelbar gleich der Dämpfung, gemessen durch den Verlustwinkel.

Eine entsprechende Überlegung kann nun . · den gesamten Formänderungswiderstand angestellt werden. Ersetzt man in Gl. (7) die Spannung durch $P = eE$, so ergibt sich

$$\operatorname{tg} \gamma = \frac{P}{e+p} = \frac{eE}{e+p} = \frac{E}{1+\delta}\,. \tag{19}$$

Der Gesamtverformungswiderstand ist demnach um so größer, je größer der E-Modul und je kleiner die innere Dämpfung ist. Wird die innere Dämpfung 0, so verhält sich der Werkstoff elastisch und der gesamte Formänderungswiderstand ist durch den E-Modul allein gegeben. Ist dagegen die Dämpfung wesentlich größer als 1, so wird der Formänderungswiderstand durch die Dämpfung stark herabgesetzt.

Ähnliche Überlegungen lassen sich auch für die Dehnungszahl anstellen. So ergibt sich für die plastische Dehnungszahl der Wert

$$a_p = \frac{p}{eE} = \frac{\delta}{E} = \delta a_e\,. \tag{20}$$

Das Verhältnis von plastischer zu elastischer Dehnungszahl ergibt sich zu

$$\frac{a_p}{a_e} = \delta\,. \tag{21}$$

Die Dämpfung ist also unmittelbar gleich diesem Verhältnis, da die Dehnungszahlen sich wie die Dehnungen verhalten.

Entsprechend ergibt sich für die Gesamtdehnungszahl

$$a_g = a_e + a_p = a_e (1 + \delta). \tag{22}$$

Wird hierin die Dämpfung 0, so ist die Gesamtdehnungszahl durch die elastische Dehnungszahl allein gegeben. Wird dagegen die Dämpfung sehr groß, so überwiegt der Einfluß der plastischen Dehnungszahl auf den Gesamtwert.

Damit mögen die Betrachtungen über die Grundbegriffe abgeschlossen sein.

Zweiter Teil.

Die gebräuchlichsten Härteprüfverfahren.

Zur Messung des „Widerstandes", den ein Werkstoff dem Eindringen eines anderen, härteren entgegensetzt, stehen heute eine Reihe von Prüfeinrichtungen zur Verfügung, wobei die Versuchsbedingungen häufig durch Normen allgemeinverpflichtend vorgeschrieben werden. Wenn auch infolge der großen Bedeutung der Härteprüfung für die Technik die Kenntnis der verschiedenen Prüfgeräte mit den jeweils zu gewinnenden Härtewerten weit verbreitet ist, so dürfte es sich doch empfehlen, als Vorbereitung für spätere Ausführungen das Wichtigste in Erinnerung zu bringen, und dem mit der Versuchstechnik weniger vertrauten Leser einen Überblick zu geben. Dies um so mehr, als nicht nur die üblichen Geräte zur Prüfung von Metallen, sondern auch weniger bekannte Einrichtungen zur Untersuchung von Nichtmetallen wegen ihrer grundsätzlichen Bedeutung hier darzustellen sind. Selbstverständlich können nur einige wenige Geräte als Beispiele angeführt werden, wobei im wesentlichen auf deutsche Maschinen Bezug genommen wird. Für eingehendere Unterrichtung über die verschiedenen Prüfeinrichtungen sei auf die bereits genannten Bücher von Döhmer (*16*) und O'Neill (*116*) verwiesen. Bei Franke (*39*) finden sich des weiteren zahlreiche Literaturstellen, die die apparatetechnische Seite der Härteprüfung betreffen. Auch die von den Herstellern der Prüfgeräte herausgebrachten Werbeblätter und Schriften seien hier erwähnt.

I. Kugeldruckprobe.

1. Begriffsbestimmung.

Bei der Kugeldruckprobe wird eine gehärtete Stahlkugel in die Oberfläche des Prüfstücks mit einer bestimmten Prüflast eingedrückt. Nach einer gewissen Einwirkungszeit der Prüflast wird entlastet und der entstandene Eindruck ausgemessen. Ist P die Prüflast in kg, D der Durchmesser der Kugel in mm, d der Durchmesser des entstandenen Eindrucks in mm und O die Oberfläche der Kugelkalotte in mm², so wird die Kugeldruck- oder Brinellhärte berechnet gemäß (Brinell *12*)

$$H = \frac{P}{O}\left[\frac{\text{kg}}{\text{mm}^2}\right]. \tag{23}$$

Der Flächeninhalt der Kugelkalotte läßt sich entweder aus dem Durchmesser der Eindruckfläche, oder aber auch aus der Eindrucktiefe t berechnen, so daß sich im einzelnen die Formeln

$$H = \frac{P}{\frac{\pi}{2} D \left(D - \sqrt{D^2 - d^2}\right)} \tag{24}$$

oder

$$H = \frac{P}{\pi D t} \tag{24a}$$

ergeben. Wird der Eindruckwinkel, Abb. 17, mit Φ bezeichnet, so läßt sich auch schreiben

$$H = \frac{P}{\frac{\pi}{2} D^2 (1 - \cos \Phi/2)}. \tag{25}$$

Eine langjährige Erfahrung bei der Durchführung solcher Kugeldruckversuche fand ihren Niederschlag in Regeln und Vorschriften, um von den vielfachen Einflüssen der Versuchsdurchführung möglichst unabhängig zu werden und vergleichbare Werte zu erhalten. In Deutschland ist DIN 1605 Blatt 3, Ausgabe Februar 1936 maßgebend. Hier sei nur kurz auf die wichtigsten Punkte verwiesen.

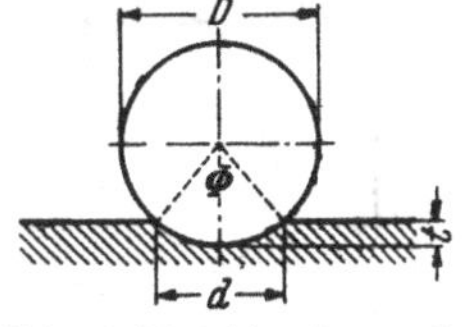

Abb. 17. Kugeldruckversuch.

Die Oberfläche des Prüfstücks muß blank und eben sein, auch muß das Prüfstück eine solche Dicke besitzen, daß keine Druckstellen auf der Unterseite sichtbar werden. Der Abstand des Eindrucks vom Rande des Prüfstücks, ebenso der Abstand einzelner Eindrücke muß genügend groß sein, damit keine gegenseitige Beeinflussung entsteht. Insbesondere müssen die Größe der jeweiligen Prüflast und der Durchmesser der Prüfkugel den jeweils vorliegenden Bedingungen angepaßt sein. Die Belastungen bei verschiedenen Kugeldurchmessern sind nach Tabelle 2 zu wählen. Zur Kennzeichnung der Versuchsbedingungen werden Kugeldurchmesser, Belastung und Belastungsdauer in der Form H 5/250/30 angegeben, wobei in diesem Fall also eine Kugel von 5 mm Durchmesser, eine Prüflast von 250 kg und eine Belastungsdauer von 30 Sekunden zur Verwendung kam. Für den üblichen Regelversuch mit einer 10-mm-Kugel, 3000 kg Belastung und 30 Sekunden Belastungsdauer wird das Kurzzeichen H_n benutzt.

Tabelle 2.

Kugel-durchmesser D in mm	Belastung P in kg			
	$30\,D^2$	$10\,D^2$	$5\,D^2$	$2{,}5\,D^2$
10	3000	1000	500	250
5	750	250	125	62,5
2,5	187,5	62,5	31,2	15,6

Nach einem Vorschlag von Meyer (*108*) wird die Belastung P nicht auf den Flächeninhalt der Kugelkalotte, sondern auf denjenigen des Eindruckskreises bezogen, so daß die Meyerhärte sich als mittlere Pressung ergibt zu

$$p_m = \frac{P}{\frac{\pi}{4} d^2} \left[\frac{\text{kg}}{\text{cm}^2}\right]. \tag{26}$$

Martens und Heyn (*103*) schlugen vor, nicht die Prüflast, sondern die Eindrucktiefe konstant zu halten und als Härte diejenige Belastung zu bestimmen, die zur Erzeugung einer Eindrucktiefe von 0,05 mm mit einer 5 mm-Kugel nötig ist (vgl. S. 87).

Weitere Vorschläge zur Auswertung des Kugeldruckversuchs werden später besprochen.

Zur Veranschaulichung der sich ergebenden Werte ist in Abb. 18 eine Zusammenstellung der Brinellhärten verschiedener Metalle wiedergegeben (*190*).

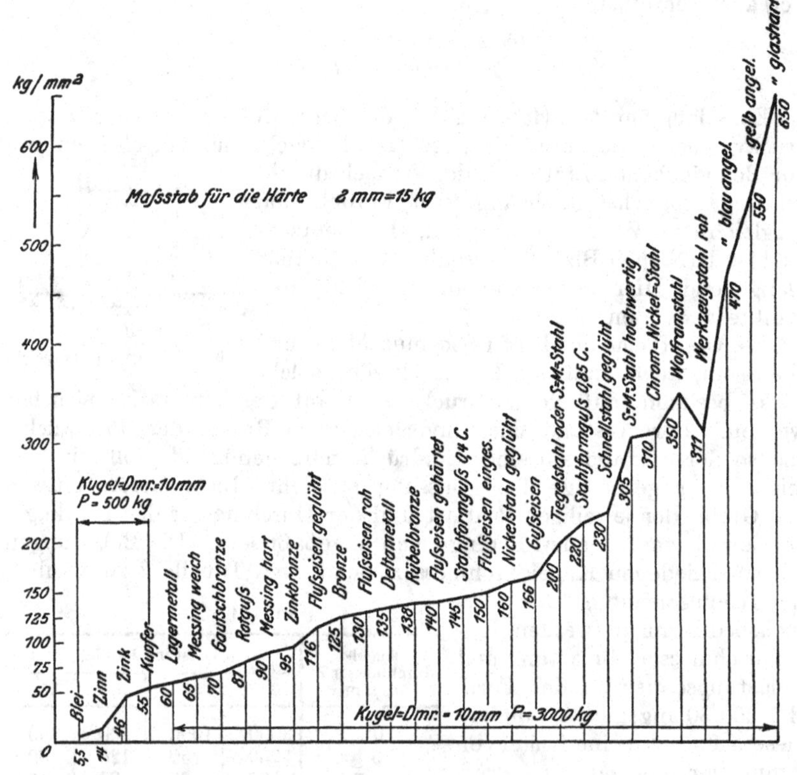

Abb. 18. Zusammenstellung der Brinellhärte verschiedener Metalle. (Wawrziniok, Hdbch. Materialprüfwesen.)

2. Prüfeinrichtungen.

Die große Bedeutung der Kugeldruckprobe für die Praxis hat mannigfaltige Konstruktionen von Prüfeinrichtungen entstehen lassen. Neben Genauigkeit standen insbesondere auch Schnelligkeit und Leichtigkeit der Durchführung der Messungen im Vordergrund des Interesses. Ebenso wurden für die verschiedensten Zwecke Sondereinrichtungen geschaffen. In den bereits genannten Büchern von Döhmer (*16*) und O'Neill (*116*) sind eine große Anzahl von Brinellpressen des In- und

Auslandes beschrieben. Eine Zusammenstellung neuerer Härteprüfer wurde von Hengemühle (*52*) gegeben. Hier sei auf einige Ausführungsbeispiele verwiesen.

In Abb. 19 ist die Original-Alpha-Brinellpresse dargestellt. In einen Arbeitszylinder wird mit Hilfe einer Handpumpe Flüssigkeit gepumpt, bis an einem Manometer der vorgeschriebene Prüfdruck abzulesen ist. In einem mit diesem Zylinder in Verbindung stehenden kleineren Zy-

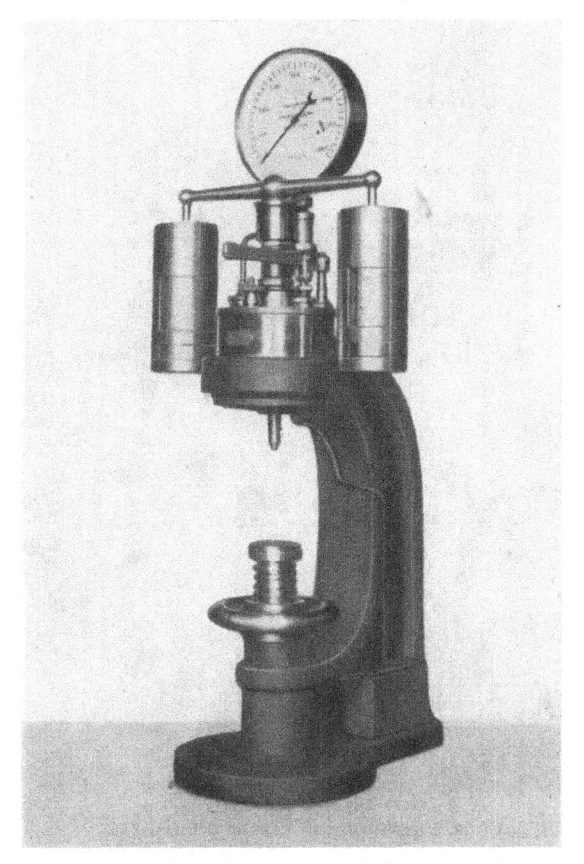

Abb. 19. Kugeldruckpresse (Alpha Stockholm).

linder bewegt sich hierbei ein mit abgepaßten Gewichten belasteter Kolben, der sich so lange hebt, bis der gewünschte Druck erreicht ist. Diese Einrichtung ermöglicht eine Kontrolle, außerdem wird hierdurch der gewünschte Prüfdruck für die gewählte Prüfzeit gleichbleibend aufrecht erhalten.

Als weiteres Beispiel einer Brinellpresse sei eine Härteprüfmaschine der Firma Amsler, Abb. 20, angeführt. Die Größe des Druckes, der durch einen Preßzylinder ausgeübt wird, ist an einem Pendelmanometer ablesbar.

Abb. 21 zeigt eine Härteprüfmaschine für Sonderzwecke (Reicherter, Eßlingen).

Eine Prüfzwinge zur Untersuchung von Schienen, von der Firma Mohr & Federhaff hergestellt, zeigt Abb. 22. Sie wird nach Art einer Schraubzwinge an dem Prüfstück festgeklemmt, wobei durch Drehen der Handkurbel der Prüfdruck erzeugt wird. Die Größe dieses Prüf-

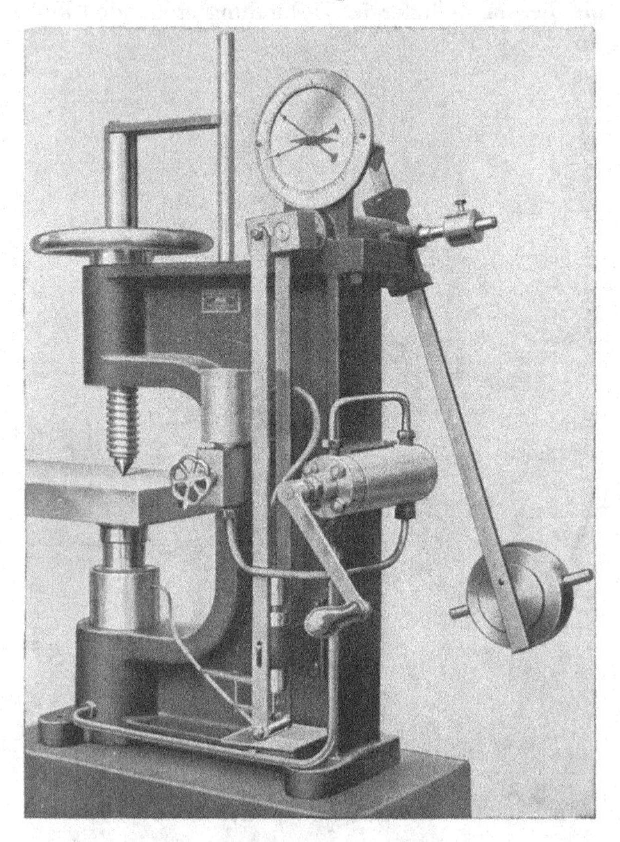

Abb. 20. Kugeldruckpresse (Amster Schaffhausen).

drucks wird durch die elastischen Formänderungen der Prüfzwinge an einer Meßuhr abgelesen.

Die heute oft nötige. laufende Prüfung großer Serien hat zu dem Bau sog. Schnellpressen geführt, um zeitraubende und ermüdende Handarbeit möglichst auszuschalten. Das Aufbringen der Last, deren Gleichhaltung für die Prüfdauer und auch die anschließende Entlastung wird bei diesen Typen selbsttätig vorgenommen. Der Prüfer hat hierbei nur das Werkstück unter den Prüfstempel zu bringen und den Elektromotor einzuschalten. Eine solche Maschine von Mohr & Federhaff stellt Abb. 23 dar, während Abb. 24 eine Konstruktion von Losenhausen wiedergibt.

Die nachträgliche Ausmessung des Eindrucks wurde stets sehr lästig empfunden. Einen beachtenswerten Fortschritt in dieser Hinsicht brachten Geräte, bei denen der erzielte Eindruck beim Abheben der Last selbsttätig auf einer Mattscheibe in vergrößertem Maßstab erscheint. Bei dem Dia-Testor von Wolpert, Ludwigshafen (Abb. 25), kann die Vergrößerung zu 20-, 70- oder 140fach gewählt werden. Mit dem an der Mattscheibe befestigten Maßstab wird die Größe des Eindruckdurchmessers ermittelt, auch gibt das stark vergrößerte Bild einen schnellen

Abb. 21. Härteprüfmaschine „Briro" (Reicherter Eßlingen).

Überblick über die einwandfreie Beschaffenheit des Eindrucks. Bei diesem Gerät wird die jeweilige Größe der Prüflast durch Einstecken von Bolzen eingestellt, wobei der Belastungshebel selbst, unabhängig von der jeweiligen Prüflast, stets gleichmäßig belastet ist, so daß eine veränderliche Durchbiegung des Belastungshebels vermieden wird.

Eine ähnliche Einrichtung, allerdings mit fester Vergrößerung stellt das Briviskop der Firma Reicherter, Eßlingen, dar (Abb. 26). Diese Maschine besitzt an Stelle der Gewichtsbelastung eine Federbelastung. Eine weitere Ausführung der Maschinen mit optischer Anzeige ist in Abb. 27 dargestellt (Schopper, Leipzig).

Eine Einrichtung, die heute weniger für praktische Messungen Verwendung findet, die aber im Zusammenhang mit späteren Ausführungen hier genannt sei, ist der Kugeldruckhärteprüfer von Martens und Heyn Bauart Schopper. Bei diesem Gerät (Abb. 28) wird nicht wie bei den bisher genannten Prüfeinrichtungen die Prüflast konstant gehalten, sondern es wird der zur Erzeugung einer bestimmten, gleichbleibenden Eindrucktiefe benötigte Druck ermittelt. Die Belastungskraft wird mit Druckwasser erzeugt, oder auch durch eine Handschraubenpumpe. Die Größe der Last wird an

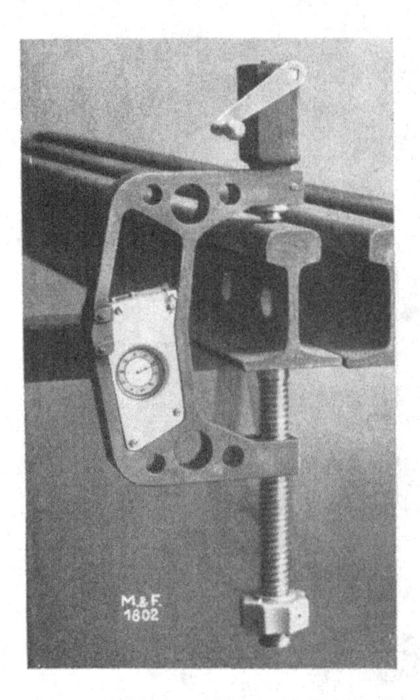

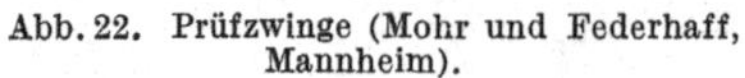

Abb. 22. Prüfzwinge (Mohr und Federhaff, Mannheim).

Abb. 23. Kugeldruckschnellpresse (Mohr und Federhaff, Mannheim).

einem Manometer abgelesen. An dem Querhaupt ist der Eindrucktiefenmesser angeordnet, der an einem Kapillarröhrchen die Höhe einer Quecksilbersäule mit einer Genauigkeit von $^1/_{500}$ mm abzulesen gestattet.

Beim Monotron-Härteprüfer von Shore wird ähnlich wie bei Martens die zur Erzeugung einer bestimmten Eindrucktiefe benötigte Last als Maß der Härte angesetzt, Abb. 55.

Schließlich sei noch eine Einrichtung zur Untersuchung von Gummi erwähnt. Für die Härteprüfung von Gummi sind vom Verband für die Materialprüfung der Technik (DVM) folgende Richtlinien festgesetzt worden:

Abb. 24. Kugeldruckschnellpresse (Losenhausenwerk, Düsseldorf).

Abb. 25. Dia-Testor-Härteprüfer mit Projektion des Eindrucks auf Mattscheibe (Wolpert, Ludwigshafen, bzw. Hahn & Kolb, Stuttgart.)

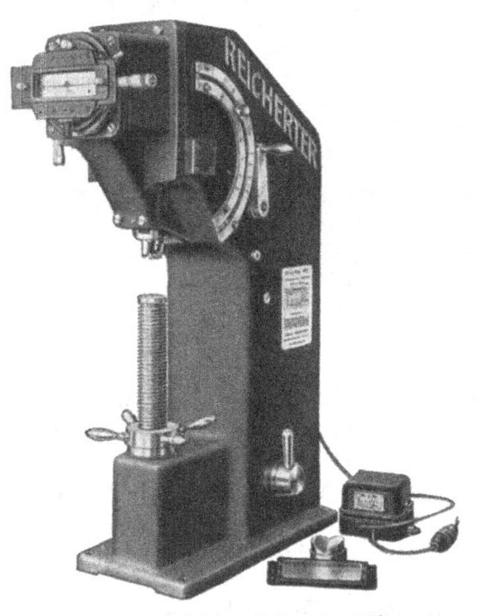

Abb. 26. Briviskop (Reicherter, Eßlingen).

Abb, 27. Kugeldruckpresse (Schopper. Leipzig).

Eine mit 50 g vorbelastete Stahlkugel von 10 mm Durchmesser wird mit einer Eindruckkraft von 1 kg in die Probe eingedrückt und die Eindrucktiefe der Kugel auf $^1/_{100}$ mm genau nach 10 Sekunden festgestellt. Die Eindrucktiefe gilt als Härtezahl.

Ein Gerät zur Durchführung solcher Messungen zeigt Abb. 29 von Schopper, Leipzig.

3. Bestimmung des Eindruckdurchmessers.

Zur Bestimmung des Eindruckdurchmessers dienen heute, je nach der verlangten Genauigkeit, verschiedene Geräte. Wenn man sich damit begnügt, den Durchmesser etwa bis auf eine Genauigkeit von $^1/_{10}$ mm auszumessen, so kommt z. B. ein Lineal mit zwei sich kreuzenden Geraden in Frage. Der Eindruck wird so lange verschoben, bis er von den beiden Geraden berührt wird, worauf die Ablesung an der Skala erfolgt (Abb. 30).

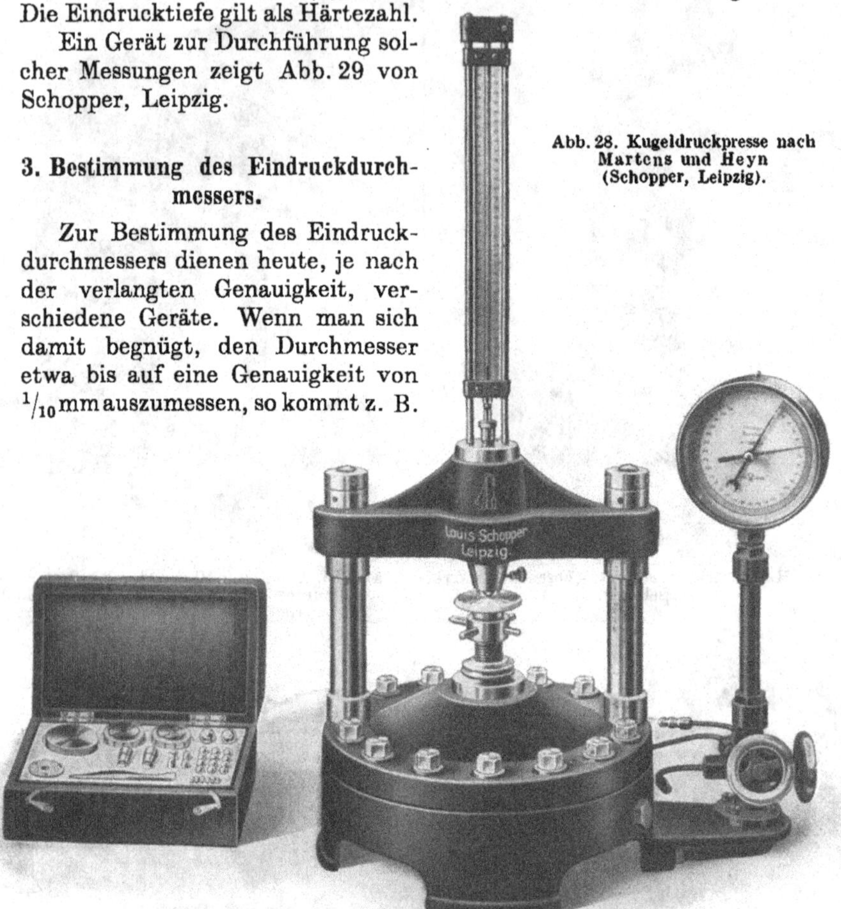

Abb. 28. Kugeldruckpresse nach Martens und Heyn (Schopper, Leipzig).

Eine etwas größere Genauigkeit wird mit Ableselupen (Abb. 31) erreicht, in deren Gesichtsfeld eine Skala angebracht ist, die eine unmittelbare Ablesung gestattet. Auch wird bei solchen Lupen von der Schrägablesung Gebrauch gemacht.

Eine Genauigkeit von $^1/_{100}$ mm wird durch Verwendung von Mikroskopen erreicht. Im Gesichtsfeld liegt ein Faden, der zunächst mit der einen Seite des Eindrucks in Berührung gebracht wird. Dann wird der Tubus mittels Zahnrades und Triebes so lange verschoben, bis die gegenüberliegende Seite des Eindrucks mit dem Eindruckrande zur Berührung kommt. An einem Nonius ist hierauf der Eindruckdurchmesser abzulesen, (Abb. 32).

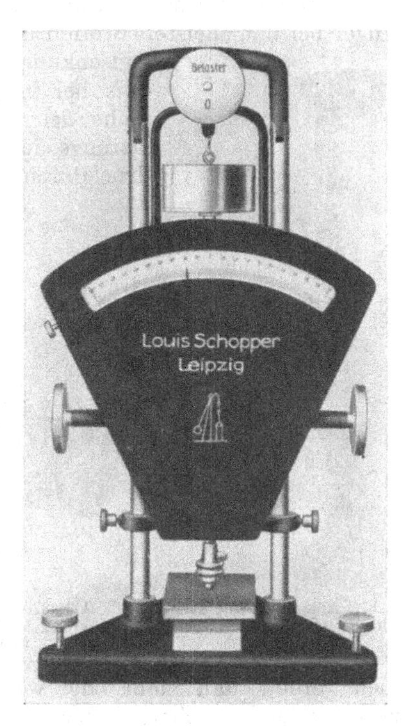

Abb. 29. Kugeldruckgerät zur Untersuchung von Gummi (Schopper, Leipzig).

Nach neueren Messungen von Sporkert (*166*) machen sich bei Anwendung hoher Vergrößerungen selbst geringe Höhenunterschiede und Rauhigkeiten des Objekts durch undeutliche Übergänge bemerkbar. Dadurch nimmt der Gewinn an Genauigkeit mit steigender Vergrößerung ab. Als Höchstvergrößerung wird daher 48:1 vorgeschlagen, eine noch höhere Vergrößerung würde einen zu großen Aufwand an Anschaffungskosten und auch an Meßzeit mit sich bringen.

Eine wesentliche Fehlerquelle bei der Ausmessung von Kugeleindrücken kann ferner die Beleuchtung der Probe mit sich bringen. Jede Beleuchtung, die den Eindruck dunkel in heller Umgebung erscheinen läßt, verursacht erhebliche systematische Fehler. Hierauf haben O'Neill (*116*) sowie Esser und Cornelius (*25*) hingewiesen. Abb. 33 und 34 geben den gleichen Eindruck bei verschiedenen Beleuchtungsarten wieder (Sporkert *166*). In Abb. 33 ist der Übergang vom Eindruck zur Probenoberfläche unregelmäßig und unscharf. Der Durchmesser ist 2,60 mm und die Härte demnach 131 kg/mm². Abb. 34 zeigt den gleichen Eindruck, jedoch hell aus-

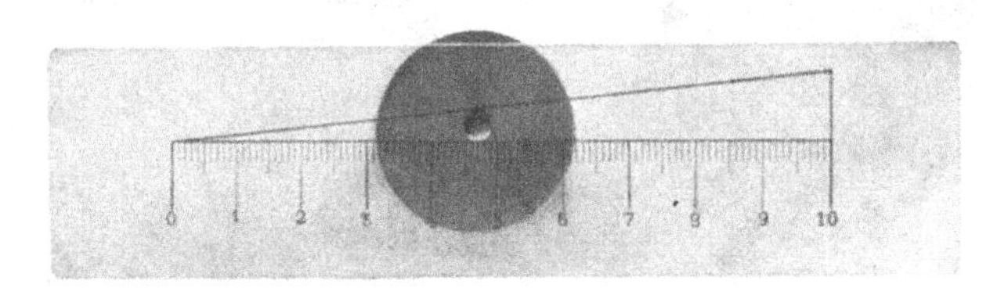

geleuchtet. Der Eindruckrand ist hier scharf, der Durchmesser ist 2,50 mm und damit die Härte 143 kg/mm².

Eine solche Beleuchtung ergibt sich durch die zusätzliche Beleuchtungsvorrichtung an dem Mikroskop von Zeiss (Abb. 35). Die Eindrücke erscheinen mit gut abgestimmten Helligkeitskontrasten. Die Meßvorrichtung befindet sich im Okular, die aus zwei übereinander gelagerten Strichmaßstäben besteht.

Im übrigen sei noch darauf hingewiesen, daß beim Eindrücken der Kugel bei den meisten Stoffen am Eindruckrand ein Wulst oder eine Einsenkung sich zeigt. Wulstbildung tritt besonders bei kaltverformten Werkstoffen auf. Die Höhe des Wulstes nimmt mit wachsender Belastungsdauer zu. Eine Vergrößerung des Eindruckdurchmessers ist die Folge. Auch ist die Form der Kalotte trotz ziemlich genauer Kugelform des Eindruckkörpers meist mehr oder weniger verzerrt. Legt man nach einem Vorschlag des Verfassers in den Kugeleindruck eine Glaslinse mit etwas geringerem Kugelhalbmesser, und beleuchtet die Einrichtung mit monochromatischem Licht, so bilden sich Interferenzringe aus. Aus der Form dieser Ringe kann entnommen werden, daß mehr oder weniger große Abweichungen von der reinen Kreisform fast immer vorhanden sind, daß aber auch diesen Schichtlinien noch kleine Unregelmäßigkeiten, etwa infolge des verschiedenen Gefüges, überlagert sind.

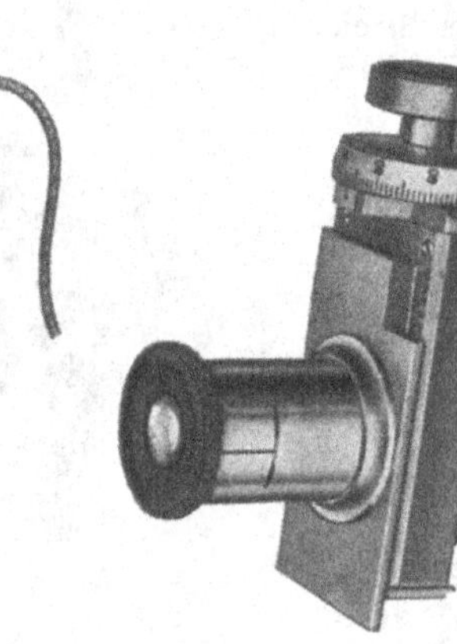

Abb. 31. Ableselupe mit Beleuchtung (R. Fueß, Berlin-Steglitz).

Abb. 32. Okularschraubenmikrometer (R. Fueß, Berlin-Steglitz).

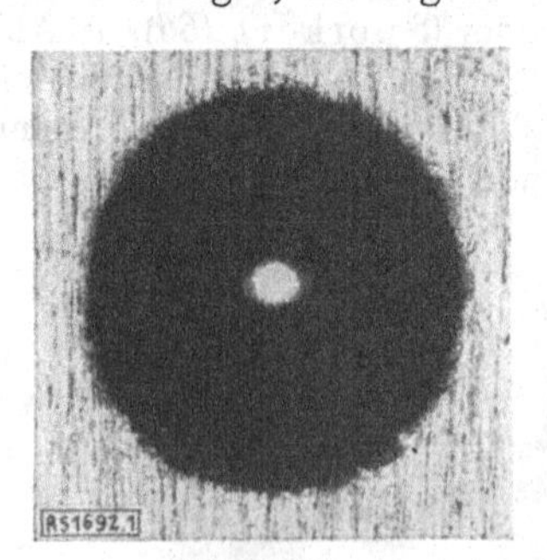

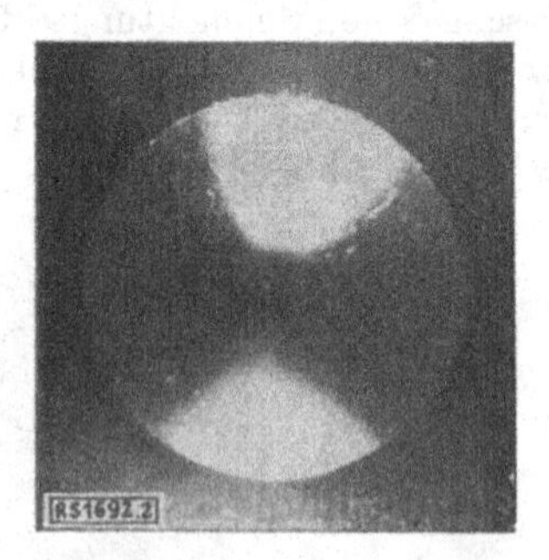

Abb. 33. Abb. 34.
Kugeleindruck mit verschiedener Ausleuchtung (Sporkert, Z. Metallkd. Bd. 30).

Nach dem Ausmessen des Eindruckdurchmessers kann aus Tabellen oder sonstigen Rechenhilfen die jeweilige Brinellhärte gemäß Gl. (24) errechnet werden. Da ausführliche Tabellen im Schrifttum und auch in den Werbeschriften der verschiedenen Firmen veröffentlicht sind, sei hier auf ihre Wiedergabe verzichtet (*16*).

Nach einer Zusammenstellung von Franke (*39*) liegen die Vorteile der Brinellhärteprüfung in der stabilen Bauart der Prüfeinrichtungen, in der einfachen Handhabung, in dem zuverlässigen Arbeiten der Pressen, und auch in der Verwendung großer Prüfkugeln. Vor allem aber ergeben sich einfache Beziehungen zwischen dem Brinellhärtewert und der Zerreißfestigkeit im Zugversuch bei Stahl und unter gewissen Einschränkungen auch bei Aluminium und seinen Legierungen (vgl. S. 220).

Als Nachteile sind das zeitraubende und anstrengende Ablesen der Kugeleindrücke zu nennen, ferner die Abplattung der Prüfkugeln bei der Prüfung harter Stähle (vgl. S. 87), die Unmöglichkeit, dünne Stücke zu prüfen und auch die sichtbar zurückbleibenden Eindrücke, die bei Fertigstücken unangenehm sind. Auch ist ein sorgfältiges Schleifen der Oberfläche des Prüfstücks besonders bei harten Werkstücken unbedingt erforderlich.

Über die Fehlergrenzen bei der betriebsmäßigen Brinellhärteprüfung berichtet Moser (*112*).

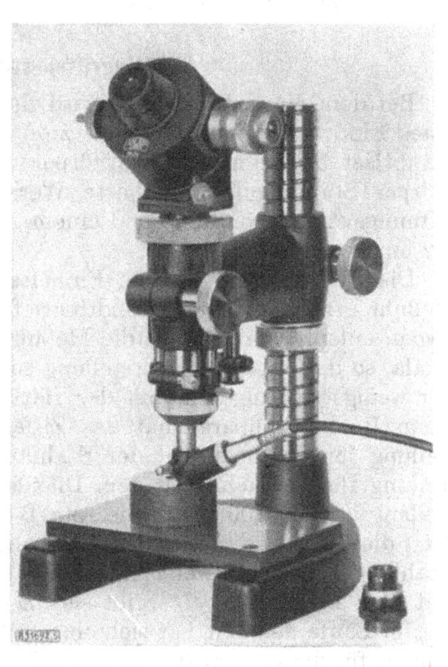

Abb. 35. Ablesemikroskop mit Beleuchtung (Zeiss, Jena).

II. Härteprüfung mit Vorlast.

Obwohl schon Ludwik (*95*) den Kegel als Eindringkörper empfahl, bei dem geometrisch ähnliche Eindrücke erhalten werden, und auch Tiefenmessungen ausführte, konnte er mit seinem Vorschlag nicht durchdringen. Ungenauigkeiten in der Kegelspitze und auch Unsicherheiten in der Nullablesung ergaben Schwankungen in der Ablesung. Diese Fehler können beseitigt werden, wenn man die Nullablesung bei einer kleinen Anfangsbelastung vornimmt. Die Aufgabe dieser Vorlast besteht ferner darin, das Prüfergebnis von Ungenauigkeiten, die durch Wulstbildung, Oberflächenentkohlung, Unsauberkeit der Oberfläche, unsichere Auflage des Prüfstücks usw. entstehen können, zu beseitigen. Durch diese Maßnahme wird die Tiefenmessung zuverlässiger, so daß sich entsprechende Prüfgeräte sehr schnell einbürgern konnten, dies um so mehr, als in dem Rockwell-Prüfgerät eine handliche und sicher arbeitende Bauart zur Verfügung stand [1].

[1] Nach Franke (*39*) wurde bereits vor Entstehung des Rockwellapparates von Ludwik (V. Kongr. Int. Verb. Materialpr. 1909 II_6, S. 10) das Vorlastverfahren

Die Härteprüfung mit Vorlast hat die Kugeldruckprobe auf manchen Gebieten verdrängt. Insbesondere auch die Möglichkeit, härtere Stücke zu prüfen, hat hierzu beigetragen. Beim Kugeldruckversuch an harten Stücken plattet sich die Prüfkugel stark ab, auch ist die Ablesung des Durchmessers der kleinen flachen Kugeleindrücke mit Schwierigkeiten verbunden. Die Härteprüfung mit Vorlast hat sich daher insbesondere zur Prüfung harter Stoffe eingebürgert.

1. Begriffsbestimmung.

Bei dem Vorlastverfahren wird der Unterschied der Eindrucktiefe eines Eindringkörpers zwischen zwei Laststufen, der Vorlast und der Hauptlast, bestimmt. Als Prüfkörper werden im allgemeinen für weichere Körper Stahlkugeln, für harte Werkstoffe Diamantkegel mit einem Öffnungswinkel von 120° und einem Abrundungsradius der Spitze von 0,2 mm verwendet.

Die Eindringtiefe wird in Einheiten von 0,002 mm mit Hilfe einer Meßuhr ermittelt. Diese Eindringtiefe wird von einer Festzahl abgezogen, entsprechend erhält die Meßuhr eine mit der Tiefe gegenläufige Skala, so daß an der Zeigerstellung sofort ein Kennwert erhalten wird, der wenigstens ungefähr mit der Härte des Prüflings gleichlaufend ist. Beim Rockwellapparat hat das Zifferblatt der Meßuhr eine rote B-Teilung für Versuche mit der Stahlkugel (Ball) und eine schwarze C-Teilung für Versuche mit dem Diamantkegel (Cone). Die schwarze C-Teilung ist von 100 bis 0, die rote B-Teilung von 130 bis 30 beziffert. Ist t die Tiefe des bleibenden Eindrucks in mm, so erhält man bei der Stahlkugel die Rockwellhärtezahl H_R „B“ $= 130 - t/500$; bei Prüfung mit dem Diamantkegel ergibt sich H_R „C“ $= 100 - t/500$.

Im Laufe der Zeit hat sich eine Fülle von verschiedenen Prüfbedingungen für die verschiedensten Zwecke herausgebildet. Eine Zusammenstellung findet sich bei Franke.

2. Prüfeinrichtungen.

Härteprüfer mit Vorlast und unmittelbarer Angabe der Eindrucktiefe sind heute in der verschiedensten Ausführung auf dem Markt. In Abb. 36 ist der Original-Rockwell-Apparat, Bauart M. Koyemann Nachf., Düsseldorf, dargestellt.

Weitere Prüfeinrichtungen mit Vorlast zeigen die Abb. 37 bis 41.

Während der Prüfung muß jede Lageveränderung vermieden werden, da die Tiefenmessung sehr empfindlich gegen irgendwelche Verschiebungen ist. Für größere Stücke werden daher besondere Stützvorrichtungen zur sicheren Lagerung während der Prüfung vorgesehen. Dem gleichen Zweck dienen auch besondere Verspannungen, wobei das Prüfstück mit einer Kraft, die größer als der Prüfdruck ist, fest gegen das

---

vorgeschlagen. Apparate zu dessen Ausführung sind bereits im Jahre 1913 von der Aktiebolaget Alpha, Stockholm angefertigt worden. Vgl. H. Kostron (Meßtechnik 10 [1934], 205) und P. E. Wretblad (Techn. Zbl. prakt. Metallb. 47 [1937] 409).

Abb. 36. Rockwell-Härteprüfer (Koyemann Nachf., Düsseldorf).

Abb. 37. Vorlast-Härteprüfer (Schopper, Leipzig).

Abb. 38. Vorlast-Härteprüfer (Frank, Mannheim).

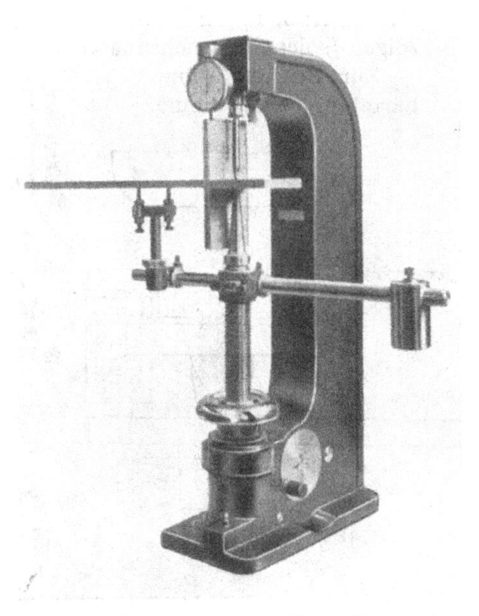

Abb. 39. Vorlast-Härteprüfer (Alpha, Stockholm).

obere Widerlager gedrückt wird. Abb. 42 zeigt eine solche Spannvorrichtung mit Hilfe von Federn (Losenhausenwerk Düsseldorf).

Abb. 40. Vorlast-Härteprüfer (Losenhausenwerk Düsseldorf).

Abb. 41. Vorlast-Härteprüfer (Reicherter Eßlingen).

Die Briro-Apparate von Reicherter (Eßlingen) sind mit einem besonderen Meßhebel und einer im Inneren der Maschine angeordneten Federspannvorrichtung ausgestattet, Abb. 43 (*129*).

Auch tragbare Geräte, z. B. zur Prüfung schwer zugänglicher Stellen an fertigen Maschinen, werden heute hergestellt. Abb. 44 und Abb. 45 zeigen solche Einrichtungen.

Zur Prüfung dünner, gehärteter Teile, dünner Ein-

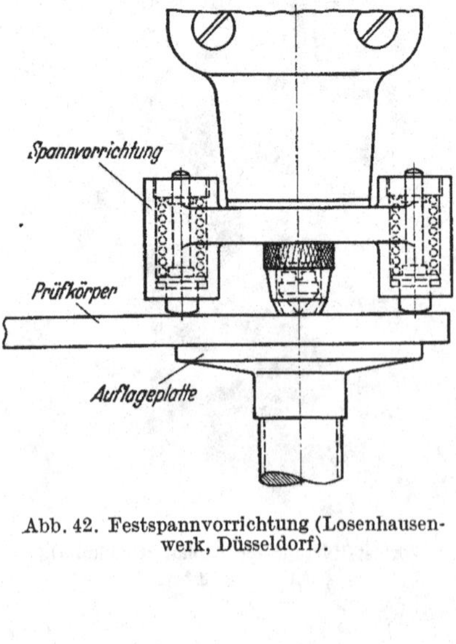

Abb. 42. Festspannvorrichtung (Losenhausenwerk, Düsseldorf).

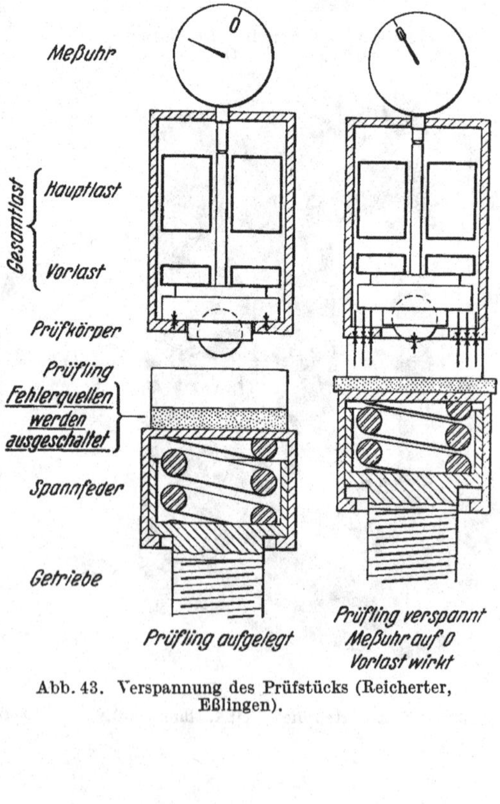

Abb. 43. Verspannung des Prüfstücks (Reicherter, Eßlingen).

satzschichten, von Blechen und Nichteisenmetallen ist die Eindringtiefe der üblichen Geräte zu groß. Für solche Zwecke stehen heute

Abb. 44. Focke-Wulf-Rockwell Handhärteprüfer (Iba, Berlin).

Vorlastprüfer mit entsprechend kleiner Vor- und Hauptlast und besonders genau arbeitenden Tiefenmeßgeräten zur Verfügung. Als Vertreter dieser Meßeinrichtungen seien genannt der Ultra-Testor von Wolpert, Ludwigshafen, und das Super-Rockwell-Gerät.

Nach einer Zusammenstellung von Franke (*39*) lassen sich die Vor- und Nachteile des Härteprüfverfahrens mit Vorlast etwa folgendermaßen kennzeichnen. Zunächst ist die einfache Bedienungsweise, die auch die Prüfung etwas rauher Oberflächen ermöglicht, hervorzuheben. Gegenüber der Brinell-

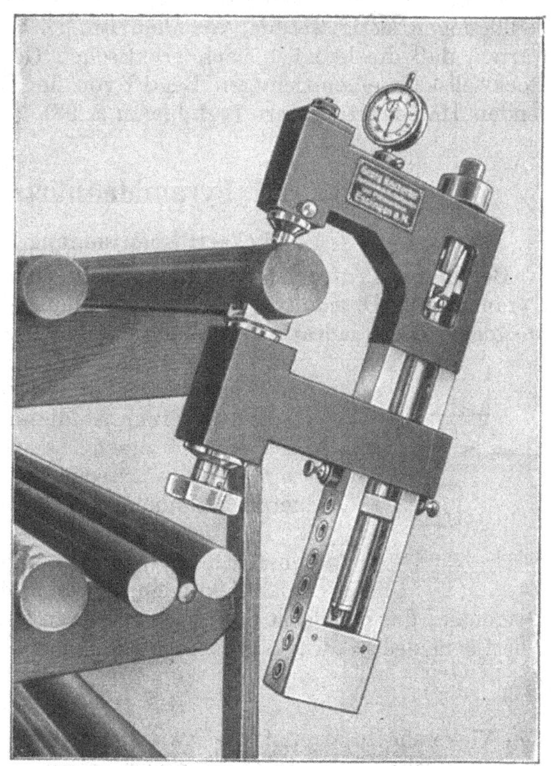

Abb. 45. Tragbarer Härteprüfer (Reicherter, Eßlingen).

probe mit ihrer nachträglichen Ausmessung des Eindrucks, stellt die Möglichkeit der sofortigen Ablesung des Härtewertes nach der Entlastung insbesondere für laufende Prüfungen eine große Erleichterung dar. Auch sehr harte Stücke können geprüft werden. Wegen der geringen Eindrucktiefe ist das Verfahren besonders zur Prüfung von Einsatzstählen und Fertigwaren, sowie von dünnen Stücken geeignet. Der Eindruck stört an fertigen Stücken weniger als ein Kugeleindruck des Brinellversuchs.

Andererseits ist die Messung der Eindrucktiefe gegenüber dem wesentlich größeren Eindruckdurchmesser empfindlicher gegen Störungen. Die unverrückbare Lagerung größerer Stücke kann Schwierigkeiten machen. Auch Fremdkörper auf der Oberfläche können die Messung beeinflussen.

Die große Mannigfaltigkeit der bei dem Vorlastverfahren herausgebildeten Prüfbedingungen erschwert sehr die Übersicht. Dieses Nebeneinander so zahlreicher, verschiedener Härteskalen hat nach Hengemühle(*52*) seinen Grund in der einfachen und schnellen Ablesung des Härtewertes. Bei der laufenden Prüfung unter gleichen Bedingungen, wenn nur die richtige oder falsche Werkstoffbehandlung festgestellt werden soll, ist dieses Nebeneinander weniger störend. Für allgemeine Werkstoffuntersuchungen kann der nötig werdende Wechsel der Prüfbedingungen lästig werden, vor allen Dingen kann man aber nicht erwarten, daß die lediglich nach praktischen Gesichtspunkten gewählte Rockwellskala einen richtigen Begriff von der Abstufung der zu messenden Härtewerte liefert (vgl. hierzu S. 98).

III. Pyramidenhärte.

1. Begriffsbestimmung.

Bei diesem Prüfverfahren wird an Stelle einer Kugel eine vierseitige Pyramide aus Diamant in den Werkstoff eingedrückt, und es wird die Diagonale des quadratischen Eindrucks bestimmt (Abb. 46). Bei dem von Vickers Armstrong entwickelten Gerät beträgt der Tangentenwinkel der Pyramide 136°. Bei dem Gerät von Firth ist dieser Tangentenwinkel 140°. Die Pyramide erzeugt auch beim härtesten Werkstoff scharf umrissene Eindrücke, die stets geometrisch ähnlich sind.

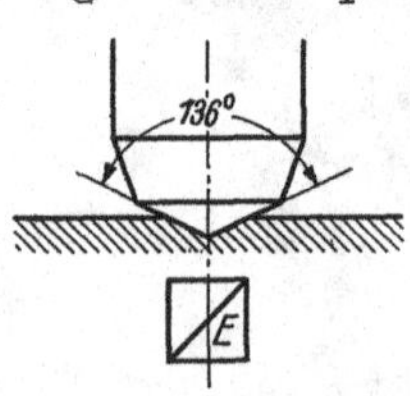

Abb. 46. Pyramidendruckversuche.

Die Belastung soll stoß- und schwingungsfrei innerhalb 15 Sekunden aufgebracht und in der Regel 30 Sekunden wirksam sein. Aus der Länge E der Diagonale, die möglichst auf $^1/_{1000}$ mm genau auszumessen ist. wird die Oberfläche des Eindrucks ermittelt; die Vickershärte ergibt sich dann zu

$$H_p = \frac{P}{O} = 1.854 \frac{P}{E^2}. \tag{27}$$

Die Vickershärte stimmt bis etwa 300 kg/mm² Brinellhärte mit dieser völlig überein. Besonders bemerkenswert ist, daß die Vickershärte unabhängig von der Prüflast sich ergibt. In Abb. 47 ist die Vickershärte in Abhängigkeit von der Prüflast für verschiedene Werkstoffe (*161*) aufgetragen, woraus sich diese Unabhängigkeit ergibt. Üblicherweise wird trotz dieser Unabhängigkeit von der Prüflast die aufgebrachte Last angegeben, um nachträglich die Tiefe der erfaßten Schicht beurteilen zu können.

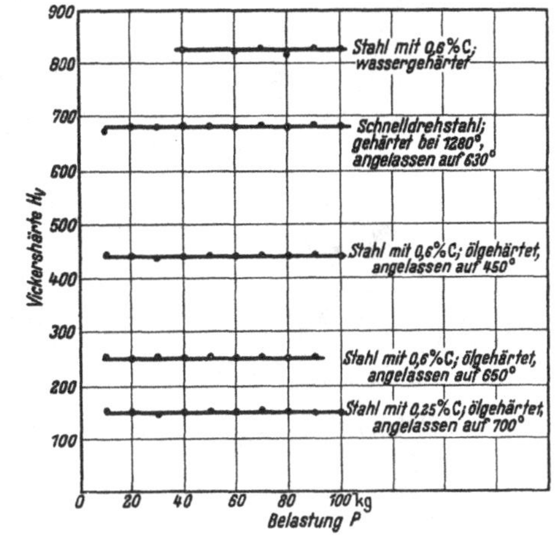

Abb. 47. Unabhängigkeit der Pyramidenhärte von der Prüflast (Smith und Sandland, J. Iron Inst. 1925).

Die Eindrücke der Vickersprüfung können eine leichte Konkavität oder Konvexität zeigen (O'Neill *116*). Die Wölbung nach innen entspricht einem Wulst bei der Brinellprobe, während die Wölbung nach außen einem Einsinken des Eindruckrandes entspricht. In Abb. 48 sind einige Pyramideneindrücke dargestellt (Reicherter *130*). Der obere Eindruck ist einwandfrei, während die unteren verzerrt sind. Dies kann seinen Grund in einer zu hohen Prüflast haben, oder auch in einer Verrückung des Prüflings während des Aufbringens der Last. Vorteilhaft wird in solchen Fällen das Mittel aus beiden Diagonalen ermittelt.

Für die Pyramidenprüfung haben sich Belastungen von 120 bis herab zu 1 kg eingebürgert. Als Normalbelastung werden im allgemeinen 30 kg vorgesehen. Man kann sehr weiche Stoffe bis zu gehärteten Stählen prüfen, doch wird schon infolge des Preises des sehr genau geschliffenen Diamanten diese Prüfung der Untersuchung härterer Stoffe vorbehalten.

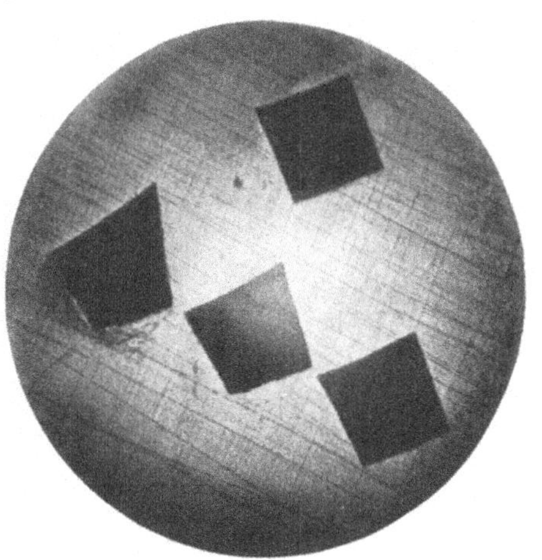
Abb. 48. Gute und schlechte Pyramideneindrücke (Reicherter.)

2. Prüfeinrichtungen.

Neueste Prüfeinrichtungen sind häufig so ausgestattet, daß neben der Brinellprobe unmittelbar auch Vickersprüfungen durchgeführt werden können. Wird außerdem noch eine Meßuhr vorgesehen, so kann aus der Eindrucktiefe auch die Rockwellhärte auf der gleichen Maschine ermittelt werden, Frank (*32*).

In den folgenden Abbildungen sind einige derartige Prüfeinrichtungen dargestellt. Bei den Einrichtungen von Amsler (Abb. 49) und

Abb. 49. Brinell- und Vickers-Prüfer mit Gewichtsbelastung (Amsler, Schaffhausen).

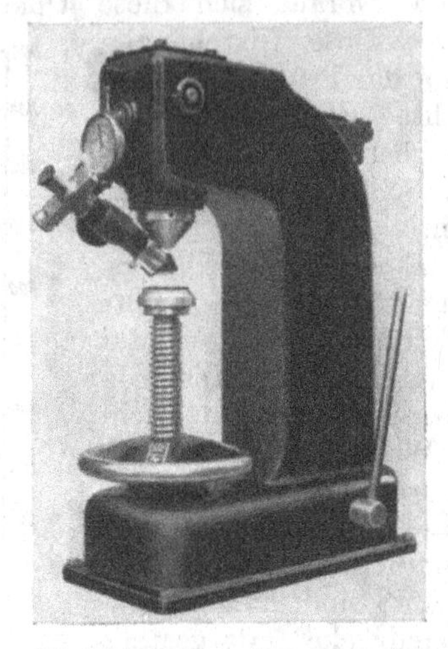

Abb. 50. Brinell- und Vickers-Prüfer (Mohr Federhaff, Mannheim).

Mohr & Federhaff (Abb. 50) wird der Eindruck durch ein Mikroskop ausgemessen. Der Dia-Testor von Wolpert (Abb. 51) und das Bri-

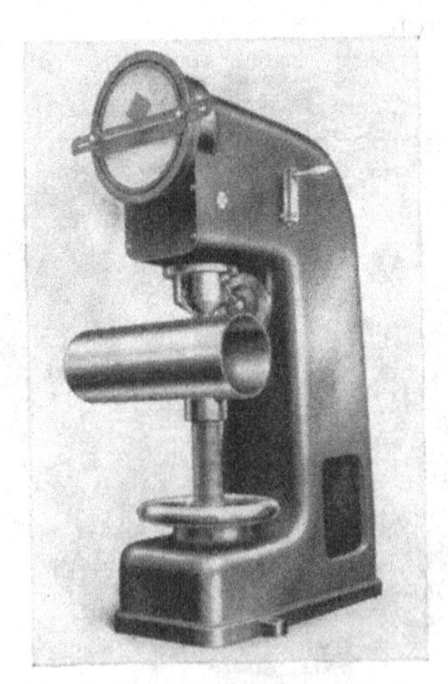

Abb. 51. Brinell- und Vickers-Prüfer (Wolpert, Ludwigshafen).

Abb. 52. Briviskop (Reicherter, Eßlingen).

viskop von Reicherter (Abb. 52) benutzen ähnlich wie bei der Brinellprüfung auch für die Vickersprüfung optische Anzeige auf einer Mattscheibe.

Das Original-Vickersgerät zeigt Abb. 53, bei dem ein Mikroskop einschwenkbar am Gestell angebracht ist. Abb. 54 zeigt das Hardometer (Firth) mit Federbelastung.

Ähnlich wie beim Martens-Härteprüfer (Abb. 28), wird auch beim Monotron-Härteprüfer von Shore (Abb. 55), die einer bestimmten Eindrucktiefe (0,045 mm) entsprechende Belastung als Härtemaß angesetzt.

Abb. 53. Vickers-Härteprüfer.

Die Vorteile der Pyramidenhärteprüfung liegen besonders in der Unabhängigkeit der Härtezahlen vom Prüfdruck. Die Eindruckdiagonale ist einwandfrei meßbar, sowohl bei aufgeworfenem als auch eingezogenem Rand. Auch dünne Schichten können geprüft werden. Die Meßergebnisse sind unabhängig von der Art

Abb. 54. Firth-Hardometer.

der Auflage. Die Spitze ist haltbarer als bei Rockwell, Verletzungen können bei der Pyramide besser erkannt werden als beim Kegel. Auch neigen die Ansichten dahin, daß eine Pyramide genauer herstellbar ist als ein Kegel. Im übrigen sei auf eine sehr ausführliche Arbeit über die Fehlerquellen bei der Vickersprüfung von Weingraber (*191*) hingewiesen; mit der Form und der Genauigkeit des Diamanteindruckkörpers beschäftigt sich Wretblad (*196*). Als Nachteile der Vickersprüfung wäre etwa zu nennen, daß das Prüfgerät infolge der empfindlichen Diamantspitze vorsichtig zu handhaben sind. Auch muß die zu prüfende Oberfläche wegen der Kleinheit der Eindrücke sauber vorbereitet werden.

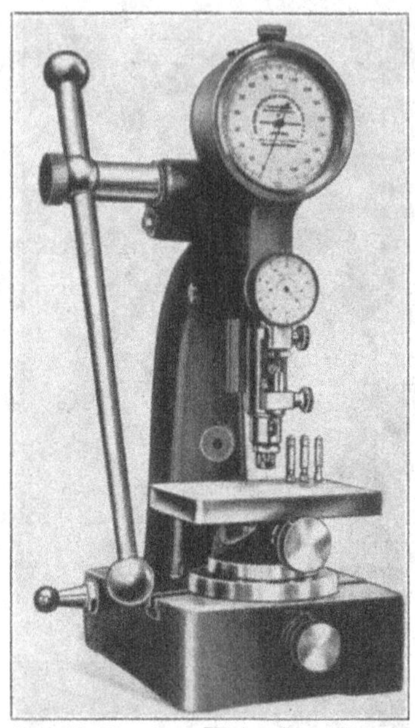

Abb. 55. Monotron-Härteprüfer (Shore).

IV. Schlaghärte.

Die Einspannung des Prüfstücks in eine Presse wird häufig lästig empfunden. Meistens ist hierbei ein Heranbringen des Prüfstücks zur Prüfeinrichtung nötig, es sei denn, daß kleine und leicht transportierbare Einrichtungen umgekehrt an Ort und Stelle eine Prüfung ermöglichen. Das Bedürfnis, an Ort und Stelle, z. B. auf dem Lager, schnell und einfach Härteprüfungen vornehmen zu können, hat zu der Konstruktion von Schlaghärteprüfern geführt. Bei ihnen wird die Energie eines freifallenden Gewichts, einer gespannten Feder oder auch eines Hammers zur Erzeugung eines Eindrucks benutzt.

Aus der Fallhöhe F eines Hammers, dem Gewicht P und dem Volumen des erzeugten Eindrucks stellt Martel bei solchen Versuchen (*102*) zur Kennzeichnung des Werkstoffs die Beziehung

$$H_{\mathrm{Martel}} = PF/V \text{ kg/mm}^3 \tag{28}$$

auf. Diese Zahl wird z. B. bei dem Fallhärteprüfer von Wüst und Bardenheuer (*199*) bestimmt. Ein Fallkörper, der an seinem unteren Ende eine Stahlkugel von 5 mm Durchmesser trägt, fällt hierbei aus einstellbarer Höhe frei auf die auf einem Amboß liegende Probe.

Beim Fallhärteprüfer von M. v. Schwarz (*157*) fällt ein Hammer durch ein Fallrohr mit Führungsleisten auf einen Kugelhalter und treibt eine Stahlkugel in das Prüfstück. Der Eindruck wird hierauf ausgemessen.

Weitere Härteprüfer wurden von Baumann (*6*), Wilk, Ballentine (*5*) u. a. beschrieben, auch sei auf den Prüfhammer der Poldi-Hütte verwiesen.

Zur Untersuchung der Gleichmäßigkeit der Oberfläche eines Prüfstücks hat Herbert (*56*) das Cloudburst-Verfahren angegeben, bei dem eine große Anzahl von kleinen Stahlkugeln auf das Prüfstück aus einstellbarer Höhe herabregnet.

Auch die Durchführung solcher Schlaghärteversuche erfordert große Aufmerksamkeit, wenn brauchbare Ergebnisse erzielt werden sollen, schon deshalb, weil es nicht einfach ist, den freihändig zu bedienenden Apparat so zu halten, daß ein Schlag in senkrechter Richtung erfolgt. Auch ist eine bestimmte Masse des Prüflings erforderlich, da lediglich die Massenträgheit als Gegenkraft wirkt.

V. Rücksprunghärte.

Bei der Rücksprunghärteprüfung fällt ein Gewicht auf die zu prüfende Oberfläche und wird nach dem Stoß zurückgeschleudert. Als Maß der Härte wird die Rücksprunghöhe im Verhältnis zur Ausgangshöhe angegeben.

Zur Ausführung derartiger Versuche kann man z. B. frei fallende

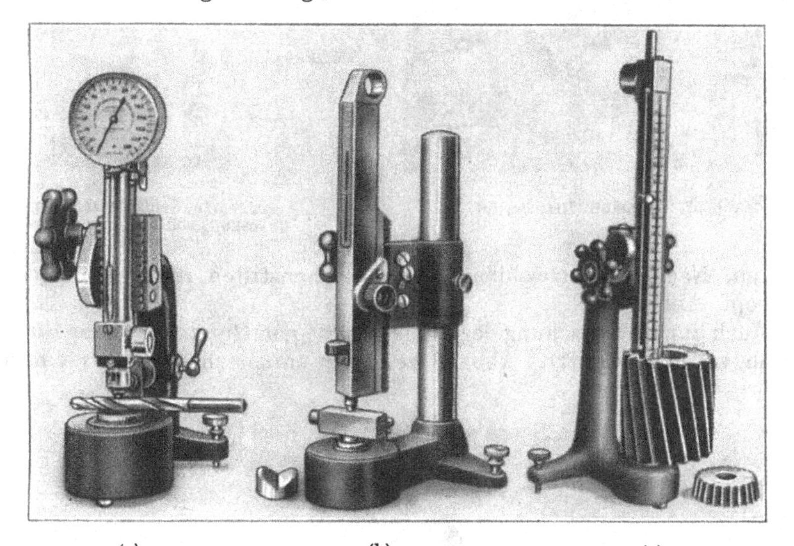

(a) Shore (b) Reindl und Nieberding (c) Roell und Korthaus

Abb. 56. Verschiedene Rückprallhärteprüfer (Hengemühle und Claus, Stahl und Eisen 1937).

Stahlkugeln verwenden. Zur Erleichterung der Ablesung werden jedoch meist besondere Apparate benutzt, bei denen der Fallhammer beim Rücksprung in der höchsten Stellung festgehalten, oder die Rücksprunghöhe durch einen Schleppzeiger auf einer Kreisteilung angezeigt wird. Die verschiedenen Geräte unterscheiden sich meist in der Größe der Fallhöhe, des Fallgewichts und auch in der Form der Prüfspitze.

In Abb. 56 sind einige Ausführungsbeispiele dieser Skleroskop genannten Einrichtungen dargestellt. Abb. 56a zeigt das Gerät nach Shore, bei dem das Hammergewicht 36,5 g und die Fallhöhe 19 mm beträgt. Bei der Bauart Schuchardt und Schütte, neuerdings hergestellt durch Reindl & Nieberding, beträgt das Fallgewicht 20 g, die Fallhöhe ist wesentlich größer als beim Shoregerät und beträgt 112 mm (Abb. 56b).

Abb. 56c zeigt den Sklerograf von Roell & Korthaus.

Beim Duroskop der Iba, Berlin (Abb. 57), wird die Rücksprunghöhe an einer Kreisteilung durch einen Schleppzeiger angezeigt. Die Schlagbolzen sind auswechselbar. Ein Bolzen mit kleiner Kugelkalotte dient zur Prüfung von Metallen. Ein Bolzen mit großer Kugelkalotte wird bei der Prüfung weicher Werkstoffe wie Blei, Preßstoff, Pappe, Furnier usw. eingesetzt. Zur Prüfung von runden Gegenständen wie Draht,

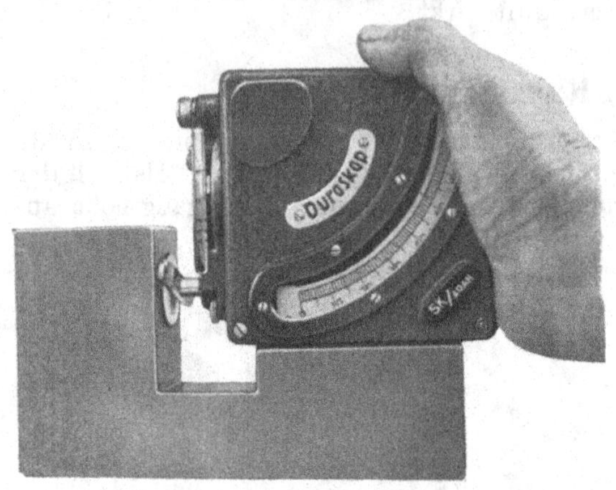

Abb. 57. Duroskop (Iba, Berlin).

Abb. 57a. Schlagbolzen zum Duroskop (Abb. 57) für verschiedene Zwecke.

Nieten, Nägel, Nähmaschinen, Grammophonstiften dient ein Zylinderkopf, Abb. 57a.

Auch zur Untersuchung der „Elastizität" von Gummi wird der Rücksprungversuch benutzt. Abb. 58 zeigt ein entsprechendes Gerät nach

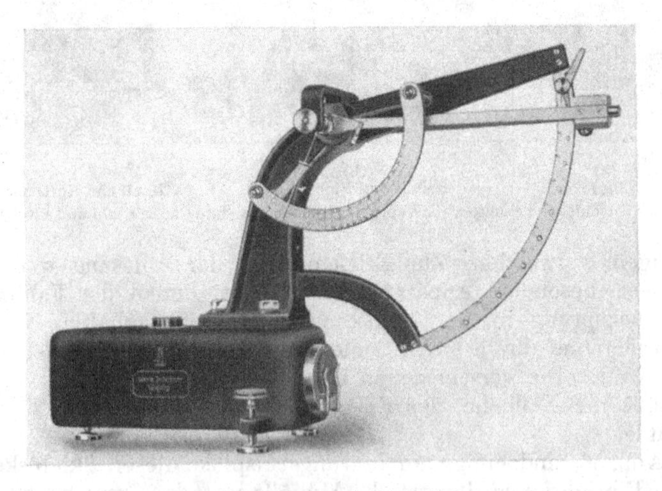

Abb. 58. „Elastizitätsprüfer" nach Schob (Schopper, Leipzig).

Schob, von Schopper, Leipzig, bei dem ebenfalls die Rückprallhöhe eines Pendels, gemessen in Hundertteilen der Fallhöhe, angegeben wird. Die Fallhöhe kann verschieden groß eingestellt werden.

Eine Abart des Rücksprungversuchs bildet eine Versuchsanordnung nach L. Hock (*60*). Hier fällt eine Stahlkugel auf eine schräggestellte Platte aus dem zu untersuchenden Werkstoff. Je „härter" der Werkstoff ist, desto weiter wird die Kugel in einem Bogen weggeschleudert und diese Wurfweite wird als Maß der „Härte" angesehen. Hierdurch soll die Reibung der üblichen Fallgeräte vermieden werden, da zur Ablesung keine Schleppzeiger oder dgl. nötig sind.

Nach Franke (*39*) zeichnet sich die Rücksprunghärteprüfung durch einfache Handhabung und leichte Beweglichkeit des Geräts aus, das eine schnelle Prüfung der Oberflächenhärte, ohne Beschädigung der Oberfläche ermöglicht. Als Nachteile werden angesehen die vielfachen Beeinflussungen der Anzeige von der Elastizität des Prüfstücks, von der Größe der Fallarbeit, von der Form des Stoßkörpers usw. Auch ist eine sorgfältige Vorbereitung der Oberfläche erforderlich.

VI. Ritzhärte.

In der Mineralogie wird die Härte verschiedener Stoffe durch den Grad der Ritzbarkeit eingestuft. Auch in der technischen Härteprüfung findet dieses Verfahren immer wieder Anwendung. Trotz seiner Umständ-

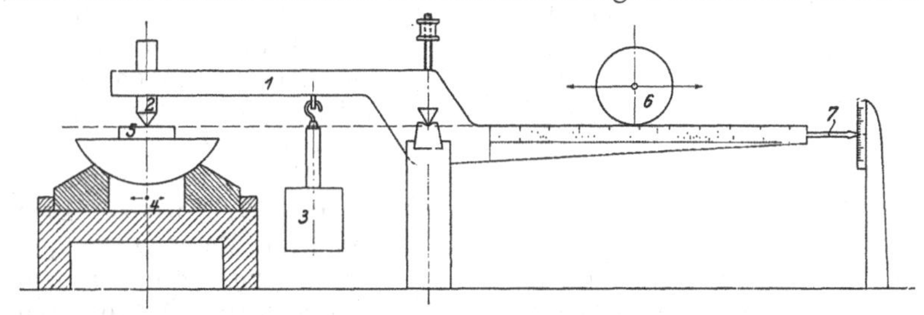

Abb. 59. Ritzhärteprüfer nach Martens (Martens u. Heyn, Hdbch. Materialienkunde).

lichkeit und trotz seiner besonderen Schwierigkeiten ist die Ritzhärteprüfung nicht zu entbehren in Sonderfällen, so bei der Prüfung von Hartmetallen, Gläsern, Porzellan, Saphir, Achat und sonstigen harten und spröden Stoffen. Insbesondere leistet sie bei der Prüfung sehr dünner Schichten bis hinunter zu 1 μ gute Dienste, so bei der Untersuchung von galvanischen Niederschlägen von Nickel, Chrom, ebenso von Eloxalschichten und einsatzgehärteten Schichten.

In Abb. 59 ist der von Martens angegebene Ritzhärteprüfer dargestellt. Als Ritzkörper dient ein kegelförmig geschliffener Diamant mit 90° Öffnungswinkel. Die Spitze dieses Diamanten wird mit einstellbarem Druck auf die Prüffläche gepreßt. Durch Verschieben eines Schlittens wird die Probe unter dem Diamanten mit bestimmter Geschwindigkeit hinweggezogen. wodurch die für die Prüfung sorgfältig geschliffene und polierte Oberfläche des Prüflings geritzt wird.

Als Maß der Härte wird von Martens diejenige Belastung in Gramm genommen, die zur Erzeugung eines Ritzes von 0,01 mm Breite nötig ist. Zur Bestimmung dieser Ritzhärte ist es erforderlich, verschiedene Striche unter verschiedener Belastung zu ziehen, um durch Interpolation die zur Erzeugung der Strichbreite von 0,01 mm nötige Belastung zu finden.

Um schneller Vergleichswerte für die Ritzhärte zu erhalten, ritzt man in der Praxis häufig nur mit einer bestimmten Belastung und gibt als Maß der Härte die Breite d der erzeugten Striche an. Der Übelstand, daß das Maß d mit zunehmender Härte abnimmt, wird dadurch umgangen, daß man den reziproken Wert $1/d$ oder auch $1/d^2$ wählt.

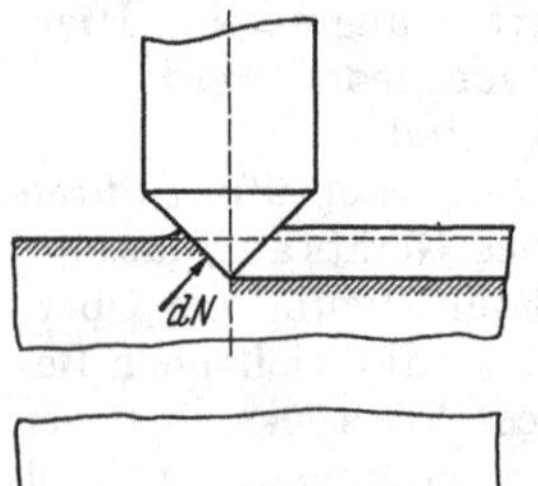

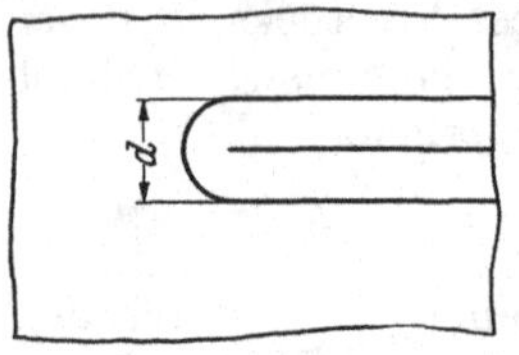

Abb. 60. Gestalt der Ritzfurche (Meyer, Mitt. Forsch.-Ing.-Wes., Heft 65).

Nach Abb. 60 ist beim Ritzen nur die halbe Kegelfläche in Berührung mit dem Werkstoff. Von Meyer (*108*) wird daher als Ritzhärte der „spezifische Druckwiderstand", welcher sich dem Weiterschreiten der Spitze entgegensetzt, in der Form

$$p_r = \frac{8\,P}{\pi\,d^2}$$

definiert. Die Martenssche Härtezahl ist mit 25,5 zu multiplizieren, um unter den gemachten Annahmen den spezifischen Druck in der Berührungsfläche zu erhalten.

Die Ritzbreite muß unter einem Mikroskop auf 0,001 mm genau ausgemessen werden, wobei allerdings Wulstbildung und Ausfransungen der Furche störend sich bemerkbar machen können.

Abb. 61. Ritzhärteprüfer Diritest (Zeiss, Jena).

Nach einem Vorschlag von Bierbaum (*9*) kann man die Messungen bequemer durchführen, wenn man Ritzgerät und Mikroskop in einem einzigen Gerät vereinigt. Dadurch wird das umständliche Suchen der Striche im Mikroskop erspart. Ein ähnliches Gerät stellt der Ritzhärteprüfer Diritest von Zeiss dar (Sporkert *165*). Gemäß Abb. 61 kann entweder die Ritzvorrichtung oder aber das Mikroskop in Arbeitsstellung gebracht werden, so daß nach Erzeugen eines Ritzes dieser sofort nach Ausschwenken der Ritzvorrichtung im Gesichtsfeld des Mikroskops ercheint. Die Breite des Striches wird mit einem Okularschraubenmikrometer ausgemessen.

Bei einer abgeänderten Anordnung nach Rosenberg (*135*) wird der Schlitten mit dem Prüfling durch die Spannkraft einer Feder unter dem ritzenden Diamanten weggezogen, bis der Schlitten infolge der allmählich nachlassenden Spannung der Feder stehen bleibt. Die Länge des so entstehenden Ritzes wird zur Kennzeichnung des Werkstoffs angegeben.

Bei einer Anordnung von Herbert (*57*), die sozusagen eine Vereinigung von Kugeldruck- und Ritzhärteversuch darstellt, wird an Stelle der Spitze eine rotierende Kugel über den Prüfkörper mit einem bestimmten Druck bewegt, so daß aus der Breite der entstehenden Furche auf die Härte und deren Schwankungen geschlossen werden kann. Dadurch sollen insbesondere periodische Änderungen aufgedeckt werden, die in Metallen auftreten, welche mechanischen, thermischen oder magnetischen Störungen ausgesetzt werden. Tatsächlich zeigen sich in der Breite der Furche merkwürdige periodische Schwankungen, jedoch scheint noch nicht geklärt zu sein, ob es sich um zeitliche oder örtliche Schwankungen der Härte handelt.

Im Gegensatz zur Ritzhärte, die unempfindlich gegenüber Kalthärtung ist (vgl. S. 163), kann mit diesem Gerät ein Einfluß der Kalthärtung beobachtet werden.

Ebenfalls zur Verfolgung der Härte gleichzeitig an 18 Proben dient der Vielhärteprüfer nach Kostron (*80*), bei dem gewichtsbelastete Eindruckstempel durch ein Schaltwerk selbsttätig weitergeschaltet werden.

VII. Pendelhärte.

Das Pendelhärteprüfgerät nach Herbert besteht aus einer bogenförmigen Schwinge, die sich mit einer Kugel von 1 mm Durchmesser auf den Prüfkörper abstützt (Abb. 113). Die Kugel ist aus Stahl oder auch aus Diamant. Das Gewicht der Einrichtung beträgt bei der üblichen Ausführung 4 kg. Der Schwerpunkt des Pendels liegt nahe dem Mittelpunkt der Belastungskugel. Durch Verstellen von sechs Schrauben kann der Schwerpunkt nahe mit dem Mittelpunkt der tragenden Kugel in Übereinstimmung gebracht werden. Außerdem ist ein Trommelgewicht vorhanden, das an einer Schraubspindel mit 1 mm Steigung verschoben werden kann. Die Einstellung der Schwerpunktlage läßt sich am Umfang des Trommelgewichts an einer Teilung auf $^1/_{100}$ mm ablesen. Auf dem Gerät ist ferner eine kreisförmig gebogene Wasserwaage mit einer Teilung von 1 bis 100 vorgesehen.

Eine Luftblase wandert beim Schwingen an dieser Skala entlang, so daß sich der Schwingvorgang, insbesondere die Umkehrpunkte verfolgen lassen.

Zur Ausführung einer Härteprüfung wird das Gerät auf die zu untersuchende Stelle gesetzt. Unter dem Gewicht des Pendels sinkt die Kugel ein wenig in die Oberfläche ein. Beim Schwingen weitet sich dieser Eindruck zu einer Furche aus. Hierdurch werden die verschiedenen Schwingungseigenschaften des Gerätes beeinflußt. Je weicher der Werkstoff, und damit je größer die Furche ist, desto schneller schwingt das

Pendel, ebenso werden die Schwingungsamplituden sich folgender Ausschläge mehr oder weniger schnell gedämpft. Zur Eichung wird das Gerät auf eine Glasplatte gesetzt. Durch Verstellen des Schwerpunkts mit Hilfe der Justierschrauben wird eine solche Pendellänge eingestellt, daß das Gerät 10 Schwingungen in 100 s ausgeführt.

Herbert schlägt vier verschiedene Prüfarten mit diesem Gerät vor, wobei jedesmal verschiedene Eigenschaften des Werkstoffs erfaßt werden sollen (*54* vgl. ferner *93*, *115*).

a) Zeithärteprüfung. Wird das Gerät auf die zu prüfende Stelle gebracht, so führt es nach einem einmaligen Anstoß langsame Schwingungen

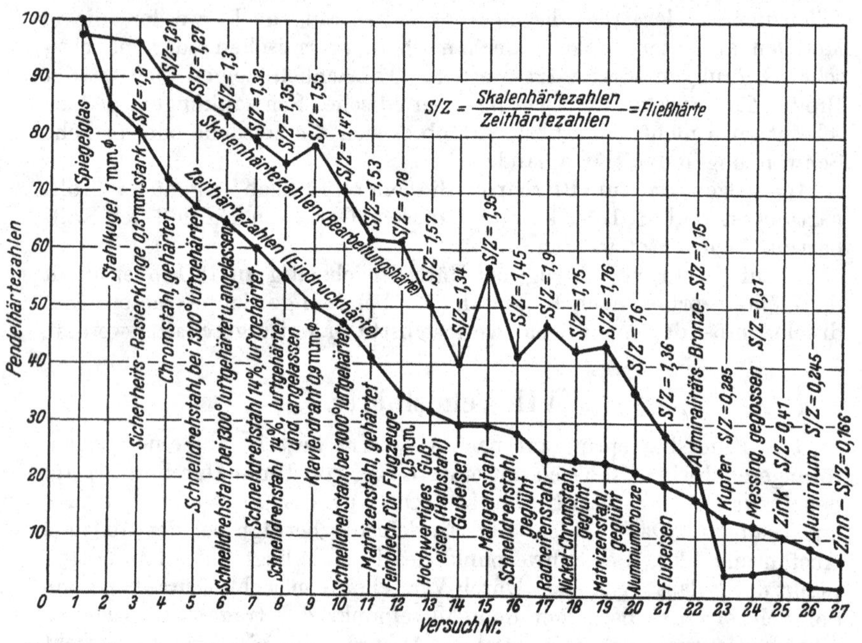

Abb. 62. Versuchsergebnisse mit dem Pendelhärteprüfer nach Herbert (A. Gmelins Handbuch Syst. Nr. Eisen 59, Teil C, Lfg. 1).

aus. Zum störungsfreien Anstoß wird eine Feder benutzt. Durch die bildsame Nachgiebigkeit des Werkstoffs entsteht eine Furche, wodurch die Schwingungszeit kleiner wird. Mit einer Stoppuhr wird die Zeit bestimmt, die zur Ausführung von 10 Halbschwingungen, also für 5 Hin- und 5 Hergänge benötigt werden. Die so ermittelte Zeit in Sekunden ist die sog. Zeithärte.

b) Winkelhärteprüfung. Zur Bestimmung der Winkelhärteprüfung wird das Pendel waagerecht auf die Prüffläche aufgesetzt, so daß die Skala auf 50 zeigt. Sodann wird das Pendel geneigt, bis die Luftblase auf 0 steht. Hierauf wird das Pendel losgelassen, worauf es zurückschwingt. Je härter der Werkstoff ist, desto weniger Energie wird bei diesem Zurückschwingen verbraucht, desto weiter schlägt das Pendel demnach nach der anderen Seite aus. Bei einem Werkstoff von geringem Eindringwiderstand schiebt die Kugel eine Welle verdrängten Werkstoffs vor sich her, so daß ein großer Teil der Pendelenergie verbraucht wird. Die Skaleneinteilung, bis zu der das Pendel beim ersten Ausschwingen zurückschwingt, gilt als Maß der Winkelhärte.

c) **Prüfung der Bearbeitungshärte.** Das Pendel wird von vornherein so auf den Versuchskörper gestellt, daß die Luftblase auf 0 steht, und hierauf vorsichtig ohne Anstoß losgelassen. Der Teilstrich, auf den die Blase am Hubende der ersten Schwingung einspielt, ist die anfängliche Winkelhärte. Hierauf wird das Pendel von Hand in die Stellung 100 geneigt, wodurch eine Werkstoffhärtung entsteht. Nun läßt man das Pendel los und beobachtet die Stellung der Luftblase am Ende der ersten Schwingung. Diese Rollbewegung wird nach dem Vorschlag von Herbert so lange fortgesetzt, bis die anfänglich stark zunehmenden Ausschläge infolge der auftretenden Kaltwalzung allmählich einen gleichbleibenden Wert annehmen. Zum Unterschied zur Winkelhärte wird also hier der Einfluß des Auswalzens auf die Schwingungen beobachtet. Als Maß für die eingetretene Härtung dient hier die maximale „induzierte Härte".

d) **Dämpfungsprüfung.** Bei dieser Prüfung wird die Abnahme der Schwingungsausschläge des Pendels gemessen, wodurch ein Maß für die Größe der Dämpfung der von dem Pendel ausgeführten Eigenschwingungen erhalten wird. Als Maß dieser Dämpfung setzt Herbert den Logarithmus der Schwingungsamplitude nach 100 Schwingungen fest. Eine Beziehung dieser Dämpfungszahl zu irgendwelchen Eigenschaften der Werkstoffe konnte jedoch bisher nicht festgestellt werden.

Nach Pomp und Schweinitz (*121*), die zahlreiche Messungen mit dem Gerät durchführten, ist dieses in seiner Bedienung sehr anspruchsvoll. Mindestens einmal täglich ist die Einstellung nachzuprüfen, ebenso ist diese Einstellung bei längeren Versuchsreihen mehrmals nachzuprüfen, was umständlich und zeitraubend ist. Die Messungen selbst sind jedoch in kurzer Zeit durchzuführen. Der Meßbereich ist sehr groß, er umfaßt Aluminium bis Glas.

VIII. Plastometerhärte.

Zum Schluß sei noch kurz auf die sog. Plastometer eingegangen, die zur Untersuchung der „Plastizität" bzw. „Härte" von unvulkanisiertem Kautschuk, härtenden Kunstharzen usw. dienen.

Bei diesen Geräten wird ein Prüfzylinder aus dem zu untersuchenden Werkstoff zwischen zwei Platten mit einem bestimmten Gewicht belastet, worauf eine allmähliche Verminderung der Höhe und gleichzeitig eine Flachquetschung eintritt. Das Absinken der Höhe geht hierbei nach einer Exponentialfunktion vor sich. Zur Messung der „Materialhärte" werden wahlweise von den drei Größen Meßzeit, Druck und Kompressionshöhe zwei konstant gehalten, die dritte wird gemessen, vgl. Memmler (*105*), ferner Hauser (*48*).

Es sei z. B. das Plastometer von de Vries und van Rossem genannt. Abb. 63 zeigt ein Gerät von Houwink und Heinze (*63*), bei dem die Prüfplatten in einem Heizschrank untergebracht sind, während das außerhalb des Schrankes angebrachte Ablesegerät eine bequeme Ablesung ermöglicht. Zur Bestimmung der Härte mit diesem Gerät wird ein Harzzylinderchen von der Höhe h_0 hergestellt, das bei einer bestimmten Temperatur zwischen den beiden parallelen Platten gemäß Abb. 151 zusammengedrückt wird. Nach einer gewissen Zeit, etwa 30 s, wird die Höhe h_{30} gemessen und dieser Wert wird als Maß für die hier als „Verformungswiderstand" definierte Härte bei der gewählten Heiztemperatur betrachtet.

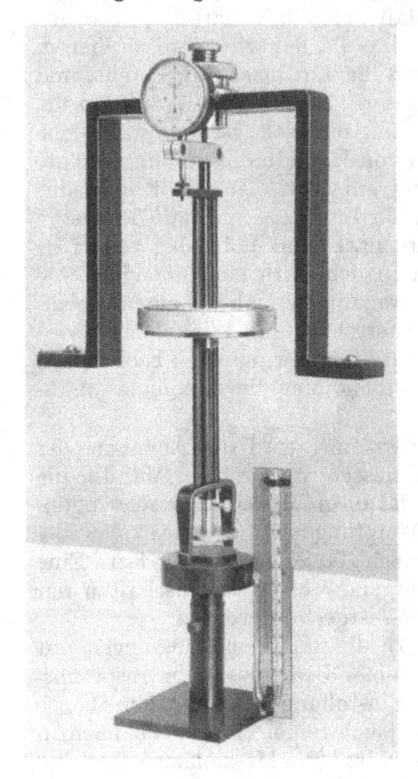

Abb. 63. Plastometer nach Houwink u. Heinze. (Schopper, Leipzig.)

Nach Baader (*2*) wird der Durchmesser der Preßplatten gleich demjenigen der Prüfzylinder gemacht, so daß also die zu prüfende Masse gemäß Abb. 152 unter dem Prüfdruck weggequetscht wird. Prüfzylinder und Preßplatten besitzen hierbei einen Durchmesser von 10 mm. Die Höhe der Prüfstücke beträgt ebenfalls 10 mm. Die Zusammenpressung dieser Zylinderchen von der Anfangshöhe von 10 mm auf 4 mm in 30 s und anschließendem Rücklauf ohne Last innerhalb 30 s wird beobachtet. Hierbei wird das Belastungsgewicht ermittelt, das diese Verformung in der vorgeschriebenen Zeit hervorbringt. Das so gefundene Gewicht in Gramm wird als Verformungshärte (Defohärte) bezeichnet. Auf diese Weise entsteht eine durchlaufende Skala von 50—30 000 g, in der auch Verformungshärten der vulkanisierten Weichgummimischungen eingeschlossen sind.

Dritter Teil.

Physik der Härte.

Zur Messung des „Widerstandes, den der Prüfkörper dem Eindringen eines anderen, härteren" entgegensetzt, stehen demnach heute eine ganze Reihe von Möglichkeiten in der Technik offen. Die mannigfaltigsten Prüfeinrichtungen wurden geschaffen, die im Laufe einer langen Entwicklungszeit einen hohen Grad von Genauigkeit, Zuverlässigkeit und

Schnelligkeit erreicht haben. Die mit diesen Geräten gesammelten Erfahrungen haben sich zu bindenden Vorschriften über die Wahl der Versuchsbedingungen und die Auswertung der Meßergebnisse verdichtet, durch die im einzelnen die Ausführung der Härtemessungen geregelt wird.

Beim Studium des heute fast unübersehbar gewordenen Schrifttums über die Härte und die Härtebestimmung drängen sich trotzdem Fragen auf, auf die das Schrifttum eine Antwort schuldig bleibt. Eine kritische Betrachtung kann manche Schwierigkeit und Unstimmigkeit nicht übersehen. Letzten Endes ist der heutige Zustand, daß jedes der mannigfaltigen Meßverfahren seinen eigenen Härtewert mit jeweils besonderer Eigengesetzlichkeit, — Brinell-, Rockwell-, Vickers-, Ritz-, Rückprallhärte usf. — liefert, eine im Prüfwesen einmalige Erscheinung, durchaus unbefriedigend. Auch ist die Stellung der Härte im Rahmen der gesamten Werkstoffprüfung noch nicht völlig geklärt.

Wenn in einem Wissenszweig die Einordnung der Meßergebnisse unter größere Gesichtspunkte nicht recht gelingen will, so muß die Frage gestellt werden, inwieweit die gewählten Begriffsbestimmungen der Grundgrößen den zu erfassenden Werkstoffeigenschaften nahe kommen. Die Frage ist daher berechtigt, ob in den heute üblichen Begriffsbestimmungen der verschiedenen Härten die bestmögliche Lösung gefunden wurde, ja ob überhaupt die heutigen Härtekennwerte dem Begriff und Wesen der Härte gerecht werden.

Mit dieser Frage beschäftigt sich der folgende Teil. Durch eingehende Betrachtungen und Vergleiche mit anderen Zweigen der Werkstoffprüfung wird versucht, zu einer für alle Prüfmethoden gültigen Begriffsbestimmung der Härte zu gelangen. Hierbei werden die in Teil I behandelten Grundbegriffe gute Dienste tun.

Von vornherein muß hier festgestellt werden, daß die heute üblichen verschiedenen Härtekennwerte für viele Bedürfnisse der Praxis durchaus genügen können, daß sie aber in manchen anderen Fällen eine völlig befriedigende Gesamtschau nicht ermöglichen.

I. Kugeldruckprobe.

Die Kugeldruckprobe ist das wichtigste technische Verfahren zur Untersuchung der Härte der Werkstoffe. Eine Fülle von Untersuchungen über den Einfluß der verschiedenen Prüfbedingungen auf die zu gewinnenden Härtekennwerte steht hier zur Verfügung. Am Beispiel der Kugeldruckprobe sei daher im folgenden sehr ausführlich die Begriffsbestimmung der Härte erläutert, so daß die Erörterung der Härtekennwerte anderer Prüfverfahren wesentlich kürzer gehalten werden kann.

1. Abhängigkeit vom Prüfdruck.

Beim Kugeldruckversuch wird eine Kugel mit einer Last P in die Oberfläche des zu untersuchenden Werkstoffs gedrückt. Die Brinellhärte ergibt sich dann als Quotient aus aufgebrachter Last P und Flächeninhalt des erzeugten Kugeleindrucks. Zur Untersuchung der

Frage, inwieweit diese Brinellhärte der zu erfassenden Werkstoffeigenschaft nahe kommt, müssen die Versuchsbedingungen systematisch verändert werden, um so das Gesamtverhalten dieses Kennwertes zu erfassen.

Von besonderer Bedeutung hierbei ist die Klärung der Abhängigkeit der Kugeldruckhärte vom Prüfdruck. Grundlegende Versuche über

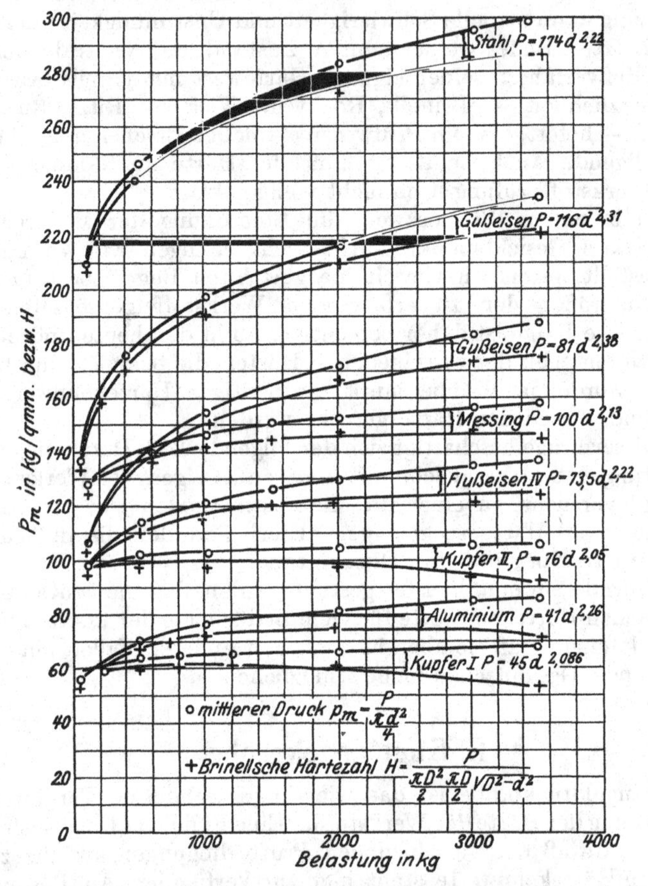

Abb. 64. Abhängigkeit der Brinellhärte H und der Meyerhärte p_m von der Belastung nach Meyer. (Döhmer, Die Brinellsche Kugeldruckprobe.)

diese Frage wurden von Meyer (*108*) angestellt, dessen Ergebnisse zusammenfassend in Abb. 64 dargestellt sind. Danach ist die Brinellhärte keineswegs eine vom Prüfdruck unabhängige, allgemein gültige Kennzahl, im Gegenteil, sie verändert sich außerordentlich stark. Zunächst wächst sie mit steigendem Prüfdruck steil an, um dann, nach Überschreitung eines Höchstwertes wieder abzusinken. Auch die auf den Flächeninhalt des Eindruckkreises bezogenen Härtewerte (Meyerhärte) steigen mit wachsendem Prüfdruck an; der bei der Brinellhärte beobachtbare Abfall nach Überschreiten eines Höchstwertes tritt jedoch hier nicht auf.

Mit der theoretischen Klärung des Zusammenhangs der Brinellhärte mit der Prüflast hat sich Meyer (*108*) sehr eingehend beschäftigt. Er

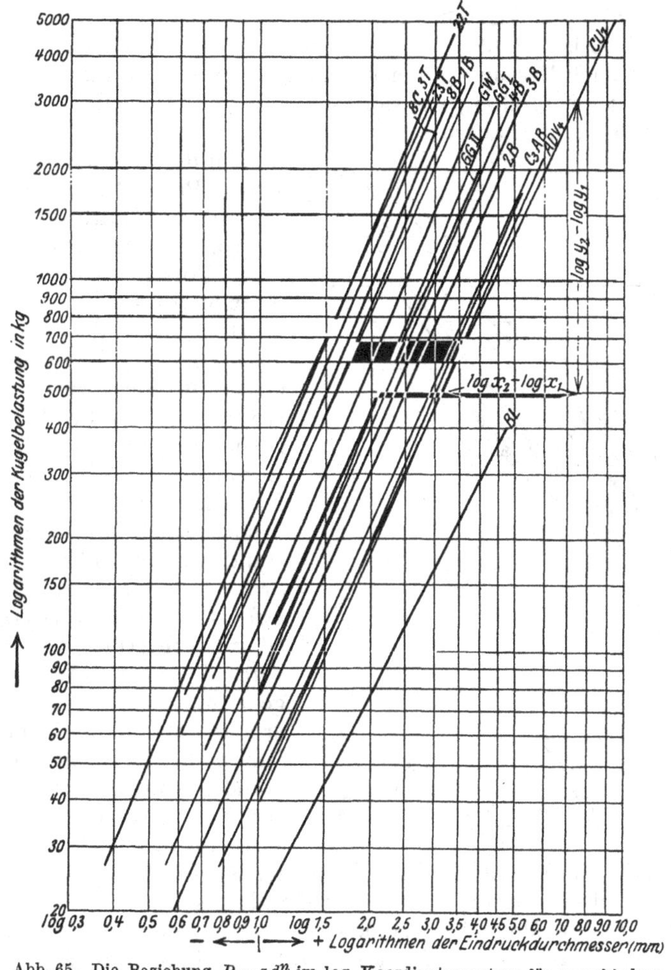

Abb. 65. Die Beziehung $P = ad^n$ im log. Koordinatensystem für verschiedene Werkstoffe nach Meyer. (Döhmer, Die Brinellsche Kugeldruckprobe.)

findet, daß auch für die Kugeldruckprobe das Gesetz von Rasch (*126*) und A. Föppl (*26*)

$$P = ad^n \tag{29}$$

gilt. Dies läßt sich in der Form

$$\log P = \log a + n \log d \tag{30}$$

schreiben, d. h. im logarithmischen Koordinatensystem muß die Kugelbelastung P gradlinig mit dem Eindruckdurchmesser d ansteigen. Abb. 65

stellt für verschiedene Stoffe dieses Gesetz nach Messungen von Meyer dar. Die Werte von a und n lassen sich aus zwei Einzelmessungen bestimmen.

Nach Kürth (*91*) gibt n ein Maß für die Kaltbearbeitung eines Werkstoffs an, während a offensichtlich die Kugelbelastung für den Eindruckdurchmesser $d = 1$ darstellt.

In Abb. 66 ist Gl. (30) für verschiedene Kaltbearbeitungszustände von Kupfer nach Messungen von Kürth aufgetragen. Im ausgeglühten Zustand ist n am größten, um sich mit zunehmender Kaltbearbeitung dem Wert $n = 2$ zu nähern.

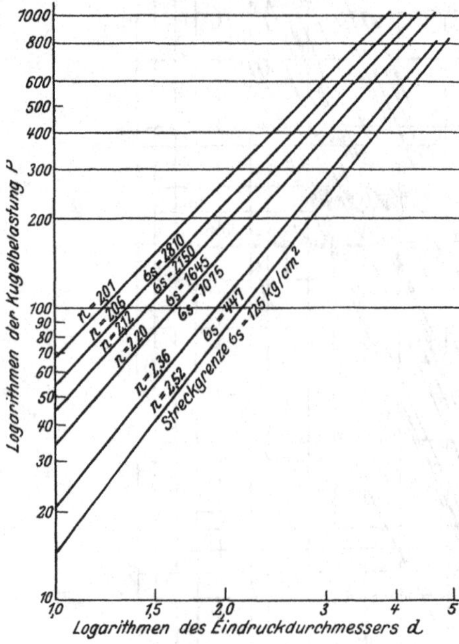

Abb. 66. n-Werte für Kupfer bei verschiedener Kaltbearbeitung nach Kürth. (Döhmer, Die Brinellsche Kugeldruckprobe.)

Für den Anstieg mit wachsender Prüflast machte schon Brinell die Kalthärtung verantwortlich, er erklärt, daß „das Vorschieben bzw. Zusammendrücken, mit anderen Worten die Kaltbearbeitung des unter der Kugel liegenden Materials größer wird“. Auch Goerens u. Mailänder (*194*) geben hierfür eine ähnliche Erklärung, wonach „durch die Formänderungen beim Eindruckversuch im kalten Zustand das Material an der Eindruckstelle eine Veränderung erfährt, die als Verfestigung oder Kalthärtung bezeichnet wird, da sie den Widerstand gegen weitere Formänderungen erhöht. Man mißt also eigentlich nicht mehr den Widerstand des ursprünglichen Materials, sondern den eines härteren Stoffes“.

Durch die Einführung der Oberfläche der Kugelkalotte, deren Werte schneller wachsen als die Werte des Randkreisinhalts bot sich nach Döhmer (*16*) „die Möglichkeit, einen gewissen Ausgleich gegen den Einfluß der Verfestigung auf die Härtekennzahl zu schaffen, so daß — trotzdem die Bezugnahme der Härtezahl auf die Druckfläche an sich theoretisch richtiger wäre — von Brinell mit besonderer Absicht die Kalotte eingeführt wurde.“

Diese allgemein verbreitete Erklärung der Zunahme der Brinellhärte mit wachsendem Prüfdruck durch die Kalthärtung kann nicht recht befriedigen. Eine solche Kalthärtung müßte sinngemäß bei jedem anderen Eindruckversuch wirksam werden, auch bei der Ludwikschen Kegelprobe oder auch bei der Vickersprobe müßte daher eine Erhöhung der entsprechenden Kennzahlen mit wachsendem Prüfdruck sich ergeben. Eine solche Erhöhung läßt sich jedoch hier nicht beobachten (vgl. Abb. 47).

Wenn die Kalthärtung für die Zunahme der Kugeldruckhärte mit wachsendem Prüfdruck verantwortlich wäre, so müßte ferner der Härtewert mit steigendem Prüfdruck stetig zunehmen, denn wie in Abb. 142 gezeigt wird, nimmt die Härte mit wachsender Kaltverformung stetig zu. Die Brinellhärte dagegen fällt nach Überschreiten eines Höchstwertes wieder ab. Dieser Abfall wird durch die rechnerische Bezugnahme auf die Kalottenfläche, an Stelle des Randkreisinhalts, gedeutet; trotzdem also lediglich hier eine rechnerische Maßnahme sich auswirkt, mißt man dem Höchsthärtewert eine physikalische Bedeutung zu. Man sieht in diesem Höchstwert eine gewisse Ähnlichkeit mit dem Höchstwert, den die Belastung beim Zerreißversuch durchläuft. Auch beim Zugversuch nimmt bekanntlich die Belastung nach Überschreiten eines Höchstwertes wieder ab. Ganz abgesehen davon, daß die der Härtekennzahl entsprechende, auf den jeweiligen Prüfquerschnitt bezogene, wahre Beanspruchung auch beim Zugversuch diesen Abfall nicht zeigt, ist der Abfall der Prüflast beim Zugversuch lediglich durch die elastischen Verhältnisse der Prüfmaschine selbst bedingt. Macht man die Prüfeinrichtung genügend federnd nachgiebig, so wird dieser Abfall unterdrückt, wie ausführlich in dem unter (*163*) genannten Buch dargelegt wird.

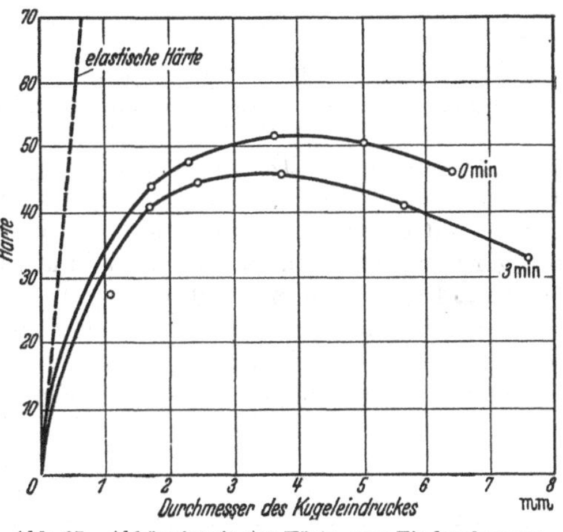

Abb. 67. Abhängigkeit der Härte vom Eindruckmesser (Deutsch, Forsch.-Ing.-Wes., Sonderreihe M, Heft 1.)

Eine Entscheidung darüber, wann der Einfluß der Kalthärtung mit wachsender Prüflast auf den Verlauf der Härtezahl aufhört und derjenige der rechnerischen Bezugnahme auf die Kalotte überwiegt, kann nicht gefällt werden. Entweder ist eine Kalthärtung tatsächlich wirksam, dann muß sie sich in den zu gewinnenden Härtezahlen widerspiegeln, und diese Härtezahlen können nur stetig zunehmen, oder sie ist nicht wirksam, dann erscheint der künstliche Ausgleich durch die Bezugnahme auf die Kalotte nicht erforderlich.

Noch unverständlicher ist der Verlauf der Härtezahlen für sehr kleine Prüflasten. Aus Abb. 64 geht hervor, daß die Härtezahlen mit abnehmender Prüflast sehr stark absinken, man erhält den Eindruck, als ob die Kurven zum Nullpunkt hinstreben.

Tatsächlich kann man häufig im Schrifttum Härtekurven finden, die in den Nullpunkt hereingezeichnet sind, wozu anscheinend das Vorbild des üblichen Zerreiß-Schaubildes verführte. So ist in Abb. 67 die Abhängigkeit der Kugeldruckhärte vom Eindruckdurchmesser und damit von der Prüflast nach Messungen von Deutsch (*14*) an Lagermetallen dargestellt. Danach soll die Härte von 0 beginnend zunächst als „elastische Härte" geradlinig ansteigen, um dann, nach Erreichen eines Höchstwertes wieder abzufallen. Abb. 68 zeigt eine weitere Darstellung von „Höchstwertlinien", die dem Buch von Döhmer (*16*) entnommen ist. Auch diese Kurven zeigen ein ähnliches Aussehen, wie die üblichen Belastungs-Verformungs-Schaubilder des Zerreißversuchs. Sie beginnen im Ursprung und fallen nach Erreichen eines Höchstwertes wieder ab.

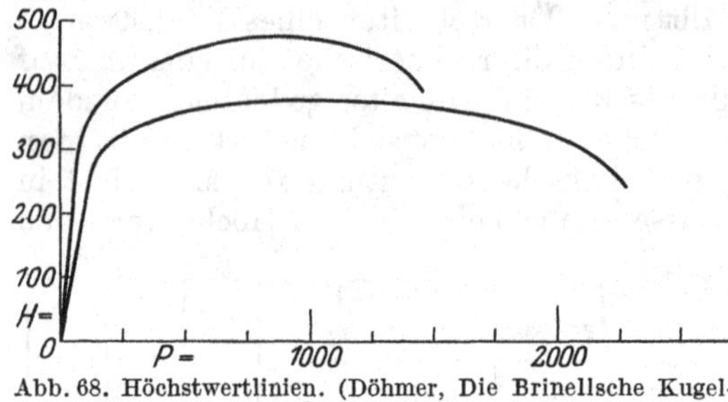

Abb. 68. Höchstwertlinien. (Döhmer, Die Brinellsche Kugeldruckprobe.)

Der Bedeutung dieser Frage entsprechend sei noch eine weitere Darstellung aus dem Buch von O'Neill (*116*) entnommen (Abb. 69), die die Abhängigkeit der Brinell- und Meyer-Härte für Kupfer und Eisen vom Prüfdruck zeigt. Auch hier werden die Kurven für sehr geringe Prüfdrucke extrapoliert, und es ist offensichtlich angenommen, daß für sehr kleine Prüfdrucke die Härte schließlich zu Null wird.

Es zeigt sich also übereinstimmend in allen diesen Schaubildern, daß nach dem Vorbild des Zerreißversuchs die Härtelinien mit Null beginnend, angenommen werden. Ein derartiger Verlauf der als „Härte" eingeführten spezifischen Beanspruchung kann aber, wie jede flüchtige Überlegung zeigt, in keiner Weise den „Widerstand" eines Werkstoffes gegen bleibende Verformung beschreiben, er widerspricht jeder praktischen Erfahrung. Wenn mit abnehmendem Prüfdruck der „Widerstand" gegen bleibende Verformungen schließlich zu Null wird, so würde dies bedeuten, daß ein fester Stoff für kleine Belastungen in den flüssigen Aggregatzustand übergeht. Denn flüssige Stoffe sind durch den Widerstand Null gegenüber einer Verschiebung ihrer Einzelteilchen ausgezeichnet. Die Härte eines festen Stoffes, also der Widerstand gegen eine Verschiebung der Einzelteilchen gegeneinander, kann aber offensichtlich nicht Null werden.

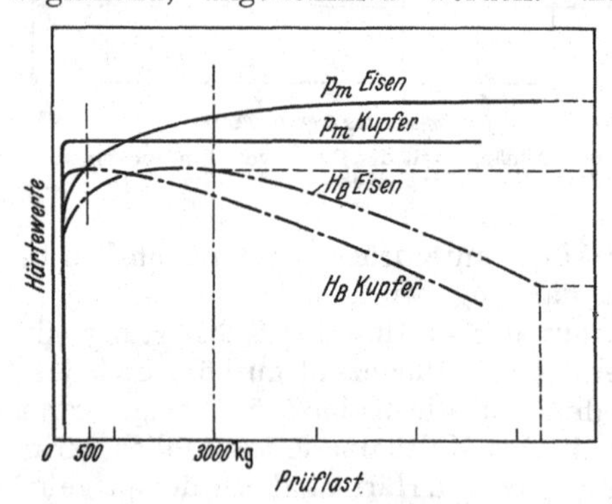

Abb. 69. Härte in Abhängigkeit vom Prüfdruck. (O'Neill, Hardness of Metals.)

Aber auch nach der Begriffsbestimmung der Brinellhärte selbst können diese Kurven nicht durch den Ursprung gehen. Zum mindesten müssen sie für sehr kleine Belastungen wieder ansteigen, um schließlich unendlich groß zu werden. Denn wenn bei einer kleinen, aber endlichen Prüflast der bleibende Eindruck schließlich verschwindet, der Stoff also nur noch elastisch beansprucht wird, so wird der Quotient aus der endlich großen Prüflast und der Eindruckfläche Null unendlich groß.

Aus diesen Überlegungen folgt, daß die heute allgemein übliche Festsetzung der Härte als Widerstand gegen das Eindringen eines anderen, härteren Körpers, gemessen als spezifische Beanspruchung im Eindruck, den Begriff der Härte nicht genügend umschreibt. Man wird vielleicht einwenden, daß die Begriffsbestimmung der „technischen Härte" nicht für solche, nur den Physiker interessierenden, theoretischen Grenzfälle gedacht ist. Dem ist jedoch entgegenzuhalten, daß die Zweckmäßigkeit auch einer technischen Begriffsbestimmung sich an solchen Grenzfällen zu bewähren hat, denn auch eine für den technischen Gebrauch aufgestellte Definition darf nicht zu sinnwidrigen Ergebnissen führen.

2. Vergleich mit anderen Belastungsversuchen.

Ein hervorstechendes Merkmal des Eindruckversuchs besteht darin, daß unter der aufgebrachten Last die Größe der Druckfläche, die diese Last aufzunehmen hat, durch den Prüfvorgang selbst sich sehr stark ändert. Ähnliche Vorgänge finden sich sehr häufig in der Werkstoffprüfung. So wird bekanntlich beim Zugversuch infolge der Querkontraktion die zunehmende Prüflast von einem sich allmählich verändernden Prüfstabquerschnitt aufgenommen. Zur Gewinnung der wahren Spannungswerte bezieht man die jeweilige Last nicht auf den Anfangsquerschnitt, sondern auf den sich während der Prüfung ausbildenden Querschnitt. Die Verhältnisse liegen allerdings hier gerade umgekehrt, wie beim Kugeldruckversuch, da der Prüfstabquerschnitt mit steigender Last nicht größer, sondern kleiner wird.

Gleichlaufende Erscheinungen zeigen sich beim üblichen Druckversuch. Besonders bei weichen Stoffen kann eine seitliche Quetschung des Prüfstücks auftreten, so daß die Prüffläche mit steigender Last merklich zunimmt. Die jeweils aufgebrachte Last ist daher auf einen allmählich mit dieser Last zunehmenden Prüfquerschnitt zu beziehen.

Überträgt man nun die heute übliche Auswertung des Kugeldruckversuchs auf statische Belastungsversuche, so ergibt sich folgende Vorschrift: „Man bringt auf den Prüfkörper eine an sich beliebige, jedoch genügend hohe Prüflast, die merkliche, bleibende Verformungen des Prüfstücks erzwingt. Die aufgebrachte Prüflast wird hierauf durch die Fläche des sich unter dieser Last einstellenden Querschnitts geteilt, und in der so errechneten spezifischen Beanspruchung des Prüfquerschnitts hätte man nach dem Vorbild der Kugeldruckprobe eine hinreichende Kennzeichnung des Werkstoffes zu sehen."

Eine solche Auswertung würde offensichtlich beim statischen Versuch als völlig unzureichend angesehen werden. Ganz abgesehen davon, daß man durch eine einzige Belastung kein ausreichendes Bild von allen möglichen Gleichgewichtszuständen gewinnt, verlangt man außer der wahren Spannung gleichzeitig die Ermittlung der zugehörigen Verformung, um so einen eindeutig bestimmten Punkt der Belastungs-Verformungskurve zu erhalten. Nur durch die gleichzeitige Ermittlung von Ursache und Wirkung, also von wahrer Spannung und erzeugter Verformung, kann ein bestimmter Gleichgewichtszustand hinreichend gekennzeichnet werden. Von dieser in der Werkstofflehre selbstverständlichen Forderung macht die heutige Härteprüfung eine bemerkenswerte Ausnahme. Dies wird vielleicht durch folgendes Gedankenexperiment noch deutlicher.

Wählt man den Durchmesser der Prüfkugel immer größer, so kann schließlich der auf dem Prüfkörper aufliegende Teil als ebene Platte angesehen werden (Abb. 70). Diese Platte bedeckt völlig die als eben angenommene Oberfläche des Prüfkörpers, so daß der Kugeldruckversuch in den üblichen Druckversuch übergeht. Untersucht man nun verschiedene Prüfkörper bei gleichbleibender Prüflast, so ändert sich unter dem Einfluß dieser Prüflast mehr oder weniger der Prüfquerschnitt, und demnach auch die auf die Flächeneinheit bezogene Beanspruchung. Je weicher der Prüfling ist, desto mehr wird er flach gequetscht, desto größer ist die Prüffläche und desto geringer ist die spezifische Beanspruchung, d. h. die Härte im heutigen Sinne. Ähnliche Messungen werden tatsächlich bei der Prüfung von Gummi angestellt (vgl. S. 164). Bei Metallen, insbesondere bei Stahl und Eisen wären die Unterschiede dieser „Härtewerte“ sehr gering. Wird jedoch nicht nur die spezifische Beanspruchung, sondern gleichzeitig auch die bleibende Verformung in der Druckrichtung gemessen, wie dies ja tatsächlich beim üblichen Druckversuch geschieht, so ist eine durchaus befriedigende Unterscheidung verschiedener Werkstoffe möglich.

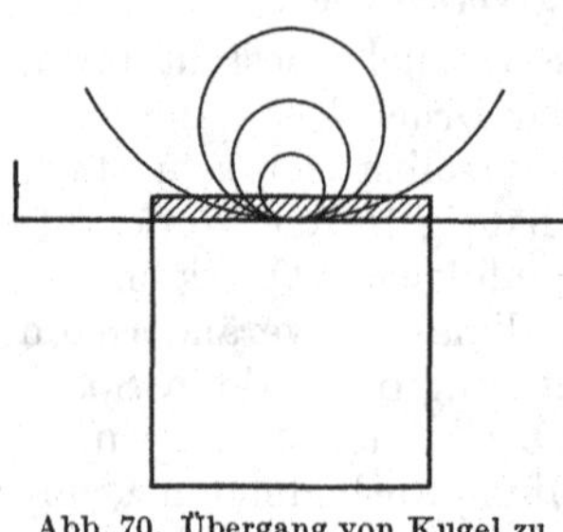

Abb. 70. Übergang von Kugel zu ebener Druckfläche.

Wird nun umgekehrt der Kugeldruckversuch als Sonderfall des statischen Druckversuchs mit ebener Druckplatte betrachtet, läßt man also den Radius der Druckplatte immer kleiner und kleiner werden, bis schließlich diese zu einer kleinen Kugel zusammenschrumpft, so ist nicht einzusehen, warum die beim statischen Druckversuch übliche und bewährte Auswertung plötzlich verlassen wird. G e n a u w i e b e i m D r u c k v e r s u c h h a t m a n d a h e r a u c h b e i m K u g e l d r u c k v e r s u c h d i e a u f d i e j e w e i l i g e P r ü f f l ä c h e b e z o g e n e P r ü f l a s t i n V e r g l e i c h m i t d e r e n t s t a n d e n e n, b l e i b e n d e n V e r f o r m u n g z u s e t z e n, u m e i n e h i n r e i c h e n d e K e n n z e i c h n u n g d e s V e r f o r m u n g s z u s t a n d e s z u e r h a l t e n. D i e A n g a b e d e r s p e z i f i s c h e n B e a n s p r u c h u n g i n d e r P r ü f f l ä c h e a l l e i n k a n n h i e r z u n i c h t g e n ü g e n.

Im Gegensatz zum statischen Belastungsversuch zeigt hierbei der Kugeldruckversuch die Sonderheit, daß die Prüffläche, auf die die Prüflast jeweils zu beziehen ist, und die bleibende Verformung, also die Eindrucktiefe, von Nebenerscheinungen abgesehen, durch eine einfache, geometrische Beziehung miteinander verknüpft sind. Meßtechnisch kommt man daher, wenigstens theoretisch, mit der Ermittlung einer einzigen Größe, also entweder des Eindruckdurchmessers oder aber der Eindrucktiefe aus.

3. Neue Begriffsbestimmung.

Ein unvoreingenommener Betrachter der Abb. 64 wird daher zu ganz anderen Schlußfolgerungen kommen. Er wird sich sagen, daß bei Erhöhung der Prüflast die Kugel stärker in die Oberfläche des Prüfstücks einsinkt. Die Last verteilt sich hierdurch auf eine größere Fläche und die spezifische Flächenbeanspruchung steigt infolgedessen bei weitem nicht im Ausmaße der Vergrößerung der Prüflast, sondern gemäß den Kurven der Abb. 64 wesentlich langsamer an. Diese spezifische Flächenbelastung allein kann aber, im Gegensatz zu der heute allgemein verbreiteten Auffassung, keine befriedigende Kennzeichnung für die „Härte" eines Werkstoffs liefern, da eine nur wenig erhöhte Flächenbelastung nicht nur einen größeren, sondern auch einen wesentlich tieferen Eindruck erzielt. So ist bei einem Prüfdruck von 1000 kg bei Stahl gemäß Abb. 64 aus der Brinellhärte von 258 rückwärts ein Kalotteninhalt von 3,87 mm² und damit eine Eindrucktiefe von rund 0,124 mm zu errechnen. Bei einer Prüflast von 3000 kg dagegen ergibt sich aus der Brinellzahl von 285 eine Kalotte von 10,6 mm² Flächeninhalt und damit eine Eindrucktiefe von 0,337 mm. Obgleich demnach die mittlere, spezifische Flächenbeanspruchung bei einer Erhöhung der Prüflast von 1000 kg auf 3000 kg infolge der Vergrößerung der Kalotte nur von 258 auf 285 kg/mm² gestiegen ist, wurde unter dieser nur wenig erhöhten Flächenbeanspruchung der Werkstoff wesentlich stärker verformt. Die Eindrucktiefe ist gleichzeitig von 0,124 auf 0,337 mm gestiegen. Einer Zunahme der spezifischen Beanspruchung von nur 13% entspricht demnach eine Zunahme der Eindringtiefe auf beinahe das Dreifache.

Wenn aber bei irgend einem physikalischen Versuch eine geringfügige Erhöhung der auf die Flächeneinheit des Versuchskörpers entfallenden Ursache eine Erhöhung der durch diese Ursache ausgelösten Wirkung um das Mehrfache bedingt, so ist der Versuchskörper offensichtlich nicht widerstandsfähiger geworden, im Gegenteil, seine Widerstandsvermögen hat beträchtlich nachgelassen. Die Größe der von außen auf den Körper wirkenden Ursache ist letzten Endes vom Zufall abhängig, ausschlaggebend für die Widerstandsfähigkeit ist jedoch die Art, wie sich der Versuchskörper mit dieser von außen kommenden Einwirkung auseinander zu setzen vermag.

Diese Auffassung entspricht ganz allgemein den Erfahrungen des täglichen Lebens auf den verschiedensten Gebieten. Wenn etwa beim Feilen eine Verstärkung des Anpreßdrucks und damit eine Erhöhung der spezifischen Belastung ein wesentlich besseres Greifen der Feile bewirkt, so wird niemand behaupten, daß hierdurch die Widerstandsfähigkeit des zu bearbeitenden Körpers größer geworden ist. Im Gegenteil, die verhältnismäßig kleine Erhöhung der spezifischen Beanspruchung bewirkt eine höhere Arbeitsleistung, der Widerstand des Körpers ist also nicht größer, sondern kleiner geworden. Ähnliches gilt ganz allgemein für alle Bearbeitungen der Metalle im kalten Zustand, also etwa für Hämmern, Walzen, Drücken, Schmieden usw.

Auch in bezug auf den Menschen selbst finden sich zahlreiche Beispiele. Die Widerstandsfähigkeit des Menschen gegenüber körperlichen, geistigen oder seelischen Beanspruchungen kann nicht allein nach der Größe dieser Beanspruchungen beurteilt werden, ausschlaggebend für die Widerstandsfähigkeit ist das Ausmaß der erzeugten Beeinflussung. Diese Beeinflussung wird meist stärker zunehmen als die Beanspruchung, so daß die Widerstandsfähigkeit offensichtlich abnimmt. Besonders im Sportleben gibt es eine Reihe von treffenden Ausdrücken, um das Verhältnis von geforderter Beanspruchung und hierdurch erzeugter Einwirkung auf die körperliche Verfassung zu kennzeichnen. Ein Sportler hat „Stehvermögen", wenn die von ihm jeweils nach den Erfordernissen des Kampfes verlangte Beanspruchung eine möglichst geringe Wirkung auf seine körperliche Verfassung ausübt. Ein Faustkämpfer zeigt „Härte", wenn er unter den Schlägen des Gegners geringe Wirkung zeigt. Die Höhe der Beanspruchung, also etwa die Wucht der Schläge des Gegners ist kein ausreichendes Maß für die „Härte", ausschlaggebend für den Begriff der Härte ist die Größe der Wirkung.

Auch als militärischen Begriff finden wir den physikalischen Sinn des Widerstandes. Die Widerstandsfähigkeit einer Verteidigungszone kann nicht allein aus der Wucht eines gegen sie vorgetragenen Angriffs beurteilt werden, entscheidend ist die erzielte Wirkung. Je kleiner diese Wirkung ist, desto größer ist die Widerstandsfähigkeit der Verteidigungszone. Wenn ein zweiter, mit nur wenig erhöhtem Einsatz je Längeneinheit durchgeführter Angriff wesentlich tiefer in die Verteidigungszone eindringt, so ist der Widerstand offensichtlich nicht entsprechend diesem erhöhten Einsatz größer, sondern im Gegenteil wesentlich kleiner geworden.

Und wenn bei einem Kugeldruckversuch eine geringfügige Steigerung der auf die Flächeneinheit entfallenden Beanspruchung einen unvergleichlich tieferen Eindruck erzielt, so ist der Werkstoff gegenüber dieser erhöhten Beanspruchung nicht härter, sondern im Gegenteil weicher geworden. *Als Maß für das Widerstandsvermögen eines Werkstoffs gegenüber einer äußeren Einwirkung kommt daher das Verhältnis von Beanspruchung und erzeugter Verformung in Frage, dieses Verhältnis werde als Härte eines Werkstoffs eingeführt.*

Wenn man daher unter Berücksichtigung dieser Überlegungen nach einer zweckentsprechenden Auswertung des Kugeldruckversuchs Umschau hält, so bietet sich grundsätzlich der Ausdruck

$$\text{(31)} \qquad \text{Härte} = \frac{\text{spezifische Flächenbeanspruchung}}{\text{bleibende Verformung}}$$

an. Der Zähler dieses Ausdrucks entspricht der heute üblichen Brinell- bzw. Meyer-Härte.

Dieser Ausdruck zeigt einen ähnlichen Aufbau, wie der auf S. 10 eingeführte Plastizitätsmodul bei statischen Belastungsversuchen, der als Verhältnis der spezifischen Beanspruchung und der erzeugten relativen Verformung definiert wurde. Zwischen der neu eingeführten Härte und diesem Plastizitätsmodul bestehen jedoch einige wichtige Unterschiede, die durch die Besonderheiten des Kugeldruckversuchs bedingt sind. Während bei der Ermittlung der Flächenbeanspruchung etwa im Zugversuch eine ungefähr gleichmäßige Verteilung über den Prüfquerschnitt angenommen werden kann, ist dies beim Kugeldruckversuch nicht möglich. Die Beanspruchung nimmt hier von der Mitte zum Rand der Kalotte sehr stark ab. Die Brinell- oder Meyer-Härte gibt nur einen Mittelwert der Flächenbeanspruchung an. Ob die eine oder andere Berechnung der Flächenbeanspruchung vorzuziehen ist, kann nur durch weitere Versuche geklärt werden. Immerhin erscheint schon hier die Berücksichtigung der Kalthärtung die zur Begründung der Brinellschen Auswertung angeführt wird, nicht nötig, so daß die Bezugnahme auf den Inhalt des Randkreises nach Meyer vorzuziehen sein dürfte.

Auch die Verteilung der bleibenden Verformungen im Kugeleindruck ist wesentlich unregelmäßiger als beim Zugversuch. Jede Zone des Kugeleindrucks erfährt eine ganz verschiedene Verformung, vgl. S. 229. Streng genommen, müßte daher eine Mittelbildung über die ganze Kalotte vorgenommen werden. Es liegt nahe, die Tiefe des Schwerpunktes der Kugelkalotte als mittlere Eindringtiefe anzusetzen. Um jedoch die anzustellenden Betrachtungen nicht von vornherein mit Nebenerscheinungen zu belasten, sei als Maß der Verformung der Einfachheit halber die Höchstverformung, also die Eindrucktiefe in ihrem bisherigen Sinne genommen. Für die hier anzustellenden Betrachtungen, dürfte diese Wahl zugebilligt werden können, auch wird sie durch spätere Beobachtungen gerechtfertigt.

Eine weitere grundsätzliche Schwierigkeit des Kugeldruckversuchs darf nicht übersehen werden. Bei einem üblichen Belastungsversuch wird am Prüfstück eine bestimmte Meßstrecke abgesteckt. Die Verformungen dieser Meßstrecke werden auf die Längeneinheit bezogen, so daß eine von den jeweiligen Versuchsbedingungen mehr oder weniger unabhängige Werkstoffkennzahl, die verhältnismäßige, bleibende Verformung, bestimmbar ist. Dies ist beim Kugeldruckversuch nicht möglich. Die Meßlänge, also die Tiefe der Wirkungszone, bis zu der bleibende Verformungen im Innern des Prüfkörpers unter der pressenden Kugel entstehen, ist nicht ohne weiteres bekannt. Die gemessene, absolute Verformung, d. h. die Eindrucktiefe, kann daher nicht auf eine bestimmte Meßlänge bezogen werden, auch ist die geometrische Verteilung der bleibenden Verformungen innerhalb der Wirkungszone so verwickelt und veränderlich, daß eine solche Bezugnahme kaum durchführbar ist.

Durch die neue Begriffsbestimmung der Härte gemäß dem obigen Ansatz wird also nur „ein mittlerer Formänderungswiderstand der ganzen Wirkungszone“ erfaßt. Eine Reduktion auf die Längeneinheit und damit die Ermittlung eines reinen Werkstoffkennwerts, d. h. des eigentlichen Plastizitätsmoduls ist nicht möglich.

Zur Vermeidung von Verwechslungen seien die in diesem Buche einzuführenden Härtewerte durchweg mit deutschen Buchstaben bezeichnet. Die neue Härte ergibt sich demnach beim Kugeldruckversuch, je nachdem, ob die Brinell- oder Meyerzahlen als spezifische Beanspruchung benutzt werden, zu

$$\text{(32)} \qquad \mathfrak{H} = \frac{H}{t} = \frac{P}{\pi D t^2}\left[\frac{\text{kg}}{\text{mm}^3}\right] = \frac{P}{\frac{\pi}{4} D\left[D - \sqrt{D^2 - d^2}\right]^2}\left[\frac{\text{kg}}{\text{mm}^3}\right].$$

bzw.

$$\text{(33)} \qquad \mathfrak{H} = \frac{p_m}{t} = \frac{P}{\frac{\pi}{4} \cdot d^2 \cdot t}\left[\frac{\text{kg}}{\text{mm}^3}\right] = \frac{P}{\frac{\pi}{8} d^2 \left(D - \sqrt{D^2 - d^2}\right)}\left[\frac{\text{kg}}{\text{mm}^3}\right].$$

Die Dimension der neuen Härte ist kg/mm³, was zur Deutlichmachung des Aufbaus der Formeln auch als $\frac{\text{kg/mm}^2}{\text{mm}}$ geschrieben werden kann.

Bereits auf S. 20 wurde ausgeführt, daß die Dehnungszahl an Stelle des Moduls besondere Vorteile verspricht, und daß entsprechend die Einführung der Umkehrung der Härte, also der Weiche, einer eingehenden Prüfung wert ist. Für die Weiche ergeben sich sinngemäß die Ausdrücke

$$\text{(34)} \qquad \mathfrak{W} = \frac{1}{\mathfrak{H}} = \frac{t}{H} = \frac{\pi D t^2}{P}\left[\frac{\text{mm}^3}{\text{kg}}\right]$$

bzw.

$$\text{(35)} \qquad \mathfrak{W} = \frac{t}{p_m} = \frac{\frac{\pi}{4} \cdot d^2 \cdot t}{P}\left[\frac{\text{mm}^3}{\text{kg}}\right].$$

Diese neu eingeführte Weiche gibt demnach das Verhältnis der bleibenden Verformung, in Millimeter gemessen, zum Druck auf die Flächeneinheit der Kalotte an, oder auch die in Millimeter gemessene Eindrucktiefe je Kilogramm Spannung. Ihre Dimension ist mm³/kg.

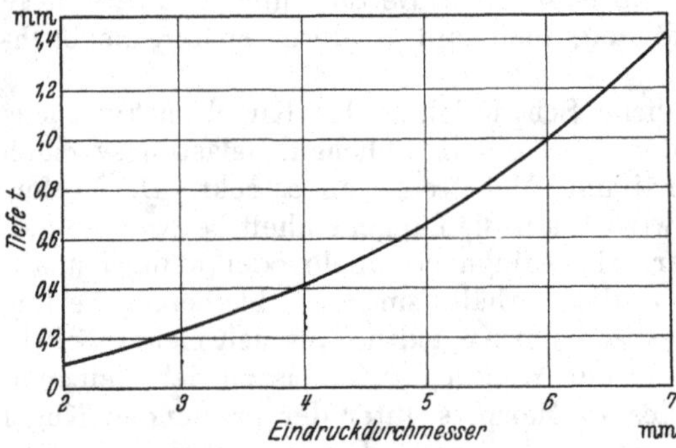

Abb. 71. Zusammenhang zwischen Eindrucktiefe und Eindruckdurchmesser für 10 mm-Kugel.

Die in den Formeln 32—35 auftretende Eindrucktiefe t wird bei Kugeldruckversuchen im allgemeinen nicht gemessen. Rechnungsmäßig ergibt sie sich aus dem Kugeldurchmesser und dem Eindruckdurchmesser zu

$$\text{(36)} \qquad t = \frac{1}{2}\left(D - \sqrt{D^2 - d^2}\right).$$

Hierbei ist allerdings eine etwaige Wulstbildung und insbesondere auch eine elastische Abplattung der Prüfkugel unter der Prüflast nicht erfaßbar. Wenn man von diesen Einflüssen zunächst absieht, so lassen sich die neuen Härtewerte bei gegebenen Prüfbedingungen ohne weiteres berechnen.

In Abb. 71 ist zunächst der Zusammenhang der aus dem Eindruckdurchmesser zu errechnenden Eindrucktiefe mit dem Eindruckdurchmesser, gemäß obiger Formel 36 aufgezeichnet.

Um eine schnelle Umrechnung der Härtewerte zu ermöglichen, ist in Abb. 72 sowohl der neue Härtewert, als auch die Weiche in Abhängigkeit von der Brinellzahl dargestellt. Diesem bis zu einer Brinellhärte von 1000 durchgeführten Vergleich kommt für große Härten natürlich nur theoretisches Interesse zu, da bei so großen Härten sich mannigfaltige Einflüsse bemerkbar machen, die die Beziehung gemäß Formel (36) in Frage stellen. Für weichere Stoffe dürfte aber diese Formel wenigstens angenähert die Berechnung der wirklichen Eindrucktiefe erlauben, deshalb ist in Abb. 73 zur raschen Umrechnung für spätere Vergleiche der Zusammenhang für kleine Härten vergrößert herausgezeichnet. Aus dieser Darstellung ergibt sich, daß unterhalb einer Brinellzahl von etwa 100 die neuen Härtewerte niedriger sind, daß sie aber oberhalb dieser Brinellzahl wesentlich höhere Werte annehmen.

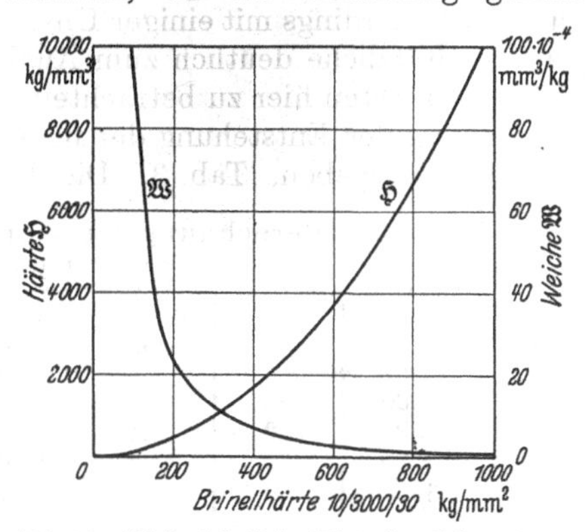

Abb. 72. Abhängigkeit der Härte 𝔅 und der Weiche 𝔚 von der Brinellhärte H 10/3000/30.

Der genaue Wert dieser kritischen Härte errechnet sich aus der Bedingung, daß $t = 1$ mm ist, zu 95,5 kg/mm². Für diese Brinellhärte ergibt sich demnach ein neuer Härtewert 𝔅 von der gleichen Größe. Brinellwert und neuer Härtewert stimmen für $t = 1$ genau überein. Zu bemerken ist noch, daß diese Vergleiche für die üblichen Werte von 10 mm Kugeldurchmesser, 3000 kg Prüflast und 30 Sekunden Prüfdauer durchgeführt sind. Ähnliche Kurven lassen sich auch aufstellen für den Fall, daß die neuen Härtewerte auf die Meyerhärte bezogen werden, vgl. Gl. (33).

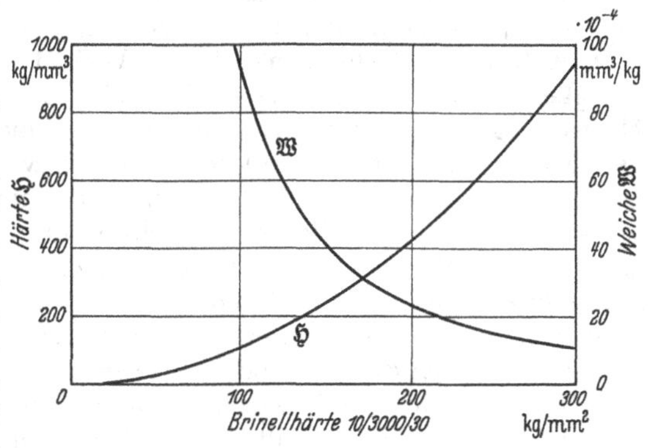

Abb. 73. Abhängigkeit der Härte 𝔅 und der Weiche 𝔚 von der Brinellhärte H 10/3000/30.

4. Einige Anwendungen.

Es wird sich noch häufig Gelegenheit finden, die neuen Kennwerte der Härte und Weiche mit den bisherigen Härtewerten, und auch mit anderen Werkstoffeigenschaften zu vergleichen. Hier seien zunächst einige Umrechnungen an Hand praktischer Messungen durchgeführt, um so das Entstehen der neuen Härtewerte kennenzulernen, und auch um die Frage zu entscheiden, ob die Brinell- oder Meyer-Härte den neuen Härtewerten zugrunde zu legen ist.

Als Unterlagen dienen für diese Umrechnungen die in Abb. 64 dargestellten Versuchsergebnisse von Meyer, so daß gleichzeitig auch ein Einblick in die Abhängigkeit der neuen Härtewerte vom Prüfdruck gewonnen wird. Die nachträgliche Entnahme von Einzelwerten aus diesen Kurven ist allerdings mit einiger Unsicherheit behaftet, immerhin dürfte das Grundsätzliche deutlich zum Ausdruck kommen.

Für den ersten hier zu betrachtenden Stoff, Kupfer I, sei zur Veranschaulichung der Entstehung der neuen Härtewerte die Berechnung im einzelnen angegeben, Tab. 3. Die für die ausgewählten Belastungs-

Tabelle 3. Berechnung der Härte $\mathfrak{H}$ und der Weiche $\mathfrak{W}$ für Kupfer.

Prüflast kg	H_B kg/mm²	Kalotte mm²	Tiefe mm	$\mathfrak{H}$ kg/mm³	$\mathfrak{W}$ mm³/kg·10⁻⁴
200	60	3,32	0,106	565	17,7
1000	62	16,1	0,52	120	84
2000	60	33,4	1,06	56,5	177
3000	56,5	52,5	1,67	34	295

stufen von 200, 1000, 2000 und 3000 kg den Meyerschen Kurven zu entnehmenden Brinellwerte sind in dieser Tabelle eingetragen. Hieraus läßt sich rückwärts der Kalotteninhalt berechnen. Aus diesem ergibt sich unter den bereits genannten Vorbehalten die Eindrucktiefe gemäß $t = 0/\pi D$. Der Kugeldurchmesser D betrug bei den Versuchen von Meyer 10 mm. Den neuen Härtewert $\mathfrak{H}$ findet man hierauf durch Bildung des Quotienten H/t, die Weiche ergibt sich zu t/H.

In Abb. 74 stellt die Kurve 1 den Verlauf der neuen Härte in Abhängigkeit vom Prüfdruck dar. Sie besitzt für kleine Prüfdrucke verhältnismäßig hohe Werte und fällt mit wachsendem Prüfdruck steil ab. Die Härte $\mathfrak{H}$ für Kupfer nimmt demnach mit wachsendem Prüfdruck im Gegensatz zu dem Verlauf der Brinellwerte nicht nur nicht zu, sondern fällt sehr stark ab. In diesem Verhalten erkennen wir den grundsätzlichen Verlauf des Plastitätsmoduls, wie er statischen Belastungsversuchen an Prüfstäben zu entnehmen ist (S. 14). Sowohl der Plastizitätsmodul, als auch die ihm entsprechende neue Härte, nimmt mit wachsendem Prüfdruck ab, weil die bleibende Verformung weit stärker als die spezifische Beanspruchung mit wachsendem Prüfdruck zunimmt.

Kurve 2 der Abb. 74 stellt die Abhängigkeit der Weiche vom Prüfdruck dar. Diese Kurve beginnt im Ursprung und steigt dann mit wachsendem Prüfdruck leicht beschleunigt an. Während jedoch die entsprechende plastische Dehnungszahl (S. 14) des statischen Zugversuchs annähernd geradlinig mit wachsendem Prüfdruck zunimmt, ist hier eine nicht zu übersehende Abweichung vom geradlinigen Verlauf vorhanden.

In diesem Verhalten der Weiche können verschiedene Einflüsse zum Ausdruck kommen. Es kann sich um eine besondere Werkstoffeigenschaft, oder aber um irgendeine Auswirkung der Versuchsdurchführung bzw. Auswertung handeln. Schon hier zeigt die Weiche ihre grundsätzlichen

Vorteile gegenüber der Härte. Während in dem unübersichtlichen Verlauf der Härte irgendwelche Einflüsse nur schwer erkennbar sind, ist jede Abweichung von dem idealen, geradlinigen Verlauf der Weiche sofort sichtbar. Um diese Fragen zu entscheiden, wurden einige weitere Umrechnungen angestellt.

Für die bisherigen Berechnungen wurden die Brinellhärten zugrunde gelegt. Schon oben wurde darauf verwiesen, daß als spezifische Flächenbeanspruchung eher die auf den Flächeninhalt des Randkreises bezogene Spannung in Betracht zu ziehen ist, da ja die Berücksichtigung der Kalthärtung durch Bezugnahme auf die Kalotte nicht mehr nötig erscheint.

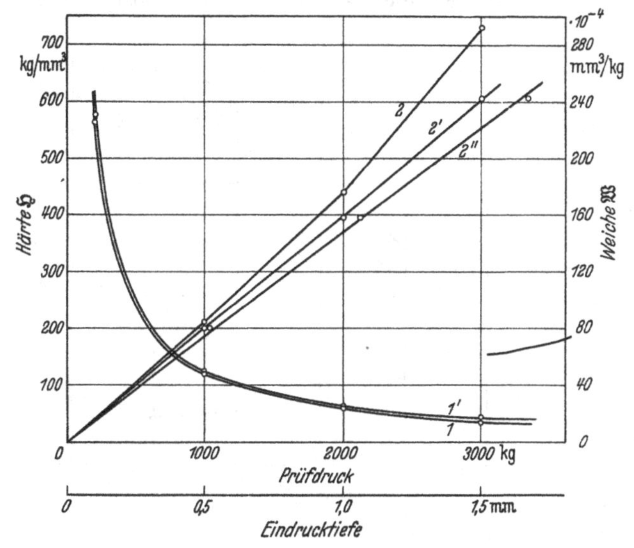

Abb. 74. Abhängigkeit von Härte ℌ und Weiche 𝔚 vom Prüfdruck bzw. von der Eindrucktiefe, errechnet aus Kugeldruckversuchen an Kupfer.
1 = Härte ℌ bezogen auf Brinellwert
1' = Härte ℌ bezogen auf Meyerwert.
2 = Weiche 𝔚 bezogen auf Brinellwert.
2' = Weiche 𝔚 bezogen auf Meyerwert.
2'' = Weiche 𝔚 bezogen auf Meyerwert in Abhängigkeit von der Eindrucktiefe.

Es wurden daher entsprechende Umrechnungen unter Zugrundelegung der in Abb. 64 ebenfalls dargestellten Meyerhärten durchgeführt.

Die auf die Meyerhärte bezogenen neuen Härtewerte (Abb. 74 Kurve 1') zeigen gegenüber der Kurve 1 nur einen geringen Unterschied. Die Kurve 2' stellt den Verlauf der entsprechenden Weiche dar. Auch diese Kurve steigt von 0 beginnend mit wachsendem Prüfdruck an. Die Abweichung vom geradlinigen Verlauf ist kleiner geworden als bei Kurve 2. Daraus ergibt sich, daß der beschleunigte Anstieg, wenigstens zum Teil, lediglich durch die Art der Berechnung bedingt ist, und daß die Bezugnahme auf den mittleren Druck an Stelle der Brinellhärte daher vorzuziehen sein dürfte. Aber auch die Kurve 2' zeigt noch eine nicht zu verkennende Abweichung vom geradlinigen Verlauf. Es erhebt sich erneut die Frage, ob hier lediglich eine Auswirkung der Darstellungsweise vorliegt. Bei der Darstellung der plastischen Dehnungszahl (Abb. 5) wurde als Abszisse die jeweilige Verformung gewählt, während in Abb. 74 als Abszisse der Prüfdruck auftritt. Diese Bezugnahme auf den Prüfdruck ist sozusagen ein Überbleibsel der bisherigen Betrachtungsweise über die Kugeldruckhärte. Es ist heute durchweg üblich, die Ergebnisse irgendwelcher Belastungs-Verformungs-Versuche in Form von Belastungs-Verformungs-Schaubildern darzustellen, und es liegt keine ausreichende Begründung dafür vor, daß man bei der Darstellung völlig gleichartiger Vorgänge beim Kugeldruckversuch hiervon abweicht. Je eher man sich von dieser überkommenen Übung löst, desto schneller

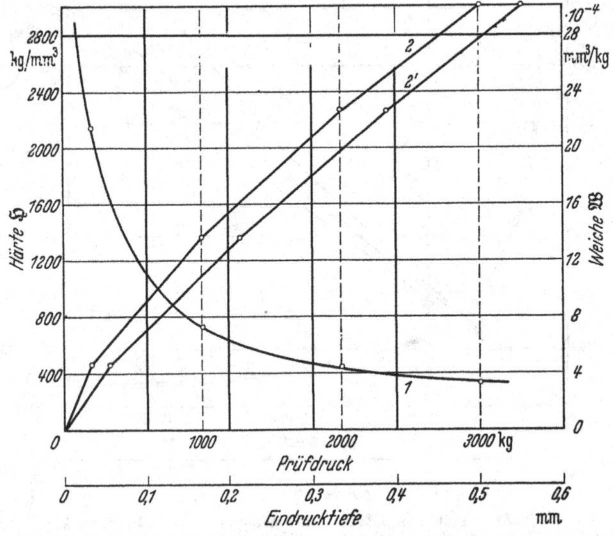

Abb. 75. Abhängigkeit der Härte ℌ bzw. Weiche 𝔚 vom Prüfdruck bzw. von der Eindrucktiefe, errechnet aus Kugeldruckversuchen an Gußeisen.
1 = Härte ℌ bezogen auf Meyerwert.
2 = Weiche 𝔚 bezogen auf Meyerwert.
2' = Weiche 𝔚 bezogen auf Meyerwert in Abhängigkeit von der Eindrucktiefe.

wird die Härteprüfung ihre heutige Sonderstellung verlieren und sich organisch in die Werkstofflehre einfügen.

Es wurde daher die auf die Meyerhärte bezogene Weiche nicht in Abhängigkeit vom Prüfdruck, sondern von der Eindrucktiefe aufgetragen. Die so erhaltene Kurve 2″ ist praktisch als gerade Linie anzusprechen. Diese Feststellung ist für die Praxis sehr wichtig, sie würde bei allgemeiner Gültigkeit die Behandlung härtetechnischer Fragen sehr erleichtern, und es würde von einem solchen Grundgesetz eine große, ordnende Kraft ausstrahlen.

Um diese Frage weiter zu klären, wurden ähnliche Umrechnungen auch für andere Werkstoffe gemacht. In Abb. 75 sind die Ergebnisse für Gußeisen nach den Messungen von Meyer dargestellt. Die auf den mittleren Druck p_m bezogene Härte fällt wiederum mit wachsendem Prüfdruck steil ab. Die Weiche ist zunächst ebenfalls in Abhängigkeit von der Prüflast aufgetragen (Kurve 2). Diese zeigt nun gerade ein entgegengesetztes Verhalten wie für Kupfer. Sie nimmt mit wachsendem Prüfdruck nicht beschleunigt, sondern verlangsamt zu. Auch die Umzeichnung der Weiche in Abhängigkeit von der Eindrucktiefe (Kurve 2') vermag den Charakter der Kurve nicht wesentlich zu ändern.

Wenn wir zunächst an der Hoffnung festhalten, daß der geradlinige Anstieg der Weiche ein allgemeingültiges Gesetz enthält, so bleibt zur Erklärung der an Gußeisen beobachteten Abweichung nur die An-

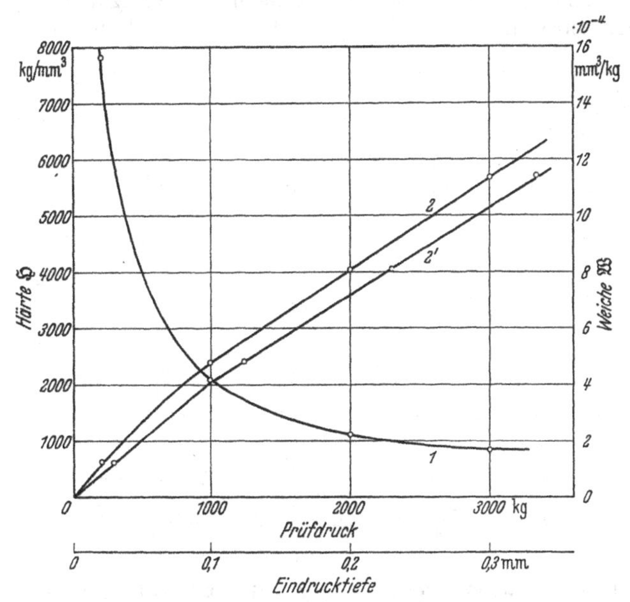

Abb. 76. Abhängigkeit von Härte ℌ und Weiche 𝔚 vom Prüfdruck bzw. von der Eindrucktiefe, errechnet aus Kugeldruckversuchen an Stahl.
1 = Härte ℌ bezogen auf Meyerwert.
2 = Weiche 𝔚 bezogen auf Meyerwert.
2' = Weiche 𝔚 bezogen auf Meyerwert in Abhängigkeit von der Eindrucktiefe.

nahme übrig, daß bei dem wesentlich härteren Gußeisen, im Gegensatz zu dem weichen Kupfer, störende und die Messung fälschende, neuartige Einflüsse auftreten. Die Vermutung liegt nahe, daß diese Einflüsse im wesentlichen durch die Abplattung der Prüfkugel bedingt sind. Eine Klärung dieser Frage kann aber erst später erfolgen, vgl. S. 89.

Aus den Versuchen von Meyer wurde noch die Kurve für Stahl ausgewertet, Abb. 76. Auch hier fällt die neue Härte sehr steil ab, Kurve 1. Die Kurve 2 der Weiche, zunächst bezogen auf den Prüfdruck, läßt sich ähnlich wie beim Gußeisen durch die Bezugnahme auf die Eindrucktiefe (Kurve 2'), nicht gerade strecken.

In Abb. 74, 75 und 76 wurden für die neuen Härtewerte verschiedene

Maßstäbe gewählt, um die Einzelheiten klar aufzeigen zu können. In Abb. 77 sind die neuen Härten und Weichen für die drei untersuchten Werkstoffe im gleichen Maßstab eingetragen, so daß sie nun nach ihrem Absolutwert verglichen werden können. Hieraus ergibt sich, daß die neuen Werte eine wesentlich schärfere Differenzierung liefern. Für den Prüfdruck von 3000 kg verhält sich die Brinellhärte von Kupfer : Gußeisen : Stahl wie 1:3:5. Das Verhältnis der neuen Härten unter den besonderen Prüfbedingungen dagegen beträgt 1:8:22. Während also die Brinellhärte von Stahl nur 5 mal größer ist als diejenige von Kupfer, ist der neue Härtewert 22 mal größer.

Eine Zwischenbemerkung ist hier vielleicht am Platze. Trotzdem die neuen Begriffsbestimmungen unter ständiger Vergleichung mit der übri-

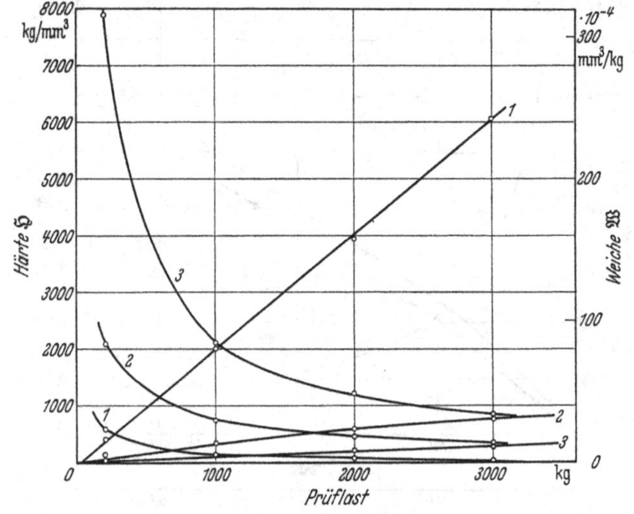

Abb. 77. Abhängigkeit der Härte $\mathfrak{H}$ bzw. Weiche $\mathfrak{W}$ vom Prüfdruck für Kupfer (*1*), Gußeisen (*2*) und Stahl (*3*).

gen Werkstofflehre Schritt für Schritt vorbereitet und begründet wurden, wird mancher Praktiker nur mit Mißbehagen den Verlauf der neu eingeführten Härte in Abhängigkeit vom Prüfdruck betrachten, ja er wird geneigt sein, deren praktische Bedeutung zu bezweifeln. Er wird betonen, daß, selbst wenn man die physikalisch begründetere Begriffsbestimmung der neuen Härte zugeben wollte, doch kein nennenswerter Fortschritt für die Bedürfnisse der Praxis zu erhoffen sei. Die außerordentlich starke Abhängigkeit der neuen Härte vom Prüfdruck, die, entgegen der bisherigen Auffassung nicht zu, sondern im Gegenteil mit wachsendem Prüfdruck sehr stark abnimmt, wird ihm sehr hinderlich erscheinen. Dies um so mehr, als er bisher glaubte, schlecht und recht mit einer einzigen Härtezahl zur Kennzeichnung eines Werkstoffes auskommen zu können.

Nun, trotz allen Anstrengungen, durch eine einzige, möglichst günstig gewählte Zahl die „Härte“ eines Werkstoffes zu erfassen, kamen grundsätzliche Untersuchungen immer wieder zu dem Ergebnis, daß dies nicht möglich ist. Genau so wenig, wie man etwa die Aussagen eines Belastungs-Verformungs-Schaubildes des klassischen Belastungsversuches in einer einzigen Zahl zusammenfassen kann, genau so wenig ist der Belastungs-Verformungs-Vorgang bei einem Kugeldruckversuch durch eine einzige Zahl zu kennzeichnen.

Es ist deshalb für eine weitere Klärung des Härteproblems günstiger, diesen Schwierigkeiten nicht von vornherein auszuweichen, wenn dies auch zunächst für die Praxis äußerst unbequem erscheint. Denn die Schwierigkeiten, die man bei der Begriffsbestimmung einer Grundgröße zu umgehen versucht, treten erfahrungsgemäß an anderer Stelle mit um so größerer Dringlichkeit auf, ja, sie können das ganze Problem hoffnungslos verwirren.

Immerhin hat sich aus den bisherigen Betrachtungen auch ein für den Praktiker wichtiges Ergebnis ergeben. Die neu eingeführte Weiche steigt, wenigstens bei Kupfer, geradlinig mit wachsender Verformung an. Wenn es gelingen sollte, die an Gußeisen und Stahl beobachteten Abweichungen von diesem Gesetz auf Einflüsse der Versuchsdurchführung zurückzuführen, so wäre die Möglichkeit gegeben, das Gesamtverhalten eines Werkstoffes durch eine Gerade zu beschreiben, die zudem durch den Nullpunkt geht. Die Steigung dieser Geraden würde den Werkstoff weitgehend kennzeichnen, man käme also mit einer einzigen Kennzahl zur Beurteilung des Gesamtverhaltens eines Werkstoffes aus.

5. Abhängigkeit vom Kugeldurchmesser.

Wenn man eine Kugel mit wachsendem Druck in die Oberfläche des Prüfstücks drückt, so wächst der Eindruckwinkel Φ immer mehr an. Die Eindruckkalotten sind untereinander geometrisch unähnlich und schon Ludwik wies darauf hin, daß sich hierdurch eine Beeinflussung der Härtewerte ergeben muß. Auch bei der Prüfung mit verschiedenen Kugeldurchmessern sind die Kalotten geometrisch unähnlich, auch hier ergeben sich verschiedene Härtewerte. In der Erwartung, daß für gleichgehaltene Eindruckwinkel Φ gleiche mittlere Pressungen gefunden werden, untersucht Meyer (*108*) die mittlere Pressung p_m als Funktion des Eindruckwinkels. Dieser wird aus der Gleichung

$$\sin \Phi/2 = \frac{d}{D} \tag{37}$$

ermittelt. Die hierbei erhaltenen Meßpunkte liegen mit guter Annäherung auf einer einzigen Kurve, woraus folgt, daß der mittlere Druck p_m bei Kugeln verschiedenen Durchmessers gleich groß gefunden wird für gleichen Eindruckwinkel, d. h. geometrisch ähnliche Kalotten. Da

$$p_m = \frac{P}{\frac{\pi}{4} D^2 \sin^2 \Phi/2} \tag{38}$$

muß der Ausdruck P/D^2 gleich groß gehalten werden, um gleiche mittlere Pressungen zu erhalten. Das Gesetz läßt sich nach Stribeck (*169*) auch so aussprechen, daß für beliebige Belastungen und Kugeldurchmesser die Werte von P/D^2 eine und dieselbe Funktion des mittleren Drucks ergeben.

Es ist nun von Interesse, das Verhalten der neu eingeführten Härtewerte bei verschiedenen Kugeldurchmessern kennenzulernen. Diesen Be-

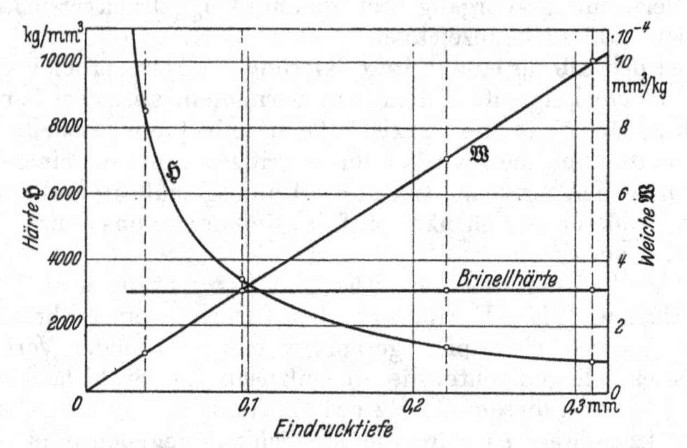

Abb. 78. Brinellhärte H, Härte ℌ und Weiche 𝔚 in Abhängigkeit von der Eindrucktiefe bei verschiedenen Kugeldurchmessern und Prüfdrucken (Werkstoff A).

trachtungen seien Messungen von Baker und Russel (4) zugrunde gelegt, und zwar seien die Umrechnungen für zwei Werkstoffe, A und C genannt, durchgeführt. Die Kugeldurchmesser werden außerordentlich stark, von 10 mm bis auf 1,19 mm verringert. Die entsprechenden Drucke gemäß der Beziehung $\frac{P}{D^2} = \text{const.}$ fallen hierbei von 3000 kg bis auf 42,5 kg. Wie aus Abb. 78 und 79 ersichtlich ist, zeigen die Brinellwerte eine praktisch gleichbleibende Höhe. Aus den Brinellwerten wird nun rückwärts der jeweilige Kalotteninhalt und hieraus die Eindrucktiefe t errechnet. Damit lassen sich wiederum die neuen Härtewerte H/t bzw. t/H bilden, die in Abb. 78 und Abb. 79 in Abhängigkeit von der

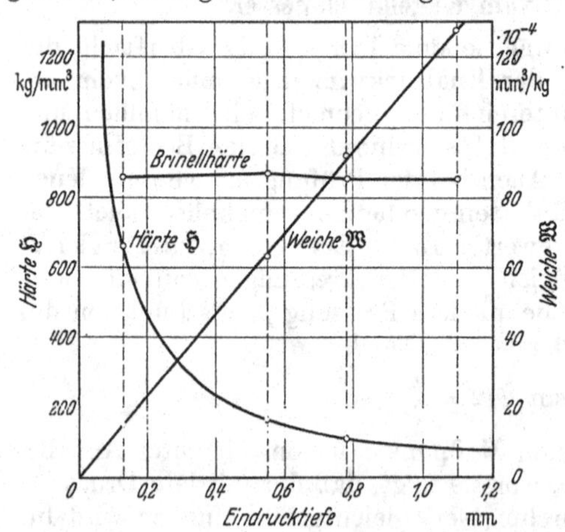

Abb. 79. Brinellhärte H, Härte ℌ und Weiche 𝔚 in Abhängigkeit von der Eindrucktiefe bei verschiedenen Kugeldurchmessern und Prüfdrucken (Werkstoff C).

Eindrucktiefe t aufgetragen sind. Die neue Härte ℌ fällt demnach von hohen Werten für kleine Eindrucktiefen mit wachsender Eindrucktiefe sehr steil herab. Der Umkehrwert der Härte nimmt dagegen für beide Werkstoffe A und C gemäß Abb. 78 und 79 mit steigender Eindrucktiefe linear zu. Die Verlängerung dieser Geraden geht mit guter Annäherung durch den Nullpunkt hindurch. Wenn man demnach die Weiche für die bei verschiedenen Kugeldurchmessern und verschiedenen Prüfdrucken gewonnenen Eindrucktiefen aufträgt, so erhält man eine von 0 ansteigende gerade Linie. Wenn man sich die große Veränderlichkeit der Prüfdrucke und Kugeldurchmesser vergegenwärtigt, so ist die in dem geradlinigen Verlauf der Weiche zum Ausdruck kommende Gesetzmäßigkeit sehr bemerkenswert.

6. Kugeldruckhärte nach Martens.

Bei der heute üblichen Kugeldruckprüfung mit gleichbleibender Prüflast stellt sich bei verschieden harten Werkstoffen eine verschieden große bleibende Verformung ein, so daß also sowohl die spezifische Flächenbelastung im Eindruck, als auch die Größe der bleibenden Verformung von Versuch zu Versuch schwankt. Eine solche Versuchsdurchführung kann aber schon aus dem Grunde nicht befriedigen, weil Gleichgewichtswerte auf der Belastungs-Verformungs-Kurve mit ganz verschiedener Verformung miteinander verglichen werden. Man kann aber auch in der Härteprüfung unter Anlehnung an die Handhabung bei der statischen Festigkeitsprüfung kritische Spannungswerte für ganz bestimmte bleibende Verformungen festlegen. Ähnlich wie etwa die Streckgrenze bei Erreichen einer bleibenden Dehnung von 0,2% bestimmt wird, kann man diejenige kritische Spannung als „Härte" festsetzen, bei der die Kugel um einen bestimmten, gleichbleibenden Betrag in die Oberfläche eingedrückt wird. Durch diese Gleichhaltung der Verformung, also der Eindrucktiefe t in Gl. (32) werden jeweils sich entsprechende Punkte auf der Härtekurve festgelegt, außerdem gibt die im Zähler stehende Last, bzw. Beanspruchung bei Gleichhaltung des Nenners nunmehr einen mit dem Formänderungswiderstand verhältnisgleichen Wert an. Auch die Streckgrenzen stehen nach den Ausführungen auf S. 16 im gleichen Verhältnis wie die entsprechenden Plastizitätsmoduln zueinander, diese selbst geben sie aber nicht an. Zur Gewinnung der wirklichen Härte, bzw. des Plastizitätsmoduls ist stets die Bezugnahme auf die Einheit der Verformung nötig.

Diesen Weg, bei Kugeldruckversuchen nicht die Prüflast, sondern die Eindrucktiefe konstant zu halten, hat Martens (*103*) allerdings aus ganz anderen Gründen beschritten. Nach seinem Vorschlag soll der zur Erzeugung einer Eindrucktiefe von 0,05 mm nötige Druck bei Verwendung einer 5 mm Kugel als Härte definiert werden. Martens wurde zu dieser Begriffsbestimmung aus zwei Gründen geführt. Bei der üblichen Bestimmung der Brinellhärte wird die stillschweigende Voraussetzung gemacht, daß der Krümmungsradius der Eindruckkalotte gleich dem Radius der unbelasteten Prüfkugel ist. Auch bei den bisher angestellten Umrechnungen der neuen Härtewerte wurde die jeweilige Eindrucktiefe unter der Voraussetzung strenger Gültigkeit der Gl. (36) ermittelt, d. h. die Prüfkugel wurde als absolut starr angesehen. Martens mißt nun den elastischen Abplattungen der Prüfkugel unter der Prüflast große Bedeutung zu. Durch die gleichbleibende und durch Messungen festgestellte Eindrucktiefe will er den Einfluß dieser Abplattungen der Prüfkugel ausschalten. Ferner soll durch die an sich klein gewählte Eindrucktiefe eine merkliche „Verfestigung“ vermieden werden, um so die Anfangshärte des Werkstoffs zu erhalten. Ähnliche Messungen werden auch beim Monotron-Härteprüfer (Abb. 55), durchgeführt.

Den Versuchen von Martens kommt im Hinblick auf die neuen Härtewerte eine besondere Bedeutung zu. Wenn bei der Ermittlung der üblichen Brinellhärte ein Einfluß der Abplattung sich bemerkbar macht, so ist dies in noch weit höherem Maße inbezug auf die neuen Härtewerte der Fall.

Tabelle 4. Martenshärte, spezifische Beanspruchung und neue Härte $\mathfrak{H}$ für einige Werkstoffe.

		P kg	$\frac{P}{\pi D t}$ $\frac{\text{kg}}{\text{mm}^2}$	$\frac{P}{\pi D t^2}$ $\frac{\text{kg}}{\text{mm}^3}$
Zinn		14	18	360
Aluminium		25	32	640
Messing		61	78	1 560
Kupfer		81	104	2 080
Lagerrotguß		136	175	3 500
Werkzeugstahl, geschmiedet		277	355	7 100
Werkzeugstahl S 774 bei 900° C in Wasser abgeschreckt und darauf angelassen bei	600°	260	335	6 700
	500°	445	572	11 440
	400°	595	765	15 300
	275°	1060	1360	27 200
	200°	2285	2940	58 800
	100°	2775	3560	71 200

Zunächst seien einige von Martens festgestellte Härtewerte bei gleichgehaltener Eindrucktiefe angegeben, Tab. 4. Die Martenswerte sind demnach wesentlich weiter abgestuft, als die üblichen Brinellwerte. Es muß allerdings bemerkt werden, daß nicht die Angabe der Prüflast, sondern der spezifischen Beanspruchung vorzuziehen ist. Da bei einer 5-mm-Kugel und einer Eindrucktiefe von 0,05 mm eine Eindruckfläche von 0,78 mm² sich ergibt, sind die Prüflasten durch diese Fläche zu teilen. Auch diese Werte sind in Tab. 4 angegeben. Diese Zahlen sind ferner mit 0,05 zu teilen, um vergleichbare Werte für den Formänderungswiderstand zu erhalten.

Von besonderem Interesse sind nun die Messungen, die Martens über die Abplattungen der Prüfkugel angestellt hat. Bei der Prüfung eines geschmiedeten Werkzeugstahls z. B. beträgt danach die Abplattung der Prüfkugel unter einem Druck von 250 kg etwa 80% der bleibenden Eindrucktiefe. Mit wachsender Prüflast nimmt dieser Anteil ab und erreicht bei 1250 kg noch 30%. Parallel hiermit geht eine entsprechende Veränderung des Krümmungshalbmessers der Eindruckkalotte. Dieser ist bei 250 kg Druck um etwa 32%, bei 1250 kg um etwa 16% größer als der Halbmesser der unbelasteten Kugel. Versuche an einer 10-mm-Kugel zeigen ferner, daß hier die Abplattungen noch stärker ausgeprägt sind.

Bei der Untersuchung weicherer Stoffe wird die Abplattung entsprechend geringer. Ergebnisse an Flußeisen seien noch kurz angeführt. Die Abplattung in Hundertteilen der bleibenden Eindrucktiefe betrug unter verschiedenen Prüflasten

83 kg . . .	24%
166 „ . . .	18%
250 „ . . .	16%
500 „ . . .	12%
750 „ . . .	11%

Martens weist ferner darauf hin, daß die Formänderung in der Äquatorzone der Kugel trotz starker Abplattung sehr gering sein kann.

Da bei der Bestimmung der neuen Härtewerte nicht nur die spezifische Beanspruchung in der Eindruckkalotte, sondern auch die Eindrucktiefe selbst bekannt sein muß, diese Eindrucktiefe jedoch nicht für sich gemessen, sondern bisher unter der Voraussetzung der strengen Gültigkeit der Gl. (36) nachträglich aus dem Eindruckdurchmesser errechnet wurde, müssen sich etwaige Abplattungen auf die neuen Härtwerte sehr stark auswirken. Wie die Messungen von Martens zeigen, können sehr beträchtliche Abplattungen auftreten. Für die Bestimmung der bisherigen Härtewerte machen sich diese Abplattungen nicht sehr stark bemerkbar, da durch diese Abplattungen die Druckfläche, und damit die spezifische Beanspruchung nicht wesentlich geändert wird. Die Eindrucktiefe muß jedoch beim Auftreten solcher Abplattungen rechnungsmäßig aus der Eindruckkalotte viel zu groß ermittelt werden. Zum mindesten für härtere Stoffe können sich daher bei solchen nachträglichen Berechnungen beträchtliche Abweichungen vom wirklichen Wert ergeben. Die Kugel als Eindruckkörper zeigt den grundsätzlichen Mangel, daß durch eine Verformung der Kugel der geometrische Zusammenhang zwischen Eindruckdurchmesser und Eindrucktiefe völlig verloren gehen kann.

Die schon auf S. 83 geäußerte Vermutung, daß die Abweichungen der Weiche vom geradlinigen Verlauf gemäß den Abb. 75 und 76 bei härteren Stoffen auf solche Abplattungen zurückzuführen sind, findet durch die Messungen von Martens eine Stütze. Bei Verwendung einer Kugel als Eindruckkörper zur Bestimmung der neuen Härtwerte ergibt sich die Forderung, daß sowohl Eindruckdurchmesser als Eindrucktiefe gesondert auszumessen sind. Die Ausführung solcher Messungen wäre auf den heutigen Prüfeinrichtungen ohne weiteres möglich.

Dies kann in der Weise geschehen, daß die Eindrucktiefe unmittelbar an einer Meßuhr angezeigt wird, während der Eindruckdurchmesser anschließend wie bei der Brinellprobe nachträglich ausgemessen wird. Zum mindesten bei wissenschaftlichen Untersuchungen sollte man von dieser Möglichkeit Gebrauch machen, da dadurch eine bessere Verfolgung der Erscheinungen möglich ist.

Die Tiefenmessung allein, zur Ermittlung der Eindruckfläche ist schon öfters erprobt worden. Schon Brinell machte entsprechende Versuche, auch Döhmer (*16*) wollte die Durchmesserbestimmung durch die Tiefenmessung ersetzen. Da jedoch die Ergebnisse nicht übereinstimmten, hat man solche Versuche aufgegeben und die Schuld an den auftretenden Abweichungen der Tiefenmessung allein zugeschrieben. Derartige Versuche wären erneut sehr erwünscht, allerdings nicht um die aus beiden Messungen sich ergebenden Werte zu vergleichen, sondern vielmehr, um die geometrische Form des Eindrucks durch gleichzeitige Bestimmung des Eindruckdurchmessers und der Eindrucktiefe genauer zu ermitteln.

7. Kugeldruckhärte und Dämpfung.

Zum Abschluß dieser Betrachtungen über die Kugeldruckprobe sei noch auf einen wichtigen Zusammenhang aufmerksam gemacht. Schon auf S. 36 wurde gezeigt, daß aus statischen Messungen des klassischen Belastungsversuchs durch Bildung des Verhältnisses von bleibender zu elastischer Verformung ein kennzeichnender Wert für die innere Dämpfung des Werkstoffs zu erhalten ist. Ferner wurde auf S. 37 der innere Zusammenhang zwischen dem Plastizitätsmodul bzw. der plastischen Dehnungszahl und der Dämpfung dargelegt.

Auch beim Kugeldruckversuch lassen sich, abgesehen von den an sich verwickelteren Verhältnissen, ähnliche Beziehungen aufstellen. Neben dem bleibenden Eindruck, der nach Aufhören der Belastung bestehen bleibt, ist eine elastische Verformung vorhanden, die mit Wegnahme der Last verschwindet. Wenn p_m die mittlere spezifische Belastung der Randfläche (Meyerhärte) darstellt und wenn t die Eindrucktiefe bedeutet, so wurde die neue Härte gemäß

$$\mathfrak{H} = \frac{p_m}{t}$$

angesetzt. Die im Zähler auftretende Belastung kann verhältnisgleich mit einer mittleren elastischen Verformung e und einem die Federkonstante der Eindruckkalotte darstellenden Wert c angesetzt werden, also

$$p_m = c \cdot e\,.$$

Diese Federkonstante ist offensichtlich um so größer, je größer der E-Modul des betreffenden Werkstoffs ist, so daß also

$$c = kE$$

gilt. In dem Faktor k seien die Einflüsse der jeweiligen Versuchsdurchführung zusammengefaßt.

Die neue Härte $\mathfrak{H}$ läßt sich demnach gemäß

$$\mathfrak{H} = \frac{k \cdot E\, e}{t} = k\,\frac{E}{t/e} \tag{39}$$

darstellen. Das Verhältnis von t/e, d. h. also von bleibender zu elastischer Verformung ist aber verhältnisgleich mit der inneren Dämpfung des Werkstoffs, so daß wir endgültig erhalten

$$\mathfrak{H} = k\,\frac{E}{\delta}\,. \tag{40}$$

Abgesehen von den verschiedenen, durch die Art des Kugeldruckversuchs bedingten Nebenerscheinungen, die durch den Faktor k berücksichtigt werden, ergibt sich somit die neue Härte als Quotient aus dem E-Modul und der inneren Dämpfung des Werkstoffs. Wir erkennen also auch hier den gleichen Zusammenhang, wie er sich bereits bei der Betrachtung des Plastizitätsmoduls ergab.

Noch einfacher und übersichtlicher ist der entsprechende Vergleich unter Zugrundelegung der Weiche. Diese ergibt sich zu

$$\mathfrak{W} = k' \frac{\delta}{E} = k' \delta a . \tag{41}$$

Die Weiche eines Werkstoffs ist daher unmittelbar verhältnisgleich mit der Dämpfung und der Dehnungszahl.

Die neuen Härtewerte sind damit auf zwei Grundbegriffe der Werkstofflehre zurückgeführt, von denen der eine im statischen Belastungsversuch, der andere dagegen bei dynamischen Belastungen eine Rolle spielt. Die Härte ist demnach ein komplexer Begriff, der sich aus zwei Grundeigenschaften der Werkstoffe zusammensetzt.

Die innere Dämpfung der Werkstoffe erweist sich damit als außerordentlich wichtiges Bindeglied der Werkstofflehre. Durch sie wird nicht nur die statische und dynamische Prüfung verknüpft, sondern es ergibt sich auch ein enger Zusammenhang mit der Härte. Umgekehrt gelingt es nunmehr, über die Dämpfung den Begriff der Härte mit der statischen und dynamischen Werkstoffprüfung in Verbindung zu bringen. Die grundlegende Bedeutung der Dämpfung wird sich in den folgenden Ausführungen immer wieder zeigen, vgl. insbesondere S. 233.

II. Kegeldruckprobe.

Die Kugel als Eindringkörper ist im Hinblick auf die Bestimmung der neuen Härtewerte wenig geeignet. Schon bei der Prüfung verhältnismäßig weicher Körper macht sich die Abplattung störend bemerkbar. Dazu tritt noch ein zweiter Nachteil. Die Verformungsverhältnisse in der Kugelkalotte sind sehr verwickelt, insbesondere sind die Eindrücke mit wachsendem Prüfdruck, und auch bei verschieden harten Körpern untereinander, nicht geometrisch ähnlich. Es werden also beim Kugeldruckversuch die Formänderungswiderstände geometrisch unähnlicher Wirkungszonen erfaßt.

Schon Ludwik führte aus, „daß die Abhängigkeit der Härtezahl von der Größe der Kugel und der Belastung lediglich in der geometrischen Unähnlichkeit der erzeugten Eindrücke ihren Grund hat, wie dies schon aus dem Kickschen Gesetz der proportionalen Widerstände hervorgeht. Es sind daher nach diesem Gesetz von der Belastung unabhängige Belastungswerte nur dann zu erreichen, wenn für beliebige Belastungen die Eindrücke einander geometrisch ähnlich sind".

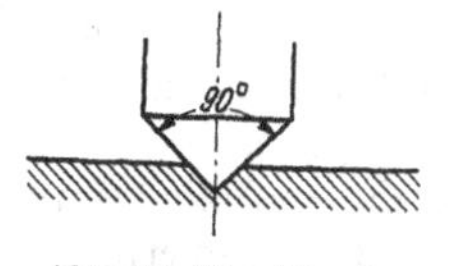

Abb. 80. Kegeldruckversuch.

Ludwik schlug daher vor (*95*), die Kugel durch einen Kegel mit 90° Öffnungswinkel zu ersetzen. Im Hinblick auf die neuen Härtewerte kommt den Versuchsergebnissen von Ludwik erhebliches Interesse zu, sind doch zwei Forderungen verwirklicht, die sich aus den bisherigen Betrachtungen über die Kugeldruckprobe ergaben. Einmal wird die unsichere Berechnung der Eindrucktiefe aus dem Eindruckdurchmesser vermieden, außerdem verspricht die Verwendung eines Kegels übersichtlichere Verformungsbedingungen.

1. Die Kegeldruckhärte.

Als Kegeldruckhärte eines Materials wird von Ludwik „jener Druck in kg je mm² bleibende Eindruckfläche definiert, welcher erforderlich ist, um einen rechtwinkligen Kreiskegel normal in dasselbe (beliebig tief) einzudrücken“[1].

Die Bestimmung der Eindruckfläche erfolgt hierbei aus der gemessenen Eindrucktiefe. Diese Eindrucktiefe t wird nach der Belastung, also im entlasteten Zustand, abgelesen. Von Ludwik wurde die Kegeldruckhärte angesetzt als

$$H = \frac{P}{F} = \frac{0{,}225\,P}{t^2}\left[\frac{\text{kg}}{\text{mm}^2}\right]. \tag{42}$$

Allerdings hat die Ermittlung der Eindrucktiefe ihre besonderen Schwierigkeiten, die lange Zeit der Einführung solcher Messungen hindernd im Wege standen. Besonders von Meyer (*108*) wurde auf den Einfluß der Wulstbildung bei der Kegelprobe hingewiesen. Nach seinen Beobachtungen entsteht beim Eindringen der Kegelspitze in den meisten Fällen ein Randwulst nach Abb. 81, indem ein Teil des Stoffes sich über die ursprüngliche Oberfläche erhebt. Dieser Randwulst wird zur Aufnahme der Prüflast mit herangezogen; zur Bildung des mittleren spezifischen Drucks muß der Eindruckdurchmesser d der Eindruckfläche am oberen Rand des Wulstes zugrunde gelegt werden, und nicht etwa der Durchmesser d_1, der sich an der Stelle zeigt, wo die ursprüngliche Oberfläche den Kegel schneidet. Die wirkliche Eindrucktiefe die dem Durchmesser d des Wulstes entspricht, wird also durch die Tiefenmessung nicht erfaßt. Immerhin dürften die hierdurch bedingten Fehler nicht das Ausmaß annehmen, das durch die nachträgliche Berechnung der Eindrucktiefe bei einer Kugel aus dem Eindruckdurchmesser bedingt ist. Wenn sich der Kegel unter dem Prüfdruck elastisch verformt, so behält er wenigstens angenähert seine geometrische Form bei, so daß die Beziehung zwischen Eindrucktiefe und Eindruckdurchmesser erhalten bleibt.

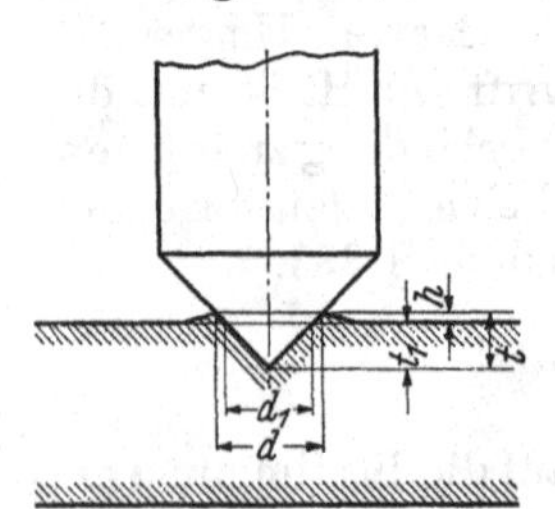

Abb. 81. Kegeldruckversuch mit Wulstbildung. (Meyer, Mitt. Forsch. Arb.Heft 65.)

Später hat Ludwik infolge dieser Schwierigkeit die Last nicht mehr auf die Mantelfläche des Kegels, sondern unmittelbar auf die Eindruckoberfläche bezogen, die ähnlich wie bei der Kugeldruckprobe

[1] Der Zusatz „beliebig tief“ zeigt, daß Ludwik sich einer gewissen Unsicherheit dieser Begriffsbestimmung bewußt war. Eine Begriffsbestimmung, die ein wichtiges Bestimmungsstück als „beliebig groß“ einführt, kann nicht vollständig sein. Ein Festigkeitswert des statischen Belastungsversuchs, der auf eine beliebig große, bleibende Verformung bezogen würde, ist undenkbar.

durch Messung des Eindruckdurchmessers bestimmt wird. Unter Kegeldruckhärte wird daher heute die auf die Kreisfläche des Kegeleindrucks mit dem Durchmesser d bezogene, spezifische Belastung verstanden, also

$$H = \frac{P}{\frac{\pi}{4} d^2} \left[\frac{\text{kg}}{\text{mm}^2}\right]. \tag{43}$$

2. Neue Begriffsbestimmung.

Durch die heutige Auswertung der Kegeldruckprobe wird, ähnlich wie bei der Kugeldruckprobe, nur eine spezifische Beanspruchung im Eindruck erfaßt. Der Eindruck selbst kann hierbei „beliebig tief" sein. Eine den Formänderungswiderstand hinreichend kennzeichnende Meßzahl muß jedoch auch die Größe der Eindrucktiefe berücksichtigen; zur Gewinnung einer geeigneten Kennzahl muß auch hier die spezifische Flächenbelastung auf die erzeugte Verformung bezogen werden, wie dies beim Kugeldruckversuch eingehend erläutert wurde.

Für die auf den Randkreis bezogene Kegeldruckhärte ergibt sich demnach die neue Festsetzung

$$\mathfrak{H} = \frac{P}{\frac{\pi}{4} d^2 \cdot t} \left[\frac{\text{kg}}{\text{mm}^3}\right] \tag{44}$$

und für die ursprünglich von Ludwik auf den Kegelmantel bezogene Spannung entsprechend

$$\mathfrak{H} = \frac{0{,}225 \cdot P}{t^3} \left[\frac{\text{kg}}{\text{mm}^3}\right]. \tag{45}$$

Die „Kegelweiche" ergibt sich zu

$$\mathfrak{W} = \frac{\frac{\pi}{4} \cdot d^2\, t}{P} \left[\frac{\text{mm}^3}{\text{kg}}\right] \tag{46}$$

bzw.

$$\mathfrak{W} = \frac{t^3}{0{,}225\, P} \left[\frac{\text{mm}^3}{\text{kg}}\right]. \tag{47}$$

3. Kegeldruckversuche von Ludwik.

Ludwik (*95*) hat eingehende Messungen mit dem Kegel als Eindruckkörper ausgeführt. Da von ihm die jeweilige, nach der Entlastung gemessene Eindrucktiefe angegeben wird, ist die nachträgliche Berechnung der neuen Härtewerte besonders einfach. Hier seien die Messungen an den drei Werkstoffen Kupfer, Gußeisen und Flußstahl ausführlich dargestellt. Von besonderem Interesse ist die Frage, ob durch Verwendung eines Kegels an Stelle einer Kugel die störenden Einflüsse, insbesondere auf den Verlauf der Weiche, zum Verschwinden gebracht werden können.

In Tab. 5 sind zunächst die aufgebrachten Prüflasten angegeben. Des weiteren sind die von Ludwik gemessenen Eindrucktiefen t und die sich hieraus ergebenden Kegeldruckhärten für die drei Werkstoffe eingetragen. Man erkennt, daß die Kegeldruckhärten mit befriedigender Annäherung für alle Prüfdrucke gleich groß sind. Stark veränderliche Kegeldruckhärten lassen nach Ludwik auf Materialungleichmäßigkeit schließen. „So kann der Einfluß poröser, blasiger Stellen oder verschiedene, örtliche Seigerungserscheinungen, ungleiche Erhitzung, Abkühlung (Gußhaut) oder Kaltbearbeitung usw. erhebliche Härteschwankungen verursachen und bei manchen Materialien sind auch die Nachwirkungserscheinungen hier zu berücksichtigen."

Zur Gewinnung der neuen Härtewerte wurde die Kegelhärte H durch die Eindrucktiefe geteilt. Der Umkehrwert dieser neuen Kegeldruckhärte ergibt die entsprechende Weiche. In Tab. 5 sind diese Werte ebenfalls eingetragen.

Tabelle 5.

Belastung in kg	Kupfer				Gußeisen				Flußstahl 1,13% C			
	t mm	H	H/t	$t/H \cdot 10^{-4}$	t mm	H	H/t	$t/H \cdot 10^{-4}$	t mm	H	H/t	$t/H \cdot 10^{-4}$
500	1,23	74,4	60	166	0,75	200	266	37,5	0,58	334	575	17,4
1000	1,74	74,3	43	232	1,07	197	193	54	0,83	326	392	25,4
2000	2,46	74,3	30	332	1,50	200	134	75	1,17	329	282	35,5
3000	3,00	75,0	25	400	1,82	204	112	89	1,43	330	230	43,4
4000	3,44	76,0	22	455	2,13	198	93	107	1,65	331	200	50,0
5000	3,88	74,7	19	520	2,37	200	85	119	1,85	329	179	56,3

In Abb. 82 sind die so errechneten Werte in Abhängigkeit von der Eindrucktiefe aufgetragen. Von vornherein läßt sich sagen, daß die

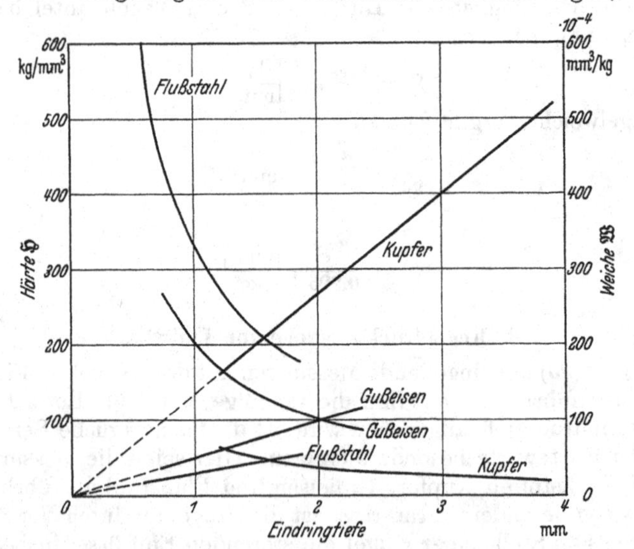

Abb. 82. Härte ℌ und Weiche 𝔚 in Abhängigkeit von der Eindrucktiefe, errechnet aus Kegeldruckversuchen von Ludwik.

neuen Härtewerte mit guter Annäherung auf einer Hyperbel liegen müssen, da in der Gleichung

$$\mathfrak{H} = \frac{H}{t}$$

H nunmehr einen annähernd konstanten Wert besitzt.

Kupfer z. B. zeigt einen verhältnismäßig niedrigen Härtewert, der mit zunehmender Eindrucktiefe allmählich absinkt. Die neuen Härtewerte für Flußstahl sind wesentlich höher, sie fallen mit wachsender Eindrucktiefe außerordentlich steil ab. Die entsprechende Kurve für Gußeisen liegt zwischen den beiden Kurven für Kupfer und Flußstahl.

Da in der Gleichung für die Weiche

$$\mathfrak{W} = \frac{t}{H}$$

der Nenner H einen annähernd konstanten Wert besitzt, so folgt ohne weiteres, daß nunmehr die Weiche mit wachsender Eindrucktiefe annähernd geradlinig auch für härtere Werkstoffe ansteigen muß. In Abb. 82 sind die gemessenen Werte im Einzelnen aufgetragen. Für Kupfer mit der größten Weiche ergibt sich eine steil ansteigende Gerade, während Gußeisen und insbesondere Flußstahl einen wesentlich flacheren Anstieg zeigen. Von besonderer Bedeutung hierbei ist, daß die Verlängerung der Geraden mit guter Annäherung durch den Nullpunkt geht.

Die Messung der Eindrucktiefe bei der Kegelprobe an Stelle der unzuverlässigen rechnerischen Ermittlung bei der Kugeldruckprobe, und auch die an sich klareren Verhältnisse beim Einpressen eines Kegels haben demnach eine befriedigende Streckung der Weiche zu geraden Linien bewirkt. Nicht nur für das weiche Kupfer, sondern auch für die wesentlich härteren Stoffe Gußeisen und Flußstahl wird, im Gegensatz zur Kugeldruckprobe, ein geradliniger Anstieg der Weiche gefunden. Der Einfluß einer Wulstbildung scheint demgegenüber nicht ausschlaggebend zu sein, denn sonst könnten die Geraden nicht so regelmäßig verlaufen.

Die Wichtigkeit dieses Ergebnisses läßt eine weitere Nachprüfung an Hand von Messungen anderer Stellen wünschenswert erscheinen. Es wurden daher auch Meßreihen anderer Forscher im folgenden Abschnitt ausgewertet.

4. Weitere Kegeldruckversuche.

In der schon mehrfach genannten Arbeit von Meyer (*108*) finden sich ebenfalls Kegeldruckversuche bei verschiedenen Prüfdrucken an verschiedenen Werkstoffen. Meyer mißt hierbei ebenfalls die Eindrucktiefe des Kegels nach der Entlastung, er gibt allerdings diese Tiefe selbst nicht an, sie muß daher rückwärts aus der Kegeldruckhärte errechnet werden. Auch hier ergeben sich im Gegensatz zur Kugeldruckprobe nur verhältnismäßig kleine Schwankungen der Kegeldruckhärte in Abhängigkeit vom Prüfdruck, sie sind allerdings größer als bei Ludwik.

In der gleichen Weise, wie dies in Tab. 5 ausgeführt wurde, sind auch für die Meyerschen Versuche die neue Härte und Weiche errechnet worden, und zwar für den weichsten und härtesten Stoff, nämlich Aluminiumlegierung ADV_4 und und Nickeleisen 23 T. In Abb. 83 ist wiederum die Weiche in Abhängigkeit von der Eindrucktiefe aufgetragen. Auch hier zeigt die Weiche einen von 0 ansteigenden geradlinigen Verlauf mit befriedigender Annäherung. Damit ist also auch aus diesen Messungen eine Bestätigung für das besondere Verhalten der Kegelweiche gefunden.

Ferner seien noch einige Messungen von Franke (*33*) betrachtet.

Auf Grund von zahlreichen Messungen der Abhängigkeit der Kegeldruckhärte von der Prüflast gibt Franke (*39*) eine zusammenfassende Darstellung seiner Ergebnisse, Abb. 84.

Die obere Kurve stellt die Abhängigkeit der Kegeldruckhärte von der Belastung dar, wenn der Eindruckdurchmesser d_1 ohne Berücksichtigung des Randwulstes unmittelbar aus der Tiefenmessung bestimmt wurde. Die mittlere Kurve gilt für Härtewerte, bei denen der Eindruckdurchmesser mit Randwulst mit dem Mikroskop ausgemessen wurde, die unterste Kurve wurde in der gleichen Weise, wie die mittlere gewonnen, nur wird hier die Härte auf die Mantelfläche bezogen.

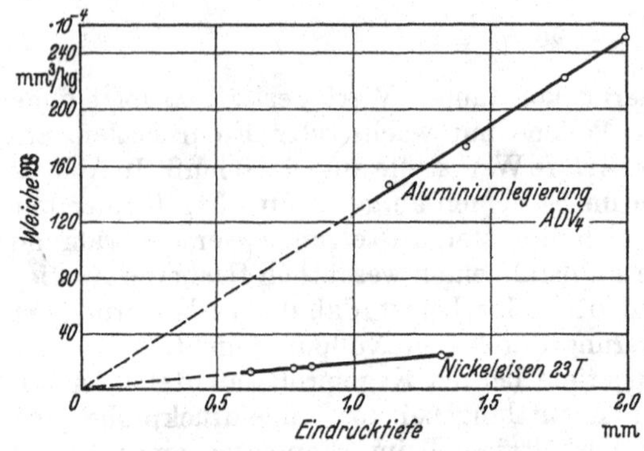

Abb. 83. Weiche 𝔚 in Abhängigkeit von der Eindrucktiefe, errechnet aus Kegeldruckversuchen von Meyer.

Während also sowohl Ludwik als auch Meyer wenigstens annähernd vom Prüfdruck unabhängige Härtewerte, unmittelbar errechnet aus der Eindrucktiefe, erhalten haben, zeigt der Verlauf der Kegelhärte nach Franke einen steilen Abfall mit wachsender Prüflast. Franke kommt daher zu dem Schluß, „daß die aus dem Eindruckdurchmesser mit Randwulst errechneten Kegeldruckhärten von 1000 kg Belastung ab praktisch unabhängig von der Belastung sind, während die aus der Eindrucktiefe

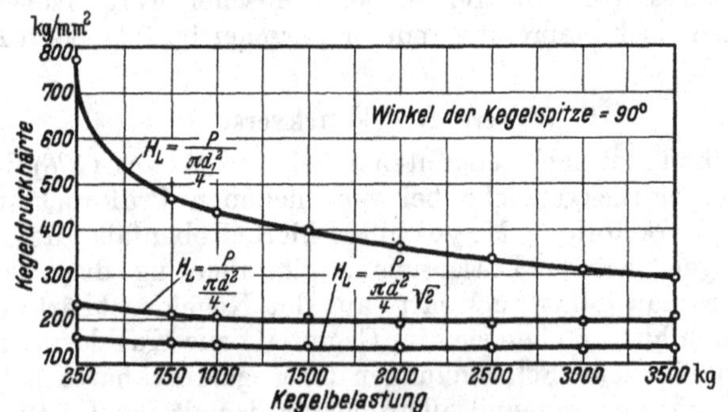

Abb. 84. Kegeldruckhärte mit und ohne Berücksichtigung des Randwulstes in Abhängigkeit vom Prüfdruck nach Franke. (Gmelins Hdbch. Anorg. Chemie.)

ermittelte Kegeldruckhärten mit ansteigender Belastung von Anfang an stetig abnehmen". Aus diesem Grund hält Franke die Tiefenmessung für das Kegeldruckverfahren für unbrauchbar.

An sich ist natürlich ein gewisser Unterschied zwischen den Ergebnissen der Tiefenmessung und der Eindruckmessung zu erwarten. So findet Kostron (*79*), daß die tatsächliche Kegelhärte kleiner ist als die auf Grund einer Tiefenmessung errechnete, was außer auf die Wulstbildung auch auf die unvermeidliche Spitzenabrundung des Kegels zurückgeführt wird. Aus zahlreichen Versuchen von Kuntze (*89*) ergibt sich aber, daß ein abgerundeter Kegel immer wieder die Härte eines unveränderten Kegels ergibt, wenn er nur genügend tief eingedrückt wird; Abb. 85. Hierauf wird weiter unten (S. 125) näher eingegangen.

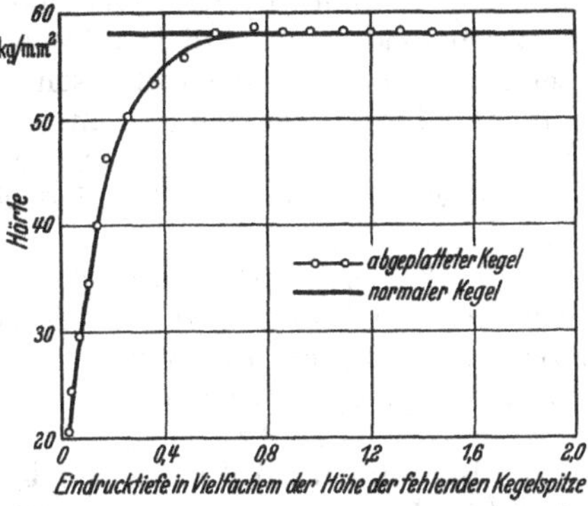

Abb. 85. Einfluß der fehlenden Kegelspitze, Werkstoff Kupfer. (Kuntze, Techn. Zbl. Prakt. Met.-Bearb. 1936.)

Es ist zu erwarten, daß die Untersuchung der Weiche auch zur Deutung dieser Unterschiede einen Hinweis liefern dürfte. Zur weiteren Klärung wurden daher einige Messungen von Franke ausgewertet, und zwar wurden die in Tab. 11 der genannten Arbeit (*33*) angeführten Messungen an Weichstahl mit der Zusammensetzung 0,06% C, 0,01% Si und 0,12% Mn zugrunde gelegt. Die Kegeldruckhärte wird für verschiedene Stauchgrade des Prüfstücks ermittelt, wobei in der genannten Tabelle auch die gemessenen Eindrucktiefen angegeben sind. Diese Kegeldruckhärten fallen auch hier mit wachsendem Prüfdruck außerordentlich stark ab.

Die Werte für den unverformten Zustand, für einen Stauchgrad von 11% und von 61,4% wurden zur weiteren Umrechnung ausgewählt. In

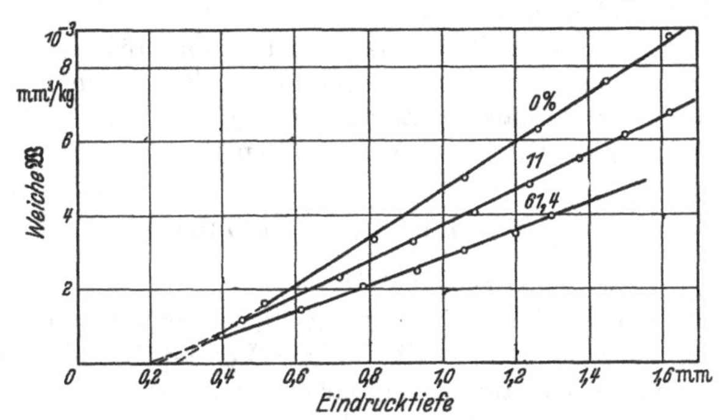

Abb. 86. Weiche 𝔚 in Abhängigkeit von der Eindringtiefe für Weichstahl verschiedenen Stauchgrades. (Errechnet aus Kegeldruckversuchen von Franke, Diss. 1931.)

Abb. 86 ist die für diese drei Fälle errechnete Weiche in Abhängigkeit von der Eindrucktiefe aufgetragen. Es ergeben sich auch hier im großen und ganzen in allen drei Fällen gerade Linien. Im Gegensatz zu den Messungen von Ludwik und Meyer, bei denen die Weiche gemäß den Abb. 82 u. 83 vom Nullpunkt beginnend geradlinig hochsteigt, gehen diese Linien in Abb. 86 nicht durch den Nullpunkt, sie schneiden vielmehr die Abszissenachse bei merklichen, positiven Werten der Eindringtiefe.

Diese Untersuchung der Weiche zeigt somit, daß gewisse Einflüsse der Versuchsdurchführung sich bemerkbar machen. Um diese zu ergründen, muß die Art der Versuchsdurchführung näher untersucht werden. Zur Vornahme der Druckversuche wurden die Proben von Franke in einen besonderen, für diesen Zweck hergestellten Druckapparat eingesetzt und dieser in eine elektrisch betriebene Universalprüfmaschine gebracht. Die Tiefenmeßvorrichtung des Druckapparates stand mit einer Meßuhr in Verbindung, auf der $^1/_{100}$ mm abgelesen und $^1/_{1000}$ mm geschätzt werden konnten. Die Eindrucktiefen selbst wurden unter Last gemessen.

Ludwik jedoch liest die erreichte Eindrucktiefe „nach erfolgter Entlastung ab", und von Meyer wurde „der Stempelweg jeweils nach der Entlastung gemessen, aber ohne daß der Stempel während der Versuchsreihe vom Probestück abgehoben worden wäre".

Während also Ludwik und Meyer die Eindrucktiefe nach der Entlastung bestimmen, wird diese von Franke unter Last gemessen. Die elastischen Verformungen einer unter Last stehenden Prüfeinrichtung spielen aber ganz allgemein bei der Prüfung der Werkstoffe eine große Rolle (*163*). Dies gilt besonders für Härtemessungen, da es sich hier um die Bestimmung sehr kleiner Längen handelt. Obgleich eine eingehendere Nachprüfung nachträglich nicht möglich ist, liegt die Vermutung nahe, daß die Erklärung für die Unterschiede im Verhalten der Weiche in der verschiedenen Versuchsdurchführung zu suchen ist. Schon ein Blick auf die Abb. 86 zeigt, daß die Weiche sozusagen von einem, durch die elastische Verformung der unter Last stehenden Prüfeinrichtung verschobenen Nullpunkt aus gerechnet wird; dieser Einfluß dürfte auch die Abhängigkeit der Kegelhärte vom Prüfdruck, insbesondere bei kleinen Lasten, wo die zu messenden Eindringtiefen noch sehr klein und damit der verhältnismäßige Anteil elastischer Verformungen der Prüfeinrichtung sehr groß ist, verursachen.

III. Härteprüfung mit Vorlast.

1. Rockwellhärte.

Bei der Rockwellprüfung wird zunächst eine Vorlast und hierauf die Hauptlast aufgebracht. Die Aufgabe der Vorlast besteht darin, die Tiefenmessung von Ungenauigkeiten, die durch Wulstbildung, Unsauberkeiten der Oberfläche, unsichere Auflage des Prüfstücks usw. bedingt sind, zu befreien. Im übrigen aber gleicht auch dieses Prüfverfahren den anderen Härteprüfmethoden, auch hier wird mit gleichbleibender Prüflast ein Eindringkörper in den Prüfkörper gedrückt. Die verschieden großen Eindringtiefen werden jedoch nicht zur Berechnung der Eindringfläche und damit zur Errechnung einer spezifischen Flächenbelastung benutzt, sie dienen vielmehr unmittelbar zur Festsetzung einer Härtezahl. Diese Härtezahl wird aus der Differenz eines Festwertes und der jeweiligen Eindringtiefe gewonnen und ist unmittelbar an einer Meßuhr abzulesen.

Je kleiner die Eindringtiefe ist, desto größer ist diese Differenz und damit die Rockwellhärte. Wird die Eindringtiefe gleich der Festzahl, so wird die Härte 0; wird die Eindringtiefe größer als der Festwert, so kann der Härtewert sogar negativ werden.

Bei der Festsetzung einer solchen Härteskala war der Wunsch ausschlaggebend, eine möglichst einfache, sofort an der Prüfeinrichtung ablesbare Kennzahl ohne besondere Ausmessungen und Umrechnungen zu erhalten. So lange man sich dieser völlig willkürlichen Festsetzung bewußt bleibt, kann eine solche Skaleneinteilung, die wenigstens ungefähr mit der Härte gleichlaufend ist, für praktische Zwecke durchaus genügen. Insbesondere die Nachprüfung von Härteunterschieden in der laufenden Fabrikation, zur Feststellung der Abweichungen von einem Sollwert, wird durch die schnelle und unmittelbare Anzeige sehr erleichtert.

Es besteht aber die Gefahr, daß diese völlig willkürliche Festsetzung in Vergessenheit gerät, und den so gewonnenen Härtewerten eine weitergehende, wissenschaftliche Bedeutung zugemessen wird, die ihnen keineswegs zukommt. Die Einstufung verschiedener Werkstoffe mit sehr verschiedener Härte muß ein verzerrtes Bild geben, auch zur Beurteilung des Härteverlaufs über einen größeren Bereich, etwa bei der Untersuchung der Kalthärtung, ist eine solche Begriffsbestimmung nicht geeignet.

Eine einfache Überlegung zeigt, daß die Rockwellhärte nur ein sehr rohes Bild von dem Verlauf der Härte innerhalb eines größeren Härtebereichs geben kann. Wenn man etwa von der Festzahl 100 ausgeht und die Eindringtiefe in einem Fall 10 Einheiten, in einem anderen 20 Einheiten beträgt, so ergeben sich die Rockwellzahlen zu 90 und 80. Die Rockwellhärte sinkt demnach nur um wenige Hundertteile ab. Ein Stoff jedoch, der unter gleichbleibender Prüflast die doppelte Eindringtiefe wie ein anderer zeigt, kann unmöglich nur wenig weicher sein. Schon die Brinellwerte sinken in einem solchen Fall gemäß der Formel 24a auf die Hälfte.

Umgekehrt liegen die Verhältnisse bei absolut genommen weichen Stoffen, mit entsprechend großer Eindringtiefe. Ist diese in einem Fall etwa 80, in einem anderen Fall dagegen 90, so sind die entsprechenden Rockwellzahlen 20 und 10. Die Rockwellhärte ist demnach im ersten Fall doppelt so groß, wie im zweiten Fall, trotzdem die Unterschiede in der Eindringtiefe verhältnismäßig klein sind. Die Härte von zwei Stoffen, die im Eindruckversuch nur wenig voneinander verschiedene Eindrucktiefen besitzen, kann sich unmöglich wie 1 : 2 verhalten. Auch die Brinellhärte gibt in einem solchen Fall nur wenig voneinander verschiedene Härtewerte.

Je kleiner also die Eindrucktiefen sind, desto kleiner sind die prozentualen Unterschiede der Rockwellzahlen für eine gegebene Schwankung der Eindrucktiefe. Wenn sich dagegen die Eindrucktiefen in ihrem absoluten Betrag der Festzahl nähern, so wird das gegenseitige Verhältnis der Rockwellzahlen für eine gegebene Schwankung der Eindrucktiefe außerordentlich groß. Die heute übliche Rockwellskala ist demnach für große Härten sehr unempfindlich. Große Unterschiede in der absolut genommen kleinen Eindrucktiefe spiegeln sich in ihr nur durch geringfügige Unterschiede der Härtewerte wider. Härteunterschiede auf einer absolut genommen niedrigen Härtestufe dagegen, werden von der Rockwellskala außerordentlich übersteigert. Dieses Verhalten rührt natürlich nicht von der Härteprüfmethode als solcher her, sondern ist lediglich durch die besondere Auswertung des Eindruckversuchs bedingt.

Mit diesen Überlegungen stimmen auch praktische Erfahrungen überein. So findet man, daß bei gehärteten Werkzeugen kleine Unterschiede der Rockwellhärte von wenigen Einheiten entscheidend für die Brauchbarkeit des Werkzeugs sein können. Ebenso stellt Russenberger (*137*) fest, daß „der Genauigkeitsgrad bei Rockwell mit steigender Härte und kleineren Lasten stark absinkt, dagegen ist er bei Vickers z. B. wesentlich höher und für alle Lasten und Härten ungefähr derselbe".

Allerdings nimmt, entgegen dieser Ansicht, nicht der Genauigkeitsgrad der Rockwellprüfeinrichtung selbst in dem gekennzeichneten Ausmaß ab, wenn auch die Ausmessung kleiner Eindrucktiefen grundsätzlich ungenauer sein wird, als die Ausmessung des wesentlich größeren Eindruckdurchmessers. Vielmehr nimmt der Genauigkeitsgrad, oder besser gesagt, die Abstufung der Härtewerte durch die gewählte Skaleneinteilung ab.

2. Alpha-Härte.

Auch bei dem Durometer genannten Gerät der Alpha-Aktiebolaget Stockholm wird (vgl. Abb. 39) die Zunahme der Eindrucktiefe zwischen einer Vorlast und einer Hauptlast unmittelbar an einer Meßuhr abgelesen und zur Festlegung der Härte verwandt. Die Härtezahlen werden jedoch hier unmittelbar der Eindrucktiefe selbst zugeordnet. Weiche Stoffe ergeben höhere Werte als harte. Diese Skaleneinteilung hat demnach gerade den entgegengesetzten Gang wie die Härte. Dadurch wird der Mangel behoben, daß für weiche Stoffe negative Härtewerte wie bei der Rockwellprüfung erhalten werden (*141*).

3. Neue Begriffsbestimmung.

Wenn man von der Aufbringung einer Vorlast zunächst absieht, so stellt die Rockwellhärteprüfung nichts anderes als einen üblichen Kugel- oder Kegeldruckversuch dar, bei dem allerdings nicht der Eindruckdurchmesser, sondern die Eindrucktiefe ermittelt wird. Wie bereits betont, kann für viele praktische Zwecke diese Eindrucktiefe durchaus zur Gewinnung einer Vergleichshärtezahl dienen. Für Untersuchungen grundsätzlicher Art kann man sich jedoch hiermit nicht begnügen, dann muß die zu gewinnende Härtezahl nicht in mm, sondern in kg/mm^3 bestimmt werden, es muß also auf die auf S. 78 eingehend beschriebene Auswertung eines Eindruckversuchs zurückgegriffen werden. Die aufgebrachte Prüflast ist demnach zunächst zur Gewinnung der spezifischen Beanspruchung auf die Eindruckfläche zu beziehen, das Verhältnis dieser Beanspruchung zu der von ihr erzeugten Verformung, gibt dann den neuen Härtewert $\mathfrak{H}$ an.

Bei Verwendung einer Kugel und bei Bezugnahme der Prüflast auf die Kugelkalotte ergibt sich demnach

$$\mathfrak{H} = \frac{P}{\pi\, D t^2}\left[\frac{\mathrm{kg}}{\mathrm{mm}^3}\right]. \tag{48}$$

Wenn jedoch die Prüflast auf die Fläche des Eindringkreises bezogen wird, so ist die neue Härte gegeben durch

$$\mathfrak{H} = \frac{P}{\frac{\pi}{4}\, d^2 t}\left[\frac{\mathrm{kg}}{\mathrm{mm}^3}\right]. \tag{49}$$

Da an Stelle des Durchmessers d die Eindrucktiefe t ermittelt wird, so muß der Durchmesser in der Tiefe t ausgedrückt werden gemäß

$$d^2/4 = D t - t^2,$$

so daß sich ergibt:

$$\mathfrak{H} = \frac{P}{\pi (D t^2 - t^3)}\left[\frac{\mathrm{kg}}{\mathrm{mm}^3}\right]. \tag{50}$$

Für kleine Eindrucktiefen t ist t^3 gegenüber Dt^2 zu vernachlässigen, so daß diese Gl. (50) in Gl. (48) übergeht. Nur für sehr große Eindrucktiefen wird der Einfluß von t^3 merklich.

Die Umkehrwerte dieser Formeln geben die aus der Eindrucktiefe errechneten Weichen an.

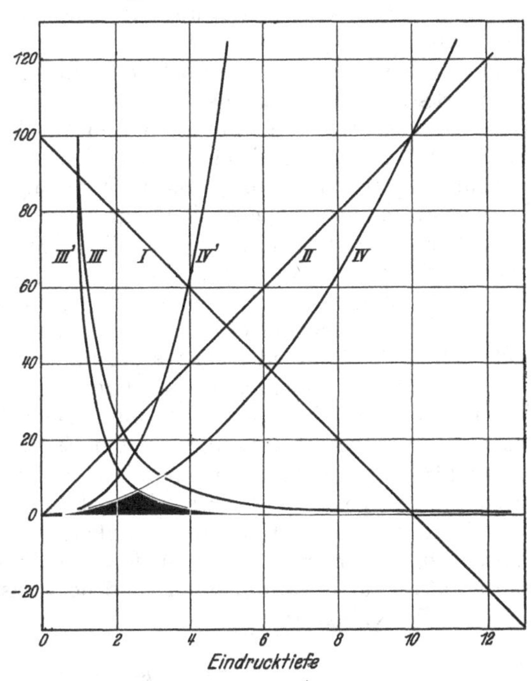

Abb. 87. Abhängigkeit von der Eindrucktiefe bei gleichbleibender Prüflast.
I Rockwellhärte,
II Alphahärte,
III Neue Härte $\mathfrak{H}$ für Kugel,
III' Neue Härte $\mathfrak{H}$ für Kegel,
IV Weiche $\mathfrak{W}$ für Kugel,
IV' Weiche $\mathfrak{W}$ für Kegel.

In Abb. 87 sind nun die verschiedenen Härtewerte schematisch in ihrer Abhängigkeit von der Eindrucktiefe aufgetragen. Hierbei ist allerdings keine Rücksicht auf die absolute Größe genommen, die Kurven sollen nur an Hand von Verhältniszahlen den gegenseitigen Verlauf darlegen. Die Rockwellhärte beginnt für die Eindrucktiefe 0 bei 100 und fällt geradlinig ab. Sie erreicht schließlich die Abszissenachse und nimmt dann negative Werte an.

Die neue Härte, der die Gl. (48), also die Bezugnahme auf die Kalotte, der Einfachheit halber zugrunde gelegt wurde, fällt dagegen gemäß $1/t^2$ zunächst sehr steil ab. Dieser Abfall verlangsamt sich allmählich und für große Eindringtiefen sind die Änderungen nur noch gering. Ein Vergleich zwischen der Rockwellhärte und der neuen Härte bestätigt die schon eingangs gemachte Feststellung. Für kleine Eindringtiefen, also große Härten, sind die Veränderungen der neuen Härte für eine bestimmte Schwankung der Eindrucktiefe außerordentlich viel größer als diejenigen der Rockwellhärte. Die Rockwellhärte vermag also in einer absolut genommen hohen Härtestufe an sich vorhandene Härteunterschiede nicht entsprechend auseinander zu legen. Bei großen Eindringtiefen dagegen ist für die gleiche Schwankung der Eindringtiefe die Veränderung der neuen Härte sehr gering, die Rockwellhärte jedoch gibt auch in diesem Bereich den absolut genommen gleichen Härteunterschied an.

Ein solches Verhalten der Rockwellhärte kann aber der festzustellenden Werkstoffeigenschaft nicht gerecht werden. Wenn sich die Eindringtiefe von einer auf zwei Einheiten erhöht, also um eine Einheit, so ist damit offensichtlich eine wesentlich größere prozentuale Härteschwankung verbunden, als wenn die Eindringtiefe von neun auf zehn, also wiederum um eine Einheit steigt.

In Abb. 87 ist ferner die Weiche $\mathfrak{W}$ aufgetragen, ebenso die Alphahärte S. Die Weiche beginnt im Ursprung und steigt dann quadratisch hoch. Die Alphahärte dagegen nimmt geradlinig zu. Auch die Alphahärte kann demnach nur ein rohes Bild von dem Verhalten der Werkstoffe geben, da sie in jeder Härtestufe für eine bestimmte Zunahme der Eindringtiefe eine gleichbleibende Änderung der Härtezahl liefert. Die Weiche dagegen gibt für die gleiche Eindruckzunahme einen immer höheren Wertzuwachs mit zunehmender Eindrucktiefe.

Die bisherigen Betrachtungen gelten für den Fall, daß als Eindringkörper eine Kugel benutzt wird. Beim Kegel ergeben sich andere Formeln für die Härtewerte in Abhängigkeit von der Eindringtiefe. Der Einfachheit halber sei der durch die jeweilige Kegelöffnung bedingte konstante Faktor zur Berechnung der Eindruckkreisfläche mit k bezeichnet Dann ist die Kegelhärte

$$\mathfrak{H} = \frac{P}{\pi k \cdot t^3}\left[\frac{\text{kg}}{\text{mm}^3}\right] \tag{51}$$

und entsprechend die Kegelweiche

$$\mathfrak{W} = \pi k \frac{t^3}{P}\left[\frac{\text{mm}^3}{\text{kg}}\right]. \tag{52}$$

In Abb. 87 sind diese für den Kegel geltenden Werte ebenfalls eingetragen. Während die Rockwell- und Alphahärte, gleichgültig ob eine Kugel oder aber ein Kegel benutzt wird, für die gleiche Tiefenschwankung in beiden Fällen den gleichen Härteunterschied liefern, sind die Unterschiede der neuen Werte für den Kegel größer als für die Kugel.

4. Abhängigkeit vom Prüfdruck.

Je größer der Prüfdruck bei der Rockwellprüfung gemacht wird, desto tiefer sinkt die Prüfspitze in den Werkstoff ein, desto kleiner wird also die Differenz des Festwertes und der Eindrucktiefe. Die Rockwellhärte nimmt daher mit zunehmendem Prüfdruck ab. Darin kommt jedoch keine Werkstoffeigenschaft zum Ausdruck, es liegt lediglich eine Auswirkung der rechnungsmäßigen Auswertung vor. Es sei aber darauf hingewiesen, daß die Empfindlichkeit der Anzeige größer mit wachsendem Prüfdruck wird, näheres hierüber auf S. 139.

Messungen der Rockwellhärte in Abhängigkeit vom Prüfdruck sind für unsere Betrachtungen insofern wertvoll, als sie Rückschlüsse auf die Abhängigkeit der Eindrucktiefe vom Prüfdruck und damit auch auf den Verlauf der Härte- bzw. Weichekurve ermöglichen. Im Hinblick auf eine weitere Klärung des Verhaltens der neu eingeführten Härtewerte seien einige im Schrifttum veröffentlichte Messungen ausgewertet.

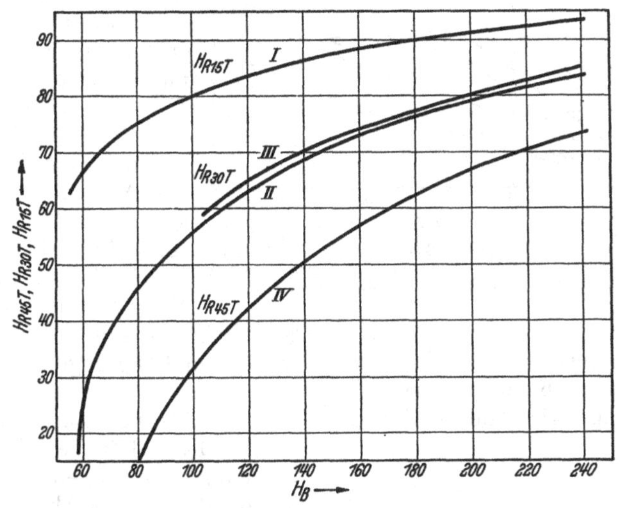

Abb. 88. Super-Rockwellhärte in Abhängigkeit von der Brinellhärte für drei verschiedene Prüflasten und 1/16″ Stahlkugel nach Hruska. (Wretblad, Hardhets-Handbok.)

Bei Wretblad (*197*) findet sich eine Zusammenstellung von Messungen nach Wilson Mechanical Instrument Co. und Hruska. In Abb. 88 sind die sich ergebenden Kurven dargestellt. Die Kurven zeigen den Zusammenhang der mit dem Super-Rockwellapparat aufgenommenen Rockwellzahlen, bei 1/16″ Stahlkugel und den drei verschiedenen Prüflasten 15, 30 und 45 kg mit den Brinellzahlen.

Für drei verschiedene Brinellwerte, und zwar für 80, 140 und 200 wurden für die drei Prüflasten die entsprechenden Eindrucktiefen entnommen und in Abb. 89 in Abhängigkeit von der Prüflast aufgetragen. Man erhält hierdurch drei gerade Linien, die mit wachsender Prüflast mehr oder weniger steil ansteigen. Allerdings beginnen sie nicht im Nullpunkt, sondern sie vereinigen sich ungefähr bei 3 kg, entsprechend dem Wert der Vorlast. Die jeweiligen Eindrucktiefen, die unmittelbar aus den Rockwellzahlen zu errechnen sind, müssen daher noch um die der Vorlast entsprechende Eindrucktiefe vergrößert werden. Hierdurch werden in Abb. 89 die gestrichelten Geraden erhalten. Die so erhaltenen Eindrucktiefen steigen mit befriedigender Annäherung vom Nullpunkt geradlinig an. Damit steigt aber auch die Weiche mit wachsender Eindrucktiefe geradlinig an, womit eine erneute Bestätigung für das Verhalten dieses Kennwertes gewonnen ist.

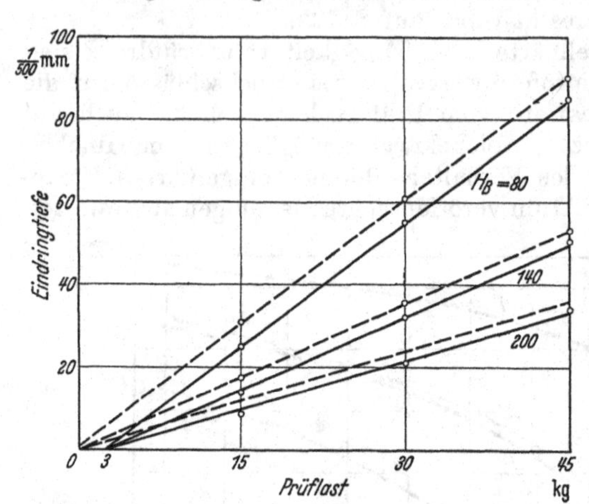

Abb. 89. Abhängigkeit der Eindrucktiefe von der Prüflast für Stähle verschiedener Härte, entnommen aus Super-Rockwellmessungen mit 1/16″ Stahlkugel nach Abb. 88.

In der gleichen Weise wurden Messungen von Wallichs und Schallbroch ausgewertet (*187*), die in Abb. 118 und 119 wiedergegeben sind. Jedoch wurden hier die entsprechenden Kurven nur für zwei Prüflasten H_R „C" (2,5/62,5) und H_R „C" (2,5/187,5) aufgenommen. Abb. 90 zeigt die Versuchsergebnisse an Chromnickelstählen. Auch hier findet sich, soweit dies aus nur zwei Meßpunkten beurteilt werden kann, wenigstens ungefähr ein geradliniger Anstieg der Eindrucktiefe, beginnend von der durch die Vorlast von 10 kg gegebenen Nullstelle auf der Abszissenachse.

Allerdings wird dieses Verhalten nicht immer bestätigt gefunden. Als Beispiel für die sich zeigenden Abweichungen sei Messing angeführt. Aus Abb. 119 sind wiederum aus den Rockwellhärten die zugehörigen Eindrucktiefen entnommen und in Abhängigkeit von der Prüflast aufgetragen (Abb. 91). Hier treffen sich die Verlängerungen der Meßpunkte nicht auf der durch die Vorlast gegebenen Stelle auf der Abszissenachse. Es muß also angenommen werden, daß für sehr geringe Lasten die Eindrucktiefe zunächst beschleunigt zunimmt. Es können aber auch irgendwelche Unregelmäßigkeiten der obersten Schichten des Werkstoffs vorliegen, wie schon Ludwik (vgl. S. 94) erwähnte.

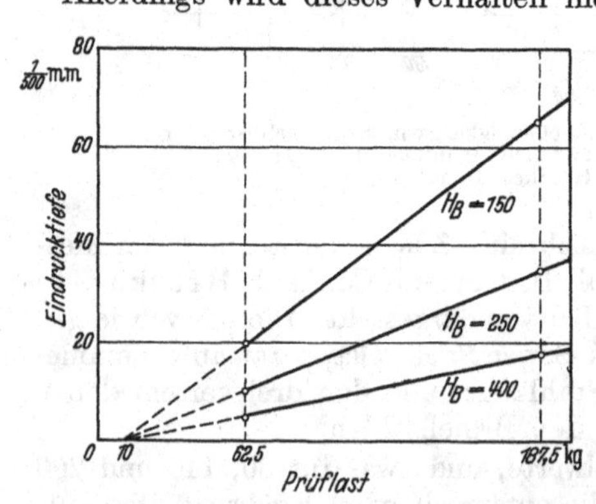

Abb. 90. Abhängigkeit der Eindrucktiefe von der Prüflast für verschieden harte Chromnickelstähle, entnommen aus Rockwellmessungen mit 2,5 mm Stahlkugel von Wallichs u. Schallbroch, Abb. 118.

Die bisherigen Messungen bezogen sich auf Kugeln. Es ist von Interesse, entsprechende Messungen, die mit Diamantkegeln ausgeführt wurden, auszuwerten. Hierzu wurden Messungen der Wilson Mechanical Instrument Co. und von Hruska nach einer Zusammenstellung von Wretblad zugrunde gelegt (Abb. 92). Die einzelnen Prüflasten betrugen 15, 30 und 45 kg. Als Eindringkörper wird bei dieser Super-Rockwellprüfung ein Diamantkegel von 120° Öffnungswinkel und einem Abrundungsradius der Spitze von 0,2 mm verwendet. In Abb. 93 sind die Eindrucktiefen in Abhängigkeit von der Prüflast, nach der Vorschrift für die Kugel errechnet, für verschiedene Brinellhärten zusammengestellt. Wenn man davon absieht, daß sich die Linien nicht bei der Vorlast von 3 kg treffen, ergibt sich ungefähr ein ähnliches Bild von dem Anstieg der Eindrucktiefe mit der Prüflast wie bei Verwendung einer Kugel als Eindruckkörper. Die Eindringtiefen steigen annähernd geradlinig mit der Prüflast an. Würde man also gemäß der für den Kegel geltenden Gleichung die Weiche berechnen,

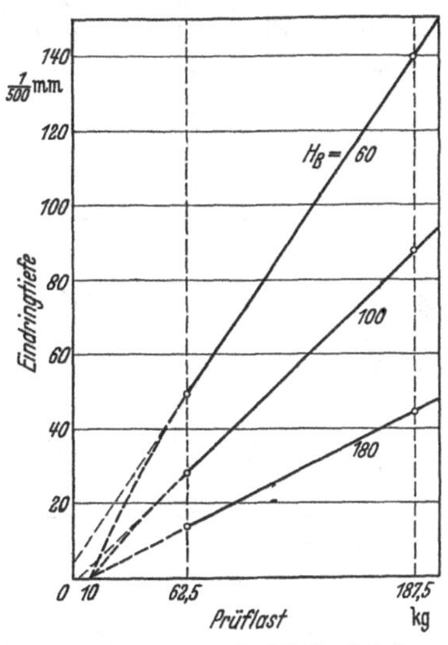

Abb. 91. Abhängigkeit der Eindrucktiefe von der Prüflast für Messing verschiedener Härte, entnommen aus Rockwellmessungen mit 2,5 mm Stahlkugel von Wallichs u. Schallbroch, Abb. 119.

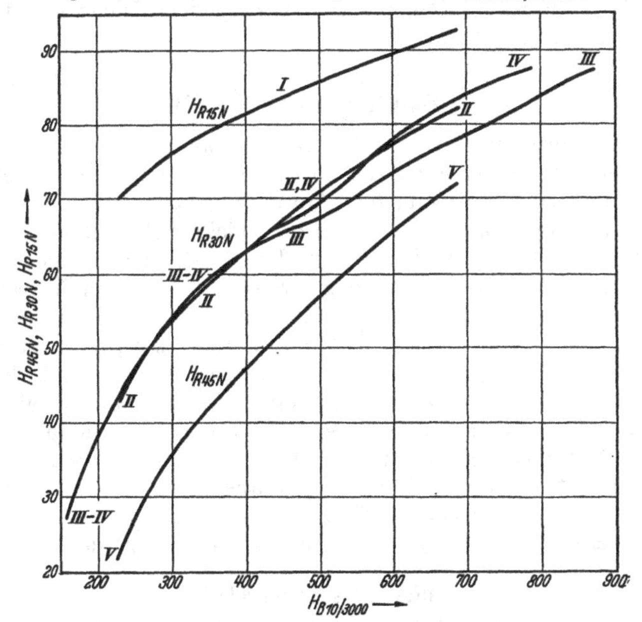

Abb. 92. Super-Rockwellhärte in Abhängigkeit von der Brinellhärte für drei verschiedene Prüflasten und Diamantkegel von 120° Öffnungswinkel nach Hruska. (Wretblad, Hardhets-Handbok.)

so würde sich offensichtlich kein geradliniger Anstieg der Weiche mit der Eindringtiefe ergeben, denn die Weiche steigt beim Kegel gemäß t^3 an. Berücksichtigt man jedoch, daß bei dieser Super-Rockwellprüfung die größte Eindrucktiefe noch nicht 0,1 mm erreicht, die Spitze des Diamantkegels dagegen einen Abrundungsradius von 0,2 mm besitzt, so klärt sich dieser Widerspruch ohne weiteres auf. Trotz Verwendung eines Kegels kommt dieser gar nicht zur Wirkung, da auch bei den größten Drucken von 45 kg nur die halbkugelige Prüfspitze, nicht aber die Kegelform selbst in die Oberfläche eindringt. Man prüft demnach auch hier mit einer Kugel und entsprechend ist die Gl. (34) für die Kugelweiche zu verwenden. Damit ergibt sich dann auch in diesem Fall ein linearer Anstieg der Weiche mit der Eindringtiefe gemäß Abb. 93.

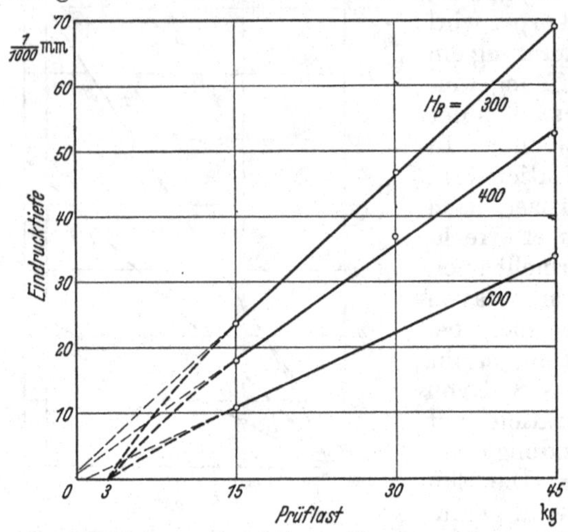

Abb. 93. Abhängigkeit der Eindruckstiefe von der Prüflast für Stähle verschiedener Härte, entnommen aus Super-Rockwellmessungen mit Diamantkegel nach Abb. 92.

IV. Rücksprungversuch.

Der Rücksprungversuch nimmt in der Härteprüfung eine Sonderstellung ein. Die Einfachheit der Prüfeinrichtungen, die Schnelligkeit der Messungen und die vielfachen Anwendungsmöglichkeiten sind sehr verlockend. Andererseits zeigen sich erhebliche Schwierigkeiten in der Deutung und Beurteilung der Meßergebnisse, die sich zudem von den verschiedensten Einflüssen abhängig erweisen. Trotz allen Verschiedenheiten in der Auffassung von der Bedeutung des Rücksprungversuchs, in einem Punkt herrscht im Schrifttum Einmütigkeit, nämlich daß die Rückprallhöhe als Maß für die Härte zu betrachten ist. Wenn demnach der Stoßkörper aus der Höhe h_0 herabfällt und nach dem Stoß bis zur Höhe h zurückgeschleudert wird, so wird die Rücksprunghärte dieser Höhe h verhältnisgleich gesetzt. Hierbei kann man die Fallhöhe h_0 als Bezugswert etwa zu 100 Einheiten ansetzen. Shore nimmt bei seinem Gerät die Rücksprunghärte für einen gut gehärteten Kohlenstoffstahl zu 100 an, und teilt diese Gesamthöhe in 100 gleiche Teile ein.

1. Einige Versuchsergebnisse.

Um ein Bild von der Rücksprunghärte verschiedener Werkstoffe zu geben, sind in Tab. 6 einige Messungen von Keßner (*69*) zusammengestellt. Hierbei wurde eine aus 500 mm Höhe herabfallende Stahlkugel von 6,35 mm Durchmesser und 1,05 g Gewicht benutzt.

Tabelle 6. Rücksprunghöhe verschiedener Werkstoffe für eine aus 500 mm Höhe herabfallende Stahlkugel (nach Kessner).

Kalkspat	280,5	Serpentin	365,9
Flußspat	319,5	Galalit	334,2
Feldspat	334,2	Spiegelglas	314,1
Topas	321,3	Marmor	199,7
Korund	331,8	Weicher Gummi	206,0
Porzellan	398,0		
Gehärteter Werkzeugstahl:			
Gelbe Anlauffarbe	338,2	Blaue Anlauffarbe	311,4
Rote „	336,9	Graue „	221,1
Flußeisen:			
67,5 kg Zugfestigkeit	183,6	40 kg Zugfestigkeit	162,4
55 kg „	170,5		
Gußeisen:			
33 kg Zugfestigkeit	178,0		
Messing:			
11% Pb	73,9	5 Pb	47,9
Aluminium	35,0	Akazie Langholz	120,6
Elektrolytkupfer	58,0	„ Hirnholz	113,1
Weißbuche	128,3	Eiche	83,8
Teak	124,4		

Diese Versuchsergebnisse werden von Keßner wie folgt zusammengefaßt: „Ein Blick auf die vorstehende Zahlentafel zeigt, daß diese Versuche ganz unhaltbare Begriffe von der ‚Härte' geben. Hiernach wäre also die Härte von Feldspat größer als die von Korund, und die des Flußspates fast dieselbe wie die des Topas. Die verschiedenen Holzarten wären härter als Messing, Galalit wäre härter als Stahl, Gummi härter als Flußeisen usw. Allenfalls könnte man diesen Versuchen entnehmen, daß die Rücksprunghöhe bei Körpern mit annähernd gleichem Elastizitätsmodul einen ungefähren Maßstab für die Härte liefern könne. Das Verfahren wird dadurch sehr begrenzt und dürfte als Härteprüfung kaum eine physikalische Bedeutung haben."

Dieser Standpunkt ist heute weit verbreitet.

2. Neue Begriffsbestimmung.

Die heute allgemein übliche Auswertung des Rücksprungversuchs kann, wie eine kurze Überlegung zeigt, der Sachlage nicht gerecht werden. Besitzt z. B. ein Werkstoff eine Rücksprunghärte von 90, ein anderer von 80, so weist demnach der erste eine um 10%, der zweite um 20% geringere Rücksprunghärte als ein Werkstoff mit dem Wert 100 auf. Betrachtet man jedoch nicht die Rücksprunghöhe, sondern den

Unterschied der Fallhöhe und der Rücksprunghöhe, so zeigt der erste Stoff einen Verlust von 10, der andere von 20 Einheiten gegenüber der Fallhöhe von 100. Ein Werkstoff, der beim Stoß einen Verlust vom doppelten Betrag eines zweiten aufweist, kann jedoch unmöglich nur wenige Hundertteile weicher sein.

Die beim Stoß zur Verfügung stehende Gesamtenergie ist der Fallhöhe h_0 verhältnisgleich. Die Rücksprunghöhe h dagegen ist ein Maß für die elastisch zurückgewonnene Energie. Der Unterschied beider Energiebeträge, also $h_0 - h$, ist der beim Stoß verbrauchten Energie verhältnisgleich. Beim Rücksprungversuch läßt sich demnach die im Werkstoff verbrauchte Energie und die elastisch zurückgewonnene Energie in ihrem gegenseitigen Verhältnis ermitteln. Dieses Verhältnis haben wir aber bereits auf S. 32 kennengelernt, es stellt nichts anderes als ein Maß für die innere Dämpfung eines dynamisch beanspruchten Werkstoffs dar. Die aus dem Rücksprungversuch organisch abzuleitende Meßgröße ist somit durch das Verhältnis von verbrauchter Energie zu elastisch zurückgewonnener Energie gegeben, also durch

$$\psi = \frac{h_0 - h}{h} = \frac{h_0}{h} - 1 \,. \tag{53}$$

Dieser Dämpfungswert ist allerdings nicht auf die Volum- oder Gewichtseinheit des zu untersuchenden Werkstoffs reduzierbar, es handelt sich sozusagen um die „Gestaltdämpfung" der von dem Stoß erfaßten Wirkungszone.

Da beim Rücksprungversuch im allgemeinen nur kleine, bleibende Eindrücke entstehen, kann aus dieser so gewonnenen Dämpfung mit großer Annäherung auch der Verlustwinkel, d. h. das Verhältnis von bleibender und federnder Verformung an der Stoßstelle berechnet werden, gemäß

$$\delta = \frac{\psi}{2\pi} = \frac{1}{2\pi}\left(\frac{h_0}{h} - 1\right). \tag{54}$$

Ebenso ergibt sich das logarithmische Dekrement der Dämpfung zu

$$\vartheta = \frac{\psi}{2} = \frac{1}{2}\left(\frac{h_0}{h} - 1\right). \tag{55}$$

Der Rücksprungversuch bietet also grundsätzlich einen einfachen Weg, die innere Dämpfung der beim Stoß erfaßten Wirkungszone im Werkstoff unter den jeweiligen Versuchsbedingungen zu bestimmen, nicht mehr, aber auch nicht weniger. Wenn man sich dieser grundsätzlichen Bedeutung des Rücksprungversuchs bewußt bleibt, lassen sich mancherlei Schwierigkeiten ausräumen, die bisher einer weitergehenden Anwendung entgegenstanden.

In Tab. 7 ist die aus diesen Überlegungen sich ergebende Auswertung eines Rücksprungversuchs zusammengestellt. Zunächst sind die heute üblichen Rücksprunghärten in Stufen von 10 Einheiten eingetragen. Der Wert 100 entspricht also einem vollkommen elastischen, oder besser gesagt, einem dämpfungsfreien Werkstoff, wobei zunächst irgendwelche Verluste der Versuchseinrichtung selbst ausgeschaltet seien. Nunmehr wird die Dämpfung gemäß Gl. (53) in der nächsten Spalte berechnet.

Diese Dämpfung ist ∞ für die Rücksprunghärte 0, sie nimmt dann bis auf 0 ab für einen Werkstoff mit der Rücksprunghärte 100. In weiteren Spalten sind der Verlustwinkel und das Dämpfungsdekrement eingetragen.

Wenn man demnach aus dem Rücksprungversuch ein Maß für die Härte ableiten will, so bietet sich der Umkehrwert der Dämpfung, also

$$\frac{1}{\psi} = \frac{h}{h_0 - h} \tag{56}$$

an. Diese Formel gilt aber nur für Werkstoffe mit gleichem E-Modul, da beim Rücksprungversuch nur die Dämpfung, also nach Gl. (18) das Verhältnis von Elastizitätsmodul zu Plastizitätsmodul, nicht aber deren absolute Größe ermittelt wird. Ebenso kann die Dämpfung selbst für Werkstoffe mit gleichem E-Modul unmittelbar der Weiche verhältnisgleich gesetzt werden.

Tabelle 7. Auswertung von Rückprallversuchen.

h	$\psi = \frac{h_0 - h}{h}$	$\delta = \frac{\psi}{2\pi}$	$\vartheta = \frac{\psi}{\pi}$	$\mathfrak{H} \sim \frac{1}{\psi}$
0	∞	∞	∞	0
10	9	1,44	2,88	0,11
20	4	0,64	1,28	0,25
30	2,33	0,37	0,74	0,43
40	1,5	0,24	0,48	0,67
50	1,0	0,16	0,32	1,0
60	0,67	0,11	0,22	1,5
70	0,43	0,069	0,138	2,33
80	0,25	0,04	0,08	4
90	0,11	0,0175	0,035	9
100	0	0	0	∞

In Abb. 94 sind die verschiedenen Größen in Abhängigkeit von der Rücksprunghöhe, also der heutigen Rückprallhärte aufgetragen. Die Dämpfung fällt mit wachsender Rückprallhöhe sehr steil herab und wird schließlich für die Rücksprunghöhe 100 zu 0. Der Umkehrwert dieser Dämpfung kann, wie bereits gezeigt, als Maß für die Rücksprunghärte bei Werkstoffen mit gleichem E-Modul dienen. Diese Härte steigt von 0 zunächst langsam, dann immer steiler an, sie wird schließlich unendlich groß, wenn die Rücksprunghöhe 100 erreicht, der Werkstoff also rein elastisch ist. Es zeigt sich also auch hier ein ähnliches Verhalten wie beim Plastizitätsmodul, der ebenfalls für rein elastisches Verhalten unendlich groß wird.

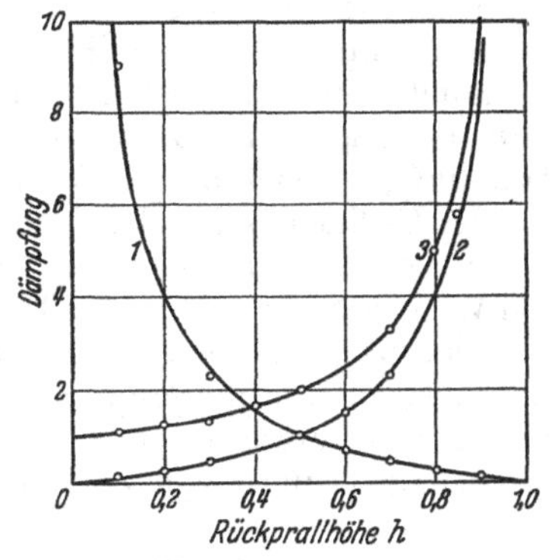

Abb. 94. Auswertung eines Rückprallversuchs.
1. Verlauf der Dämpfung ψ,
2. Härte $\sim \frac{1}{\psi}$.

Damit ist aber auch beim Rücksprungversuch der Anschluß an eine physikalisch einwandfrei definierbare Größe, die innere Werkstoffdämpfung gefunden, deren entscheidende Rolle für die Werkstofflehre und insbesondere auch für die Härte immer wieder bestätigt gefunden wird. Nicht nur beim dynamischen Dauerversuch, sondern auch beim statischen Belastungsversuch trat sie uns bereits entgegen. Ebenso konnte die Eindruckhärte gemäß Gl. (40) auf die Dämpfung zurückgeführt werden. Der Rücksprungversuch erweist sich demnach als außerordentlich wichtiges Bindeglied zwischen statischen Belastungsversuchen einerseits und dynamischen Messungen andererseits.

Mit dieser Arbeitsthese lassen sich manche Schwierigkeiten, die der Ausnutzung des Rücksprungversuchs bisher entgegenstanden, ausräumen. Die vielfachen Beeinflussungen der Ergebnisse von Rücksprungversuchen durch die jeweiligen Versuchsbedingungen zeigen sich nunmehr nicht als Nachteile, sie sind im Gegenteil ein Beweis dafür, wie außerordentlich tief der Rückprallversuch in die Eigenschaften der Werkstoffe einzudringen vermag. Die folgenden Abschnitte beschäftigen sich mit derartigen Einzelfragen.

3. Leerlaufdämpfung.

Die bisherigen Betrachtungen gelten nur für den Fall, daß Verluste der verschiedensten Art, die mit dem Stoßvorgang selbst nichts zu tun haben, vernachlässigt werden können. Hierzu zählen Verluste durch Luftreibung des Stoßkörpers, durch Reibung in den Führungen oder Lagern bei Pendelhämmern, durch Erschütterungen beim Stoß usw. Um einen Einblick in die Größenordnung dieser Verluste und damit in die „Leerlaufdämpfung" zu erhalten, wird am einfachsten die Dämpfung des Prüflings möglichst klein gewählt, so daß also die Rücksprunghöhe im wesentlichen durch die Verluste der Prüfeinrichtung selbst bestimmt ist. Glas kann praktisch als verlustfrei angesehen werden, so daß Rücksprungversuche an Glas zum mindesten einen Grenzwert für die Leerlaufdämpfung ergeben.

Nach einer Versuchsreihe von Schneider (*151*) an feinschlierigem Schwerflint mit einer 6 mm-Kugel bei schrittweise gesteigerter Fallhöhe ergibt sich die Dämpfung sehr regelmäßig zu 0,09. Nur für die größten Fallhöhen erreicht sie 0,10.

Wenn man also die innere Dämpfung von Schwerflint zu Null annehmen kann, so ist damit die Leerlaufdämpfung der Versuchseinrichtung bestimmt. Zum mindesten wird ein Grenzwert erhalten, den die Leerlaufdämpfung nicht übersteigt. Bemerkenswert ist, daß diese Leerlaufdämpfung, wenigstens für eine frei fallende Kugel, ziemlich unabhängig von der Fallhöhe ist, auch ist ihr absoluter Betrag verhältnismäßig klein.

Immerhin macht sich diese Leerlaufdämpfung bei der Untersuchung von Werkstoffen mit geringer Dämpfung störend bemerkbar, so daß eine Berücksichtigung nötig wird. Die Leerlaufdämpfung ist von der gemessenen Gesamtdämpfung abzuziehen, um die eigentliche Werkstoffdämpfung zu erhalten. Solche Leerlaufversuche sollten an allen Rücksprunghärteprüfern von Zeit zu Zeit durchgeführt werden.

4. Einfluß der Versuchseinrichtung.

Bei der laufenden Festlegung der Rücksprunghärte wird vielfach beobachtet, daß Rücksprunghärteprüfer sowohl der gleichen Bauart, als auch von verschiedenen Herstellern untereinander, zum Teil recht erhebliche Abweichungen zeigen. Zur Klärung dieser Unterschiede wurden von Hengemühle und Claus eingehende Untersuchungen mit verschiedenen Prüfgeräten gemacht (*53*), vgl. auch Abb. 56.

Als Vergleichsstücke für die Messungen dienten Vierkantkörper von etwa 1 kg Gewicht aus einem gut durchhärtenden Chromstahl, die auf verschiedene Härten behandelt wurden. Anschließend wurden die Probeflächen sauber parallel geschliffen und mit dem Gerät nach Vickers auf Gleichmäßigkeit geprüft. Die gefundenen Rücksprunghärten wurden zu den entsprechenden Rockwellhärten in Beziehung gesetzt, da die Hersteller von Rücksprunghärteprüfern als Normkurve eine Vergleichskurve Rockwell-Shore angeben, Abb. 95.

Für die einzelnen Geräte war sowohl bei hohen als auch bei niedrigen Härten der Streubereich gering. Die Unterschiede zwischen den am häufigsten vorkommenden Einzelwerten bei wiederholter Prüfung gingen kaum über zwei bis drei Shoreeinheiten hinaus. Gleichwohl waren die

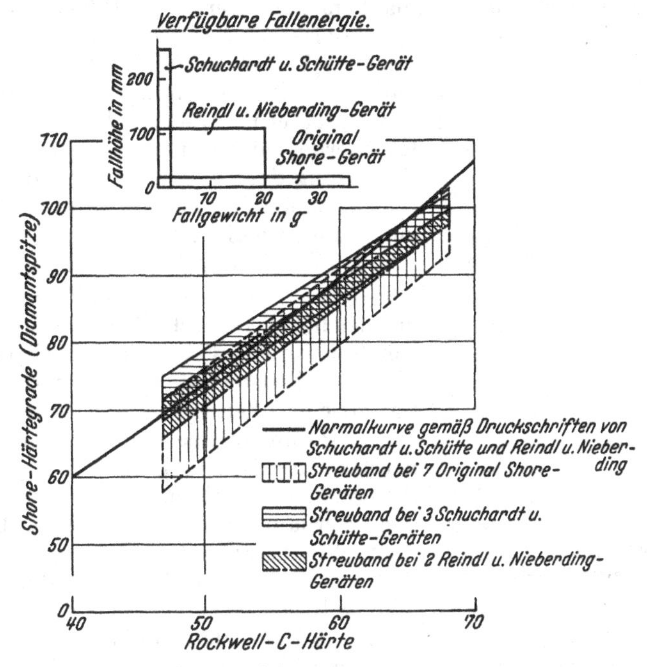

Abb. 95. Streubänder verschiedener Rücksprunggeräte. (Hengemühle u. Claus, Stahl u. Eisen 1937.)

Unterschiede zwischen den Angaben verschiedener Geräte so groß, daß sich die Streubereiche nicht einmal berührten. Die drei untersuchten Bauarten unterscheiden sich im Fallgewicht und in der Fallhöhe. Beim Shoregerät beträgt das Hammergewicht 36,5 g, die Fallhöhe 19 mm, die Fallenergie somit 690 mmg. Die entsprechenden Werte beim Gerät von Schuchard und Schütte liegen bei 2,5 g, 256 mm und 640 mmg und bei demjenigen von Reindl und Nieberding 20 g, 112 mm, 2240 mmg.

Wenn man sich daran erinnert, daß beim Rücksprungversuch im Grunde genommen nicht eine Härte, sondern ein Dämpfungswert festgestellt wird, so werden solche Unterschiede in den Versuchsergebnissen zwischen den verschiedenen Geräten erklärlich. Man kann selbstverständlich nicht erwarten, daß bei der Prüfung eines Werkstoffs stets die gleiche Rücksprunghärte gefunden wird, gleichgültig wie im einzelnen die Versuchsbedingungen sind. Je nach der Form der Prüfspitze, der Größe des Fallgewichts, der Fallhöhe usw. verläuft der Belastungs-Verformungs-Vorgang beim Stoß ganz verschieden, insbesondere erreicht die Höchstbelastung bzw. Höchstverformung ganz verschiedene Werte. Genau so wenig, wie man etwa bei einem dynamischen Schwingungsversuch stets die gleichen Werte für die innere Dämpfung erhält, gleichgültig wie groß im einzelnen Fall die jeweilige Schwingungsbelastung gewählt wird, ebensowenig kann man beim Rücksprungversuch einen von den Versuchsbedingungen unabhängigen Wert der Rücksprunghöhe erwarten. Auch beim statischen Belastungsversuch findet man nicht ein von der Belastung unabhängiges Verhältnis der bleibenden zur federnden Verformung. Meßgeräte verschiedener Herkunft mit verschiedenen Versuchsbedingungen müssen daher naturnotwendig verschiedene Rücksprunghärten ergeben. Über die Beeinflussung der Rücksprunghärte durch die verschiedenen Faktoren wird weiter unten im einzelnen berichtet.

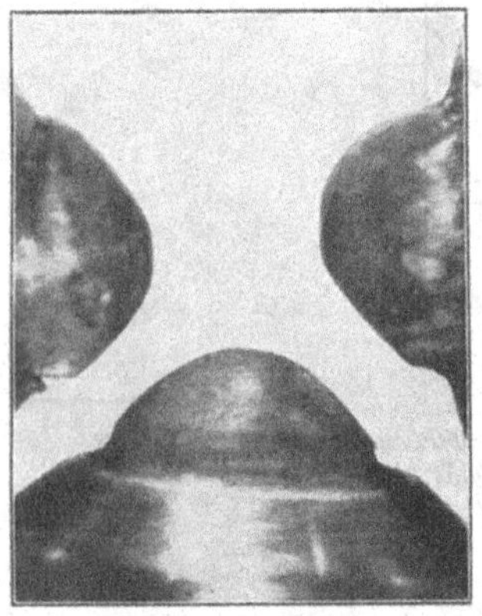
Abb. 96. Prüfspitzen. (Hengemühle u. Claus, Stahl u. Eisen 1937.)

Voraussetzung für gleiche Anzeigen verschiedener Geräte der gleichen Type ist, daß die gleichen Versuchsbedingungen stets eingehalten werden. Fallgewicht, Fallhöhe und auch die Eigenverluste sind bei einiger Sorgfalt gleich zu halten. Dies gilt jedoch nicht für die Hammerspitze selbst. Von Hengemühle und Claus (*53*) wurden vergrößerte Aufnahmen der Hammerspitzen gemacht, die innerhalb einer und derselben Bauart deutliche Unterschiede in der Form zeigten, Abb. 96. Diese Abweichungen sind nicht auf Abnutzung zurückzuführen, da auch bei wenig gebrauchten Geräten Unterschiede festzustellen waren. Auch auf den Einfluß der Form der Hammerspitze wird weiter unten näher eingegangen.

5. Werkstoffe mit verschiedenem Elastizitätsmodul.

Ein schwerwiegender Einwand gegen die Rücksprunghärte in ihrer heutigen Form ist die Erscheinung, daß Werkstoffe mit verschiedenem E-Modul eine von der Erfahrung völlig abweichende Reihenfolge der „Härte“ ergeben. So wird Gummi bekanntlich im Rücksprungversuch „härter“ gefunden als Stahl. Andererseits werden Stoffe mit gleichem E-Modul durchaus in der durch andere Prüfverfahren bekannten Reihenfolge eingeordnet. Diese Beobachtung, die der Anwendung des Rückprallversuchs bisher hindernd im Wege stand, läßt sich zwanglos erklären, wenn man sich der Bedeutung des Rücksprungversuchs als Dämpfungsmessung bewußt bleibt.

Um zur Aufzeigung des Grundsätzlichen von den besonderen Verhältnissen beim Auftreffen des Stoßkörpers auf eine begrenzte Stelle des Prüfkörpers unabhängig zu werden, sei zunächst angenommen, daß das Fallgewicht mit ebener Stoßfläche den ganzen Prüfkörper bedeckt. Der Versuchskörper ist in Abb. 97 als Feder gezeichnet. Beträgt die Masse des Fallgewichts m und ist die Fallhöhe h_0, so errechnet sich die Fallenergie zu

$$A = m \cdot h_0$$

Abb. 97. Stoßanordnung, schematisch.

Diese Energie wird nun, wenn man von Nebenerscheinungen absieht, zur elastischen Verformung der Feder verbraucht. Hierbei steigt die Belastung mit der Verformung geradlinig an, bis schließlich die gesamte Fallenergie in elastische Energie der gespannten Feder umgewandelt ist. Der in diesem Augenblick vorhandene Federweg e und die zugehörige Federkraft P ergeben die elastische Spannungsenergie zu

$$A = \frac{1}{2} P e .$$

Diese Energie entspricht dem Inhalt der Dreiecke in Abb. 98. Die Federkonstante der Feder sei c, dann läßt sich auch schreiben

$$P = c e .$$

Diese Federkonstante ist für Versuchskörper gleicher Abmessungen im wesentlichen durch den E-Modul des Werkstoffs gegeben, so daß, von konstanten Faktoren abgesehen,

$$P = e E$$

ist. Damit errechnet sich die Höchstkraft P zu

$$P = \sqrt{2 m h_0 E}$$

und die größte Verformung zu

$$e = \sqrt{\frac{2 m h_0}{E}} .$$

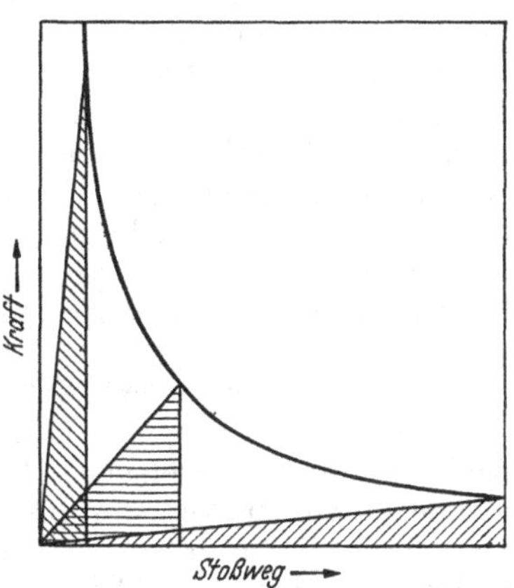

Abb. 98. Zusammenhang von Stoßkraft und Stoßweg bei gleichbleibender Fallenergie an Werkstoffen mit verschiedenem E-Modul.

In Abb. 98 ist die Stoßkraft in Abhängigkeit von der elastischen Verformung e aufgetragen. Die Stoßkraft ist demnach sehr groß für sehr kleine Federwege, also für große E-Moduln. Je größer dagegen der Federweg mit kleinerem E-Modul wird, desto kleiner wird die Stoßkraft. Das Produkt aus Stoßkraft und Federweg, also die Fallenergie, bleibt stets gleich groß, jeder Punkt der Hyperbel stellt einen möglichen Fall dar. Die in Abb. 98 eingezeichneten Dreiecke besitzen gleichen Inhalt, d. h. das Produkt aus Stoßkraft und Federweg bleibt gleich groß, die Einzelwerte können jedoch sich sehr stark verändern.

Wenn man demnach zwei Werkstoffe, deren E-Moduln sich wie 4 : 1 verhalten, vergleicht, so wird bei gleichgehaltenen Versuchsbedingungen die Höchstkraft doppelt so groß, während die elastische Verformung auf die Hälfte sinkt. Werkstoffe mit großem E-Modul werden also wesentlich stärker beansprucht als solche mit niedrigem E-Modul. Beim Vergleich zweier Werkstoffe, etwa von Stahl und Gummi, ist die Stoßkraft infolge der steifen Federung von Stahl trotz gleichbleibender Fallenergie unvergleichlich größer als bei Gummi. Es besteht daher durchaus die Möglichkeit, daß bei Stahl der bildsame Bereich noch erreicht wird, daß also der Stoß infolge Überschreitung der Fließgrenze merkliche Dämpfung zeigt, während bei Gummi der größte Teil der Fallenergie in der großen elastischen Federung aufgespeichert wird, ohne daß merkliche bleibende Verformungen auftreten. Der Stoß erfolgt demnach bei Gummi fast elastisch, die Dämpfung ist entsprechend klein und die „Rücksprunghärte" ist größer als bei Stahl.

Durch die besonderen Verhältnisse infolge der Belastung einer eng begrenzten Stelle mit Hilfe einer Prüfspitze ergeben sich weitere Unterschiede. Bei einem Werkstoff mit großem E-Modul steigt die Stoßkraft steil an, theoretisch würde ja die Stoßkraft auf unendlich hohe Werte emporschnellen, wenn der Werkstoff völlig unnachgiebig wäre. Die Prüfspitze dringt daher nur wenig in die Oberfläche ein, die Stoßkraft verteilt sich auf eine sehr geringe Eindruckfläche. Die spezifische Flächenpressung ist daher sehr groß, so daß auch aus diesem Grund schnell das Gebiet bleibender Verformungen erreicht wird.

Bei einem Werkstoff mit niedrigem E-Modul dagegen gibt die Oberfläche wesentlich stärker federnd nach. Die Eindruckfläche wird entsprechend groß, und die von vornherein kleinere Stoßkraft verteilt sich jetzt auf eine wesentlich größere Stoßfläche. Die spezifische Beanspruchung bleibt daher klein. Es besteht durchaus die Möglichkeit, daß die gleichbleibende Fallenergie sich in der großen elastischen Federung totläuft, ohne den plastischen Bereich zu erreichen. Nach dem Stoß bleibt kein bleibender Eindruck zurück. Der Stoß erfolgt demnach elastisch und die Rücksprunghöhe des weichen Stoffes kann größer werden als diejenige eines harten Körpers.

6. Abhängigkeit von der Fallenergie.

Voraussetzung für die Unterscheidungsmöglichkeit verschiedener Werkstoffe im Stoßversuch ist daher ausreichende Größe der Stoßenergie, damit der Werkstoff bis in das plastische Gebiet hinein verformt wird. Dies gilt natürlich nicht nur für Werkstoffe mit verschiedenem E-Modul, sondern auch für solche mit gleichem E-Modul. Ist die Fallenergie zu klein, oder bleibt die spezifische Flächenbeanspruchung an der Prüfspitze bei einem stumpfen Stoßkörper klein, so wird der Werkstoff nur elastisch verformt. Eine Unterscheidung der verschiedenen Werkstoffe ist dann genau so unmöglich, wie etwa bei der Eindruckprüfung, wenn der Prüfdruck zur Erzeugung eines bleibenden Eindrucks nicht ausreicht. Andererseits kann in einem bestimmten Fall, etwa bei der Prüfung von Stahl mit niedriger Streckgrenze, die Stoßenergie zunächst ausreichen, um bleibende Eindrücke zu erzeugen; wird jedoch etwa der Stahl gehärtet, so liegt die Streckgrenze wesentlich höher, unter Umständen ist die Stoßenergie jetzt zu klein, um eine Unterscheidung verschiedener Härtegrade zu ermöglichen. Dies geht aus Messungen von Hengemühle und Claus deutlich hervor (*53*).

Es wird dort der Einfluß der Fallhöhe auf die Anzeige von Rücksprunggeräten untersucht. In Abb. 99 sind die Versuchsergebnisse dargestellt. Die bereits oben erwähnten Versuchsstücke, die auf verschiedene Härtegrade behandelt wurden, zeigen mit zunehmender Rockwellhärte einen langsamen Anstieg der Rücksprunghärte, der für größere Rockwellhärten steiler wird. Entsprechende Kurven wurden nun für verschiedene Fallhöhen aufgenommen, und zwar wurden diese von 85 mm schrittweise bis auf 478 mm gesteigert. Aus Abb. 99 ergibt sich, daß die Rücksprungwerte bei geringerer Fallhöhe höher liegen. Mit wachsender Rockwellhärte nehmen die Unterschiede jedoch ab, bis schließlich alle Kurven für sehr große Rockwellhärten in einen Punkt einmünden. Über die besondere Form dieser Kurven wird erst später berichtet (S. 150).

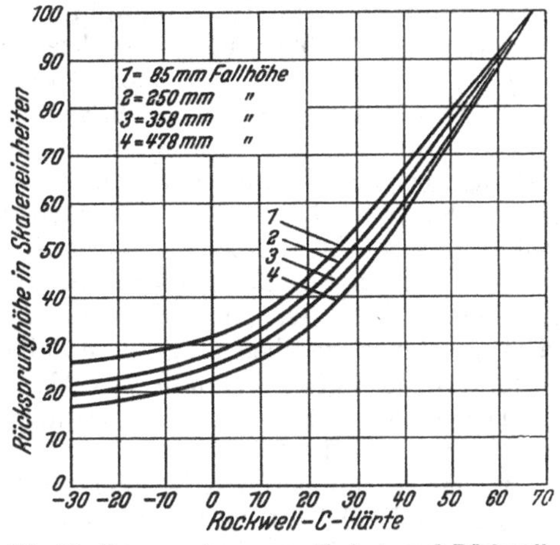

Abb. 99. Zusammenhang von Vorlast- und Rückprallhärte bei verschiedener Fallhöhe. (Hengemühle u. Claus, Stahl u. Eisen (1937.)

Aus der Abb. 99 wurden nun die Rücksprungwerte für drei verschiedene Rockwellhärten, und zwar für —30, +20 und +60 in Dämpfungswerte umgerechnet und in Abhängigkeit von $\sqrt{h_0}$ gemäß Abb. 100 aufgetragen. Die Werte von $\sqrt{h_0}$ geben wenigstens einen ungefähren Anhaltspunkt über die Höhe der beim Stoß entstehenden jeweiligen Höchstkraft. Die Kurven der Abb. 100 entsprechen also den bekannten Dämpfungsmessungen im dynamischen Dauerversuch in Abhängigkeit von der Wechsellast. Für die kleinste Rockwellhärte von —30 ist die Dämpfung verhältnismäßig groß, sie steigt mit wachsender Fallhöhe, also mit größer werdender Stoßkraft zunächst langsam, dann immer stärker an. Man erkennt die grundsätzliche Übereinstimmung dieser Dämpfungskurve mit dynamischen Dämpfungsmessungen in Abhängigkeit von der Wechsellast.

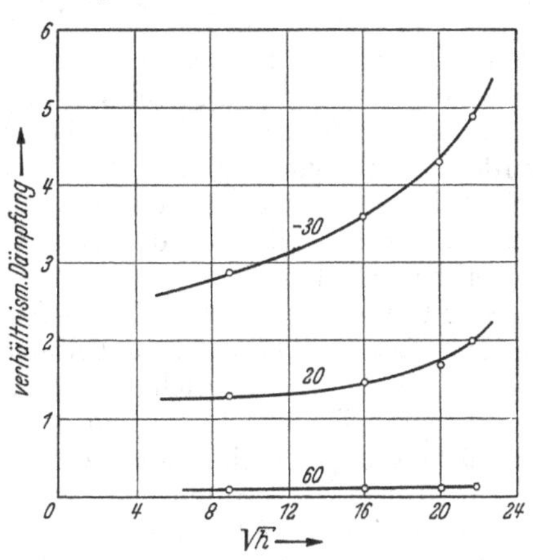

Abb. 100. Dämpfung in Abhängigkeit von der Fallhöhe, errechnet aus Rücksprungversuchen nach Abb. 99.

Für den mittelharten Zustand des Werkstoffs ist die Dämpfungskurve wesentlich niedriger, immerhin ist auch hier der beginnende Anstieg der Dämpfung nach Überschreitung einer bestimmten Stoßkraft noch deutlich zu erkennen. Für den Werkstoff mit der Rockwellhärte 60 gilt die unterste Kurve. Die Dämpfung ist nun sehr klein geworden, sie verläuft fast gleichbleibend mit wachsender Stoßkraft, ein kräftiger Anstieg der Dämpfung ist nicht mehr zu erkennen.

Die Erscheinungen der Abb. 99 lassen sich demnach ohne weiteres in Übereinstimmung mit bekannten Eigenschaften der Dämpfung bei Schwingungsversuchen bringen. Zunächst zeigt sich, daß die Dämpfung um so kleiner wird, je größer die Härte ist. Im weichen Zustand des Stahles, also bei niedriger Streckgrenze, wird durch die zur Verfügung stehende Stoßenergie der bildsame Bereich mühelos erreicht, selbst für die kleinste Fallhöhe. Mit wachsender Fallhöhe muß die Rücksprunghärte abnehmen, da eben die größere Fallenergie zu größeren bleibenden Verformungen führt, wodurch das Verhältnis von Verlustenergie zu elastischer Energie anwächst. Die Dämpfung nimmt daher mit wachsender Fallhöhe merklich zu.

Bei der mittleren Härte des Werkstoffs liegt die Streckgrenze höher. Bei kleinen Fallhöhen wird daher das Gebiet starker bleibender Verformungen noch nicht erreicht, lediglich die „elastische Dämpfung" macht sich bemerkbar. Erst bei den größten Fallhöhen führt der Stoß ins plastische Gebiet, so daß sich hier ein Anstieg der Dämpfung zeigt.

Bei dem auf größte Härte vergüteten Werkstoff liegt die Streckgrenze entsprechend sehr hoch. Die Fallenergie reicht selbst bei den größten Fallhöhen nicht mehr aus, um bleibende, merkliche Verformungen zu erzwingen. Die Dämpfung ist jetzt sehr klein, sie ist von der Größe der Fallhöhe so gut wie unabhängig.

Würde die Fallenergie noch weiter gesteigert, so würde auch im harten Zustand des Werkstoffs der Bereich bleibender Verformungen erreicht werden, damit würde eine Aufspaltung der Spitze in Abb. 99 gelingen, d. h. bei genügend gesteigerter Stoßkraft muß bei Beginn bleibender Verformungen schließlich der Einsatz der plastischen Dämpfung sich bemerkbar machen.

Würde man umgekehrt die Fallhöhen verringern, so wäre schon für kleinere Rockwellhärten eine Unterscheidung durch den Rücksprungversuch nicht mehr möglich, die Kurven der Abb. 99 würden also schon bei kleineren Rockwellhärten in eine Spitze zusammenlaufen.

Rücksprungversuche mit veränderlicher Fallhöhe sind auch von Schneider (*151*) veröffentlicht worden. Die Auswertung seiner Versuchsergebnisse ergibt ganz ähnliche Folgerungen.

Daß beim Rücksprungversuch keineswegs eine „elastische Härte", sondern genau wie beim Eindruckversuch ein plastischer Vorgang, der weit in das Gebiet der Streckgrenze hineinführt, erfaßt wird, geht aus der Größe der Dämpfung hervor. Bei der Rockwellhärte von 20 z. B. erreicht die Dämpfung den Wert von 2 für die größte Fallhöhe. Das Verhältnis von bleibender zu elastischer Verformung beträgt demnach 0,32. Auf S. 36 wurde gezeigt, daß für Stahl an der 0,2-Grenze ein entsprechendes Verhältnis von 0,36 vorhanden ist. Zum mindesten bei weichen Stählen wird demnach die Streckgrenze erreicht und sogar überschritten. Bei sehr harten Stählen kann allerdings die Stoßenergie der heute üblichen Geräte nicht mehr ausreichen, merkliche bleibende Verformungen zu erzeugen. Dann ist aber auch eine Unterscheidung in diesem hohen Härtebereich nicht mehr möglich. Die Rücksprunghärte bleibt gleich groß, trotzdem die Prüfung der Härte auf anderem Wege noch einen weiteren Anstieg der Härte anzeigt.

Die in Abb. 99 dargestellte Abhängigkeit der Rücksprunghärte von der Fallhöhe ist demnach keineswegs ein Nachteil des Stoßversuchs. Im Gegenteil, diese Erscheinungen entsprechen bekannten Beobachtungen auf anderen Gebieten der statischen und dynamischen Werkstoffprüfung. Man kann beim Rücksprungversuch genau so wenig eine Unabhängigkeit der Anzeige von der Fallhöhe verlangen, wie man etwa beim statischen Belastungsversuch eine Unabhängigkeit des Verhältnisses von bleibender zu federnder Verformung mit steigender Belastung erwartet, oder aber im dynamischen Versuch eine Unabhängigkeit der Dämpfung von der Wechsellast beobachtet. Erst durch die systematische Veränderung der Belastung wird im statischen und dynamischen Versuch eine ausreichende Charakteristik für einen Werkstoff erhalten, genau so kann erst durch die systematische Veränderung der Stoßkraft beim Rücksprungversuch ein Werkstoff in seinem Verhalten völlig gekennzeichnet werden. Die einfache Bestimmung der Dämpfung im Rücksprungversuch eröffnet hier noch ein weites Anwendungsgebiet.

7. Einfluß des Stoßgewichts.

Anstatt die Fallhöhe eines gleichbleibenden Stoßgewichts zu verändern, kann man die Stoßenergie auch durch Veränderung des Stoßgewichts beeinflussen. Auch in diesem Fall ist eine ähnliche Beeinflussung der Rücksprunghärte gemäß Abb. 99 zu erwarten. In der Arbeit von Hengemühle und Claus (*53*) sind derartige Versuche beschrieben, und zwar für drei verschiedene Prüfspitzformen. Zunächst wurden die Hämmerchen, die ein Gewicht von 2,5 g besaßen, ohne Zusatzgewicht benutzt. Hierauf wurden die Hämmerchen in einem zweiten Versuch durch Umwickeln einer Aussparung mit Draht um 0,35 g beschwert. Die Meßergebnisse für die drei Prüfspitzformen sind in Abb. 101 dargestellt.

In allen drei Fällen ergibt sich bei Beschwerung der Hämmerchen eine wesentliche Erniedrigung der Rücksprunghärte. Insofern als durch diese Beschwerung die spezifische Flächenbelastung beim Stoß vergrößert, damit also der Werkstoff höher belastet und entsprechend die Dämpfung größer wird, entspricht diese Beobachtung den Erwartungen. Auffallend jedoch ist der außerordentlich große Unterschied der Rücksprungkurven mit und ohne Zusatzgewicht. Während bei der Untersuchung mit verschiedener Fallhöhe (Abb. 99) eine Steigerung der Fallhöhe und damit der Stoßenergie um das Fünffache einen zwar merklichen, aber nicht übermäßig großen Einfluß auf den Verlauf der Rücksprungkurven ausübt, zeigen sich bei der Steigerung der Stoßenergie durch

Vergrößerung des Gewichts um nur 14% außerordentlich große Beeinflussungen der Rücksprunghärte. Besonders auffallend ist ferner, daß diese Unterschiede auch für große Rockwellhärten vorhanden sind, ja sogar noch ansteigen, während sie in Abb. 99 für wachsende Härte des Versuchskörpers immer mehr verschwinden.

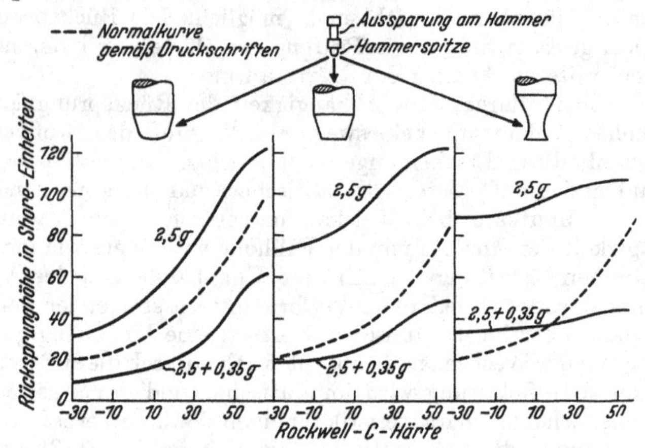

Abb. 101. Einfluß des Hammergewichts auf den Zusammenhang zwischen Vorlast- und Rückprallhärte. (Hengemühle u. Claus, Stahl u. Eisen 1937.)

Zum mindesten müßte nach den bisherigen Betrachtungen erwartet werden, daß bei sehr hartem Werkstoff eine geringfügige Erhöhung des Stoßgewichts keinen Einfluß auf die Versuchsergebnisse mehr ausüben kann, da der Werkstoff rein elastisch beansprucht wird. Die Vermutung liegt nahe, daß bei der Umwicklung der Hämmerchen mit Draht störende Einflüsse auftreten, die die Meßergebnisse ungünstig beeinflussen. Beim

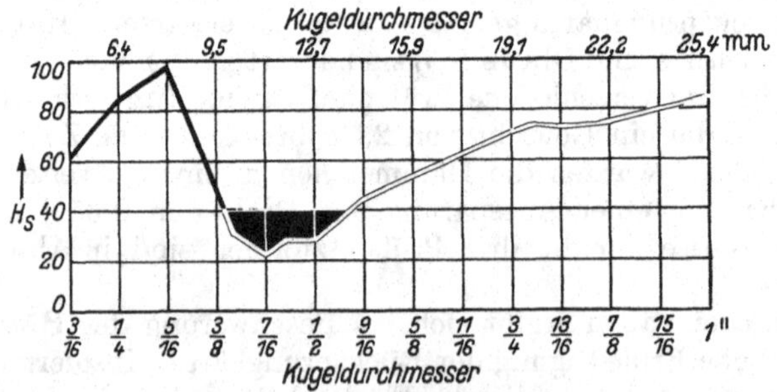

Abb. 102. Rückprallhärte in Abhängigkeit vom Kugeldurchmesser. (Johnstone-Taylor, Am. Maschinist 1923.)

Stoß dürften in den einzelnen Drahtwindungen kräftige Reibungen auftreten, da das mit Draht umwickelte Hämmerchen keinen einheitlichen, festen Stoßkörper bildet. Es tritt demnach eine beträchtliche Zusatzdämpfung auf, die eine so weitgehende Beeinflussung der Rücksprunghärten gemäß Abb. 101 durch das kleine Zusatzgewicht vortäuscht. Eine Prüfung der Leerlaufdämpfung durch einen kurzen Versuch an

Glas würde hier sofort Aufschluß geben. Wir erkennen an diesem Beispiel die Wichtigkeit der vorgeschlagenen Kontrollmessungen der Leerlaufdämpfung.

Im übrigen bedürfen die Vorgänge beim Stoß noch näherer Untersuchung, vgl. z. B. Seehaase (*159*) und Mintrop (*111*).

Auch sei auf eine Arbeit von Johnstone-Taylor hingewiesen, in der als Abhängigkeit der Rückprallhärte vom Kugelurchmesser die Abb. 102 wiedergegeben wird. Die Erklärung für diese Erscheinung dürfte in dem Auftreten von Eigenschwingungen in der Stoßkugel zu suchen sein, doch fehlen hierüber eingehendere Versuche (*65*).

8. Einfluß der Hammerform.

Es wurde bereits kurz darauf hingewiesen, daß die Ergebnisse von Rücksprungversuchen weitgehend von der Form der Prüfspitze abhängig sein müssen. Je kleiner die Prüffläche ist, die beim Stoß zum Tragen

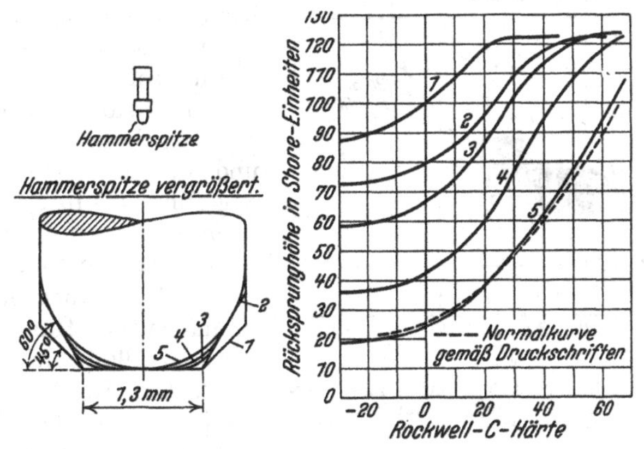

Abb. 103. Einflüsse der Form der Hammerspitze auf den Zusammenhang von Vorlast- und Rückprallhärte. (Hengemühle u. Claus, Stahl u. Eisen 1937.)

kommt, desto größer ist die spezifische Beanspruchung trotz gleichbleibender Fallenergie, desto tiefer vermag die Prüfspitze in den plastischen Bereich des Werkstoffs vorzudringen. Die Rücksprunghöhe muß demnach abnehmen. Je stumpfer dagegen die Prüfspitze ist, desto größer ist die Fläche, auf die sich die Stoßkraft verteilt, desto kleiner ist die Dämpfung und entsprechend größer die Rücksprunghöhe.

Auch nach dieser Richtung wurden von Hengemühle und Claus aufschlußreiche Messungen durchgeführt. In Abb. 103 links sind die verschiedenen Formen der Prüfspitze dargestellt, Abb. 103 rechts zeigt die Versuchsergebnisse für verschieden harte Werkstoffproben. Die Fallenergie ist annähernd gleich groß, da die Fallhöhe gleichgehalten wird, das Gewicht des Stoßkörpers sich jedoch nur wenig ändert.

Bei sehr flacher Spitze setzt selbst für den weichsten Zustand des Prüfstücks die Rücksprunghärte mit hohen Werten ein. Die Beanspruchung des Werkstoffs durch die flache Stoßfläche ist verhältnismäßig gering, entsprechend ist die Dämpfung nur gering. Mit wachsender Härte des Prüflings steigt die Rücksprunghöhe an, die Dämpfung nimmt ab. Schließlich genügt die spezifische Belastung nicht mehr, in den bildsamen Bereich vorzustoßen, die Rücksprunghärte nimmt einen Grenzwert an und bleibt gleich groß, trotzdem die Rockwellhärte noch weiter ansteigt.

Bei einigen Rückprallprüfern wird, je nach dem zu untersuchenden Werkstoff, eine entsprechende Prüfspitze benutzt. Je kleiner die Aufschlagfläche ist, desto geringer ist die Rückprallhöhe, was aus Abb. 104 zu entnehmen ist Grodinski (*41*).

Im übrigen erkennt man die Wichtigkeit einer möglichst gleichen Prüfspitze verschiedener Geräte der gleichen Bauart, die möglichst keiner merklichen Abnutzung unterliegen sollten. Diese peinliche Übereinstimmung der Prüfbedingungen ist besonders auch bei der Untersuchung sehr harter Stoffe mit großen Rücksprunghärten nötig, wenn übereinstimmende Ergebnisse erhalten werden sollen.

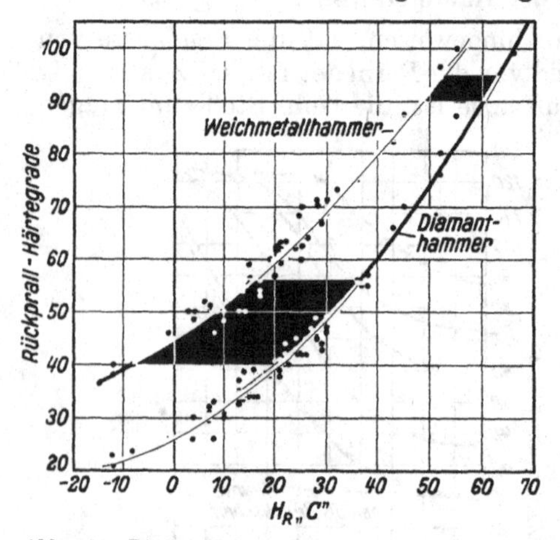

Abb. 104. Rückprallhärte, aufgenommen mit 2 verschiedenen Prüfspitzen. (Grodinski, T. Zbl. Prakt. Metallbearb. 1934.)

Zum Schluß seien noch einige Ergebnisse von F. Wüst und P. Bardenheuer (*199*) angeführt, die ihre Messungen beim Rücksprungversuch wie folgt zusammenfassen:

1. Die Rücksprunghöhe nimmt mit der Härte des Stoffes ganz allgemein zu.
2. Die Rücksprungarbeit wächst bei gleicher Fallarbeit mit der Kugeleindruckoberfläche, ein größerer Kugeldurchmesser ruft also einen höheren Rücksprung hervor.
3. Die auf die Fallarbeit bezogene Rücksprungarbeit wird mit zunehmender Fallhöhe geringer.
4. Die Rücksprungarbeit ist bei gleicher Fallarbeit nahezu unabhängig von der Größe des Fallgewichts.

Auch diese Schlußfolgerungen stehen in bester Übereinstimmung mit den obigen Ableitungen, sie lassen sich aus dem durch dynamische Messungen ermittelten Verhalten der Dämpfung ohne weiteres verstehen.

9. Rücksprunggeräte mit neuer Skaleneinteilung.

Zum Abschluß dieser Betrachtungen sei noch die Eichung eines Rücksprunggeräts zur unmittelbaren Ablesung der Dämpfung angegeben. In Abb. 105 ist eine Senkrechte aufgezeichnet, die die heute übliche Skaleneinteilung zeigt. Diese Skala ist in 100 gleiche Teile eingeteilt, wobei 100 der Ausgangsfallhöhe entspricht. Für die einzelnen Werte dieser

Skala ist nach links der zugehörige Wert von $\frac{h_0-h}{h}$ aufgetragen. Diese Kurve gibt also den Verlauf der Dämpfung in Abhängigkeit von der Rücksprunghöhe an. Hieraus läßt sich die neue Skaleneinteilung ohne weiteres entnehmen. Links ist eine solche Skala für Geräte mit senkrechtem Fall des Stoßkörpers gezeichnet. Die Skala beginnt demnach für die Rücksprunghöhe 100 mit 0. Mit kleiner werdender Rücksprunghöhe wachsen die entsprechenden Dämpfungswerte zunächst nur sehr langsam an. Die Dämpfung 1 wird in der halben Höhe der Skala erreicht. Bei weiterer Abnahme der Rücksprunghöhe nehmen die Dämpfungswerte sehr schnell zu, um schließlich für die Rücksprunghöhe 0 den Wert ∞ zu erreichen.

In entsprechender Weise ergibt sich auch die neue Skaleneinteilung für Pendelhämmer, rechts ist die Einteilung des zugehörigen Kreisbogens gezeichnet.

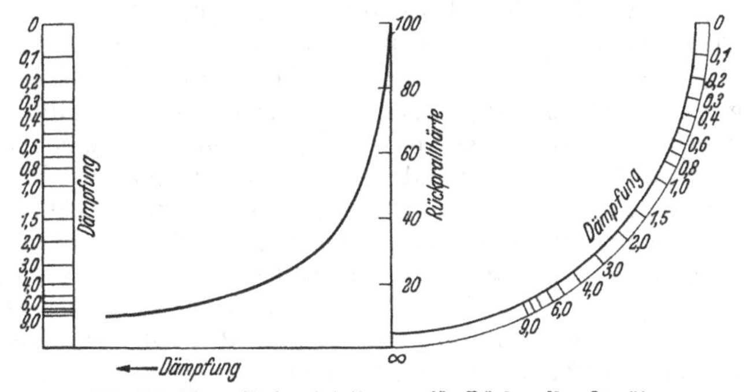

Abb. 105. Neue Skaleneinteilungen für Rückprallmeßgeräte.

Wird mit einem solchen Gerät ein Rücksprungversuch gemacht, so gibt demnach die Höhe des Rücksprungs sofort die innere Dämpfung des Werkstoffs, unter den gewählten Prüfbedingungen an, also für die betreffende Fallhöhe, das Fallgewicht und auch die Form der Prüfspitze. Wird einer dieser bestimmenden Faktoren geändert, so ändert sich auch die Anzeige des Geräts. Dies ist jedoch kein Nachteil des Rückprallversuchs, im Gegenteil, durch die veränderte Anzeige wird die Veränderung der Dämpfung bestimmt, wie sie ja auch bei dynamischen Dämpfungsmessungen beobachtet wird. Wiederholt man ferner mehrmals an der gleichen Stelle den Versuch, so nimmt bei Metallen im allgemeinen die Dämpfung genau so ab, wie bei einem Dauerversuch, weil eben durch die auftretende Kalthärtung die Dämpfung kleiner wird. Die Skala gilt ferner für alle Werkstoffe; also auch bei der Prüfung etwa von Gummi wird sofort die innere Dämpfung abgelesen. Diese Dämpfung kann selbstverständlich unter Umständen kleiner sein, als etwa diejenige von Stahl, weil eben die Belastung von Gummi bei gleichgehaltenen Versuchsbedingungen sehr gering ist.

Teilt man die abgelesenen Dämpfungswerte durch 2π, so erhält man das Verhältnis von bleibender zu elastischer Verformung beim Stoß.

Wird die elastische Verformung, etwa infolge kleinem E-Modul sehr groß, so wird dieses Verhältnis entsprechend klein. Wenn also bei der Prüfung von Gummi ein gleicher, bleibender Eindruck wie etwa bei Stahl beim Stoß entsteht, so ist trotzdem die „Rücksprunghärte" bei Gummi größer, bzw. die Dämpfung kleiner. Dies entspricht den Erscheinungen bei der Prüfung von Werkstoffen mit verschiedenem E-Modul im statischen Belastungsversuch. Besitzen zwei Werkstoffe den gleichen Verformungsrest unter einer bestimmten Belastung, so ist die elastische Verformung des Stoffes mit dem kleineren Modul größer und das Verhältnis der bleibenden Dehnung zur elastischen Dehnung entsprechend kleiner, vgl. (*163*).

Für Werkstoffe mit gleichem E-Modul verhalten sich die Härten umgekehrt wie die Dämpfungen, vgl. S. 109. Man erhält also mit der neuen Härte verhältnisgleiche Ablesungen, wenn man die Skala nach $1/\psi$ einteilt. Für Werkstoffe mit verschiedenem E-Modul vermag aber diese Einteilung keine vergleichbare Einstufung zu geben, weil man sich eben auf ganz verschiedenen Ästen der Belastungskurve bewegt.

Bei der Prüfung von Werkstoffen großer Dämpfung spielt die Eigendämpfung der Prüfeinrichtung keine ausschlaggebende Rolle. Bei kleinen Dämpfungen macht sich jedoch die Eigendämpfung bemerkbar, wie wir oben (S. 110) gesehen haben. Dort wurde gezeigt, daß diese Leerlaufdämpfung bei einer frei fallenden Kugel etwa an 0,1 heranreicht. Es ist empfehlenswert, diese Leerlaufdämpfung zu bestimmen, was durch einen Versuch an einem möglichst dämpfungsfreien Stoff, etwa Glas leicht zu erledigen ist. Diese Leerlaufdämpfung ist von der am Gerät abgelesenen Dämpfung abzuziehen, die Differenz stellt die eigentliche Werkstoffdämpfung dar. Auch eine gelegentliche Nachkontrolle zur Feststellung etwaiger störender Einflüsse empfiehlt sich.

V. Ritzhärteprüfung.

1. Einige Versuchsergebnisse.

In Abb. 106 sind einige Versuchsergebnisse nach Meyer (*108*) an verschiedenen Stoffen dargestellt, wobei die Kugeldruckhärte für $d = 1$ mm als Vergleich herangezogen wird. Abgesehen von den bei-

Tabelle 8.

St. 34.11	Festigkeit kg/mm²	Brinellhärte kg/mm²	Ritzhärte in g für 10 μ	zulässige Geschwindigkeit beim Drehen m/min	Abnutzung auf Gußeisen mm²
Geglüht.	39	112	9,2	45	0,488
Gestaucht. . . .	73	209	7,8	50	0,525

den Gußeisensorten, zeigt sich ein ungefähr gleichlaufender Gang beider Prüfergebnisse. Werkstoffe, die nach dem Kugeldruckverfahren erhebliche Härteunterschiede aufweisen, zeigen entsprechende Unterschiede in gleichem Sinne auch bei der Ritzhärteprüfung, Für kleinere Härteunterschiede sind allerdings Verschiebungen in der Reihenfolge beider Härtewerte vorhanden, vgl. auch (*1*).

Bemerkenswert ist das Verhalten der Ritzhärte für die beiden untersuchten Gußeisensorten. Nach der Kugeldruckprüfung ist Gußeisen bei mittelharten Stoffen einzureihen, nach der Ritzhärteprüfung gehört es zu den sehr harten Stoffen. Meyer schließt daraus, daß nur Stoffe mit ähnlichen Gefügeaufbau verglichen werden können.

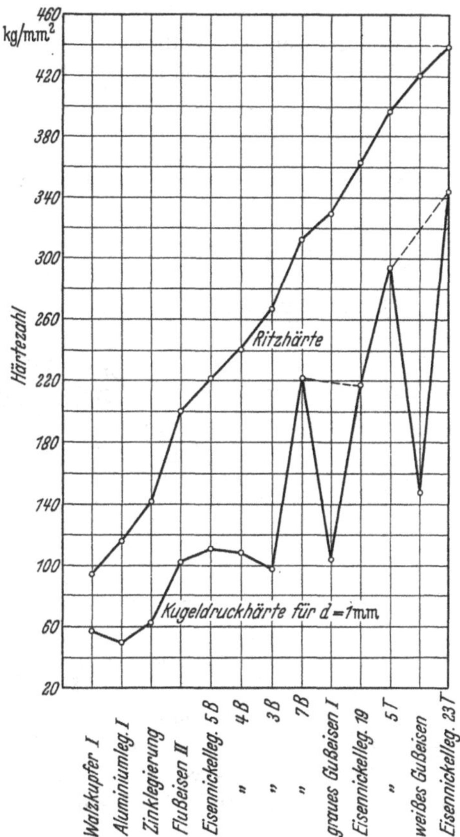

Abb. 106. Ritzhärte und Kugeldruckhärte für $d = 1$ mm für verschiedene Werkstoffe. (Meyer, Mitt. Forsch.-Arb. Heft 65.)

Zur Beurteilung der mit Ritzhärteprüfungen zu gewinnenden Einsichten in das Verhalten der Werkstoffe seien einige neuere Versuchsergebnisse besprochen, die mit dem in Abb. 61 dargestellten Gerät erhalten wurden, Sporkert (*165*).

In Tab. 8 ist zunächst die Ritzhärte von weichem und kaltverformten Stahl der Brinellhärte, Zerreißfestigkeit, Bearbeitbarkeit und Abnutzung gegenübergestellt. Danach wird durch die Kaltbearbeitung die Brinellhärte und die Zerreißfestigkeit fast auf das Doppelte erhöht, trotzdem ist die Ritzhärte der gestauchten Probe ein wenig niedriger als diejenige der ausgeglühten Probe. Brinellhärte und Ritzhärte zeigen demnach in diesem Fall ein ganz verschiedenes Verhalten. Hierauf wird später, S. 163 näher eingegangen.

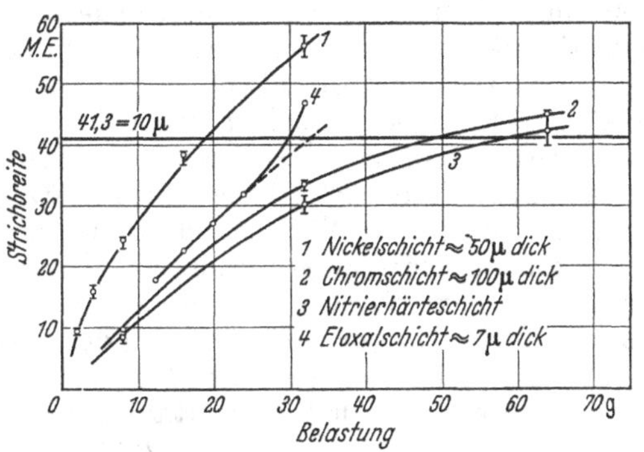

Abb. 107. Strichbreite in Abhängigkeit von der Belastung bei dünnen Schichten. (Sporkert, Metallwirtschaft 1937.)

In Abb. 107 sind die Ergebnisse der Ritzhärtemessung an verschiedenen, sehr dünnen Schichten, so an einer Nickelschicht, einer nach dem Gleichstrom-Schwefelsäure-Verfahren auf einer Aluminium-Magnesium-Legierung hergestellten Eloxalschicht, einer hart verchromten Lehre und einer Nitrierschicht dargestellt. Das Abbiegen der Eloxalkurve mit größerer Ritztiefe zeigt einen Härteabfall nach dem Inneren an.

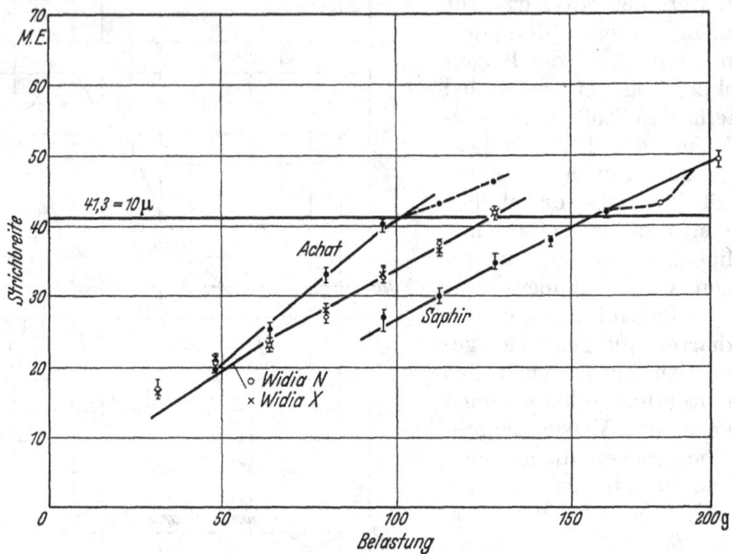

Abb. 108. Strichbreite in Abhängigkeit von der Belastung bei Härtestoffen. (Sporkert, Metallwirtschaft 1937.)

Weitere Untersuchungen wurden von Sporkert an Widia-Hartmetall, Achat und Saphir, Abb. 108, durchgeführt. Allerdings sind die beiden Mineralien so spröde, daß die mit hoher Belastung gezogenen Striche aussplittern und die Messung ungenau wird.

2. Neue Begriffsbestimmung.

Die Ritzhärteprüfung zeichnet sich dadurch aus, daß die Eindringtiefe im Vergleich zu den meisten anderen Härteprüfverfahren außerordentlich klein ist. Gegenüber dem rein statischen Eindruckversuch treten sicherlich eine Anzahl von besonderen Einflüssen auf, die die Meßergebnisse mehr oder weniger beeinflussen.

Trotzdem mögen auch hier die für den Kugel- oder Kegeldruckversuch abgeleiteten Folgerungen in Ansatz gebracht werden. Zur Begriffsbestimmung des Widerstandes muß somit auch bei der Ritzhärteprüfung die spezifische Belastung ins Verhältnis zu der erzeugten Verformung gesetzt werden. Wenn man daher von verschiedenen Faktoren, wie Einfluß der Öffnungsweite des Kegels, Berücksichtigung des Umstandes, daß nur die vordere Kegelhälfte zum Tragen kommt usw. absieht, so ergibt sich für die Ritzhärte

$$\mathfrak{H} = \frac{P}{b^2 t}\left[\frac{\text{kg}}{\text{mm}^3}\right] \tag{57}$$

bzw. für die Ritzweiche

$$\mathfrak{W} = \frac{b^2 t}{P}\left[\frac{\text{mm}^3}{\text{kg}}\right]. \tag{58}$$

Hierin bedeutet b die Breite des Striches, t die Ritztiefe, P die aufgebrachte Belastung. Da die Ritztiefe nicht gemessen werden kann, so wird man versuchen, diese mit der Ritzbreite in Beziehung zu setzen. Theoretisch ist die Ritzbreite verhältnisgleich mit der Ritztiefe anzusetzen, so daß sich unter der Voraussetzung der strengen Kegelform, also ohne Abrundungen an der Spitze die Formeln

$$\begin{cases} \mathfrak{H} = \dfrac{P}{t^3} \\ \mathfrak{W} = \dfrac{t^3}{P} \end{cases} \tag{59}$$

ergeben.

3. Abhängigkeit vom Prüfdruck.

Schon bei der Betrachtung der Härteprüfung mit Vorlast (S. 105) trat uns der Einfluß der fehlenden Kegelspitze entgegen. Es kann von vornherein angenommen werden, daß gerade bei der Ritzhärteprüfung mit ihrer außerordentlich kleinen Eindringtiefe die tatsächliche Gestalt der ritzenden Spitze eine große Rolle spielt. In ähnlichen Fällen hat die Untersuchung der Weiche gute Dienste bisher getan, von einer entsprechenden Untersuchung der Ritzweiche sind daher einige Erkenntnisse zu erhoffen.

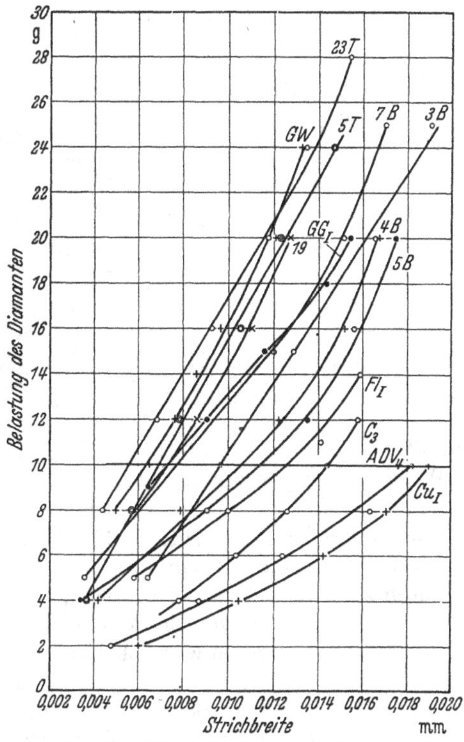

Abb. 109. Strichbreite in Abhängigkeit von der Belastung für verschiedene Werkstoffe. (Meyer, Mitt. Forsch.-Arb. Heft 65.)

Eingehende Untersuchungen der Abhängigkeit der Belastung des ritzenden Diamanten von der Strichbreite für verschiedene Werkstoffe sind von Meyer (*108*) durchgeführt worden. In Abb. 109 sind seine Ergebnisse dargestellt.

Schon eine kurze Betrachtung der Abb. 109 zeigt die merkwürdige Erscheinung, daß die Kurven für fast alle Werkstoffe bei ungefähr der gleichen Strichbreite stark nach oben abbiegen. Da kaum anzunehmen ist, daß hierin eine für alle untersuchten Werkstoffe gleichartige Werkstoffeigenschaft zum

Ausdruck kommt, muß in diesem Verhalten ein Einfluß der Versuchseinrichtung selbst vermutet werden.

Es wurde nun aus Abb. 109 die Ritzweiche für drei Stoffe, Walzkupfer Cu I, Eisennickellegierung 5 B und Eisennickellegierung 3 T errechnet und in Abhängigkeit von der Ritzbreite aufgetragen, Abb. 110. Diese Rechnungen wurden also durchgeführt unter der Voraussetzung, daß die ritzende Spitze als geometrisch reiner Kegel anzusehen ist.

Diese so errechnete Kegelweiche steigt zunächst beschleunigt mit wachsender Ritzbreite an, um dann sehr angenähert für größere Strichbreiten geradlinig zu verlaufen. Während in Abb. 109 etwa bei einer Strichbreite von 0,01 mm die Kurven beschleunigt hochsteigen, beginnt umgekehrt die Ritzweiche bei dieser Strichbreite, in einen geradlinigen

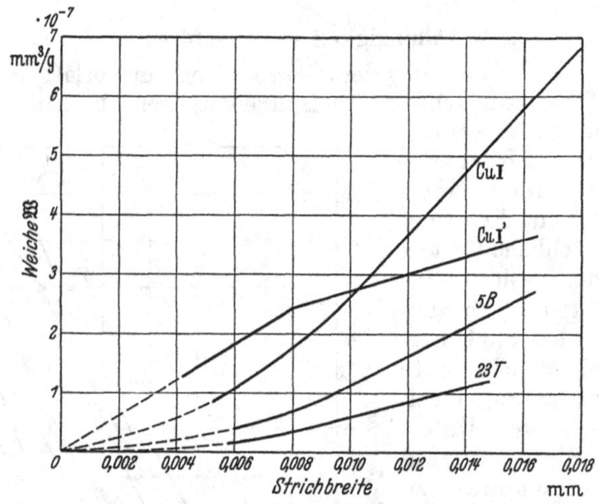

Abb. 110. Kegelweiche, errechnet aus Ritzversuchen für Walzkupfer (*Cu I*), Eisennickellegierung (*5* B) und Eisennickellegierung (*23 T*) in Abhängigkeit von der Strichbreite, nach Abb. 109.

Verlauf einzubiegen. Unterhalb dieser kritischen Ritzbreite verläuft die Weiche stark gekrümmt, während die Kurven in Abb. 109 in diesem Bereich angenähert geradlinig hochsteigen.

Wir erkennen also auch in Abb. 110 das bekannte Verhalten der Weiche, wenigstens von einer bestimmten Ritzbreite und somit von einer bestimmten Eindringtiefe an. Die Vermutung liegt daher nahe, daß bei den Versuchen von Meyer von der kritischen Strichbreite von etwa 0,01 mm an, die ritzende Spitze im wesentlichen als Kegel aufzufassen ist. Bei geringeren Belastungen, und damit bei geringeren Ritzbreiten macht sich die fehlende Kegelspitze bemerkbar, d. h. in diesem Bereich ist die Prüfspitze ungefähr als Halbkugel aufzufassen. Entsprechend gelten hier die Gesetze der Kugeldruckprobe. Den Halbmesser dieser Kugel kann man umgekehrt aus den Versuchsergebnissen errechnen. Bei einem Winkel von 90° des Diamanten entspricht der kritischen Ritzbreite von 0,01 mm eine Eindringtiefe von 0,005 mm. Dieser Wert gibt wenigstens der

Größenordnung nach den Halbmesser der abgerundeten Prüfspitze an. Bis zu dieser Tiefe gelten also die Gesetze der Kugel, oberhalb die Gesetze des Kegels. Dies geht auch sehr deutlich aus der in Abb. 110 eingezeichneten Kurve Cu I′ hervor, für die die Kugelweiche zugrunde gelegt wurde. Diese Kurve steigt nunmehr geradlinig an, sie erfüllt also die Bedingung der Kugelweiche, von einer Ritzbreite von 0,008 mm biegt sie dagegen mit einem Knick ab.

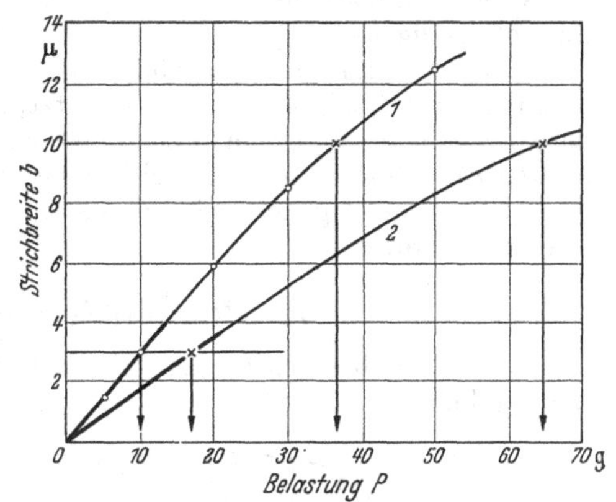

Abb. 111. Strichbreite in Abhängigkeit von der Belastung. (Zeiss, Prospekt Fe 193/II.)

Ganz ähnliche Folgerungen ergeben sich auch aus neueren Messungen. In Abb. 111, die einem Prospektblatt über den Diritest von Zeiss Fe 193/II entnommen ist (vgl. S. 62), ist die Abhängigkeit der Strichbreite von der Belastung P für zwei verschiedene Stoffe eingetragen. Diese Kurven zeigen einen ähnlichen Verlauf, wie diejenigen in Abb. 109. Sie steigen zunächst etwa geradlinig an, biegen dann aber mit weiter gesteigerter Belastung ab. Aus diesen Kurven wurde wiederum die Kegelweiche errechnet, Abb. 112. Diese beiden Kurven steigen mit wachsender Strichbreite zunächst beschleunigt an, schwenken dann aber, ganz ähnlich wie die Kurven in Abb. 110 in einen ungefähr geradlinigen Verlauf ein. Bemerkenswert hierbei ist, daß diese Stoffe wesentlich härter sind als der härteste Werkstoff 23 T in Abb. 109.

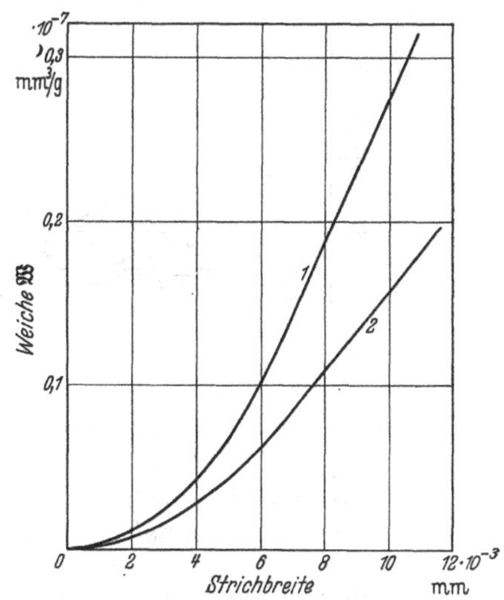

Abb. 112. Kegelweiche, errechnet aus Ritzhärteversuchen nach Abb. 111.

Auch bei diesen Untersuchungen ist demnach das Kegelgesetz etwa bis herab zu einer Strichbreite von 0,006 mm gültig. Bei geringeren Strichbreiten ist der ritzende Diamant nicht mehr als Kegel aufzufassen, hier macht sich die fehlende Kegelspitze infolge der unvermeidlichen Abrundung bemerkbar.

Hieraus ergeben sich auch einige praktische Hinweise. Wenn man nur einen einzigen Strich unter einer gleichbleibenden Belastung zieht, und in der Breite dieses Striches ein Maß für die Härte sieht, so ist dieses Maß mit Vorsicht zu benutzen, besonders dann, wenn die zu untersuchenden Stoffe sehr verschieden hart sind. Bei sehr harten Stoffen kann unter Umständen lediglich die abgerundete Spitze zum Tragen kommen, bei weichen Stoffen dagegen dringt die Spitze tiefer ein, und für sie kommt der Kegel in Betracht.

Wenn man nach dem Vorschlag von Martens die Belastung angibt, die notwendig ist, um eine Ritzbreite konstanter Größe zu erzeugen, so ist die Gewähr dafür gegeben, daß die Eindruckform gleichbleibt. Solange die Prüfspitze sich nicht abnutzt, kann man demnach vergleichbare Ergebnisse an einem und demselben Gerät erzielen. Da es aber schwer sein dürfte, geometrisch gleiche Prüfspitzen zu erzeugen, so müssen bei dem Vergleich zwischen verschiedenen Geräten Abweichungen erwartet werden.

VI. Pendelhärteprüfung.

Als letztes der Prüfverfahren zur Ermittlung der Härte sei noch die Pendelhärteprüfung behandelt, Abb. 113.

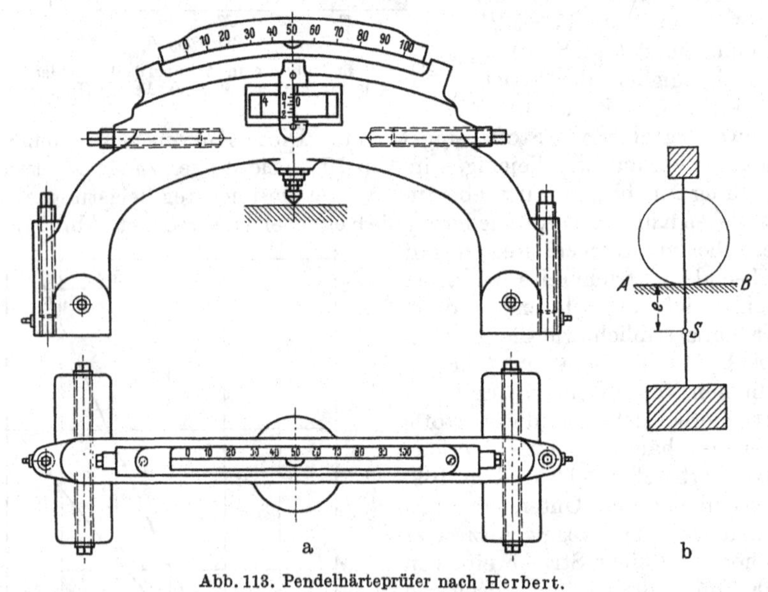

Abb. 113. Pendelhärteprüfer nach Herbert.
a Schematische Darstellung. (Wien-Harms, Hdbch. Exp. Phys., Abschnitt Goerens-Mailänder.)
b Pendelhärteprüfer als physisches Pendel.

Von Pomp und Schweinitz (*121*) wird die Arbeitsweise des Pendelhärteprüfers folgendermaßen gedeutet. Beim Aufsetzen des Pendels treten an der Auflagestelle elastische und plastische Verformungen auf. Die Stahlkugel selbst erleidet nur elastische Verformungen. Wird nun das Pendel in Schwingungen versetzt, so wird der Werkstoff in der Schwingungsrichtung beiseite gepreßt und weiter verformt. Nach einigen Schwingungen bildet sich eine für den betreffenden Stoff eigentümliche Höhlung aus. Senkrecht zur Schwingungsebene schmiegt sich der Werkstoff der Pendelkugel an, der Radius dieser Krümmung ist auf der ganzen

Bahn gleich dem Kugelradius. In der Schwingungsrichtung dagegen hat sich eine bestimmte Krümmung ausgebildet. Je stärker diese Krümmung ist, desto größer ist die Auflagefläche zwischen Kugel und Prüfkörper. Der Krümmungshalbmesser wird im Mittel mit abnehmender Härte kleiner werden, was auch durch Untersuchungen von Benedicks und Christiansen (*7*) bestätigt wird.

Meist wird der Pendelhärteprüfer als Rollpendel aufgefaßt, das in der durch den Schwingungsvorgang selbst hervorgerufenen Furche rollt. Timoshenko (*176*) leitet für die Schwingungsdauer einer solchen Einrichtung die Gleichung

$$T = \pi \sqrt{\frac{i^2}{g(e+z)}}$$

ab, worin e die Pendellänge und i den Trägheitsradius des Pendels bedeutet. Die Größe z stellt die jeweilige Verformung des Werkstoffs dar.

J. Walker (*182*) geht von der oben beschriebenen Annahme aus, daß die Pendelkugel in einer Höhlung von konstanter Krümmung rollt. Er betrachtet für die Erfassung des Schwingungsvorgangs die Bewegung des Schwerpunkts und gelangt schließlich zu der Formel

$$T = \pi \sqrt{\frac{i^2}{g \frac{r^2}{R-r}}}$$

worin r den Kugelradius und R den Krümmungsradius der Furche bedeutet. Nach Pomp und Schweinitz entspricht diese Gleichung nicht den tatsächlichen Verhältnissen, da die Pendellänge nicht in Erscheinung tritt. Sie leiten auf Grund eingehender Untersuchungen die Gleichung

$$T = \sqrt{\frac{i^2+r^2}{g\left[e+c_p+c_E\left(1+\frac{c_p}{r}\right)\right]}}$$

ab, in der c_p eine von der bildsamen Verformung abhängige Stoffkonstante und c_E eine die elastische Verformung kennzeichnende Konstante ist.

Im Folgenden soll kurz eine Formel abgeleitet werden, die verhältnismäßig einfach die maßgebenden Einflüsse deutlich erkennen läßt. Danach wird der Pendelhärteprüfer als physisches Pendel aufgefaßt. In Abb. 113b bedeutet AB die Oberfläche des Prüflings, worauf das Pendel mit der Kugel ruht. Die Länge des Pendels e ist gegeben durch den Abstand der Drehachse vom Schwerpunkt S des Pendels. Das Trägheitsmoment des Pendels um die Drehachse beträgt

$$m\,(i^2 + e^2)$$

worin m die Masse des Pendels und i sein Trägheitsarm ist. Die Schwingungsdauer eines solchen physischen Pendels ist bekanntlich

$$T = 2\pi \sqrt{\frac{i^2+e^2}{g \cdot e}}\,. \tag{60}$$

Abb. 114 stellt diese Schwingungsdauer in Abhängigkeit von der Pendellänge e dar. Für sehr kleine Pendellängen ist die Schwingungsdauer sehr groß und nimmt dann mit wachsender Pendellänge schnell ab. Mit weiter wachsender Pendellänge wird ein Gebiet durchschritten, in dem die Schwingungsdauer nur sehr wenig von der Pendellänge abhängt. Nach Durchschreitung dieses Gebiets steigt die Schwingungsdauer wieder an.

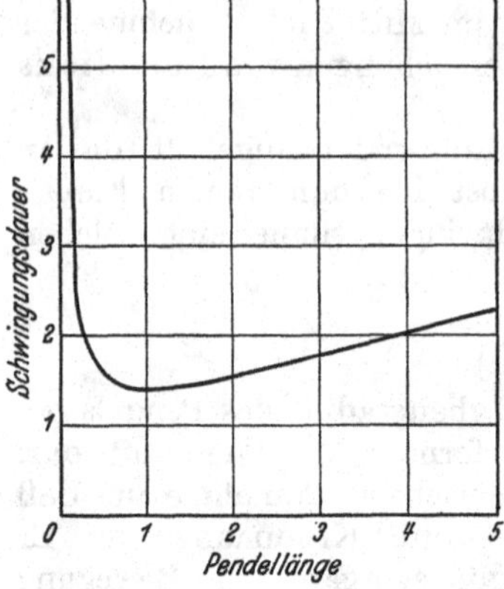

Abb. 114. Schwingungsdauer eines physischen Pendels in Abhängigkeit von der Pendellänge.

Die Schwingungsdauer nimmt einen Tiefstwert an, wenn $e = i$ wird. Jetzt schwingt das Pendel also am schnellsten und hier ist auch die Abhängigkeit der Schwingungsdauer von Veränderungen der Pendellänge am kleinsten. Nach einem Vorschlag von Schuler (*153*) wird für astronomische Uhren das Pendel in diesem Abstand i vom Schwerpunkt aufgehängt, um eine möglichst große Unabhängigkeit der Schwingungsdauer von störenden Einflüssen, wie Abnutzung der Schneiden, bildsamen Veränderungen der Auflagestelle usw. zu erreichen.

Die Aufgabenstellung beim Pendelhärteprüfer ist gerade umgekehrt. Hier soll durch Verformungen an der Auflagestelle ein möglichst großer Einfluß auf die Schwingungsdauer ausgeübt werden. Das Pendel wird demnach in den steil absinkenden Anfangsast durch Verstellen von Gewichten eingerichtet. Es ist in diesem Bereich außerordentlich empfindlich gegenüber Veränderungen der Pendellänge.

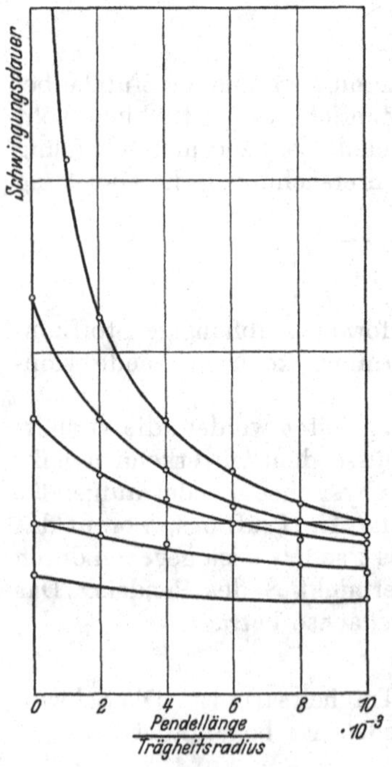

Abb. 115. Schwingungsdauer eines Pendelhärteprüfers in Abhängigkeit, von der Pendellänge.

Wird das Pendel auf den Prüfling gesetzt, so gibt die Unterlage etwas nach. Wenn das Pendel nun beim Schwingen sich eine Furche gräbt, so kann es nicht mehr um die ursprüngliche Schwingachse pendeln, da die Wände dieser Furche ebenfalls zum Tragen kommen. Das Pendel schwingt demnach nicht mehr um die unterste Stelle der Kugel, sondern um ein mittleres Niveau. Die unterste Berührungsstelle wird daher nicht mehr abrollen, sondern z. T. eine gleitende Bewegung ausführen. Im einzelnen ist dieser Vorgang sehr verwickelt und rechnungsmäßig kaum zu erfassen. Auf jeden Fall wird durch das Einsinken der Prüfkugel die Pendellänge vergrößert, wodurch ein schnelleres Schwingen gemäß Gl. (60) bedingt ist.

In Abb. 115 ist nun der empfindliche, und hier allein in Frage kommende Anfangsast der Kurve in Abb. 114 vergrößert herausgezeichnet.

Als Abszissenachse ist die Pendellänge in Tausendstel des Trägheitsradius gewählt. Für einen sehr harten Stoff, etwa Glas, kann die oberste Kurve als maßgebend angesehen werden. Hier ist die Schwingungsdauer für die Pendellänge $e = 0$ unendlich groß. Sie sinkt dann sehr schnell herab, und zwar ist der Abfall, wie aus Abb. 115 hervorgeht, für eine Pendellänge gleich $^1/_{100}$ des Trägheitsradius schon stark gemildert.

Bei den weiter eingezeichneten Kurven ist nun angenommen, daß sich durch Einsinken der Prüfkugel die Pendellänge vergrößert. Die Folge davon ist, daß, selbst für eine Pendellänge 0, d. h. für den Fall, daß die Schwerachse durch den Schwingungsmittelpunkt geht, die durch das Einsinken veränderte Pendellänge bereits mit einem merklichen Wert einsetzt. Die Schwingungsdauer ist daher wesentlich kleiner, sie verändert sich nunmehr mit wachsender Pendellänge nicht mehr in dem starken Maße. Schließlich wird die Schwingungsdauer durch das Einsinken so klein, daß auch eine Verstellung der Pendellänge nicht mehr viel ausmacht. Die Kurven in Abb. 115 verlaufen daher jetzt ganz flach. Nach Messungen von Pomp und Schweinitz wurde der Trägheitsradius des Herbertschen Pendelgeräts zu 10,6 cm ermittelt. Der Einheitswert der Abszisseneinteilung in Abb. 115 beträgt demnach bei diesem Gerät 0,106 mm.

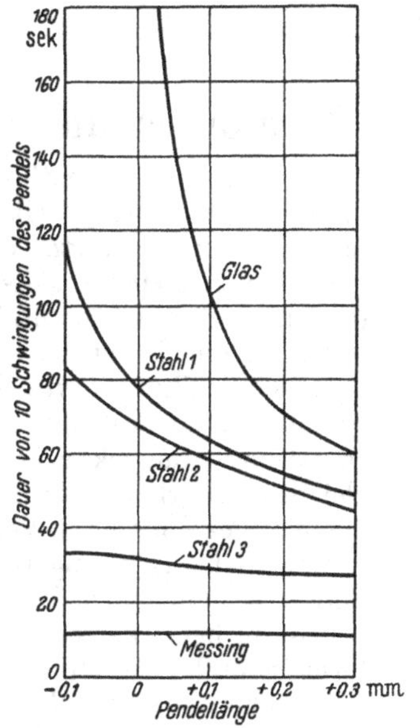

Abb. 116. Einfluß der Pendellänge auf die Schwingungsdauer eines Pendelhärteprüfers. (Pomp und Schweinitz, Mitt. KWI, Düsseldorf 1926.)

In Abb. 116 sind Messungen von Pomp und Schweinitz (*121*) an verschiedenen Stoffen in Abhängigkeit von der Pendellänge zum Vergleich mit diesen theoretisch gefundenen Kurven dargestellt. Als Abszisse ist hier die jeweilige Pendellänge in Millimetern aufgetragen, während die Ordinaten die Dauer von 10 Schwingungen des Pendels in Sekunden angeben. Für Glas zeigt sich ein sehr steiler Abfall der Schwingungsdauer mit wachsender Pendellänge, für bildsame Stoffe wird dieser Abfall immer geringer. Schließlich ist die Schwingungsdauer von Messing fast unabhängig von der Pendellänge. Diese praktisch gewonnenen Kurven stehen demnach mit den theoretisch abgeleiteten Kurven der Abb. 115 in guter Übereinstimmung.

Aus diesen Überlegungen folgt, daß die Zeithärte im wesentlichen abhängig ist von der durch das elastische und plastische Einsinken der Prüfkugel verursachten Vergrößerung der Pendellänge. Es wird also sozusagen mit Hilfe der Schwingungsdauer auf die Eindrucktiefe der Pendelkugel geschlossen. Je weicher der Werkstoff, und je geringer sein E-Modul ist, desto tiefer sinkt die Kugel ein, desto größer wird die Pendellänge und desto schneller schwingt das Pendel, d. h. umso kleiner ist die Zeithärte. Die Bestimmung der Eindrucktiefe auf dem Wege der

Messung der Schwingungsdauer erscheint aber von einer Reihe von Einflüssen abhängig, die sich einer genauen Überwachung entziehen, so daß eine befriedigende Auswertung nicht möglich sein dürfte.

Auch die andere mit dem Gerät feststellbare Größe, die Skalenhärte, kann wohl geklärt, aber in den Einzelheiten nicht weiter rechnerisch verfolgt werden. Durch das Einsinken der Prüfkugel entstehen Reibungskräfte in der Furche, die um so größer sind, je weicher der Werkstoff ist. Die Dämpfung des Pendels wächst entsprechend mit weicher werdenden Stoffen an, d. h. die Ausschläge aufeinanderfolgender Schwingungen werden um so stärker abnehmen, je weicher der Werkstoff ist. Im übrigen sei auf die weiteren Ausführungen S. 145 verwiesen.

Vierter Teil.

Zusammenhang der verschiedenen Härtewerte.

Je nach der Prüfmethode erhält man heute ganz verschiedene Werte für die Härte mit jeweils besonderer Eigengesetzlichkeit. Diese verschiedenen Härtewerte werden zudem in ganz verschiedenen Maßsystemen ausgedrückt. Es liegt nahe, diese auf verschiedene Weise gefundenen Härtewerte miteinander zu vergleichen. Solche Vergleiche besitzen für den Praktiker ein erhebliches Interesse, hat er doch den verständlichen Wunsch, von einem Härtewert auf einen anderen schließen zu können. Es ist deshalb Gewohnheit geworden, mit Hilfe von Formeln oder Umrechnungskurven jeweils zwei Härtewerte miteinander zu vergleichen. Hierbei dient insbesondere die Brinellhärte als Bezugsgröße, schon wegen der weiten Verbreitung dieses Härtewertes, und auch wegen der Möglichkeit, wenigstens bei einigen Werkstoffen die Zugfestigkeit durch einfache Formeln aus der Brinellhärte zu berechnen.

Es ist bemerkenswert, welche Energie zur Aufstellung von Faustformeln und Umrechnungskurven unter Auswertung von langen Versuchsreihen aufgewandt wurde. Man muß sich aber darüber klar sein, daß eine einfache und allgemein gültige Beziehung zwischen zwei Härtewerten in ihrer heutigen Begriffsbestimmung nicht bestehen kann. Die Anforderungen, die von der Praxis in dieser Hinsicht immer wieder gestellt werden, gehen über das an sich Mögliche hinaus.

Trotz dieser Einschränkung besitzen die im Schrifttum veröffentlichten Beziehungen zwischen den verschiedenen Härtewerten erhebliches Interesse. Wenn die dargelegten Überlegungen eine fruchtbare Weiterentwicklung einleiten sollen, so muß aus diesen Überlegungen ohne jeden Versuch umgekehrt der Zusammenhang der verschiedenen Härtewerte, wenigstens dem grundsätzlichen Verlauf nach, theoretisch ableitbar sein. Der experimentell festgestellte Vergleich der verschiedenen Härtewerte untereinander bildet demnach einen Prüfstein, an dem sich die entwickelte Begriffsbestimmung zu bewähren hat. Gerade diese theoretischen Ableitungen werden aber zeigen, von welch mannigfaltigen Einflüssen die Beziehungen der heute üblichen Härtewerte abhängig sind.

Es würde zu weit führen, nun jeden Härtewert mit allen anderen vergleichen zu wollen, nur auf die Beziehungen einiger wichtiger Härtewerte untereinander sei eingegangen. An Hand der folgenden Darlegungen kann aber im Bedarfsfall auch jede andere Beziehung abgeleitet werden.

I. Brinellhärte — Rockwellhärte.

Beginnen wir zunächst mit der Beziehung zwischen der Brinell- und Rockwellhärte, da hier ein reichhaltiges Versuchsmaterial zur Verfügung steht, und sich auch ein sehr ausgeprägter und auffälliger Verlauf des gegenseitigen Zusammenhangs ergibt. Neben schaubildlichen Darstellungen der gegenseitigen Abhängigkeit der beiden Härtewerte wurden auch viele Faustformeln aufgestellt, die die Errechnung des einen Härtewertes aus dem anderen ermöglichen sollen. Solche Formeln wurden von Cowdrey, Brumfield, Petrenko, Moore, Malam, Wallichs und Schallbroch, Templin u. a. angegeben, worauf hier jedoch nicht näher eingegangen sei. Zusammenstellungen der verschiedenen Formeln finden sich bei Franke (*39*) und Wretblad (*197*).

1. Versuchsergebnisse.

Von Hengemühle (*53*) wurden die Versuchsergebnisse verschiedener Forscher zusammengestellt (Abb. 117).

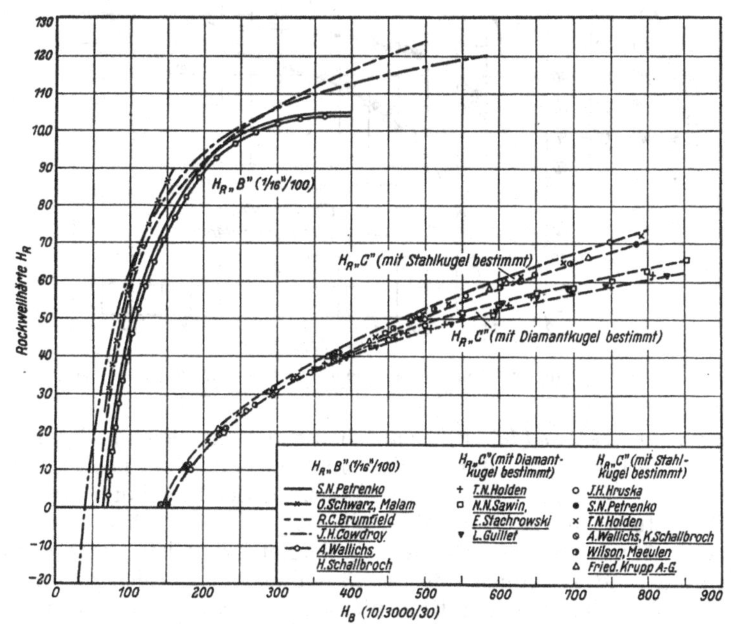

Abb. 117. Zusammenhang von Rockwell- und Brinellhärte nach Messungen verschiedener Forscher. (Hengemühle, Stahl u. Eisen 1936.)

Im Hinblick auf besondere Auswertungen seien weitere Versuchsreihen in den folgenden Abbildungen wiedergegeben. Abb. 118 zeigt den

Zusammenhang von H_R „C" (2,5/62,5) und von H_R „C" (2,5/187,5) mit der Brinellhärte nach Messungen von Wallichs und Schallbroch (*187*) für Eisenmetalle, Abb. 119 zeigt entsprechende Messungen an verschiedenen Nichteisenmetallen.

Die Beziehungen an Gußeisen, ebenfalls von Wallichs und Schallbroch aufgenommen, gibt Abb. 120 wieder. Auch sei auf Abb. 121 hingewiesen.

Messungen mit dem Super-Rockwell-Gerät sind bereits in Abb. 88 und 92 dargestellt worden.

Allgemein ist zu diesen Vergleichskurven zu bemerken, daß die Streubereiche gegenüber älteren Untersuchungen wesentlich kleiner geworden

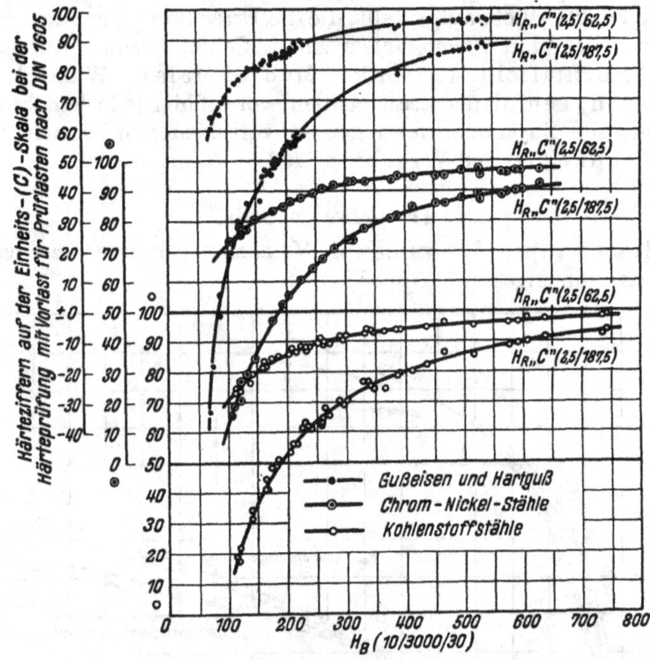

Abb. 118. Zusammenhang zwischen Rockwell- und Brinellhärte für Gußeisen und Stahl. (Wallichs u. Schallbroch, Stahl u. Eisen 1931.)

sind, da nach Heller (*49*) früher anscheinend nicht gleichmäßig durchhärtende Werkstoffe benutzt worden sind. Dadurch sind nach Hengemühle (*53a*) größere Streuungen bedingt, da die Brinellkugel tiefer in den Werkstoff eindringt als die Rockwellprüfspitze. Auch ist nach Schulze-Manitius (*154*) allgemein ein Vergleich zwischen Durchmesserbestimmung und Tiefenmessung nur in demjenigen Bereich zulässig, in dem sich Wulstbildung und Einbeulung nur unbedeutend ändern.

Die dargestellten Kurven zeigen alle ungefähr den gleichen grundsätzlichen Verlauf. Die Rockwellhärte nimmt bei geringen Brinellwerten sehr stark zu. Die Kurven biegen dann allmählich ab, bis schließlich mit weiter gesteigerter Brinellhärte die Rockwellhärte nur noch wenig zunimmt. In manchen Fällen scheint sich ein fast waagerechter Verlauf der Rockwellhärte auszubilden, so daß trotz weiter steigender Brinellhärte die Rockwellhärte keine Unterschiede mehr anzugeben vermag. Wir erkennen in diesem Verlauf eine Bestätigung der Ausführungen auf S. 99, wo gezeigt wurde, daß die Rockwellhärte in niedrigen Härtestufen Härteschwankungen übersteigert wiedergibt, während für hohe

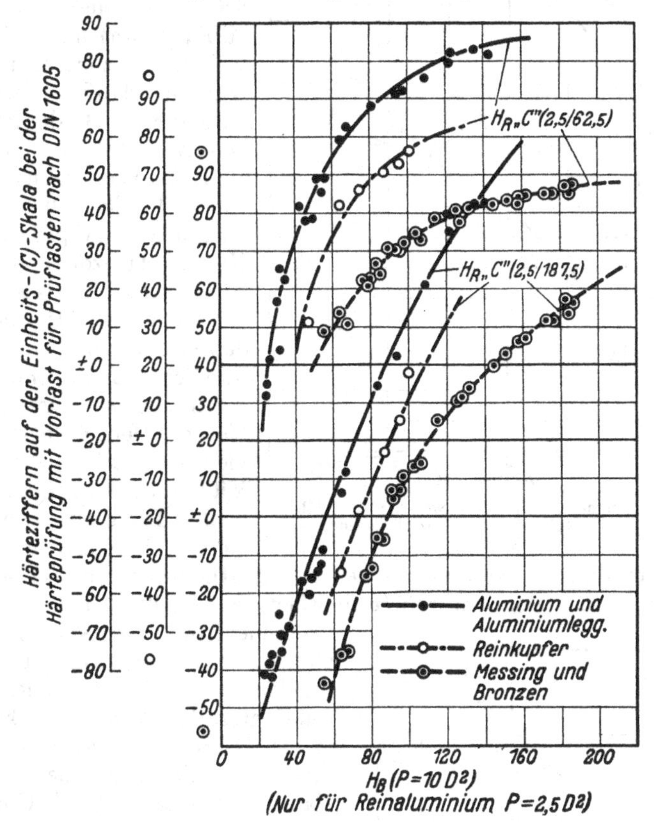

Abb. 119. Zusammenhang von Rockwell- und Brinellhärte für Nichteisenmetalle. (Wallichs u. Schallbroch, Stahl u. Eisen 1931.)

Härtestufen die Rockwellhärte nur noch geringe Härtedifferenzen anzugeben vermag.

2. Auswertung.

Der Zusammenhang der Rockwellhärte mit der Brinellhärte ist demnach sehr auffällig. Trotzdem finden sich im Schrifttum nur wenige Erklärungsversuche.

Nach Heller (*50*) soll die Ursache für das starke Umbiegen der Rockwellhärte nach unten mit sinkender Brinellhärte in einer, die steigende Zunahme der Brinelleindruckfläche begleitenden, verstärkten Kalthärtung zu suchen sein. Danach würden also die Brinellwerte für große

Eindruckflächen zu groß gefunden werden, so daß sich eine Abbiegung für kleine Brinellwerte ergibt. Dieser Versuch, die Kalthärtung verantwortlich zu machen, kann jedoch nicht befriedigen.

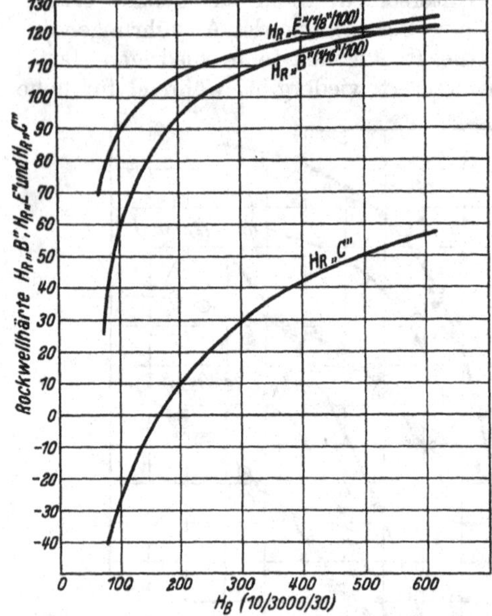

Abb. 120. Zusammenhang von Rockwell- und Brinellhärte für Gußeisen. (Wallichs u. Schallbroch, Maschinenbau 1931.)

In einer Bedienungsanweisung für den Rockwellprüfer, herausgegeben von M. Koyemann Nachf. Düsseldorf wird zur Deutung des Kurvenverlaufs folgendes ausgeführt: „Bei der Prüfung von Werkstoffen von mehr als B 100 Rockwellhärte mit 100 kg Prüflast besteht die Gefahr einer Abplattung der Kugel. Trotzdem ist diese Abplattung der Kugel nur der weniger wichtige der beiden Gründe, aus denen sich ihre Benutzung über den vorgeschriebenen Bereich verbietet. Der wichtigere ist vielmehr, daß durch diesen Mißbrauch der Rockwellprobe ihre Empfindlichkeit zum guten Teil verlorengeht, und zwar zum größten Teil wegen der rein mathematischen Verhältnisse der Kugelform. Bei den außerordentlich flachen Eindrücken, um die es sich hier handelt, entsprechen nämlich nur ganz geringfügigen Unterschieden in der Eindrucktiefe sehr große Unterschiede im Eindruckdurchmesser. Die Rockwellhärteprüfung ist gänzlich auf der Tiefenmessung aufgebaut, und es kann nur als Unkenntnis ihrer Grundlagen ausgelegt werden, wenn sie bei so flachen Kugeleindrücken angewendet wird, wie sie den Ablesungen über B 100 entsprechen.“

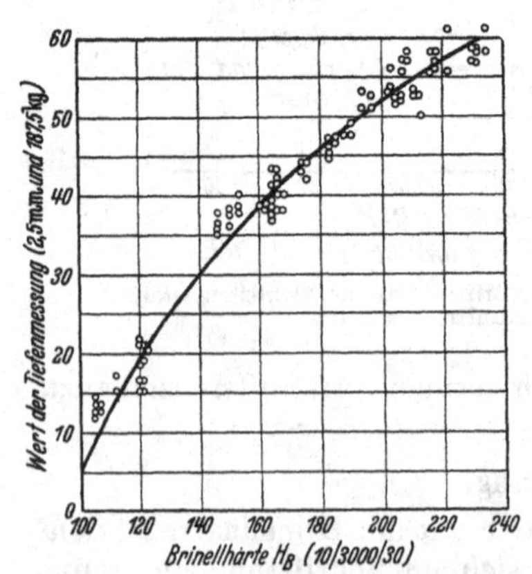

Abb. 121. Zusammenhang von Vorlast-(Briro-) und Brinellhärte. (Dettinger, Maschinenbau 1931.)

Auch dieser Erklärungsversuch kann nicht befriedigen. Ein Nachlassen der Genauigkeit der Tiefenmessung bei harten Stoffen gegenüber der Messung des Eindruckdurchmessers könnte wohl eine stärkere Streuung der Versuchsergebnisse verursachen, nicht aber einen in allen Fällen so eindeutig ausgeprägten Gesamtverlauf.

Der Zusammenhang der Brinell- und Rockwellhärte kann nur aus ihrer Begriffsbestimmung selbst gedeutet werden. Nach Formel 24a ist die Brinellhärte im wesentlichen durch $1/t$ gegeben, wenn t die Eindrucktiefe ist. Abgesehen von den Einflüssen der Wulstbildung und auch der Abplattung der Kugel ist es unerheblich ob beim Brinellversuch diese Eindrucktiefe, oder aber, wie üblich, der Eindruckdurchmesser ermittelt wird. Die Rockwellhärte dagegen ist, wenn man von der Vorlast absieht, durch den Ausdruck $1—t$ gegeben. Der Zusammenhang der beiden Härtewerte muß daher grundsätzlich durch die Darstellung des Ausdrucks $1—t$ in Abhängigkeit von $1/t$ wiederzugeben sein.

In Abb. 122 ist als Abszissenachse die Eindrucktiefe in beliebigen Einheiten aufgetragen. Ein mit der Brinellhärte gleichlaufender Vergleichswert wird dann durch Division eines konstanten Wertes, der die jeweiligen Versuchsbedingungen, also insbesondere die Prüflast und den Kugeldurchmesser berücksichtigt, mit der Eindringtiefe erhalten. Dieser konstante Wert sei hier zu 1000 angenommen, um bequeme Zahlen zu erhalten. Die so errechneten Härtewerte fallen gemäß Abb. 122 zunächst mit wachsender Eindrucktiefe sehr steil herab, um mit weiter steigender Eindrucktiefe nur noch langsam zu fallen. Die Kurve stellt einen Hyperbelast dar.

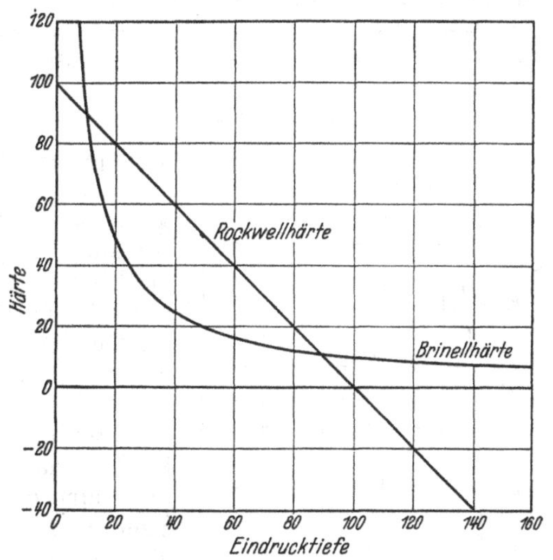

Abb. 122. Abhängigkeit von Brinell- und Rockwellhärte von der Eindrucktiefe.

Es sei zur Vermeidung von Verwechslungen darauf verwiesen, daß die in Abb. 122 angeschriebenen Ordinatenwerte zunächst nur Vergleichswerte für die Brinellhärte darstellen, die also verhältnisgleich mit der Brinellhärte sich verhalten, diese selbst aber im allgemeinen nicht angeben. Zur Errechnung der eigentlichen Brinellwerte ist die Kenntnis der jeweiligen Versuchsbedingungen nötig. Für grundsätzliche Betrachtungen ist es aber einfacher und übersichtlicher, nur mit solchen Verhältniszahlen zu rechnen, um von den jeweiligen Versuchsbedingungen unabhängig zu werden. Hiervon wird später immer wieder Gebrauch gemacht werden.

Zur Ermittlung der Rockwellhärte wird der konstante Faktor zu 100 angesetzt, so daß also die Härtezahlen sich als Differenz dieses Wertes 100 und der jeweiligen Eindrucktiefe ergeben. Die entsprechende Kurve der Rockwellhärte beginnt mit dem Wert 100 für die Eindrucktiefe 0, sie fällt dann geradlinig ab und erreicht die Abszissenachse bei der Eindrucktiefe von 100 Einheiten. Wird die Eindrucktiefe noch größer, so nimmt die Rockwellhärte negative Werte an.

Trägt man nun die Brinellzahlen als Abszissen auf, und bestimmt man zu jeder Brinellzahl die der gleichen Eindrucktiefe zugehörige Rockwellzahl Punkt für Punkt, so wird der Kurvenzug nach Abb. 123 erhalten. Diese Kurve gibt augenscheinlich den Verlauf des experimentell gefundenen Zusammenhangs der beiden Härtewerte im großen und ganzen wieder. Wir erkennen den sehr steilen Anstieg der Rockwellhärte mit wachsender Brinellhärte, der sich immer mehr verflacht, bis schließlich mit weiter steigender Brinellhärte die Rockwellhärte nur noch sehr wenig zunimmt, ja ein fast waagerecht verlaufender Kurvenast sich anschließt. Dieser Verlauf läßt sich demnach aus der Begriffsbestimmung der beiden Härtewerte zwanglos erklären.

Aber auch die sehr verschiedene Abstufung der beiden Härtewerte in verschiedenen Härtebereichen ergibt sich ohne weiteres aus den Abb. 122 und 123. Bei der Brinellhärte ist der Differentialquotient der Härtezahl nach der Eindrucktiefe gegeben durch

$$\frac{d\,H_B}{dt} = -\frac{1}{t^2}$$

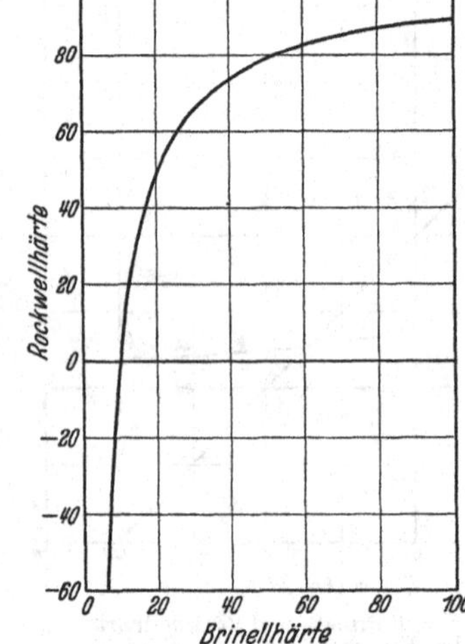

Abb. 123. Rockwellhärte in Abhängigkeit von der Brinellhärte, schematisch.

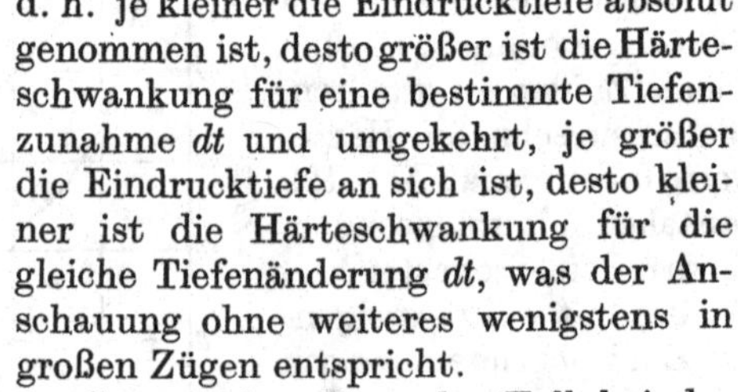

d. h. je kleiner die Eindrucktiefe absolut genommen ist, desto größer ist die Härteschwankung für eine bestimmte Tiefenzunahme dt und umgekehrt, je größer die Eindrucktiefe an sich ist, desto kleiner ist die Härteschwankung für die gleiche Tiefenänderung dt, was der Anschauung ohne weiteres wenigstens in großen Zügen entspricht.

Ganz anders liegt der Fall bei der Rockwellhärte. Hier zeigt sich der Differentialquotient der Härtezahl nach der Tiefe als konstant und damit als unabhängig von der Eindrucktiefe, was ja schon aus der gleichbleibenden Neigung der Geraden in Abb. 122 hervorgeht. Für eine bestimmte Schwankung dt der Eindrucktiefe t nimmt daher die Rockwellhärte stets um den gleichen Betrag zu, gleichgültig, wie groß die Eindrucktiefe als solche jeweils ist. Die Rockwellhärte kann daher offensichtlich in hohen Härtegraden keine genügend starke Abstufung verschiedener Härteunterschiede geben.

3. Abhängigkeit vom Prüfdruck.

Wie schon auf Seite 99 ausgeführt wurde, hängt die Rockwellhärte weitgehend von den Versuchsbedingungen, insbesondere vom Prüfdruck ab. Diese Abhängigkeit muß sich auch bei Vergleichen der Rockwellhärte mit anderen Härtewerten bemerkbar machen. Je kleiner die Eindrucktiefe ist, sei es infolge großer Härte des Prüfkörpers selbst, oder aber infolge geringen Prüfdrucks, desto früher nähert man sich dem oberen, fast waagerechten Ast der Rockwell-Brinellkurve, da eben in diesem Fall der Ausdruck 1—t selbst für große prozentuale Schwankungen von t keine merklichen Unterschiede mehr ergeben kann. Wird jedoch die Eindrucktiefe größer, sei es infolge geringerer Härte des Werkstoffs, oder aber infolge einer Vergrößerung des Prüfdrucks, so wird zwangsläufig die ganze Skala mehr in den ansteigenden Ast verlegt, wo die Härteunterschiede eine größere Staffelung erfahren.

Man kann also durch Wahl der Prüfbedingungen die Rockwell-Brinell-Kurve entweder in den Ast I (Abb. 124) oder in den Ast II, oder aber in den fast waagerecht verlaufenden Ast III verlegen, ohne daß irgendwelche Werkstoffeigenschaften hierdurch zum Ausdruck kämen. Durch Vergrößerung des Prüfdrucks z. B. kann die Kurve in den empfindlichen Ast I gedrückt werden, wenigstens insoweit die Prüfspitze den gesteigerten Prüfdruck aushält. Für absolut genommen große Werte von t, ist eben die Funktion 1—t gegenüber Veränderungen von t empfindlicher. Letzten Endes hat die bei der Rockwellprüfung im Laufe der Zeit sich herausgebildete Mannigfaltigkeit der Versuchsbedingungen lediglich den Zweck, möglichst tief in den empfindlichen Ast I zu gelangen.

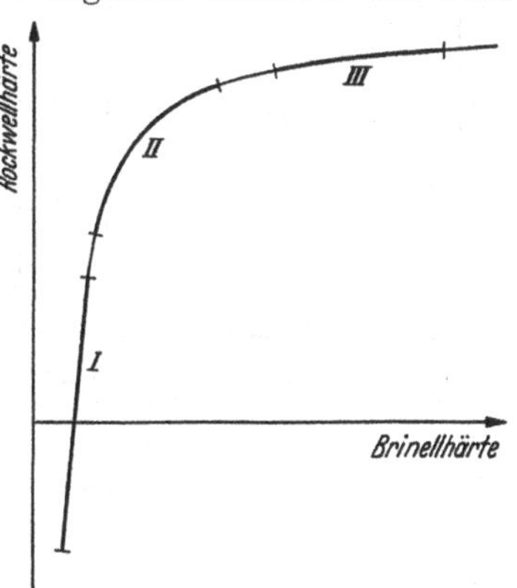

Abb. 124. Die verschiedenen Bereiche (I, II und III) des Zusammenhangs von Rockwell- und Brinellhärte.

Bei der Untersuchung von Eisenmetallen nach Abb. 118 ist deutlich zu erkennen, daß beim größeren Prüfdruck die Kurven tiefer in den ansteigenden Ast gedrückt werden. Die mit 187,5 kg Prüflast aufgenommene Rockwellhärte steigt noch merklich an, während die mit der kleineren Prüflast von 62,5 kg bestimmte Kurve für die gleichen Brinellwerte einen fast horizontalen Verlauf zeigt.

Die Härte der Eisenmetalle ist hierbei immerhin so groß, daß nicht nur für den kleinen, sondern auch für den großen Prüfdruck der waagerechte Verlauf der Brinell-Rockwellkurve noch erreicht wird. Bei weicheren Werkstoffen dagegen ist von vornherein die Eindrucktiefe groß, so daß für den großen Prüfdruck von 187,5 kg die Brinell-Rockwellkurve sich im wesentlichen im Ast I bewegt. Hier kann sich demnach das Einschwenken in den waagerechten Ast nur andeuten. Wird jedoch die kleinere Prüflast von 62,5 kg benutzt, so muß sich dieses Einschwenken deutlicher zeigen. Diese Folgerungen sind der Abb. 119 mit aller wünschenswerten Deutlichkeit zu entnehmen.

4. Einfluß des Eindringkörpers.

Der Zusammenhang zwischen der Brinell- und der Rockwellhärte läßt sich auch zur Untersuchung des Einflusses des Eindringkörpers bei der Rockwellprüfung auswerten.

Bei Verwendung einer Kugel beim Rockwellversuch ist, wie bereits gezeigt wurde, die Eindringtiefe für verschieden harte Werkstoffe aus der

Beziehung $H_R = 100 - t$ zu berechnen. Ebenso kann aus dem Brinellwert nachträglich die entsprechende Eindringtiefe ermittelt werden. Eine solche Berechnung wurde für Abb. 88 durchgeführt. Da die auf der Abszissenachse aufgetragenen Brinellwerte mit der Eindrucktiefe umgekehrt ansteigen, erhält man mit der Eindrucktiefe verhältnisgleiche Zahlen durch Bildung der Umkehrwerte der Brinellzahlen. Diese Zahlen sind in Abb. 125 als Abszisse aufgetragen. Ebenso wurden die Eindringtiefen aus den Rockwellzahlen ermittelt, und als Ordinaten aufgetragen. Mit einer für derartige nachträgliche Umrechnungen befriedigenden Annäherung ergibt sich hierbei eine gerade Linie. Streng genommen müßte allerdings noch die Eindrucktiefe unter der Vorlast berücksichtigt werden. Hierdurch würde sich aber lediglich eine kleine Verschiebung dieser Geraden ergeben. Die gestrichelte Verlängerung dieser Geraden geht mit guter Annäherung durch den Nullpunkt.

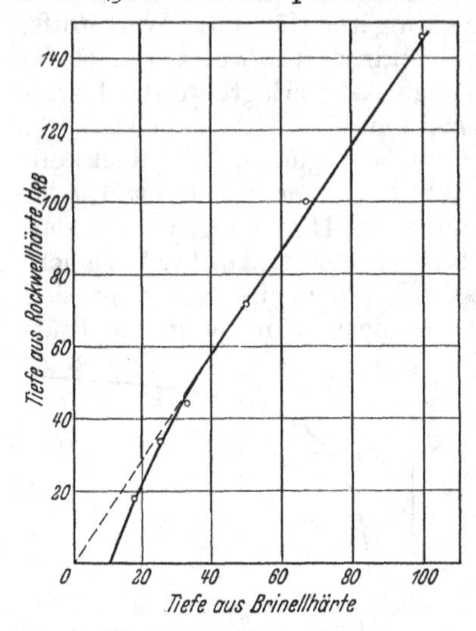

Abb. 125. Vergleich der Eindrucktiefen, errechnet aus Rockwell-(Kugel)- und Brinellhärte nach Abb. 88.

Nicht zu verkennen ist allerdings eine deutlich ausgeprägte Abweichung des Verlaufs für geringe Eindrucktiefen, also große Härten. Hierin dürfte die Auswirkung der Abplattung der Prüfkugel zum Ausdruck kommen. Die aus dem Eindruckdurchmesser ermittelte Tiefe beim Brinellversuch wird zu groß gefunden, woraus diese Abweichung ohne weiteres zu deuten ist.

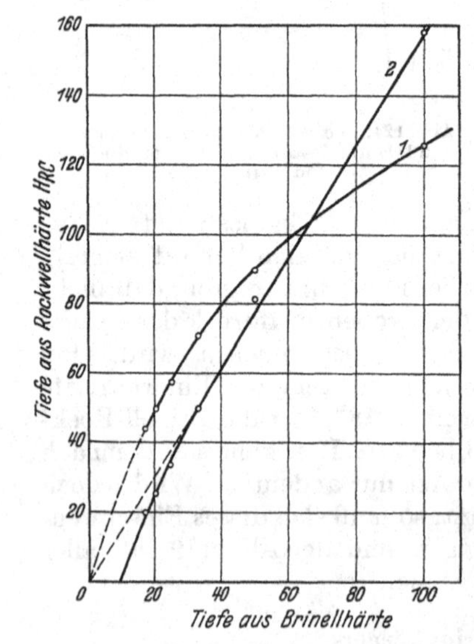

Abb. 126. Vergleich der Eindrucktiefen, errechnet aus Rockwell-(Kegel)- und Brinellhärte nach Abb. 92.

Eine ähnliche Auswertung wurde nun für Rockwellversuche mit Diamantspitze gemäß den in Abb. 92 dargestellten Versuchsergebnissen durchgeführt. Die Tiefe wurde also zunächst wiederum der Brinellhärte entnommen, ebenso wurde die bei der Rockwellprüfung auftretende Tiefe errechnet. Hierbei ergibt sich die Kurve 1 der Abb. 126. Diese Kurve zeigt einen ungefähr parabolischen Anstieg, d. h. beim Rockwellversuch mit Diamantspitze nimmt die Eindringtiefe immer langsamer zu.

Es ist also nicht gleichgültig, ob eine Kugel oder ein Kegel bei der Rockwellprüfung benutzt wird. Für gleich große Schwankungen der Brinellzahl sind die entsprechenden Schwankungen der Rockwellzahl offensichtlich größer, wenn eine Kugel benutzt wird. Die Kegelhärte ist dagegen proportional mit $1/t^2$, bei Verwendung eines Diamantkegels bei der Rockwellprüfung sind daher die Schwankungen in der Eindrucktiefe für eine gegebene Härteänderung geringer.

Bildet man nunmehr die Quadrate der aus der Rockwellhärte entnommenen Eindrucktiefen, so muß sich sinngemäß auch beim Diamantkegel eine Gerade ergeben. Diese Berechnung liefert die Kurve 2 in Abb. 126. Es ist dies mit befriedigender Annäherung eine gerade Linie. Aber auch hier zeigen sich für sehr kleine Eindringtiefen gewisse Abweichungen, die, wie erwähnt, der Abplattung der Kugel im Brinellversuch zugeschrieben werden müssen.

II. Brinellhärte — Rücksprunghärte.

1. Versuchsergebnisse.

Eine Zusammenstellung der Versuchsergebnisse verschiedener Forscher ist bei Franke (*39*) gegeben. Auch findet sich dort eine Auf-

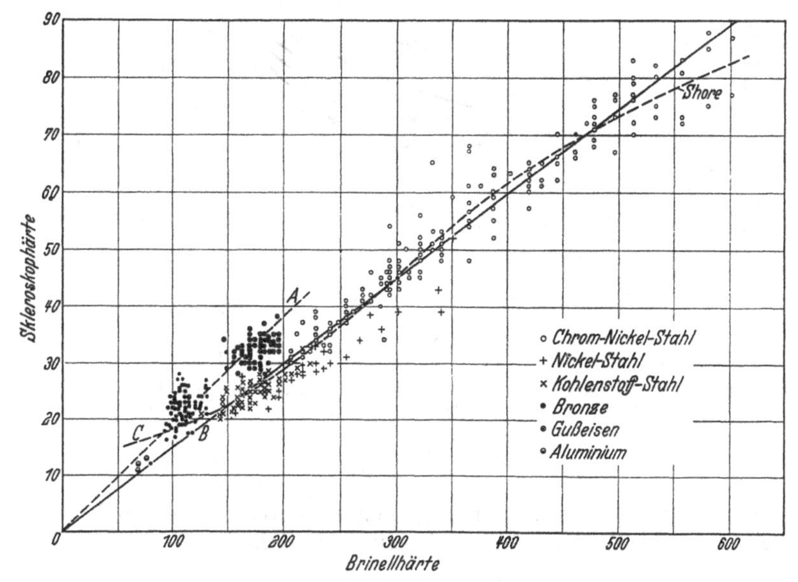

Abb. 127. Zusammenhang zwischen Brinellhärte und Rückprallhärte. (Shore, Journ. Iron and Steel Inst. 1918.)

zählung der Formeln, die zur Berechnung der Rückprallhärte aus der Brinellhärte bisher aufgestellt wurden.

Eine weitere Zusammenstellung für verschiedene Metalle nach den Messungen von Shore (*160*) zeigt Abb. 127. In Abb. 128 sind Meßergebnisse von Wallichs und Schallbroch bei Kohlenstoffstählen dargestellt.

Ferner sei noch eine Versuchsreihe von Roudié (*136*) gebracht (Abb. 129 u. 130). Allerdings ist hier nicht die Brinellhärte als Abszisse aufgetragen, sondern der Eindruckdurchmesser. Von Interesse ist, daß Roudié Rücksprungversuche mit Kugeln von verschiedenem Durchmesser anstellte. Der Durchmesser der halbkugeligen Stoßfläche wurde von 0,3 bis auf 100 mm schrittweise vergrößert, die Fallhöhe selbst wurde konstant gehalten.

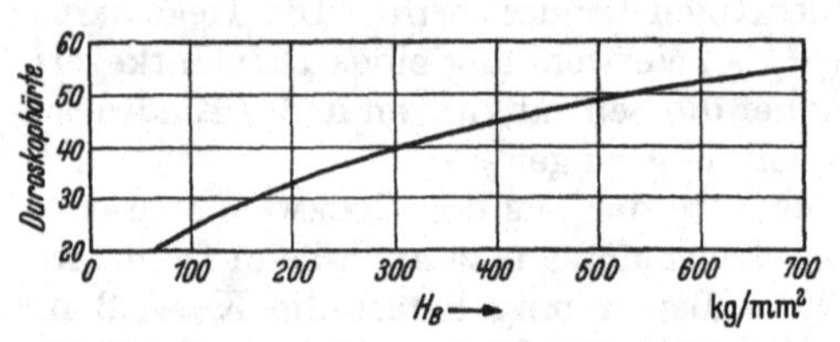

Abb. 128. Zusammenhang zwischen Brinellhärte und Duroskophärte bei Kohlenstoffstählen. (Wallichs u. Schallbroch, Maschinenbau 1929.)

2. Auswertung.

Wie auf S. 108 gezeigt wurde, wird beim Rückprallversuch im Grunde genommen ein Maß für die innere Dämpfung des Werkstoffs erhalten, und zwar kann man ansetzen

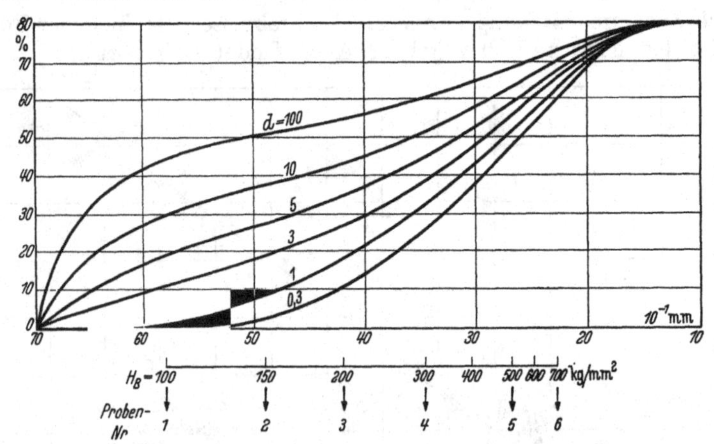

Abb. 129. Zusammenhang zwischen Rückprallhärte und Kugeleindruckdurchmesser bei verschiedenem Kugeldurchmesser. (Roudié, Dureté des Métaux.)

$$\frac{h_0 - h}{h} = \psi .$$

Die heute übliche Rückprallhärte, gemessen als Rücksprunghöhe im Vergleich zu der Ausgangsfallhöhe ergibt sich daher zu

$$H_R = \frac{h}{h_0} = \frac{1}{1+\psi} . \tag{61}$$

Andererseits wurde bereits auf S. 90 gezeigt, daß der neu eingeführte Härtewert $\mathfrak{H}$ sich als E/δ darstellen läßt. Die Beziehung zwischen der Brinell- und Rückprallhärte wird daher am einfachsten dadurch erhalten, daß man zunächst die neue Härte $\mathfrak{H}$ und die Rückprallhärte in Abhängigkeit von der Dämpfung aufträgt, hierauf für gleiche Dämpfungswerte die zusammengehörigen Werte von Rückprallhärte und neuem Härtewert aufträgt und zum Schluß die Brinellwerte aus der Härte $\mathfrak{H}$ ausrechnet.

In Abb. 131 sind auf der Abszissenachse an sich beliebige Dämpfungswerte aufgetragen. Die Kurve I stellt dann den Verlauf des neuen Härtewertes, also im wesentlichen die Funktion $1/\delta$ dar. Entsprechend ist in Kurve II der Ausdruck $\frac{1}{1+\delta}$ eingezeichnet, der also der Rückprallhärte entspricht. In Abb. 132 ist nun die Rückprallhärte in Abhängigkeit von der neuen Härte $\mathfrak{H}$ aufgetragen, Kurve I. Es ergibt sich hierbei eine von 0 ansteigende Kurve mit allmählich sich verringernder Steigung. Der betrachtete Bereich möge hierbei etwa den neuen Härtewerten von 0 bis 400 entsprechen. Sucht man nun für bestimmte Werte der neuen Härte $\mathfrak{H}$, etwa aus Abb. 73, die entsprechenden Brinellwerte

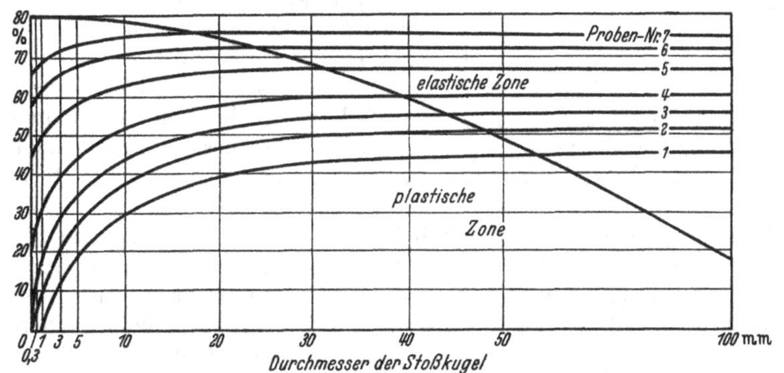

Abb. 130. Zusammenhang zwischen Rückprallhärte und Kugeldurchmesser. (Roudié, Dureté des Métaux.)

auf, und trägt sie als neue Abszissenwerte in Abb. 132 ein, so erhält man die Kurve I'.

Diese Kurve stellt demnach den Verlauf der Rückprallhärte in Abhängigkeit von der Brinellhärte dar. Sie gibt befriedigend die experimentell gefundenen Kurven wieder. Insbesondere sei auf die Abb. 127 verwiesen, wo die mit Shore bzw. C bezeichnete Kurve ebenfalls zunächst beschleunigt hochsteigt, um nach Durchschreiten eines Wendegebiets verlangsamt weiter zuzunehmen.

Selbstverständlich hängt der Verlauf der Kurve im einzelnen sehr stark von den jeweiligen Versuchsbedingungen, insbesondere bei der Durchführung des Rückprallversuchs ab. Je nach Fallhöhe, Stoßgewicht und insbesondere auch Gestalt der Stoßfläche bewegt man sich beim Rückprallversuch in ganz verschiedenen Bereichen der Dämpfungskurve.

Um dies zu zeigen, sei angenommen, daß bei einem zweiten Versuch die plastische Verformung beim Stoß durch geeignete Wahl der Versuchsbedingungen, also z. B. durch wesentliche Verringerung der Fallhöhe, geringer ist. Es sei ferner angenommen, daß die jetzt beim Stoß ermittelte Dämpfung sich verhältnisgleich mit der beim Eindruckversuch ermittelten Dämpfung verhalte, nunmehr aber nur ein Zehntel jeweils dieses Wertes betrage. Unter dieser Annahme ergibt sich dann die Kurve II' für den Verlauf der Rückprallhärte, Abb. 131.

Wird die jeweilige Rücksprunghärte in Abhängigkeit von der neuen Härte aufgetragen, Kurve II, und diese Kurve II wiederum mit Hilfe der Abb. 73 in Brinellwerte umgerechnet, so erhält man als Zusammenhang der Rückprallhärte mit der Brinellhärte nunmehr die Kurve II' in Abb. 132. Mit wachsender Brinellhärte steigt jetzt die Rücksprunghärte wesentlich steiler an, sie nähert sich früher einem Gebiet, bei dem die Rücksprunghärte trotz weiter steigender Brinellhärte nicht mehr wesentlich zunimmt.

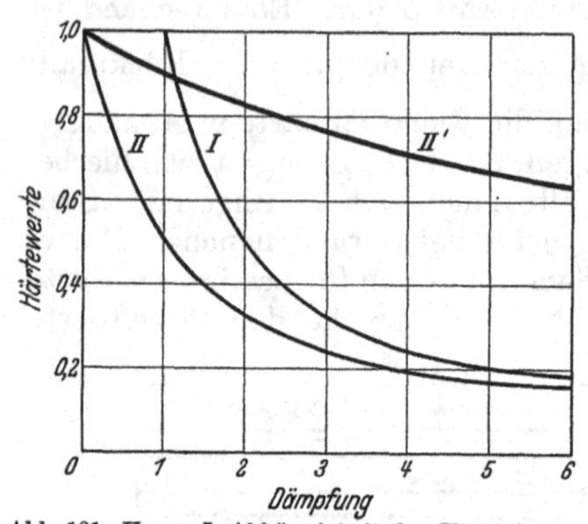

Abb. 131. Kurve *I*, Abhängigkeit der Härte $\mathfrak{H}$ von der Dämpfung.
Kurve *II* und *II'*, Abhängigkeit der Rückprallhärte von der Dämpfung für zwei verschieden harte Stöße.

In dieser Weise ließe sich eine Schar von Kurven aufzeichnen, je nach den besonderen Versuchsbedingungen. Der eine extreme Fall ist hierbei dadurch gegeben, daß die plastische Verformung auch bei harten Stoffen unter dem Fallgewicht noch so groß bleibt, daß sie merklich ins plastische Gebiet reicht. Die entsprechende Kurve wird dann für sehr weiche Stoffe sehr niedrige Rückprallwerte ergeben, die ein größeres oder kleineres Stück zunächst sogar Null betragen. Mit weiter steigender Brinellhärte wird sich dann die Rückprallhärte allmählich heben, sie wird dann mit geringer Neigung weiter steigen. Der andere Grenzfall ist dadurch gegeben, daß die Stoßbelastung so klein gewählt wird, daß selbst für verhältnismäßig weiche Stoffe kein merklicher plastischer Vorgang beim Stoß auftritt. In diesem Fall wird die Kurve der Rückprallhärte schon bei sehr niedrigen Brinellwerten sehr steil ansteigen, und sie wird bald in den nur noch langsam ansteigenden Ast übergehen.

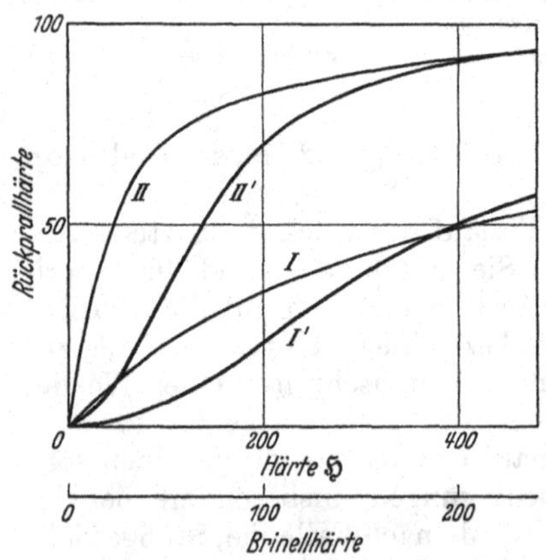

Abb. 132. Kurve *I* und *II*, Abhängigkeit der Rückprallhärte von der Härte $\mathfrak{H}$.
Kurve *I'* und *II'*, Abhängigkeit der Rückprallhärte von der Brinellhärte für zwei verschieden starke Stöße.

Selbstverständlich gelten diese Betrachtungen nur für idealisierte Versuchsbedingungen. Praktisch wird die Verlustdämpfung der Versuchseinrichtung selbst eine gewisse Rolle spielen, auch wird stets selbst für sehr geringe Belastungen in der Stoßfläche, eine kleine bleibende Verformung vorhanden sein, da die Werkstoffe keine wahre E-Grenze im allgemeinen besitzen. Auch wird die beim Stoßversuch miterfaßte „elastische" Dämpfung eine gewisse Rolle spielen (vgl. hierzu S. 235).

Immerhin ergibt sich aus den Versuchen von Roudié gemäß Abb. 129 eine gewisse Übereinstimmung mit diesen Überlegungen. Für die Stoßspitze von 0,3 mm ist die spezifische Flächenbelastung sehr groß, der Stoßkörper dringt demnach weit ins plastische Gebiet vor, und die Rücksprunghöhe bleibt auf einem Stück der Abszissenachse 0. Mit wachsendem Durchmesser der Stoßfläche steigt dagegen die Rücksprunghärte immer steiler an. Alle Kurven münden in einen Grenzwert ein, d. h. für sehr harte Stoffe genügt die spezifische Flächenbelastung selbst für die Stoßfläche mit 0,3 mm Durchmesser nicht mehr, um plastische Verformungen zu erzwingen.

Besonders deutlich gehen diese Verhältnisse aus der weiteren Abb. 130 von Roudié hervor, in der die Rücksprunghöhe für die verschieden harten Stoffe in Abhängigkeit von dem Durchmesser der Stoß-Kugel aufgetragen ist. Je flacher die Stoßfläche wird, desto mehr steigt die Rücksprunghöhe an, um schließlich jeweils einem Grenzwert zuzustreben. Dieser Grenzwert wird um so früher erreicht, je härter der Stoff ist. Die Linie *ab* trennt hierbei den Bereich bleibender Verformungen von demjenigen, in dem nur elastische Verformungen auftreten.

III. Brinellhärte — Pendelhärte.

1. Versuchsergebnisse.

Auch in bezug auf den Zusammenhang dieser beiden Härtewerte wurden zahlreiche Untersuchungen angestellt, und entsprechende Formeln aufgestellt. Eine Zusammenstellung der verschiedenen Formeln findet sich bei Franke (*39*), vgl. auch Keller (*67*), Bollenrath (*10*).

In Abb. 133 sind Vergleichsversuche verschiedener Forscher zusammengefaßt (*39*). Wenn man von Einzelheiten absieht, so ergibt sich, daß die Zeithärte mit wachsender Brinellhärte steil ansteigt. Allmählich verlangsamt sich dieser Anstieg, um nach Durchschreiten eines Wendepunktes mehr oder weniger beschleunigt wieder zuzunehmen.

Auch bei Vergleichsversuchen von Wallichs und Schallbroch an Gußeisen und Hartguß findet sich ein ungefähr gleicher Gang. Auch hier zeigt sich in der Nähe von etwa 200 Brinell ein mehr oder weniger stark ausgeprägter Wendepunkt. Ebenso zeigen diesen Wendepunkt Messungen an Stahl nach Herbert.

2. Auswertung.

Eine alle Umstände berücksichtigende Darstellung ist hier kaum möglich. Immerhin kann durch einfache Betrachtungen der allgemeine Verlauf in den wesentlichsten Zügen, insbesondere der stark ansteigende Anfangsast, das Durchschreiten eines Wendepunktes und der sich hieran anschließende, beschleunigte Anstieg, abgeleitet werden.

Zunächst führen wir einige Vereinfachungen ein. Es sei angenommen, daß die Pendellänge des Gerätes bei der Justierung 0 ist, d. h. daß indifferentes Gleichgewicht herrscht. Durch das Einsinken in die Prüffläche tritt eine zusätzliche, sehr kleine Pendellänge auf, die unmittelbar mit der Eindrucktiefe t verhältnisgleich gesetzt werde. Da andererseits der Trägheitsradius sehr groß gegenüber dieser Pendellänge ist, kann die Formel 60 in der vereinfachten Form

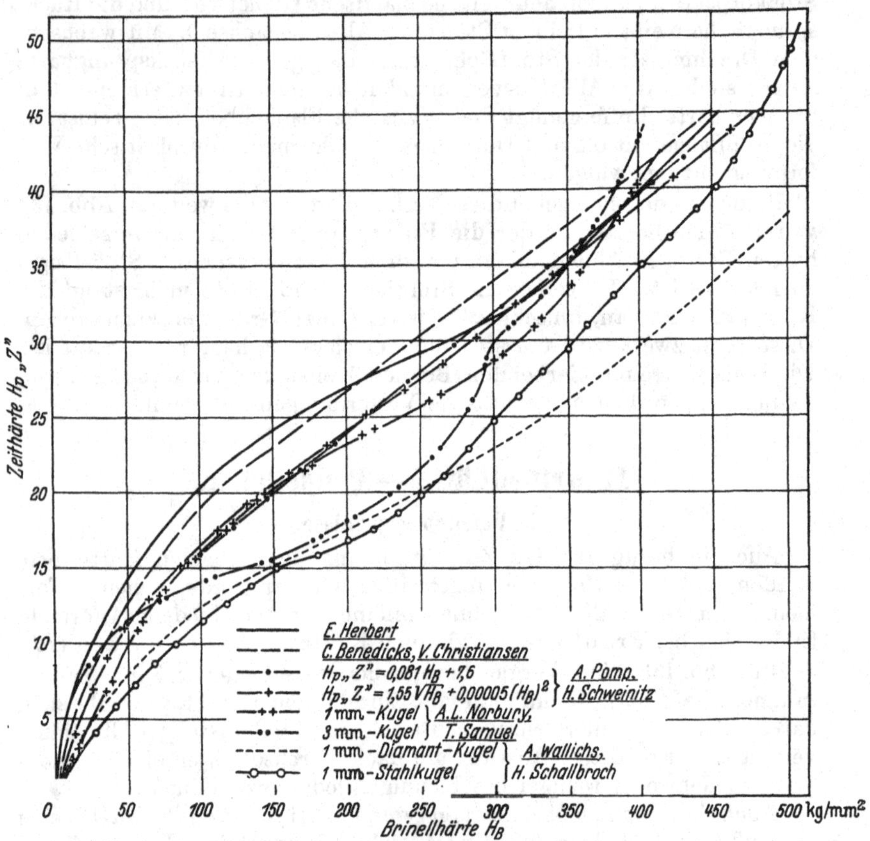

Abb. 133. Zusammenhang von Pendel- und Brinellhärte nach Messungen verschiedener Forscher. (Franke, Gmelins Hdbch. d. Anorg. Chemie.)

$$T = 2\pi \sqrt{\frac{i^2}{g e}}$$

geschrieben werden. Die Schwingungsdauer des Pendels verändert sich demnach gemäß $\sqrt{\frac{1}{e}}$ bzw. $\sqrt{\frac{1}{t}}$. Da andererseits die Brinellhärte sich mit $1/t$ verändert, muß der Zusammenhang beider Härtewerte im wesentlichen durch die Darstellung von $\sqrt{\frac{1}{t}}$ in Abhängigkeit von $1/t$ zu erhalten sein.

In Abb. 134 Kurve I ist dieser Zusammenhang schematisch mit beliebiger Koordinatenteilung aufgezeichnet. Durch diese Kurve wird wenigstens der Anfangsast gemäß den Kurven in Abb. 133 erhalten. Allerdings zeigt für höhere Brinellwerte diese Kurve nicht den Wendepunkt und auch nicht das beschleunigte Ansteigen. Aber auch diese Sonderheit läßt sich auf Grund der abgeleiteten Theorie deutlich machen.

Wenn das Härtependel auf einer Glasplatte annähernd in den indifferenten Gleichgewichtszustand eingeregelt wird, so besitzt das Gerät für sich bereits eine negative Pendellänge. Würde also das Gerät auf eine völlig unnachgiebige Unterlage gestellt werden, so würde es nunmehr umkippen. Durch das Aufsetzen auf eine elastisch nachgiebige Glasplatte wird der Schwingungsmittelpunkt ein wenig angehoben, wodurch diese negative Pendellänge ausgeglichen wird, das Pendel schwingt demnach annähernd im indifferenten Gleichgewicht. Die für die Schwingungsdauer maßgebliche Pendellänge ist daher nicht, wie bisher angenommen, durch die Eindringtiefe t allein, sondern durch den Ausdruck $t-z$ bestimmt, worin z die beim Justieren auf der nicht ideal unnachgiebigen Glasplatte auftretende negative Pendellänge darstellt.

Bei großen Eindrucktiefen ist nach wie vor t ausschlaggebend. Für kleine Tiefen, also große Härten jedoch wird z vergleichbar groß mit t und es muß dann der Ausdruck

$$\sqrt{\frac{1}{t-z}}$$

für die Schwingungsdauer zugrunde gelegt werden. Diese Gleichung wurde für den Fall ausgewertet, daß die negative Pendellänge z die gleiche Größe besitzt, wie die Eindringtiefe bei einer Brinellhärte von 1000. Die Kurve II in Abb. 134 stellt den Verlauf der Schwingungsdauer für diesen Sonderfall dar. Die Kurve stimmt für sehr kleine Härten mit der Kurve I überein, sie löst sich aber bald von dieser und steigt dann, unter Überschreitung eines Wendepunkts mit wachsender Brinellhärte sehr steil an.

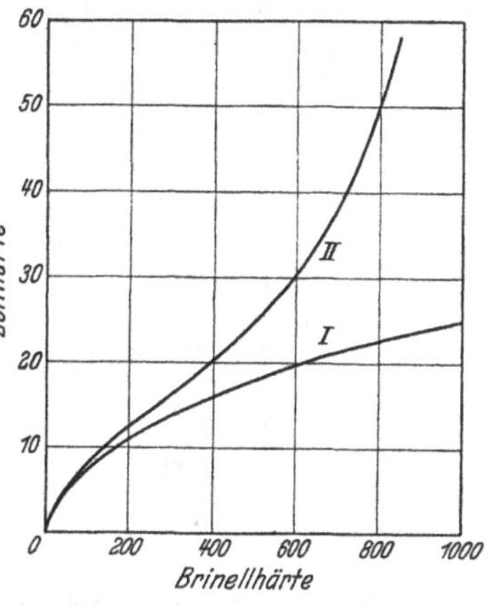

Abb. 134. Abhängigkeit der Pendel-Zeithärte von der Brinellhärte (theoretisch).

Diese Kurve gibt demnach in wesentlichen Zügen alle Einzelheiten der praktisch aufgenommenen Vergleichskurven an. Durch Veränderung der negativen Pendellänge z kann hierbei eine Schar von Kurven erhalten werden, die zwischen den beiden Kurven I und II in Abb. 134 liegen. Je kleiner diese Pendellänge z ist, desto mehr nähern sich die Kurven der Kurve I, desto später lösen sie sich also merklich von dieser ab. Je größer dagegen z ist, bei desto kleineren Brinellhärten liegt der Wendepunkt, und desto steiler steigt die Zeithärte mit weiter wachsender Brinellhärte an. Würde man also z. B. das Gerät nicht auf einer Glasplatte justieren, sondern auf einem Stoff mit größerem E-Modul, etwa Diamant, so wäre z kleiner und die Kurven mit einem so justierten Gerät würden sich dem Typus der Kurve I nähern.

Streng genommen lassen sich mit einem Pendelhärteprüfer nur Stoffe mit gleichem E-Modul vergleichen, da nicht nur die plastische, sondern auch die elastische Verformung an der Aufsetzstelle einen Einfluß auf die Pendellänge ausübt, vgl. S. 213.

IV. Brinellhärte — Ritzhärte.

1. Versuchsergebnisse.

Auch hier hat es nicht an zahlreichen Versuchen gefehlt, dem Zusammenhang der beiden Härtewerte nachzugehen. Aber gerade hier sind mancherlei Einflüsse wirksam, die eine allgemein gültige Beziehung kaum möglich erscheinen lassen. Zunächst ist darauf hinzuweisen, daß die Eindringtiefe bei beiden Meßverfahren außerordentlich verschieden ist. Die Brinellhärte ergibt daher einen mittleren Wert über eine große Zone, während durch die Ritzhärte einzelne Gefügebestandteile erfaßt werden. Eine einigermaßen eindeutige Beziehung kann daher von vornherein

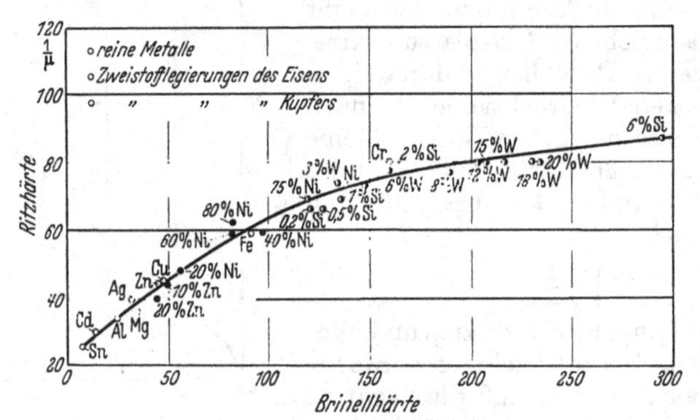

Abb. 135. Ritzhärte in Abhängigkeit von der Brinellhärte. (Scheil u. Tonn, Arch. Eisenhüttenwes. 1934/35.)

nur bei reinen Metallen und homogenen Mischkristallegierungen erwartet werden, Martens (*103*).

Dazu kommt die geometrische Unklarheit der ritzenden Spitze selbst. Dieser Umstand muß sich besonders bei Messungen auswirken, bei denen unter gleichbleibender Last, geprüft wird. Als Beispiel des Verlaufs der Ritzhärte mit der Brinellhärte bei verschiedenen, reinen Metallen und homogenen Legierungen sei die Abb. 135 nach Messungen von Scheil und Tonn (*146*) wiedergegeben. Diese Kurve steigt zunächst stark, dann immer langsamer an. Ihr ist von vornherein nicht anzusehen, inwieweit sich die besonderen Versuchsbedingungen beim Ritzversuch auswirken.

2. Auswertung.

In Abb. 135 ist die Ritzhärte als $1/\mu$ angegeben, d. h. es wurde unter einer gleichbleibenden Prüflast die Strichbreite ausgemessen und der Umkehrwert dieser Strichbreite als Ritzhärte eingetragen. Aber gerade bei dieser Auswertung muß sich der Einfluß der verschieden tief eindringenden Spitze und der dadurch gegebenen, verschiedenen Furchenform besonders stark bemerkbar machen. Zum mindesten sollte man bei derartigen Vergleichen die Ritzhärte in einer der Brinellhärte entsprechenden Dimension angeben, wenn man auf die einwandfreiere, aber mühsamere Bestimmung des zur Erzielung einer gleichbleibenden Strichbreite nötigen Drucks verzichtet. Es müßte also als Ritzhärte nicht der Wert $1/\mu$, sondern $1/\mu^2$ angegeben werden, da der letztere Wert der spezifischen Flächenbelastung, entsprechend der Bedeutung des Brinellwertes, wenigstens verhältnisgleich ist. Dadurch muß eine klarere Übersicht zu erzielen sein.

In Abb. 136 ist diese Umrechnung durchgeführt. Es ergibt sich hierbei eine von Null ansteigende Gerade, die mit einem scharfen Knick plötzlich bei einer ganz bestimmten Brinellhärte wesentlich flacher verläuft. Für weiche Stoffe zeigt sich demnach jetzt eine sehr befriedigende Proportionalität zwischen beiden Härtewerten, die aber bei höheren Härtewerten plötzlich gestört ist. Da kaum anzunehmen ist, daß es sich hierbei um eine tatsächliche Unstetigkeit im Zusammenhang der beiden Härtewerte handelt, kann hier nur ein Einfluß der Versuchsdurchführung beim Ritzversuch vorliegen. Bei niedrigen Härten dringt die ritzende Spitze verhältnismäßig tief in die Oberfläche ein, die wirksame Spitze kann daher im wesentlichen als Kegel aufgefaßt werden. In diesem Gebiet kommt ein klarer Zusammenhang zwischen beiden Härtewerten zum Ausdruck. Mit wachsender Härte jedoch dringt der ritzende Kegel immer weniger tief ein, und es muß sich schließlich die fehlende Kegelspitze infolge der unvermeidlichen Abrundung bemerkbar machen. Es gelten also jetzt im wesentlichen die Gesetze der Kugel mit ihrem völlig anderen Zusammenhang zwischen Breite und Tiefe der Furche. Einer bestimmten Strichbreite entspricht nunmehr eine kleinere Eindringtiefe, die Ritzhärte muß daher nunmehr wesentlich langsamer ansteigen.

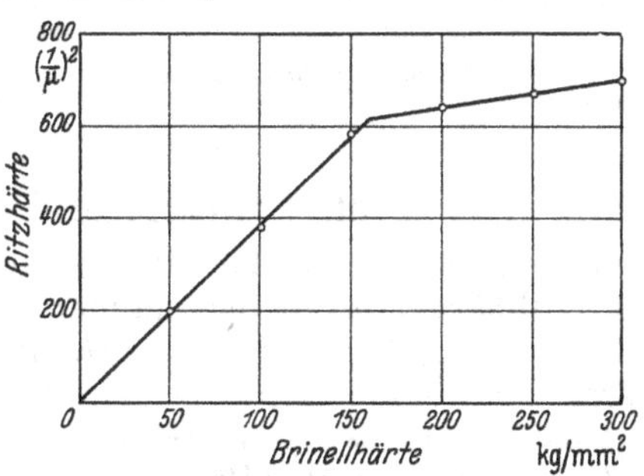

Abb. 136. Ritzhärte, gemessen in $1/\mu^2$, in Abhängigkeit von der Brinellhärte, errechnet aus Abb. 135.

Dies geht auch aus einem Vergleich der Eindringtiefen bei beiden Prüfverfahren hervor. Wie schon mehrfach durchgeführt, kann aus Abb. 135 ohne weiteres ein Verhältniswert für die Eindringtiefe aus den Umkehrwerten der Brinellhärte entnommen werden. Diese Werte sind in Abb. 137 als Abszissen aufgetragen. Unter der Annahme eines streng geometrischen Kegels kann ebenso aus der in Abb. 135 eingetragenen Ritzhärte die Ritztiefe ermittelt werden. Für große Eindringtiefen ergibt sich aus Abb. 137 ein linearer Zusammenhang zwischen beiden Eindringtiefen. Dieser lineare Zusammenhang erscheint jedoch mit abnehmender Tiefe, also zunehmender Härte gestört. Die Eindringtiefe ergibt beim Ritzversuch jetzt aus der Annahme des reinen Kegels zu große Werte.

Auch hier finden wir also in besonders klarer Form den Einfluß der fehlenden Kegelspitze, wie wir ihn schon auf S. 126 kennengelernt haben, wieder.

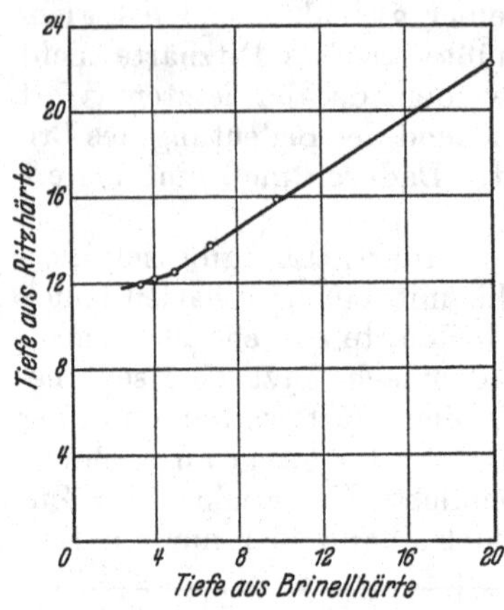

Abb. 137. Vergleich der Eindrucktiefen, errechnet aus Ritzhärte und Brinellhärte nach Abb. 135.

Bisher wurde der Verlauf der verschiedenen Härtewerte in Abhängigkeit von der Brinellhärte untersucht, insbesondere wurde die Abhängigkeit der Rockwellhärte von der Brinellhärte näher betrachtet. Damit kann nun auch etwa die Rockwellhärte als Grundwert angesetzt werden, und der Verlauf der übrigen Härtewerte in Abhängigkeit von der Rockwellhärte untersucht werden. Hierzu ist lediglich eine Umrechnung der Brinellachse in eine Rockwellachse gemäß der abgeleiteten Beziehung zwischen Rockwell- und Brinellhärte nötig.

Auf einige Beziehungen sei im folgenden kurz eingegangen.

V. Rockwellhärte und andere Härtewerte.

Schon in den Abb. 99, 100 und 103 wurde der Zusammenhang der Rockwellhärte mit der Rückprallhärte gelegentlich anderer Untersuchungen kurz gestreift. Wie bereits erwähnt, sind diese Beziehungen theoretisch durch Transformierung der Brinellachse in eine Rockwellachse zu erhalten. Hierbei kommt es selbstverständlich sehr darauf an, wie die Versuchsbedingungen bei beiden Härteprüfverfahren im einzelnen gewählt werden.

Ohne auf Einzelheiten einzugehen, kann gefolgert werden, daß für kleine Rockwellhärten die Rücksprunghärte nur sehr wenig ansteigen kann, da ja, wie wir gesehen haben, in niedrigen Rockwellstufen die Härtezahlen sehr weit auseinandergelegt werden. Andererseits zeigt die Rücksprunghärte bei großer Härte nur noch einen geringen Zuwachs. Je nach den Versuchsbedingungen vermag die Rücksprunghärte früher oder später keine merklichen Unterschiede mehr anzuzeigen. Die beide Härtewerte verbindende Kurve muß demnach einen flachen S-förmigen Verlauf im großen und ganzen zeigen, wobei je nach den Versuchsbedingungen entweder der flach ansteigende Anfangsast, der mittlere stark ansteigende Teil mit Wendepunkt, oder aber der obere Teil mit seiner Einbiegung in einen waagerechten Verlauf erhalten wird. Diese verschiedenen Fälle sind insbesondere der Abb. 103 zu entnehmen.

VI. Vickershärte und andere Härtewerte.

In Abb. 138 ist die Vickershärte mit verschiedenen, anderen Härtewerten in Vergleich gesetzt. In dem Verlauf der einzelnen Härtewerte kommt der Einfluß der jeweiligen Begriffsbestimmung aber auch der besondere Einfluß der Prüfbedingungen klar zum Ausdruck.

Zunächst zeigt sich, daß die Monotronhärte geradlinig mit wachsender Vickershärte bis zu großen Härten ansteigt. Über die Beziehung der Rockwellhärte zur Vickershärte braucht nichts weiter gesagt zu werden, auch hier zeigt sich der aus der Begriffsbestimmung beider Härtewerte abzuleitende grundsätzliche Verlauf.

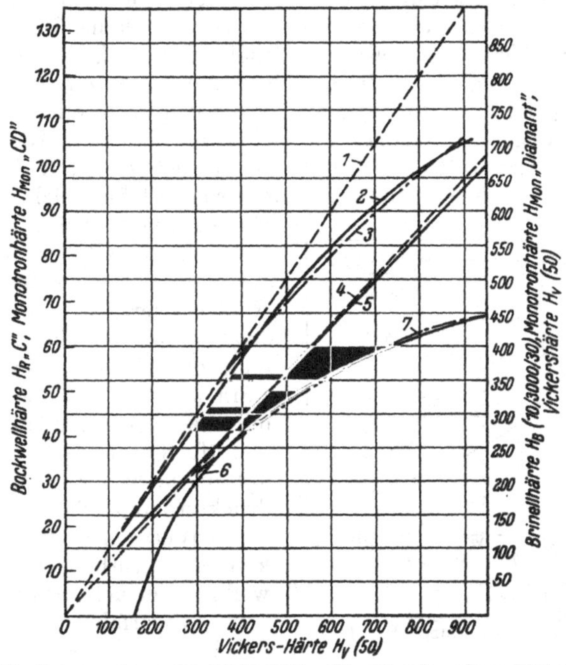

Abb. 138. Zusammenhang der Vickershärte (H_V 50) mit anderen Härtewerten. (Franke, Gmelins Hdbch. Anorg. Chemie.)

1 Monotronhärte H_{Mon} „Diamant".
2 H_B (10/3000/30) mit „Hultgren"-Kugel nach NN. Sawin, E. Stachrowski.
3 HB (10/3000/30) mit „Hultgren"-Kugel nach H. Hessenmüller.
4 Theoretische Monotronhärte } nach N. N. Sawin, E. Stachrowski.
5 H_V 50 = 9,6 Mon_{CD} — 20 } nach N. N. Sawin, E. Stachrowski.
6 Rockwellhärte H_R „C" nach N. N. Sawin, E. Stachrowski.
7 Rockwellhärte H_R „C" nach H. Hessenmüller.

Die Brinellhärte, die hier mit der „Hultgren-Kugel" aufgenommen wurde, verläuft zunächst geradlinig mit wachsender Vickershärte. Nach Überschreitung einer Brinellhärte von etwa 400 kg/m² tritt jedoch eine deutliche, und immer stärker sich ausbildende Abweichung auf. Diese Abweichung muß der Abplattung der Prüfkugel zugeschrieben werden, vgl. S. 88. Daß bei der Kugeldruckprüfung die Formänderungen der unter Last stehenden Kugel immer mehr sich bemerkbar machen müssen, je mehr sich die Härte des Prüflings derjenigen der Prüfkugel nähert, und dadurch die spezifische Flächenbelastung zu klein gefunden wird, geht auch aus Versuchen von Mailänder (*98*) hervor. Durch Anwendung besonders harter Kugeln erhielt Mailänder zwar höhere Härtewerte, doch blieben auch diese Werte erheblich unter denjenigen zurück, die mit Diamantkugeln erhalten wurden.

VII. Schlaghärte und andere Härtewerte.

Bei der Schlagprüfung wird eine Kugel entweder durch ein Fallgewicht, oder aber durch eine gespannte Feder in den Prüfling getrieben. Derartige Versuche zeichnen sich dadurch aus, daß unabhängig von der zu bestimmenden Härte die Stoßenergie gleich groß gehalten wird. Beim Stoß selbst wird jedoch diese zur Verfügung stehende Stoßenergie in ganz verschiedene Anteile der Stoßkraft und des Stoßweges aufgeteilt, wie dies auf S. 113 im einzelnen dargelegt wurde. Je weicher der Prüfkörper ist, desto tiefer dringt die Prüfkugel ein, desto größer ist der Stoßweg, desto kleiner aber wird die Stoßkraft. Im Gegensatz hierzu wird beim statischen Kugeldruckversuch stets mit der gleichen Prüflast gearbeitet. Hieraus ist zu folgern, daß für weiche Stoffe der Eindruckmesser beim dynamischen Versuch im allgemeinen kleiner ausfallen muß, als beim statischen Eindruckversuch. Für harte Stoffe dagegen wächst die Stoßkraft infolge des kleinen Stoßweges sehr stark an. Der Prüfling wird daher mit wesentlich größerer Prüflast geprüft und es ist zu erwarten, daß nunmehr der dynamische Eindruck größer ausfällt als beim statischen Versuch. Diese Beziehungen können natürlich durch die jeweiligen Versuchsbedingungen bei der Prüfverfahren, insbesondere durch die sehr verschiedene Belastungszeit, stark beeinflußt werden, immerhin ist aus dieser Überlegung zu folgern, daß mit wachsender Härte des Prüflings das Verhältnis der Eindruckdurchmesser beim dynamischen und statischen Versuch zunehmen muß. Dies wird durch Versuche von Goerens und Mailänder (*194*) bestätigt, Abb. 139.

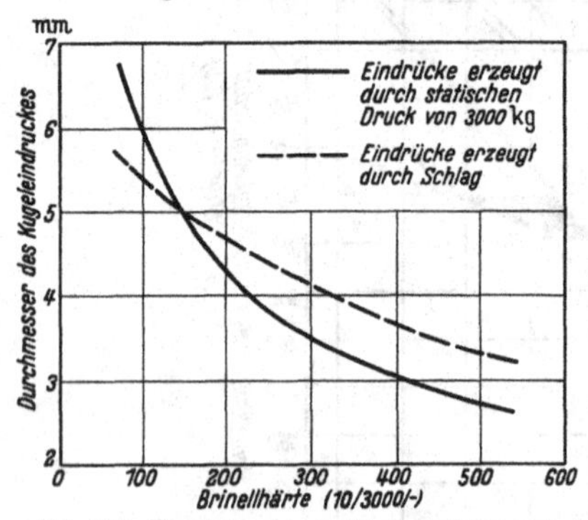

Abb. 139. Vergleich von statisch und dynamisch erzeugten Eindrücken in verschieden hartem Werkstoff (10 mm-Kugel). (Goerens u. Mailänder, Hdbch. Exp. Physik.)

Die Betrachtungen dieses Abschnittes haben gezeigt, daß es möglich ist, die Beziehungen der einzelnen Härtewerte wenigstens in ihrem allgemeinen Verlauf theoretisch abzuleiten. Es hat sich aber auch ergeben, daß die Beeinflussung dieser Beziehungen durch die jeweiligen Versuchsbedingungen außerordentlich mannigfaltig ist.

Fünfter Teil.

Kalthärtung.

Im Laufe der bisherigen Betrachtungen wurde schon mehrfach die Erscheinung der Verfestigung erörtert. Durch eine vorangehende Kaltverformung werden die Festigkeitswerte erhöht. Wie bereits ausgeführt, tritt hierbei streng genommen keine Verfestigung auf, vielmehr ist für den Gesamtmodul des vorverformten Werkstoffes der E-Modul bis zu höheren Belastungen maßgebend, eine „Entfestigung" tritt also durch eine vorangehende Verformung erst bei höheren Spannungen auf. Der E-Modul selbst ändert sich durch eine Vorbelastung nur wenig. Oder mit anderen Worten, durch die vorangehende Verformung wird die durch die plastischen Vorgänge verursachte Dämpfung geringer. An Hand der Abb. 10 wurde gezeigt, daß im wesentlichen keine Unterschiede bestehen, wenn man stets die beobachtbaren Verformungen auf den jungfräulichen Zustand des Werkstoffs bezieht, gleichgültig ob man einen Prüfkörper in einem einzigen Zuge bis zu einer Höchstlast beansprucht, oder aber, ob man in einzelnen, allmählich sich steigernden Belastungen und Entlastungen bis zur Höchstlast vordringt.

Die Erfahrung zeigt nun, daß durch eine Verformung der metallischen Werkstoffe nicht nur die Festigkeitswerte, sondern auch die mit den verschiedenen Härteprüfgeräten feststellbaren Härtewerte gehoben werden. Es tritt Kalthärtung ein. Die Wichtigkeit dieser Erscheinung verlangt eine ausführliche Behandlung.

I. Vorgänge im Eindruck.

1. Grundversuch.

Ähnlich wie beim statischen Belastungsversuch kann man auch beim Eindrücken einer Kugel in die Oberfläche eines metallischen Werkstoffs die sich zeigenden Erscheinungen durch Abb. 10 darstellen. Man kann die Kugel in einem einzigen Schritt bis zur Höchstlast belasten, oder man kann diese in kleinen Einzelschritten mit erhöhter Last eindrücken, mit jeweils zwischengeschalteten Entlastungen. Auch hier erhält man in beiden Fällen im wesentlichen den gleichen Kurvenzug. Beim nachfolgenden Belastungshub setzt, von Nebenerscheinungen abgesehen, der Verformungsvorgang dort ein, wo beim vorangehenden Hub die Belastung unterbrochen wurde.

Tatsächlich wird häufig die Brinellhärte in Abhängigkeit von der Prüflast dadurch ermittelt, daß die Kugel nach Entlastung und Ausmessung des Eindrucks stets in den gleichen Eindruck gedrückt wird. Schon die Versuche von Meyer (*108*) sind in dieser Form durchgeführt, um von örtlichen Schwankungen der Härte an der Oberfläche des Prüfstücks unabhängig zu werden. Hierbei wird stets die gleiche Härte gefunden, gleichgültig, ob mit erhöhter Last die Kugel in den Eindruck des vorangehenden Versuchs gedrückt wird, oder ob die Messung an einer unverletzten Stelle erfolgt.

Diese Feststellung scheint auf den ersten Blick mit den Ergebnissen des statischen Belastungsversuchs in Widerspruch zu stehen. Durch das erstmalige Eindrücken einer Kugel wird der Werkstoff bleibend verformt. Wird nun im gleichen Eindruck ein zweiter Versuch mit erhöhter Last durchgeführt, so müßte eine Erhöhung der Härte sich bemerkbar machen, genau wie beim statischen Zugversuch eine Erhöhung der Festigkeitswerte beobachtet wird. Tatsächlich aber wird, abgesehen von örtlichen Schwankungen der Härte, beim Kugeldruckversuch im Gegensatz zum statischen Belastungsversuch stets die gleiche Zahl festgestellt, gleichgültig, ob allmählich die Last gesteigert oder aber sofort die Endlast aufgebracht wird.

Diese Unabhängigkeit der aus einem Eindruckversuch gewonnenen Härtezahlen von der Art der Durchführung des Belastungsversuchs erklärt sich zwanglos durch die Bezugnahme auf die jeweilige Gesamtkalotte. Bei der Wiederholung von Eindruckversuchen mit schrittweise gesteigerter Prüflast wird stets die zusätzliche Wirkung der letzten Belastung zu derjenigen der vorangegangenen Belastungen hinzugezählt, die Härtezahl wird also durch Bezugnahme auf die Gesamtkalotte gewonnen, trotzdem diese Gesamtkalotte nur zum Teil durch die letzte Belastung entstanden ist.

Oder mit anderen Worten, die der Verformung in Abb. 10 entsprechende Eindrucktiefe beim Kugeldruckversuch wird stets von der unverletzten Oberfläche aus gerechnet, es wird also die durch Steigerung des Prüfdrucks erzeugte Zunahme der Eindrucktiefe nicht für sich betrachtet, sondern sie wird zu der schon vorhandenen Eindrucktiefe hinzugerechnet. Die Kugeldruckhärte wird demnach stets auf die unverletzte Oberfläche bezogen, die Verformungen werden vom Nullpunkt des unverformten Werkstoffs aus gerechnet.

Ähnlich wie man beim statischen Belastungsversuch gemäß Abb. 10 keinen Einfluß der Verfestigung erhält, wenn man sich stets auf den Ausgangszustand des unverformten Werkstoffs bezieht, kann man auch beim Kugeldruckversuch nicht die durch die Verfestigung infolge eines vorangehenden Eindruckversuchs eingetretene Härteänderung feststellen, weil hier diese Bezugnahme auf die unverformte Oberfläche sich infolge der Eigentümlichkeit des Kugeldruckversuchs von allein ergibt. Während bei einem statischen Zugversuch ein zweiter Prüfer die bei einem ersten Belastungsversuch eingetretene Kaltverformung nicht ohne weiteres erkennen kann, er somit die von ihm gemessenen Verformungen auf den bereits vorverformten Zustand bezieht, bleibt beim Kugeldruckversuch der Eindruck sichtbar bestehen. Ein zweiter Prüfer bezieht daher seine Ergebnisse auf die unverformte Oberfläche, d. h. er macht seinen Versuch mit erhöhter Last entweder an einer unverformten Stelle der Oberfläche, oder aber, wenn er im gleichen Eindruck prüft, schlägt er die durch die erhöhte Last erzielte Eindruckzunahme zum bereits vorhandenen Eindruck hinzu. In beiden Fällen bezieht er sich also auf die unverformte Oberfläche, d. h. auf den ursprünglichen Nullpunkt gemäß Abb. 10.

Um die durch einen vorangehenden Eindruckversuch erzeugte Kalthärtung in einem zweiten Versuch feststellen zu können, muß der anschließende Härteprüfversuch die vorverformte Kalottenoberfläche als neue Oberfläche betrachten, von der aus die im zweiten Versuch erzeugten Verformungen zu rechnen sind. Zur praktischen Durchführung solcher Messungen muß beim zweiten Versuch ein wesentlich kleinerer Eindruckkörper benutzt werden, so daß das zu prüfende Flächenelement der Kugelkalotte als ungefähr ebene Fläche für diesen kleinen Eindruckkörper anzusehen ist. Benutzt man umgekehrt beim ersten Belastungsversuch eine sehr große Kugel, im Grenzfall eine ebene Platte, so muß der übliche Brinellversuch auf dem Grund der sehr flachen Kalotte, bzw. auf der vorverformten ebenen Prüffläche ebenfalls den Einfluß der Kalthärtung zeigen.

2. Kalthärtung im Eindruck.

Die Kalthärtung in einem Prüfeindruck bei Verwendung verschiedener Eindruckkörper ist von Krupkowski (*86*) untersucht worden. Seine Ergebnisse an Kupfer sind in Abb. 140 dargestellt. Hierbei wurden mit kleinen Kugeln von 1 mm Durchmesser die Brinellhärten an verschiedenen Stellen des Eindrucks untersucht.

Man erkennt, daß die tiefste Stelle des Kugeleindrucks die höchste Härtezahl liefert, sie nimmt dann nach dem Rande zu ab, um schließlich in die Härte des unverformten Werkstoffs überzugehen. Wenn man diese Brinellwerte in die neuen Härtewerte umrechnen würde, so würden

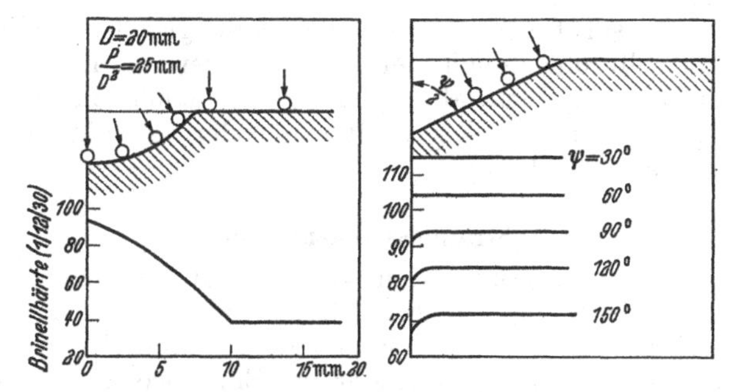

Abb. 140. Kalthärtung im Eindruck, links Kugeleindruck, rechts Kegeleindruck. (Krupkowski, Rev. mét. 1931.)

sich entsprechend wesentlich größere Unterschiede an den verschiedenen Stellen der Eindruckkalotte ergeben.

Die Verteilung der Härte in einem Kegeleindruck ist wesentlich gleichmäßiger. Wenn man von der Kegelspitze selbst absieht, so läßt sich an den Seitenwänden des Kegeleindrucks eine annähernd gleichbleibende Härtezahl feststellen. Nur unterhalb der Kegelspitze selbst zeigt sich eine Abnahme der Härte, im Gegensatz zu den Verhältnissen beim Kugeleindruck. Diese Abnahme der Härte ist besonders bei weiter Kegelöffnung ausgeprägt. Sie mag ihren Grund in der fehlenden Kegelspitze infolge unvermeidlicher Abrundung haben.

Heller (*49*) stellte ebenfalls Versuche über die Kalthärtung an. Er mißt die Kalthärtung an der Kuppe eines Brinelleindrucks durch die Zunahme der im Kugeleindruck ermittelten H_R „*C*"-Werte im Vergleich zu den entsprechenden Rockwellwerten der unverletzten Probenoberfläche. Die Zunahme der Rockwellhärte in der Kalotte ist um so größer, je geringer die Rockwellhärte im unverformten Zustand ist. Auch hier würde die Umrechnung der Rockwellwerte auf die neuen Härtewerte ein wesentlich anderes Bild ergeben, doch sei hierauf nicht weiter eingegangen.

Während man bei der Brinellprüfung infolge der Bezugnahme auf den Durchmesser der Gesamtkalotte bei schrittweise gesteigerter Prüflast stets den gleichen Wert erhält, gleichgültig ob man im gleichen Eindruck prüft, oder jedesmal eine neue Stelle der Oberfläche nimmt, liegen die Verhältnisse bei der Rockwellprüfung wesentlich anders. Würde man in ähnlicher Weise Rockwellmessungen durchführen, so würde man bei der Prüfung im gleichen Eindruck merklich höhere Härtezahlen erhalten, als wenn man an einer unverletzten Stelle der Oberfläche mißt. Führt man die Prüfspitze eines Rockwellapparates stets in den gleichen Eindruck, so wird die Nullstellung der Meßuhr stets sich auf die bereits vorhandene Eindrucktiefe beziehen. Der Zuwachs an Eindrucktiefe durch die erhöhte Last wäre offensichtlich wesentlich kleiner, als wenn man die Eindringtiefe unter der gleichen erhöhten Last an einer unverletzten Stelle prüft. Die Rockwellhärtezahlen müssen sich daher im Gegensatz zu den Brinellzahlen je nach der Versuchsdurchführung stark unterscheiden.

Für die Vickersprüfung gelten sinngemäß die gleichen Bedingungen wie für die Brinellprobe. Auch hier wird stets der Gesamteindruck gemessen, so daß also die Härtezahlen gleich groß sein müssen, gleichgültig, ob stets im gleichen Eindruck geprüft wird, oder aber eine neue Stelle der Oberfläche ausgesucht wird.

3. Strainless Indentation.

Um die Härte des ursprünglichen Werkstoffs zu bestimmen, ohne daß die Versuchsergebnisse durch Kalthärtung im Eindruck beeinflußt werden, hat Hanriot (*46*) und unabhängig von ihm Harris (*47*) vorgeschlagen, nach der Erzeugung des ersten Eindrucks die Probe auszuglühen und den Eindruckversuch mit der gleichen Last an derselben Stelle zu wiederholen. In dieser Weise wird fortgefahren, bis der Eindruck nicht mehr zunimmt und eine Endgröße erreicht, was etwa nach zehnmaliger Wiederholung des Versuchs erfolgt. Dieser Endeindruck liefert eine Brinellzahl, die etwa nur ein Drittel der ursprünglichen Brinellhärte erreicht. Die so gefundene Brinellzahl nennt Harris die „absolute Härte“, vgl. auch Franke (*34*).

Wenn auch diesem „Strainless Indentation-Verfahren“ keine praktische Bedeutung wegen seiner Umständlichkeit zukommen dürfte, so bietet es doch grundsätzliches Interesse. Am besten wird hierzu zunächst ein Parallelversuch in ähnlicher Weise beim Zugversuch durchdacht. Ein Prüfstab werde zu diesem Zweck zunächst bis zur Erreichung bleibender Verformungen belastet und hierauf entlastet. Damit ist der Werkstoff in einen „verfestigten“ Zustand gekommen, d. h. bei diesem ersten Belastungsversuch sind bleibende Verformungen aufgetreten, die bei einer anschließenden Wiederholung des Versuchs kritische Festigkeitswerte höher bestimmen lassen. Wird nunmehr der Stab nach der ersten Belastung ausgeglüht, so zeigt er bei einem zweiten Versuch wenigstens angenähert das gleiche Verhalten, d. h. bei der gleichen spezifischen Belastung wird die verhältnismäßige bleibende Dehnung stets gleich groß gefunden, und der Stab wird sich weiter längen.

Wird jedoch nach dem jedesmaligen Ausglühen die spezifische Beanspruchung kleiner gewählt, so fällt die bleibende Verformung jeweils kleiner aus, bis schließlich bei schrittweise verkleinerter Beanspruchung nach dem Ausglühen eine kritische Beanspruchung gefunden wird, bei der die bleibenden Verformungen unmeßbar klein werden, bei der also die E-Grenze unterschritten ist. Ein derartiger Versuch läuft demnach darauf hinaus, ein Belastungs-Verformungs-Schaubild sozusagen von rückwärts aufzunehmen, wobei die verschiedenen Gleichgewichtszustände beginnend von großen Verformungen und endigend bei unmeßbar kleinen Verformungen ermittelt werden. Von Nebenerscheinungen abgesehen, muß bei einer solchen Versuchsdurchführung das gleiche Schaubild erhalten werden, wie bei der üblichen Versuchsdurchführung. Insbesondere müssen die Festigkeitswerte, etwa die E-Grenze, gleich groß gefunden werden.

Ein ähnlicher Vorgang tritt auch beim entsprechend durchgeführten Kugeldruckversuch auf. Wenn man nach einem erstmaligen Eindruck die Probe ausglüht, so wird der Stoff in den Anfangszustand versetzt. Wird nun erneut im gleichen Eindruck belastet, so treten genau wie beim Zugversuch zusätzlich bleibende Verformungen auf, die Kalotte weitet sich auf. Infolge dieser Aufweitung der Kalotte sinkt die spezifische Beanspruchung. Wird demnach abwechselnd belastet und ausgeglüht, so sinkt die Beanspruchung in der Kalotte immer mehr, bis schließlich diese auf einen kritischen Wert sinkt, der keine bleibenden Verformungen mehr zu erzeugen vermag, die Kalotte hat nunmehr ihre Endgröße erreicht, ebenso die Beanspruchung.

Aber genau so, wie man beim Zugversuch die kritische Belastung, unter der keine meßbaren Verformungen mehr auftreten, nicht von rückwärts zu bestimmen versuchen wird, kann man auch beim Brinellversuch die entsprechende kritische Beanspruchung durch einen einmaligen Versuch ermitteln. Man hat zu diesem Zweck die Last von Null beginnend so weit zu steigern, daß gerade noch keine bleibende Verformung auftritt (vgl. Härteprüfung nach Hertz); auch in diesem Fall wird eine kleinere spezifische Beanspruchung in der vorwiegend elastisch verformten Kalotte gefunden. Die absolute Härte nach Harris entspricht demnach im wesentlichen der Hertzschen Begriffsbestimmung.

Allerdings werden sich hierbei gewisse Abweichungen beim Kugeldruckversuch ergeben, da die Verteilung der Last im Eindruck infolge der geometrischen Unähnlichkeit der sehr verschieden großen Eindrücke ganz verschieden ist.

Die Frage nach der „absoluten Härte“ findet im Schrifttum immer wieder besondere Beachtung. Neuerdings versuchen Mahin und Foss jr. (*97*) diese „absolute Härte“ von Metallen dadurch zu bestimmen, daß in die Probe Kugelflächen mit dem Durchmesser der Prüfkugeln eingedreht werden. Hierauf wird die höchste Belastung der in diese vorbereiteten Kalotten eingeführten Prüfkugeln bestimmt, die gerade keine meßbare Vergrößerung der Kugelflächen mehr erzeugt. Als „absolute Härte“ wird der Quotient aus dieser Belastung und der Projektion der Kugelfläche bezeichnet. Wenn man von der Kalthärtung, die durch das

Hereinarbeiten der Kugelfläche in die Prüffläche entsteht, absehen darf, so wird also auch hier die E-Grenze des Werkstoffs, allerdings auf sehr umständliche Weise bestimmt. Dazu ist aber der übliche Druck- oder Zugversuch viel besser geeignet, da die Verteilung der Prüflast über den Prüfquerschnitt in einem Prüfstab wesentlich gleichmäßiger ist. Bei der Prüfung in einer Kalotte dagegen ist die Beanspruchung sehr ungleichmäßig über die Prüffläche verteilt, so daß man für die E-Grenze nur einen gewissen Mittelwert erhalten kann.

I. Kalthärtung durch Verformung.

1. Versuchsergebnisse.

Im Rahmen dieses Buches sind Untersuchungen von besonderem Interesse, bei denen der Gang der verschiedenen Härtekennzahlen in Abhängigkeit von der Größe der Kaltverformung ermittelt wird. Wenn auch bei den einzelnen Prüfverfahren eine ganz verschiedene zusätzliche Verformung durch die Härteprüfung selbst auftritt, so ist doch zu erwarten, daß eine Auswertung nach den neuen Härtewerten eine wesentlich klarere Übersicht über die Zustandsänderungen im Werkstoff ermöglicht. Derartige Untersuchungen bilden also eine erwünschte Ergänzung zur Beurteilung der neuen Härtewerte, ganz abgesehen davon, daß die Beeinflussung des Werkstoffs durch die Kaltbearbeitung besser erkannt wird.

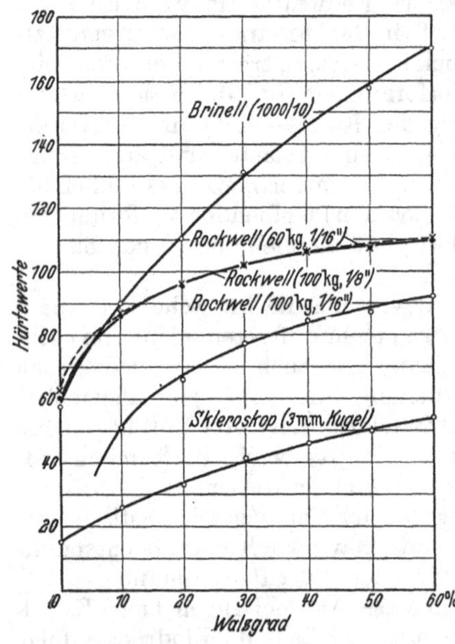

Abb. 141. Kalthärtung von kaltgewalztem Messing. (Malam, Journ. Inst. of Metals 1928.)

Vergleichende Versuche an Messing wurden von Malam (*99*) ausgeführt, wobei die Härte in Abhängigkeit von der Kaltverformung beim Walzen durch den Brinellversuch, durch den Rückprallversuch und durch den Rockwellversuch mit zwei verschiedenen Prüflasten ermittelt wird. In Abb. 141 sind die Versuchsergebnisse dargestellt. Danach steigen sämtliche Härtewerte mit zunehmender Abwalzung mehr oder weniger an, ohne einen bestimmten Grenzwert zu erreichen, wenn die Verringerung der ursprünglichen Dicke 60% erreicht hat. Auffällig hierbei ist, daß die Brinellhärte selbst für die größte Kaltverformung noch sehr stark ansteigt, während die Rücksprunghärte, insbesondere aber die beiden Kurven der Rockwellhärte einen wesentlich flacheren Anstieg zeigen.

Diese Kurven wurden nun in neue Härtewerte umgerechnet, wobei allerdings nur Verhältniszahlen gewonnen werden. Abb. 142 zeigt den Verlauf der so gewonnenen Härtezahlen. Der Verlauf der aus den verschiedenen Härtezahlen gewonnenen neuen Härtezahlen zeigt eine wesentlich bessere Übereinstimmung des grundsätzlichen Verlaufs. Sämtliche Härtezahlen steigen mit zunehmender Kaltwalzung angenähert geradlinig an. Lediglich die Kurven für die Brinell- und Skleroskophärte zeigen für große Verformungen einen leichten Knick, auf den schon hier hingewiesen wird, da er sich in ähnlicher Weise bei anderen Versuchsreihen ebenfalls zeigt.

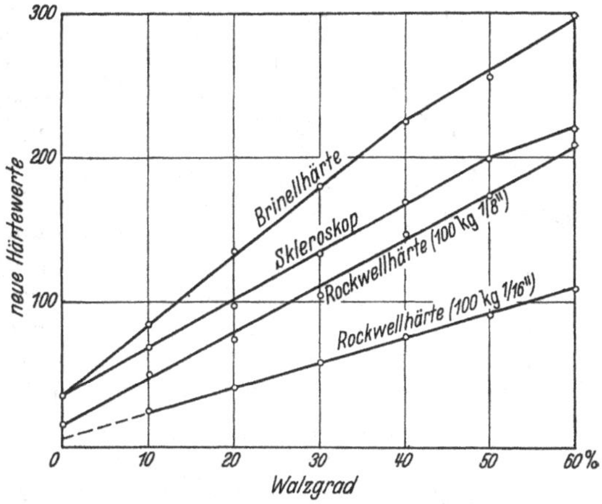

Abb. 142. Kalthärtung von kaltgewalztem Messing, gemessen durch neue Härtewerte, errechnet aus Abb. 141.

In Abb. 143 wurde nun angenommen, daß für eine Dickenverminderung von 40% sämtliche Härtewerte absolut genommen, den gleichen Wert aufweisen, auf diesen Wert wurden dann alle anderen Härtewerte bezogen. Bemerkenswert ist, daß die Geraden für den Brinell- und den Rückprallversuch sehr nahe übereinstimmen. Wenn man überlegt, wie viele Einflüsse sich bei der Versuchsdurchführung der beiden ganz verschiedenen Prüfmethoden bemerkbar machen können, und welcher Unterschied in der Größe der bei der Prüfung selbst auftretenden Verformung besteht, so ist diese Übereinstimmung bemerkenswert. Eine genauere Untersuchung, insbesondere eine Berücksichtigung der Leerlaufdämpfung beim Rückprallversuch, dürfte in Zukunft eine noch bessere Übereinstimmung ergeben.

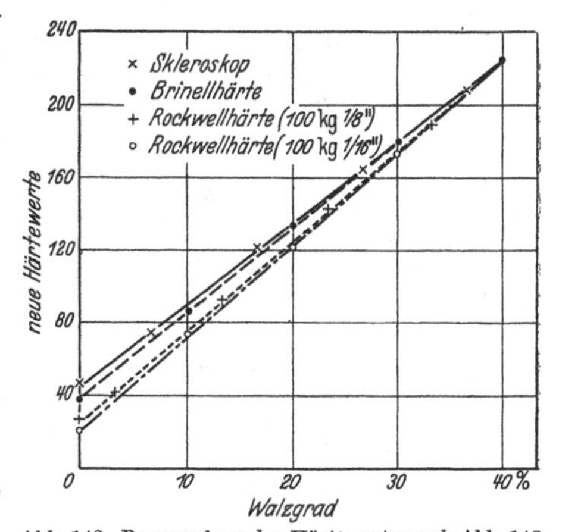

Abb. 143. Bezugnahme der Härtewerte nach Abb. 142 auf den Walzgrad von 40%.

Die beiden für verschiedene Prüflasten gewonnenen Rockwellkurven fallen ebenfalls angenähert zusammen. Sie liegen allerdings tiefer als die Kurven für Brinell- und Rücksprungversuch. Hierzu ist zu bemerken, daß die Berücksichtigung der Vorlast einige Schwierigkeiten bereitet da, die durch die Vorlast erzwungene Verformung nur durch Extrapolation gefunden werden kann.

Zum mindesten kann aus Abb. 142 entnommen werden, daß auf Grund der neuen Härtewerte bei allen Prüfverfahren das gleiche Gesetz gefunden wird, nämlich, daß die neue Härte mit steigendem Walzgrad linear zunimmt, wobei allerdings für hohe Walzgrade ein leichter Knick im Anstieg auftreten kann. Die maximale Höchstverfestigung ist also bei einem Walgrad von 60 % noch nicht erreicht, trotzdem aus dem heutigen Rücksprungversuch, und insbesondere aus dem Rockwellversuch entnommen werden könnte, daß sich die Verfestigung einem Grenzwert nähert. Auch dieses Beispiel zeigt demnach, daß die heutigen Härtewerte von dem grundsätzlichen Verlauf der Härte ein verzerrtes Bild geben, wodurch die Praxis zu falschen Schlußfolgerungen verleitet wird.

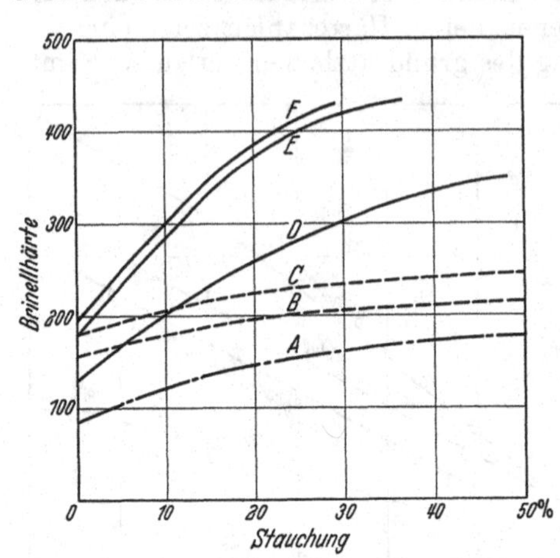

Abb. 144. Kalthärtungsversuche (Monypenny).
A Nickel-Silber
B Weicher Stahl, 0,15% C
C 0,1% C, 13,5% Cr, 0,27% Ni
D 0,09% C, 16,0% Cr, 10,9% Ni
E 0,12% C, 18,0% Cr, 8,2 % Ni
F 0,23% C, 20,5% Cr, 6,64% Ni.

Weitere Kalthärtungsversuche an verschiedenen Stahlsorten nach Monypenny sind bei O'Neill (*116*) dargestellt, wobei leider nur die Brinellwerte bestimmt wurden. Die Kurven der Abb. 144 zeigen, daß nunmehr auch die Brinellhärte den Eindruck erweckt, als ob die Härte für große Stauchungen einem Grenzwert zustrebt. In Abb. 145 sind diese Messungen wiederum in neuen Härtewerten ausgerechnet. Bemerkenswert hierbei ist, daß auch diese Kurven mit zunehmender Stauchung linear ansteigen, und daß sich auch hier plötzliche Richtungsänderungen der Härte ergeben.

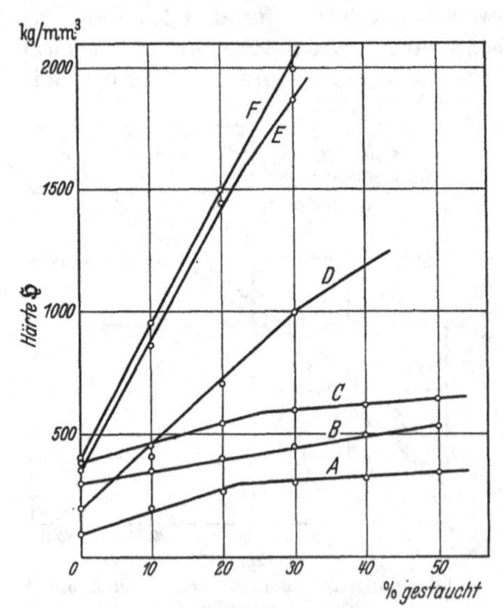

Abb. 145. Kalthärtung, gemessen durch neue Härtewerte, für die Werkstoffe gemäß Abb. 144.

Nach Überschreitung einer bestimmten Kaltverformung, die sich also aus der Verformung durch Stauchen und aus der zusätzlichen Verformung beim Eindruckversuch selbst zusammensetzt, nimmt die neue Härte plötzlich langsamer zu.

Es ist ferner bemerkenswert, daß die Kalthärtung sich durch die neuen Härtewerte wesentlich größer ergibt als in den üblichen Brinellwerten.

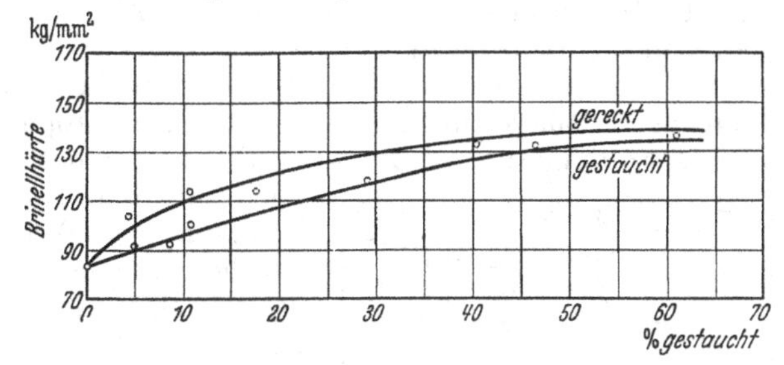

Abb. 146. Brinellhärte in Abhängigkeit von der Kaltverformung. (Franke, Diss. 1931.)

So steigt z. B. für den Stahl F die Brinellhärte von 195 bis auf 450 für eine Stauchung von 30%, während die neuen Härtewerte einen Anstieg von 400 auf 2000 zeigen.

Zahlreiche Versuche über den Verlauf der verschiedenen Härten in Abhängigkeit von einer vorangehenden Kalthärtung hat auch Franke (*33*) durchgeführt. Hier seien als Beispiel einige Versuche an Weichstahl angeführt. Abb. 146 zeigt zunächst den Anstieg der Brinellhärte in Abhängigkeit von der Kaltverformung bei einem Prüfdruck von 1500 kg. Auch diese Kurven erwecken den Eindruck, als ob die Brinellhärte mit steigender Kaltverformung einem Grenzwert zustrebt. Die neuen Härtewerte für die Stauchung sind in Abb. 147 dargestellt. Auch hier steigt demnach die neue Härte linear mit wachsender Verformung an, um nach Durchschreitung eines Knickes langsamer weiter zu steigen.

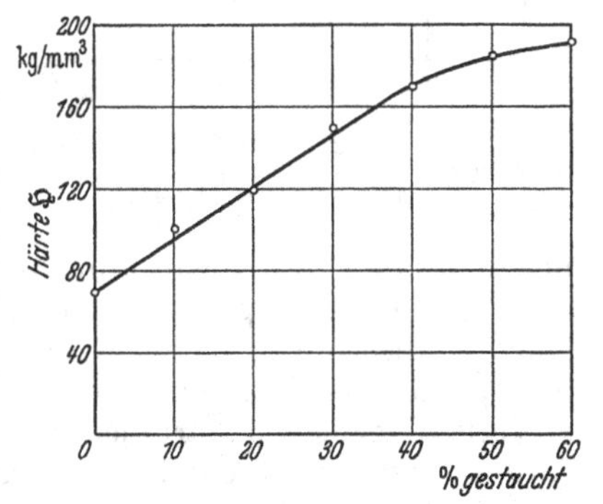

Abb. 147. Neue Härte in Abhängigkeit vom Walzgrad, errechnet aus Abb. 146.

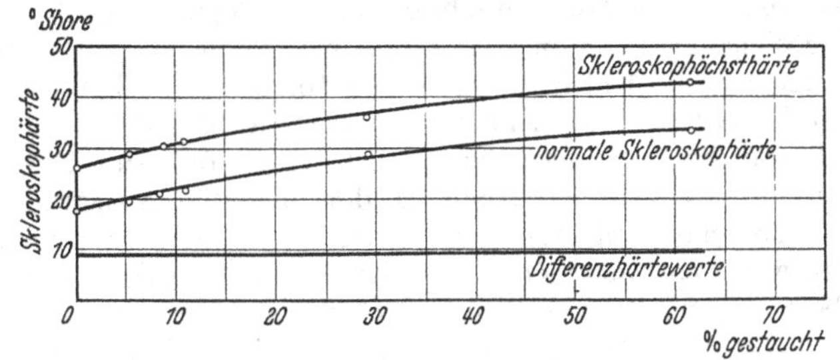

Abb. 148. Skleroskophärte in Abhängigkeit vom Walzgrad. (Franke, Diss. 1931.)

Für den gleichen Werkstoff sind in Abb. 148 die aus Rückprallversuchen ermittelten Härtewerte eingetragen, und zwar ist der Verlauf der normalen Skleroskophärte und außerdem die jeweils bei mehrfach wiederholten Versuchen gefundene Höchsthärte eingetragen. Die dritte Kurve gibt den Unterschied der beiden Härten an, also die durch das mehrfache Aufprallen der Prüfkugel bewirkte zusätzliche Härtung. Die Kurven zeigen einen ähnlichen Verlauf wie diejenigen der Brinellhärte in Abb. 146. Auch hier scheint sich ein Grenzwert für die Härte auszubilden. Abb. 149 zeigt die entsprechende Auswertung durch die neue Skleroskophärte. Die Kurven steigen geradlinig an, wobei sowohl die aus der normalen, als auch aus der Höchsthärte entnommenen Werte einen deutlich ausgeprägten Knick zeigen. Sowohl aus der Brinellhärte als auch aus der Rückprallhärte ist demnach auch bei dem untersuchten Weichstahl dieser Knick festzustellen.

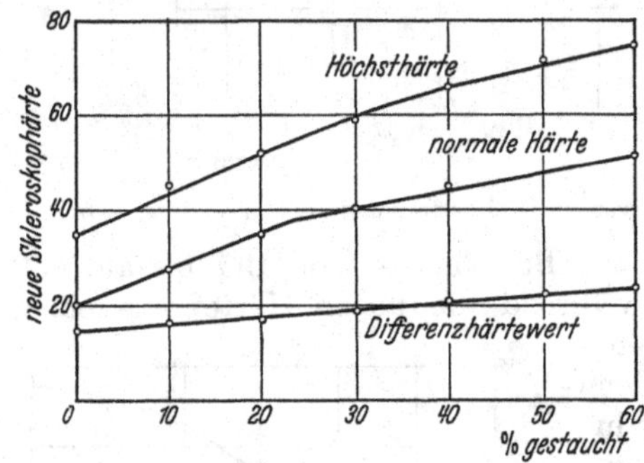

Abb. 149. Kalthärtung von Weichstahl in Abhängigkeit vom Walzgrad, gemessen durch neue Rücksprunghärte, errechnet aus Abb. 148.

Bemerkenswert bei diesen Versuchen ist, daß selbst bei hohen Walzgraden durch das mehrmalige Aufprallen der Prüfkugel noch eine zusätzliche Härtung erzeugt wird. Zum mindesten sollte man annehmen, daß diese zusätzliche Kalthärtung durch den Rückprallversuch mit wachsendem Walzgrad allmählich abnimmt, dies um so mehr, als ja die Brinellhärte nur noch wenig zunimmt, also das Erreichen eines Endzustandes vermuten läßt. Wie der Verlauf der neuen Härte jedoch zeigt, ist keineswegs selbst für einen Walzgrad von 60% ein Endzustand erreicht, im Gegenteil die tatsächliche Härte zeigt weiterhin steigende Tendenz. Damit ist die zusätzliche Kalthärtung im Rückprallversuch auch bei hohen Walzgraden ohne weiteres erklärlich.

2. Messung der Kalthärtbarkeit.

Die dargestellten Versuchsergebnisse lassen erkennen, daß die in verschiedener Weise ermittelten Härtewerte mehr oder weniger kräftig auf eine vorangegangene Kalthärtung des Prüflings ansprechen. Allerdings ist hierbei der Gang der einzelnen Härtewerte außerordentlich verschieden. Während die Ergebnisse der einen Härteprüfung den Eindruck erwecken, als ob die Kalthärtbarkeit bei den höchsten Walzgraden einem Grenzwert zustrebt, zeigen andere Härtewerte auch in hohen Walzgraden ein weiteres Ansteigen. Diese Erscheinungen ließen sich aus der Begriffsbestimmung der verschiedenen Härtekennwerte deuten, auf jeden Fall zeigen die neuen Härtewerte keineswegs einen Endzustand an. Im Gegenteil, die Kalthärtbarkeit steigt auch in hohen Verformungsgraden noch weiter ungefähr linear an. (Vgl. hierzu 35, 36, 37, 55.)

Eine Ausnahme hiervon macht die Ritzhärteprüfung, die im allgemeinen nicht auf eine vorangegangene Kalthärtung anspricht. Dieses

Sonderverhalten der Ritzhärte ist mehrfach beobachtet worden. Als Beispiel der sich ergebenden Verhältnisse wurden schon auf S. 122 Versuche von Kostron beschrieben. Danach ist die Ritzhärte einer gestauchten Probe mit fast der doppelten Zerreißfestigkeit und entsprechend gesteigerter Brinellhärte sogar kleiner als im unverformten Zustand. Ebenso können Tammann und Tampke (*172*) eine Verfestigung durch Kaltbearbeitung mit Hilfe der Ritzhärteprüfung nicht nachweisen.

Weitere Versuche, deren Ergebnisse Abb. 150 zeigt, stellten Scheil und Tonn (*146*) an. Auch diese Versuche ergeben demnach eine Unabhängigkeit der Ritzhärte vom Walzgrad.

Tammann und Tampke (*172*) führen diese Erscheinung darauf zurück, daß der Werkstoff beim Ritzen maximal verformt wird, so daß also eine vorangehende Kaltverformung nicht entscheidend ins Gewicht fällt. Eine solche maximale Verfestigung während der Härteprüfung müßte jedoch auch bei anderen Prüfverfahren erwartet werden; auch die Kegelprobe z. B., die unter wesentlich stärkerem Druck und entsprechend großer Verformung durchgeführt wird, müßte eine solche maximale Verfestigung erzeugen.

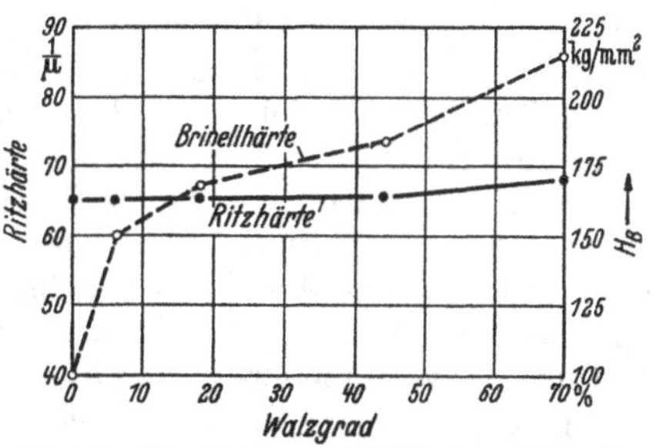

Abb. 150. Brinellhärte und Ritzhärte in Abhängigkeit vom Walzgrad bei technischem Eisen. (Scheil u. Tonn, Arch. Eisenhüttenwes. 1934/35.)

Die Ritzhärteprüfung unterscheidet sich von allen anderen Prüfverfahren dadurch, daß die Prüflast außerordentlich klein ist, sie bewegt sich in der Größenordnung von Gramm, bei allen anderen Prüfverfahren ist der Prüfdruck unvergleichlich größer. Es ist naheliegend das unterschiedliche Verhalten bei der Messung der Kalthärtung aus dieser Verschiedenheit zu erklären. Infolge des geringen Ritzdruckes wird beim Ritzverfahren lediglich eine Oberflächenschicht von etwa 1/100 mm Tiefe erfaßt. Man mißt demnach die Härte der äußersten Grenzschicht, während bei allen anderen Prüfverfahren, selbst beim Pendelprüfverfahren und beim Rücksprungversuch wesentlich tiefere Schichten erfaßt werden. Die Grenzschicht dürfte aber in ihren Kennwerten sich grundsätzlich von tieferen Schichten unterscheiden, insbesondere dürfte diese Grenzschicht von vornherein stets kaltverformt sein.

Sechster Teil.

Sonderprüfungen.

In diesem Teil sei auf die Prüfung von wichtigen Rohstoffen wie Kautschuk, Buna, Kunststoff, Holz näher eingegangen. Auch diese Stoffe werden heute auf ihre „Härte“ geprüft. Die Untersuchung der hierbei auftretenden Verhältnisse besitzt insofern grundsätzliches Interesse, als sich häufig Erscheinungen zeigen, die bei der Prüfung von Metallen zu vernachlässigen sind. Es sei hier nur der Einfluß der Nachwirkung, der Temperatur, besonders aber der Einfluß des elastischen Verformungsanteils erwähnt. Fragen, die bei der Prüfung von Metallen meist nur gestreift werden, erheben sich hier zu grundlegender Bedeutung. Außer der unmittelbar praktischen Wichtigkeit solcher Messungen bietet die Betrachtung der Prüfbedingungen an diesen Stoffen im Hinblick auf die Bemühungen zur Begriffsbestimmung der Härte ganz besonderes Interesse.

I. Untersuchung von unvulkanisiertem Kautschuk.

Bei unvulkanisiertem Kautschuk spielt die Ermittlung der sog. Plastizität eine große Rolle, Hauser (*48*), um das Verhalten während der verschiedenen Fabrikationsvorgänge in Zahlenwerten festhalten zu können. Die hierzu nötigen Einrichtungen, die sog. Plastometer, sind in Teil II beschrieben worden. Diese Plastometer dienen zur Kontrolle und fabrikatorischen Treffsicherheit. Sie haben im Zusammenhang mit der Einführung neuer Stoffe, insbesondere von Buna, einen neuen Auftrieb erfahren. Unzweifelhaft ist es für den Mischungstechniker von größtem Wert, den Einfluß der verschiedenen Füllmittel auf die Fließbarkeit, die Anfangstemperatur der Vulkanisation unter dem Einfluß der verschiedenen Beschleuniger, und die zahlenmäßige Festlegung der geeigneten Plastizitätswerte für die Verarbeitung zu ermitteln. Die Methoden müßten jedoch in Anbetracht der großen Zahl der täglich herzustellenden Mischungen bei ausreichender Genauigkeit so schnell durchgeführt werden, daß sie dem Arbeitstempo anzupassen sind und keine längeren Verzögerungen im Ablauf des Fabrikationsprozesses hervorrufen.

1. Plastometerhärte.

Zur Bestimmung der „Härte“ mit dem Plastometer wird ein Zylinder von der Anfangshöhe h_0 zwischen den beiden parallelen Platten der Prüfeinrichtung bei einer bestimmten Temperatur einem gleichbleibenden Druck ausgesetzt. Unter der Wirkung dieses Druckes verformt sich der Zylinder, etwa gemäß Abb. 151 a und b. Nach einer bestimmten Zeit, etwa nach 30 s, wird die Höhe des gequetschten Zylinders ermittelt. Diese Höhe h wird unmittelbar als Maß der „Härte“ bzw. des Verformungswiderstandes angesehen, Williams (*195*), Houwink und Heinze (*63*).

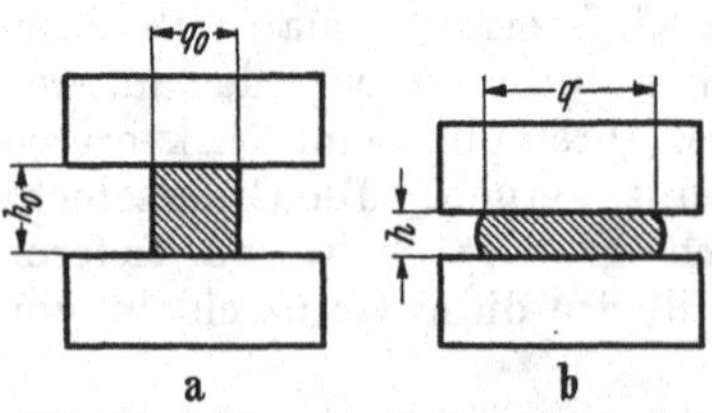

Abb. 151. Prüfung plastischer Massen bei gleichbleibendem Volumen.

Selbstverständlich kann es durchaus genügen, für überschlägige Betrachtungen die Höhe h des gequetschten Zylinders als Maß für die Härte anzusetzen, denn je nachgiebiger die plastische Masse ist, desto kleiner ist diese Höhe h. Je größer dagegen der „Verformungswiderstand“ ist, desto weniger läßt sich der Prüfkörper zusammendrücken, desto größer wird also die Höhe h ermittelt. Die Plastometerhärte nimmt demnach mit dem Verformungswiderstand wenigstens gleichsinnig zu und ab. Eine solche rohe Festlegung kann aber kein wahres Bild von den Eigenschaften einer plastischen Masse geben, und man kann nicht erwarten, daß sich durch sie irgendwelche Zusammenhänge einwandfrei darstellen lassen. Dies geht schon daraus hervor, daß die „Härte" eines absolut starren Körpers entsprechend h_0 beträgt, während diejenige eines Körpers, der sich auf die Hälfte der Anfangshöhe h_0 zusammendrücken läßt, $h_0/2$ ist. Beide „Härten" verhalten sich demnach wie 2:1. In Wirklichkeit ist aber die Härte eines unverformbaren Körpers unendlich groß, so daß sich zwischen den beiden angenommenen Fällen eine wesentlich größere Abstufung der Härte ergibt, als dieses Verhältnis 2:1 vermuten läßt.

Die heute übliche Festsetzung der Plastometerhärte läßt demnach in hohen Härtegraden Härteunterschiede sehr stark zusammenschrumpfen. Sie gleicht in dieser Hinsicht durchaus der Rockwellhärte, die, wie wir gesehen haben, ebenfalls für hohe Härtegrade sehr unempfindlich ist.

Darüber hinaus entspricht die Bezugnahme auf die unter der Belastung sich einstellende Prüfkörperlänge in keiner Weise den allgemeinen Gepflogenheiten der Werkstoffprüfung. Hier wird stets auf die Größe der Verformung und nicht auf die Größe des Körpers nach der Verformung Bezug genommen. Zum mindesten sollte man sich daher bei der Aufstellung eines Härtewertes für die „Plastizität" von Kautschuk, abweichend von der bisherigen Übung, auf die Größe der Verformung, also auf $t = h_0 - h$ beziehen. Setzt man dann die „Härte" etwa verhältnisgleich mit $1/t$ an, so ergibt sich eine wesentlich stärkere Abstufung der Härteskala. Für $t = 0$, also einen völlig unnachgiebigen Körper, ist die Härte jetzt unendlich groß, wie es ja auch sein muß.

Aber auch eine solche Festlegung kann nur Relativwerte unter den jeweiligen Versuchsbedingungen liefern. Zur Gewinnung einer endgültigen Härtezahl ist diese Verformung noch ins Verhältnis zu der wirksamen Flächenbelastung im gequetschten Zustand zu setzen. Wenn man annimmt, daß das Volumen des Prüfzylinders sich nicht ändert, und wenn man ferner die ausgebuchtete Randzone des tonnenförmigen Prüfkörpers unter Last vernachlässigen darf, so besteht zwischen dem Anfangsquerschnitt q_0 und dem Querschnitt q, der sich unter der Last P einstellt, die Beziehung $q_0 h_0 = qh$. Der Gesamtmodul, also das Verhältnis von spezifischer Flächenbelastung und hierdurch erzeugter, auf die Anfangshöhe bezogener Gesamtverformung ergibt sich demnach zu

$$\frac{P/q}{\frac{h_0 - h}{h_0}}. \tag{62}$$

Da aber

$$q = q_0 \frac{h_0}{h}$$

errechnet sich der Gesamtmodul zu

$$\frac{P}{q_0 \frac{h_0 - h}{h}}. \tag{63}$$

Dieser Ausdruck gibt ein Maß für die „Härte“ der plastischen Masse unter den besonderen Versuchsbedingungen, insbesondere für die jeweilige Gesamtverformung an. Selbstverständlich ist die Größe dieses Widerstandes keine Konstante, sie hängt weitgehend von der Größe der Verformung bzw. Belastung ab. Zur Gewinnung eines Gesamtbildes von dem Verhalten einer plastischen Masse sollte man daher derartige Messungen bei verschiedenen Belastungen durchführen, ähnlich wie man ja auch das Verhalten eines Metalls bei verschiedenen Belastungen im statischen Versuch prüft.

In dem Ausdruck $h_0 - h$ ist die elastische und die plastische Verformung enthalten, es ist also der Begriff „Plastizität“ für diesen das elastische Verhalten mit einschließenden Ausdruck nicht ganz zutreffend. Wird der Prüfkörper anschließend entlastet, so tritt eine elastische Rückbildung ein. Nach einer bestimmten Zeit ist die Höhe des gequetschten Zylinders größer geworden, und zwar möge sie um e zugenommen haben. Die nach der Entlastung endgültig zurückbleibende plastische Verformung ist $p = t - e$. Dieser Verformungsrest p, bezogen auf die Anfangshöhe h_0 gibt dann die verhältnismäßige bleibende Verformung an, er entspricht durchaus dem Verformungsrest, wie er etwa bei Stahl im Zugversuch ermittelt wird. Die die „Plastizität“ kennzeichnende Größe ist demnach gegeben durch das Verhältnis der wirksamen spezifischen Belastung zu dieser bleibenden verhältnismäßigen Verformung, somit durch

$$\frac{P}{q_0 \frac{p}{h}} . \tag{63a}$$

Der elastische Anteil kann entsprechend geschrieben werden

$$\frac{P}{q_0 \frac{e}{h}} . \tag{63b}$$

Wie bereits auf S. 11 gezeigt wurde, kann der Gesamtmodul nicht durch Zusammenzählung der beiden Einzelmoduln erhalten werden, dieser ergibt sich vielmehr zu

$$\frac{P}{q_0 \frac{e+p}{h}} = \frac{P}{q_0 \frac{h_0 - h}{h}} .$$

In dieser Auswertung ist demnach ein enger Anschluß an die in Teil III beschriebenen Begriffsbestimmungen erreicht, und die sich ergebenden Zahlen müssen eine wesentlich zutreffendere Kennzeichnung der plastischen Masse ergeben.

2. Defohärte.

Anstatt das Belastungsgewicht konstant zu halten, kann man umgekehrt die Verformung konstant halten, und das Gewicht bestimmen, das zur Erzeugung dieser Verformung nötig ist. Dieser Weg entspricht dem in der Werkstoffprüfung üblichen Verfahren, kritische Belastungswerte für Verformungen vorgeschriebener Größe zu entnehmen. Es sei z. B. an die Bestimmung der Streckgrenze als 0,2%-Grenze, erinnert.

Nach Baader (*2*) werden die Prüfbedingungen hierbei folgendermaßen festgelegt. Die Prüfstücke von 10 mm Durchmesser und einer

Anfangshöhe von 10 mm werden zwischen zwei parallelen Platten mit ebenfalls 10 mm Durchmesser bei einer Prüftemperatur von 80° belastet. Die Zusammenpressung dieser Prüfzylinderchen von der Anfangshöhe $h_0 = 10$ mm auf die Endhöhe von $h = 4$ mm innerhalb von 30 s und anschließendem Rücklauf ohne Last innerhalb weiterer 30 s wird beobachtet. Hierbei wird das Belastungsgewicht ermittelt, das diese Verformungen in der vorgeschriebenen Zeit von 30 s hervorbringt. Das auf diese Weise gefundene Gewicht in Gramm wird als Verformungshärte (Defo-Härte) bezeichnet. Die Rücklaufhöhe wird mit Verformungselastizität (Defo-Elastizität) und die verbleibende Höhendifferenz mit Verformungs-Plastizität (Defo-Plastizität) bezeichnet.

Entscheidend für diese Kennwerte war, daß auf diese Weise eine Skala von 50 bis 30 000 g entsteht, in der auch die Verformungshärten der vulkanisierten Weichgummimischungen eingeschlossen sind.

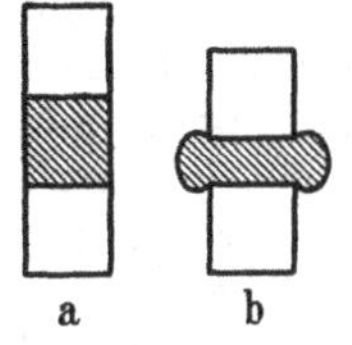

Abb. 152. Prüfung plastischer Massen mit gleichbleibendem Querschnitt.

Da bei der Ermittlung der Defohärte gemäß Abb. 152 die Plattengröße gleich dem Anfangsquerschnitt des Prüfzylinders gewählt wird, bleibt das Prüfvolumen während des Versuches nicht gleich groß. Ein Teil des Prüfvolumens wird über den Rand der Platten hinausgequetscht. Wenn man von dem Einfluß dieses herausgequetschten Teiles absehen darf, ergeben sich für die Auswertung gegenüber Gl. (63) abgeänderte Formeln. Unter der gemachten Annahme ist die spezifische Pressung stets P/q_0, so daß sich das Verhältnis dieser Pressung zu der verhältnismäßigen Verformung ergibt zu

$$\frac{P}{q_0 \frac{h_0 - h}{h_0}}. \tag{64}$$

Entsprechend sind die Einzelbeträge

$$\frac{P}{q_0 \frac{e}{h_0}} \quad \text{und} \quad \frac{P}{q_0 \frac{p}{h_0}}. \tag{65}$$

Durch die Konstanthaltung der Verformungshöhe $h_0 - h$ bleibt der Nenner in der Gl. (64) bei der Ermittlung der Defohärte stets gleich groß. Die zur Erzeugung der gleichbleibenden Verformung $h_0 - h$ nötige Belastung P ist daher verhältnisgleich mit dem jeweiligen Gesamtmodul. Den Modul selbst geben aber diese Belastungswerte nicht an.

Im Gegensatz zur Prüfung bei Metallen, wo die Belastung auf die bleibende Verformung allein bezogen wird, wird die „Härte“ von Kautschuk auf die Gesamtverformung bezogen. Für das Verhalten einer plastischen Masse, etwa bei der Verarbeitung, ist es von größter Bedeutung, wie sich diese Gesamtverformung aus einem elastischen und plastischen Anteil zusammensetzt. Während man bei der Untersuchung von Metallen gleicher Art, etwa von Stahl und Eisen, den Elastizitätsmodul als gleichbleibend ansetzen darf, so daß also die elastische Verformung unter einer bestimmten Last sofort anzugeben ist, ist der E-Modul plastischer Massen großen Schwankungen unterworfen.

Bei der Untersuchung plastischer Massen ist daher die Trennung der Gesamtverformung in die einzelnen Bestandteile von besonderer Bedeutung. Von Baader wird die Wichtigkeit einer möglichst genauen Messung der „Rücklauf-Elastizität" betont, die für eine ganze Reihe von Verarbeitungsvorgängen von ausschlaggebender Bedeutung ist. Die Aufteilung des Gesamtmoduls in die beiden Einzelmoduln bei bekannter elastischer Verformung e und plastischer Verformung p gibt die Formel 65 an. Wird in einem besonderen Fall $p = o$, so wird die plastische Härte unendlich groß und der Gesamtmodul ist durch den elastischen Modul allein gegeben.

3. Plastometerweiche.

Wie schon häufig betont, ist es zweckmäßiger, nicht von der Härte, sondern im Gegenteil von der Weiche eines Stoffes auszugehen. Dies trifft in besonders hohem Maße gerade für plastische Massen zu. Beim Befühlen mit der Hand wird eher ein Maß für die Weiche, also die Nachgiebigkeit und nicht für die Härte erhalten. Die Betrachtung der Weiche verspricht gerade hier besondere Vorteile, da der elastische Anteil nicht zu vernachlässigen und die Rechnung mit der Weiche in einem solchen Fall wesentlich einfacher ist.

Die Gesamtweiche ergibt sich aus einem Plastometerversuch sinngemäß als verhältnismäßige Verformung je kg Flächenpressung. Sie ist demnach für den Fall der Abb. 151 gegeben durch

$$\mathfrak{W} = \frac{q_0}{P} \frac{h_0 - h}{h} = \frac{q_0}{P} \frac{e + p}{h}. \tag{66}$$

Diese Gesamtweiche setzt sich zusammen aus der elastischen Weiche

$$\mathfrak{W}_e = \frac{q_0}{P} \cdot \frac{e}{h} \tag{67}$$

und der plastischen Weiche

$$\mathfrak{W}_p = \frac{q_0}{P} \cdot \frac{p}{h}. \tag{68}$$

Die Summe beider ergibt ohne weiteres die Gesamtweiche. Ist in einem besonderen Fall die elastische bzw. plastische Weiche 0, so ist die entsprechende Weiche ebenfalls 0, und die Gesamtweiche wird durch den übrigbleibenden Bestandteil allein bestimmt.

Für den Fall der Abb. 152 ergibt sich entsprechend die Gesamtweiche zu

$$\mathfrak{W} = \frac{q_0}{P} \frac{h_0 - h}{h_0}.$$

Die Vorteile der Weiche werden weiter unten an Hand einiger Beispiele aus der Praxis näher erläutert.

4. Plastometermessung und Eindruckversuch.

Die Frage, inwieweit die mit dem Plastometer erhaltenen Kennwerte mit anderen Härtewerten vergleichbar sind, wurde von Hagen (*44*) näher untersucht. Zunächst führte er einen Vergleich der Defohärte mit Beobachtungen an dem Schopperschen Härteprüfer durch. Bei dieser Prüfung wurden Prüfkörper aus dem zu untersuchenden Werkstoff von 10—15 mm Durchmesser und 10 mm Höhe mit einer Kugel von 5 mm

Durchmesser belastet. Gemessen wurde die Eindrucktiefe in mm nach 2 min Belastungsdauer.

In Abb. 153 sind die erhaltenen Versuchsergebnisse zusammengestellt, wobei die Defohärte in Abhängigkeit der in umgekehrter Reihenfolge aufgetragenen Eindrucktiefe zur Darstellung gelangt.

Wie ersichtlich, ist der Zusammenhang insbesondere bei kleinen Eindrucktiefen ziemlich unsicher, auch ist zu bedenken, daß bei der Eindruckprüfung lediglich eine Zimmertemperatur von 20° herrschte, während die Plastometerversuche bei 80° durchgeführt wurden. Vor allen Dingen aber erfolgen die beiden Messungen bei ganz verschiedenen Verformungen, die bei der Kugeldruckprüfung außerdem noch von Versuch zu Versuch schwankten.

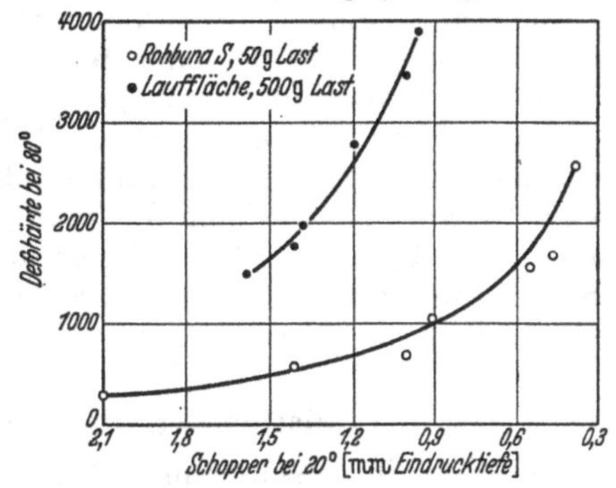

Abb. 153. Vergleich der Defohärte bei 80° mit Eindrucktiefe von Schopperhärtemesser bei 20° für Buna *S*. (Hagen, Kautschuk 1939.)

Bei der Durchführung solcher Vergleichsmessungen sollte man stets darauf achten, daß zwei gleichartige Versuchsgrößen miteinander verglichen werden. Vergleiche zwischen ganz verschiedenen Größen, im vorliegenden Fall also des Gesamtmoduls mit der in umgekehrter Reihenfolge aufgetragenen Eindrucktiefe können nicht restlos ausgewertet werden. Es wurde daher aus der Eindrucktiefe t zunächst der Ausdruck $1/t^2$ gebildet, der, wie in Teil III gezeigt wurde, dem aus dem Kugelversuch zu entnehmenden Gesamtmodul verhältnisgleich ist. In Abb. 154 ist das Ergebnis dieser Umrechnung aufgetragen. Die neue Kugelhärte nimmt danach stärker als die Defohärte zu, wobei immerhin ein wesentlich ruhiger Verlauf der Kurve erhalten wird. Wie wir schon S. 81 gesehen haben, nimmt die neue Härte mit wachsender Eindrucktiefe ab. Ähnlich wie bei der Bestimmung der Defohärte die Verformung gleichgehalten wird, müßte auch beim Kugeldruckversuch die Verformung, also die Eindrucktiefe gleichgehalten werden, d. h. es müßten Versuche nach dem Vorschlag von Martens (vgl. S. 87) zugrunde gelegt werden.

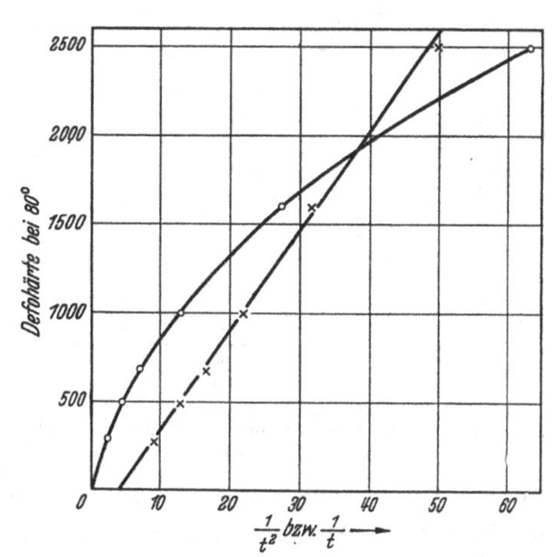

Abb. 154. Defohärte für Buna *S* in Abhängigkeit von $1/t$, bzw. $1/t^2$, errechnet aus Abb. 153.

Die Kurve in Abb. 154 macht den Eindruck eines ungefähr parabolischen Verlaufs. Wenn man nun an Stelle von $1/t^2$ den Ausdruck $1/t$ beim Kugeldruckversuch bildet, so erhält man die Kurve II. Diese Kurve steigt annähernd geradlinig mit der Defohärte an, wobei allerdings ein Ansteigen vom Nullpunkt an nicht erfolgt.

Immerhin ergibt sich aus dieser Darstellung, daß der Kugeldruckversuch, der an sich nicht zur Bestimmung der „Plastizität“ bei der Untersuchung von Mischungen gedacht ist, ziemlich gleichlaufende Ergebnisse liefert. Bei weiteren Versuchen in dieser Richtung müßte insbesondere die Höhe der Verformung schrittweise verändert werden, um so ein Gesamtbild von dem Verhalten der jeweiligen Mischung zu erhalten. Die bisherigen Versuche ermöglichen nur den Vergleich eines einzigen Punktes der Belastungs-Verformungs-Kurve mit Kugeldruckwerten, die ganz verschiedenen Verformungen entsprechen.

5. Plastometerhärte und Rückprallversuch.

Besonders interessant sind Vergleichsmessungen, die Hagen (*44*) an Plastometern und Rückprallgeräten durchführte. In Abb. 155 ist der so erhaltene Zusammenhang zwischen der Defohärte und der Shorehärte, allerdings ebenfalls nur bei 20° bestimmt, aufgetragen. Die Defohärte steigt demnach wesentlich stärker an als die Shorehärte.

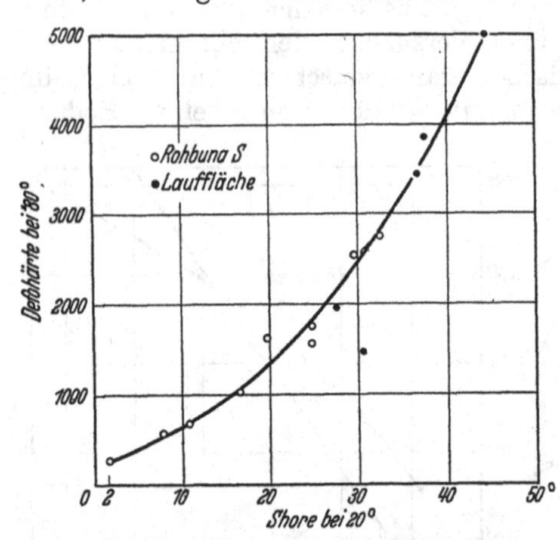

Abb. 155. Vergleich der Defohärte für thermisch erweichten Buna *S* bei 80° mit Shorehärte bei 20°. (Hagen, Kautschuk 1939.)

Hagen kommt auf Grund seiner Messungen zum Schluß, daß die Rückprallmessung relativ am ungenauesten sei. Bei sehr weichem Material besitze ferner der Shorenormalapparat keine „genügende Meßbandbreite“, bei höheren Temperaturen endet das Meßband bereits bei der Defohärte von 1000. Auch soll nach Hagen keine Möglichkeit bestehen, den elastischen Anteil zu messen. Die Herstellung von Prüfkörpern mit glatter Oberfläche für den Rückprallversuch sei ebenso umständlich wie bei den Plattendruckgeräten. Andererseits werden von Hagen als Vorteile angegeben, daß Einzelmessungen schnell und in großer Zahl durchgeführt werden können. Die Meßergebnisse liegen bereits nach kurzer Zeit vor. Die Messungen selbst sind bei allen Temperaturen möglich.

Auf S. 108 wurde gezeigt, daß die beim Rückprallversuch zu bestimmende Größe die Dämpfung, also das Verhältnis von bleibender zu elastischer Dehnung ist, und daß, wenn man schon einen Ausdruck für die Härte aus dem Rückprallversuch entnehmen will, hierfür der Umkehrwert dieser Dämpfung in Frage kommt. Auch ist die Verschiebung der Skala in den richtigen Bereich lediglich eine Angelegenheit der richtigen Wahl der Versuchsbedingungen, d. h. die Stoßkraft muß so gewählt werden, daß in allen Fällen noch bleibende Verformungen erzielt werden (vgl. S. 120).

In Abb. 156 wurde die Defohärte in Abhängigkeit von $1/\psi$ aufgetragen, also dem reziproken Wert der Dämpfung, wie er ohne weiteres

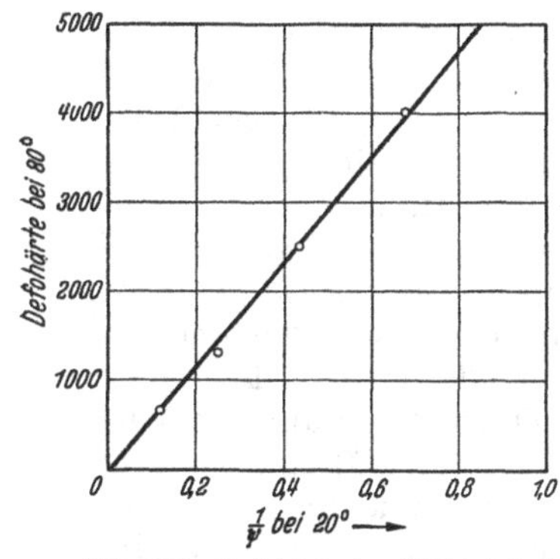

Abb. 156. Defohärte in Abhängigkeit vom Umkehrwert der Dämpfung, entnommen aus Rückprallversuchen nach Abb. 155.

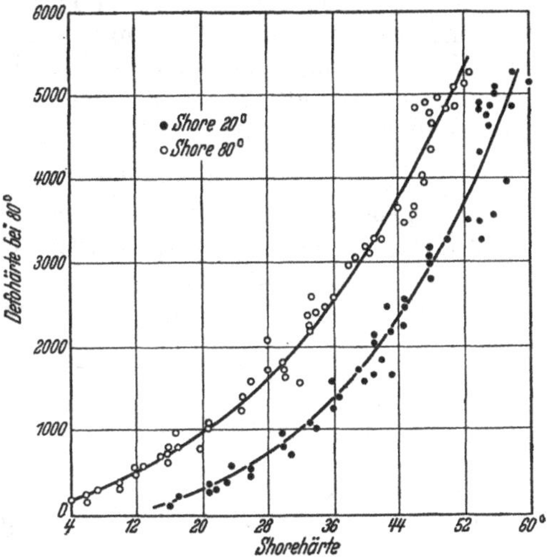

Abb. 157. Vergleich der Defohärte bei 80° für thermisch erweichten Buna *S* mit Shorehärte bei 20 und 80° (Hagen, Kautschuk 1939.)

aus Rückprallversuchen zu berechnen ist. Man sieht, daß die Defohärte mit befriedigender Annäherung linear vom Nullpunkt ansteigt. Dieser hier zum Ausdruck kommende enge Zusammenhang zwischen der Defohärte und der Dämpfung, gemessen im Rückprallversuch, ist sehr interessant, wenn man bedenkt, daß die Belastungszeit beim Plattendruckgerät 30 s beträgt, beim Rückprallversuch sich jedoch auf Bruchteile einer Sekunde beschränkt.

Von Hagen wird ausgeführt, daß der Kurvenverlauf in Abb. 155 immerhin zu weiteren Versuchen mit stumpferer Nadel ermutigt, um so auch weichere Qualitäten im Rückprallversuch messen zu können. In Abb. 157 sind die sich hierbei ergebenden Kurven dargestellt. Für weichen Rohbuna ist das Meßband verbreitert, auch ist eine

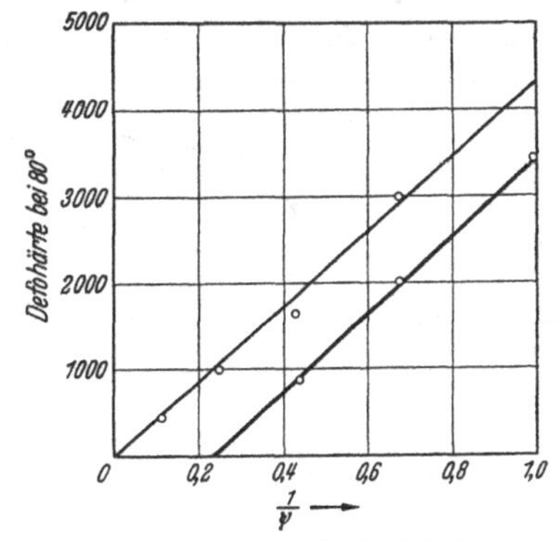

Abb. 158. Defohärte in Abhängigkeit vom Umkehrwert der Dämpfung, entnommen aus Rückprallversuchen nach Abb. 157.

größere Meßgenauigkeit erzielt worden, so daß nunmehr die Möglichkeit der Messung weichen Bunas selbst bei höheren Temperaturen besteht.

In Abb. 158 sind nun die beiden Kurven aus Abb. 157 für 20° und 80° nach den oben genannten Gesichtspunkten ausgewertet worden. Auch hier ergibt sich demnach im wesentlichen ein geradlinig ansteigender Verlauf. Dieser enge Zusammenhang der aus dem Rückprallversuch zu gewinnenden neuen Härte mit der Defohärte dürfte den Rückprallversuch zu theoretischen und praktischen Messungen der „Plastizität“ geeignet erscheinen lassen. Für die Praxis ist, wie bereits erwähnt, die Möglichkeit sehr schneller Messungen von Wichtigkeit, für wissenschaftliche Untersuchungen interessiert die rasche Feststellung der Abhängigkeit der „Plastizität“ von den verschiedensten Einflüssen, wie Temperatur, Größe der Belastung usw.

6. Die Vorteile der Plastometerweiche.

Im folgenden soll an Hand einiger praktischer im Schrifttum veröffentlichter Messungen gezeigt werden, in welch übersichtlicher Weise sich die Beeinflussung der Eigenschaften einer Gummimischung durch irgendwelche Fabrikationsvorgänge mit Hilfe der neuen Plastometerweiche darstellen läßt.

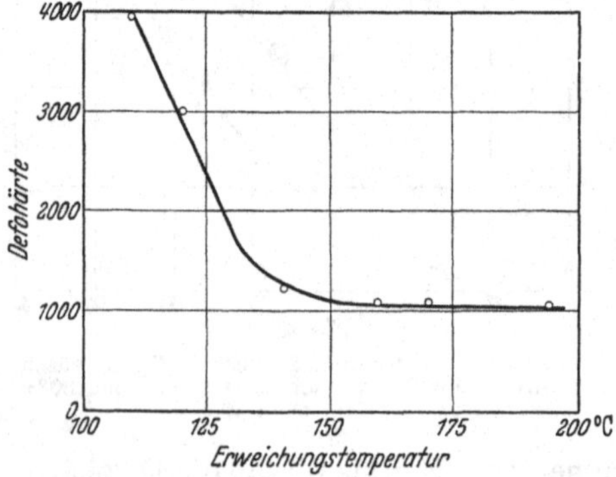

Abb. 159. Defohärte von Rohbuna *S* in Abhängigkeit von der Temperatur (Hagen, Kautschuk 1938.)

Zunächst sei auf Versuche von Hagen (*43*) eingegangen, die die Erweichung von Rohbuna *S* in Abhängigkeit von der Temperatur betreffen. Abb. 159 stellt den Verlauf der Defohärte mit wachsender Temperatur dar. Die Defohärte fällt demnach mit wachsender Temperatur zunächst stark ab, um dann in einen nur noch langsam sinkenden Ast überzugehen. Aus diesem Kurvenverlauf kann der Vorgang nicht mit Sicherheit beurteilt werden, insbesondere kann die Frage nicht entschieden werden, ob diese Kurve nach einem einfachen Gesetz, etwa nach einer Hyperbel abfällt. Bei der unvermeidlichen Streuung der einzelnen Versuchspunkte ist die Einzeichnung des Kurvenzuges mit einiger Unsicherheit behaftet.

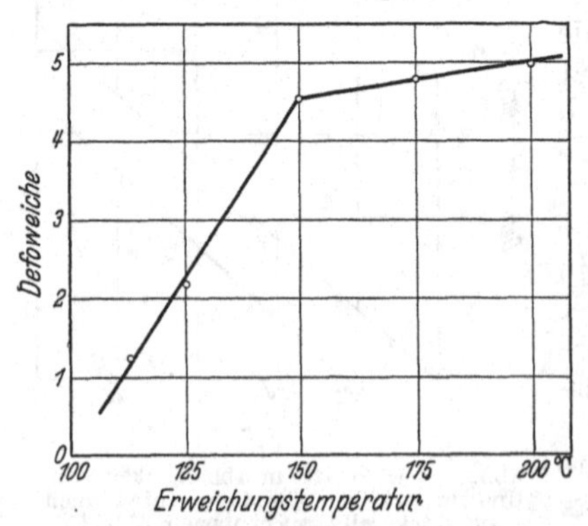

Abb. 160. Defoweiche von Rohbuna *S*, errechnet aus Abb. 159, in Abhängigkeit von der Temperatur.

Unvergleichlich übersichtlicher wird die Darstellung des gleichen Vorgangs mit Hilfe der Plastometerweiche. Da die Defohärte verhältnisgleich mit dem Gesamtmodul ist, werden mit der Gesamtweiche verhältnisgleiche Zahlen durch Bildung der Umkehrwerte der Defohärte erhalten. In Abb. 160 ist daher als Ordinate der jeweilige Umkehrwert der Defohärte eingetragen, und zwar in an sich beliebigen Zahlen. Wie aus Abb. 160 ersichtlich, steigt die Weiche mit zunehmender Temperatur annähernd geradlinig hoch, in der Nähe von 150° erfährt dieser Anstieg jedoch eine jähe Unterbrechung. Bei weiter steigender Temperatur nimmt die Weiche nur noch wenig zu. In dieser Darstellung kommt die Unstetigkeitsstelle bei 150° mit aller wünschenswerten Deutlichkeit zum Ausdruck, während die Defohärte diesen für die Fabrikation sicherlich wichtigen Umstand nicht deutlich erkennen läßt. Selbst wenn eine verhältnismäßig starke Streuung der einzelnen Meßpunkte vorhanden ist und damit der Verlauf der Defohärte nur unsicher ermittelt werden kann, kommt im Verlauf der Weiche diese Knickstelle zur Anzeige.

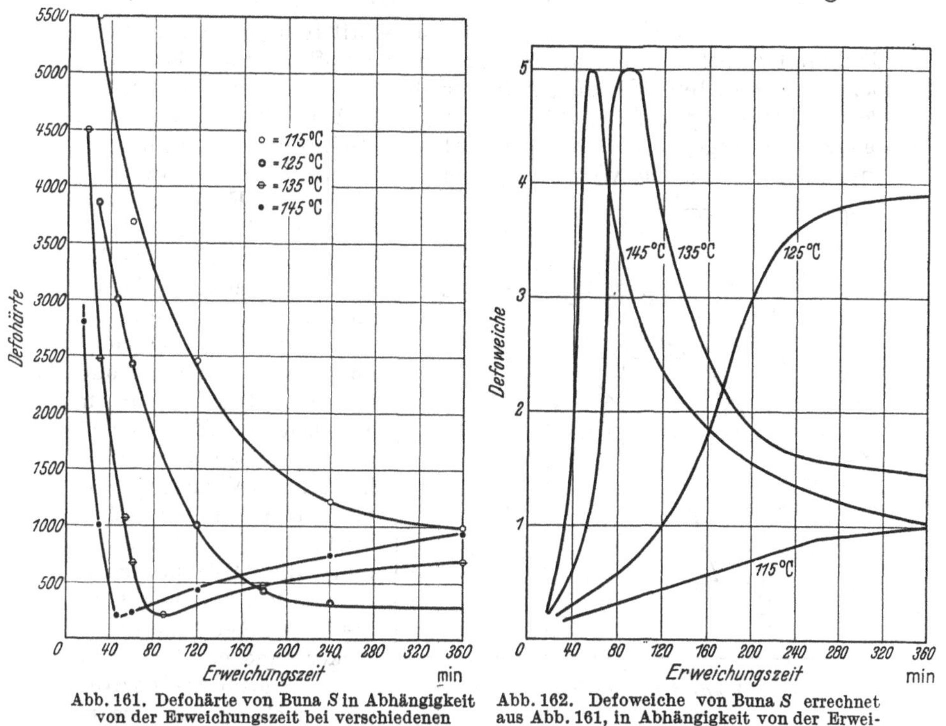

Abb. 161. Defohärte von Buna *S* in Abhängigkeit von der Erweichungszeit bei verschiedenen Temperaturen (Hagen, Kautschuk 1938.)

Abb. 162. Defoweiche von Buna *S* errechnet aus Abb. 161, in Abhängigkeit von der Erweichungszeit bei verschiedenen Temperaturen.

Je verwickelter die Vorgänge bei irgendwelchen Fabrikationsvorgängen von Gummimischungen sind, desto deutlicher muß sich die Überlegenheit der Weiche bei der Darstellung dieser Vorgänge zeigen. Leider sind im Schrifttum nur wenige Messungen bisher veröffentlicht, die für eine solche Umrechnung geeignet sind. Immerhin möge eine weitere Versuchsreihe hierfür als Beispiel dienen.

In Abb. 161 ist der Verlauf der Defohärte von Buna *S* in Abhängigkeit von der Erweichungszeit in Minuten bei verschiedenen Temperaturen nach Messungen von Hagen (*43*) dargestellt. Die gleichen Zusammenhänge unter Zugrundelegung der Weiche zeigt Abb. 162. Die Kurve für 115° steigt zunächst geradlinig an. Bei weiter fortgesetzter Erweichung über 260 min zeigt die Weiche einen Knick. Auch hier zeigt sich, daß die Weiche eine bessere Beurteilung der Vorgänge ermöglicht, insbesondere kommt der Unstetigkeitsbereich bei 260 min deutlich zur Darstellung.

Die weiter eingezeichneten Kurven zeigen deutlich die Ausbildung der Höchstwerte der Weiche.

II. Untersuchung von vulkanisiertem Kautschuk.

1. Rückprallversuch.

An vulkanisiertem Kautschuk sind im Schrifttum einige durch den Rückprallversuch gewonnene Meßergebnisse veröffentlicht. So finden sich bei Memmler (*105*) einige Untersuchungen über den Einfluß der Probenabmessung auf die Rückprallhärte. In Abb. 163 sind diese Ergebnisse wiedergegeben, wobei der Einfluß verschiedener Probendicken untersucht wurde. Die Werte lassen deutlich erkennen, daß die Probendicke das Ergebnis ganz wesentlich beeinflußt, derart, daß der elastische Wirkungsgrad mit abnehmender Probendicke rasch abnimmt. Diese Erscheinung verläuft parallel mit ähnlichen Ergebnissen an Metallen. Bei Proben mit geringer Dicke ist der Stoß härter, das Verhältnis von bleibender zu elastischer Verformung wird größer, und die Rückprallhöhe nimmt daher mit abnehmender Probendicke ab. Je dicker dagegen die Probe ist, desto größer ist der Anteil der elastischen Verformung, desto größer wird daher die Rückprallhöhe. Von einer bestimmten Probendicke an ist der Stoßvorgang durch den Werkstoff allein bestimmt, während die Einflüsse der Probenabmessungen zurücktreten.

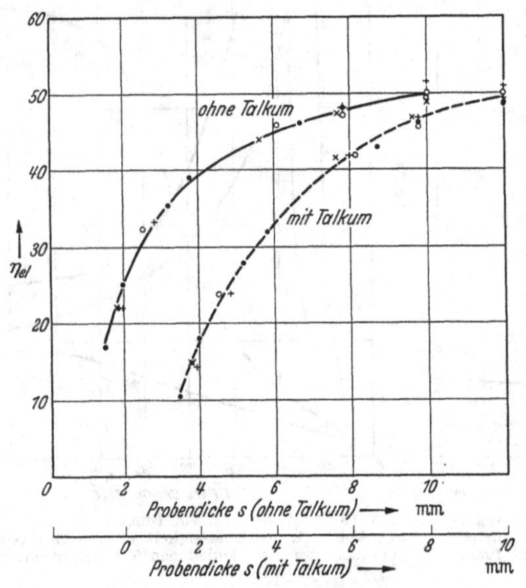

Abb. 163. Rückprallhärte von Kautschuk in Abhängigkeit von der Probeabmessung (Memmler, Hdbch. d. Kautschukwissensch. 1930.)

Schon auf S. 115 wurde eingehend der Einfluß der Fallhöhe auf den Rückprallversuch behandelt. Auch bei Gummi zeigt sich ein ähnlicher Einfluß. Die Werte mit der größten Fallhöhe liegen am niedrigsten, je kleiner dagegen die Fallhöhe gemacht wird, desto größer wird der elastische Wirkungsgrad.

Auch dieses Ergebnis war ohne weiteres zu erwarten. Mit steigender

Fallhöhe nimmt die Beanspruchung an der Stoßstelle zu, die Rückprallhöhe muß demnach abnehmen, weil mit wachsender Beanspruchung die Dämpfung größer wird.

2. Rücksprungversuch und dynamische Dämpfungsmessung.

Die Bedeutung der inneren Dämpfung von Gummi wird heute dank den Arbeiten von Föppl (*28*), Roelig (*133*), Steinborn (*168*), Thum (*175*) und anderen Forschern immer mehr erkannt. Wie gezeigt wurde, wird im Rücksprungversuch im Grunde genommen ein Wert für die Dämpfung ermittelt. Es liegt nun nahe, Vergleiche zwischen den Ergebnissen der dynamischen Dämpfungsmessung und den Ergebnissen von entsprechend ausgewerteten Rückprallversuchen anzustellen.

Hierbei ist allerdings zu beachten, daß die Dämpfung sich von verschiedenen Einflüssen abhängig erweist, und daß beim Rückprallversuch ganz andere Versuchsbedingungen als beim dynamischen Belastungsversuch vorliegen. So wird die Dämpfung beim Stoß in einem einzigen Belastungsgang ermittelt, während bei der dynamischen Dämpfungsmessung eine ganze Anzahl von Belastungswechels der eigentlichen Messung vorangehen. Hierdurch kann aber eine Änderung der Dämpfung bedingt sein. Ausschlaggebend ist aber, daß der Rücksprungversuch meist unter ganz anderen Belastungen erfolgen wird, wie der dynamische Dämpfungsversuch. Strenge Vergleiche würden demnach die Dämpfungsänderung durch die Dauer der Einwirkung, die weitgehende Abhängigkeit von der Größe der Belastung und auch die Geschwindigkeit der Belastung zu berücksichtigen haben. Immerhin kann, von diesen Einflüssen abgesehen, bei verschiedenen Gummisorten ein ungefähr gleichlaufender Gang der Dämpfung aus dem Rücksprungversuch einerseits und aus der dynamischen Dämpfungsmessung andererseits erwartet werden.

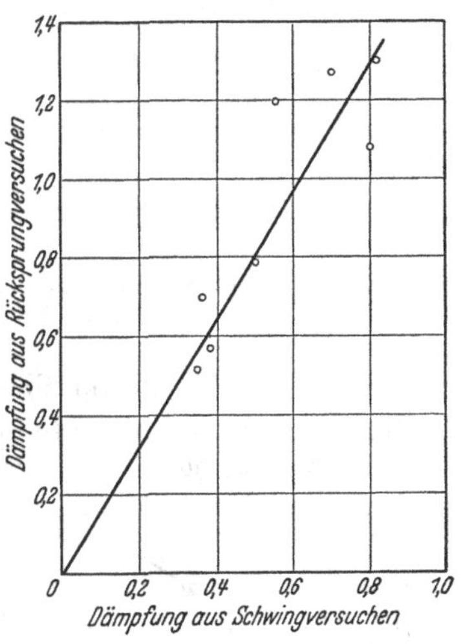

Abb. 164. Vergleich der aus Schwingversuchen einerseits (Steinborn) und Rücksprungversuchen andererseits ermittelten Dämpfung an Naturgummi und Buna.

In dieser Hinsicht auswertbare Versuche wurden von Steinborn (*168*) ausgeführt. Von Steinborn wurde die Dämpfung durch Messung des Aufschaukelfaktors im Resonanzversuch ermittelt, wobei allerdings die auftretende Belastung rückwärts wiederum von der Größe der Dämpfung abhängt. Die an verschiedenen Gummisorten erhaltenen Dämpfungswerte, die sich also nicht auf gleiche Belastung oder Verformung beziehen, sind in Abb. 164 als Abszisse aufgetragen. Außerdem hat Steinborn die „Elastizität" der einzelnen Gummisorten gemessen, d. h. er führte Rücksprungversuche aus. Die aus der „Elastizität" umgerechneten Dämpfungswerte wurden in Abb. 164 als Ordinaten aufgetragen.

Wenn man sich an die weitgehende Beeinflussung der Dämpfung durch die Versuchsbedingungen erinnert, die beim Dämpfungsversuch und Rückprallversuch sehr verschieden sind, so kann immerhin aus Abb. 164 ein annehmbarer Gleichlauf der beiden auf ganz verschiedene Weise ermittelten Dämpfungswerte für die verschiedenen Gummisorten festgestellt werden.

Die schnelle und bequeme Durchführung von Rückprallversuchen läßt daher eine weitergehende Ausnutzung des Rückprallversuchs zur Bestimmung der Dämpfung auch bei Gummi als aussichtsreich erscheinen.

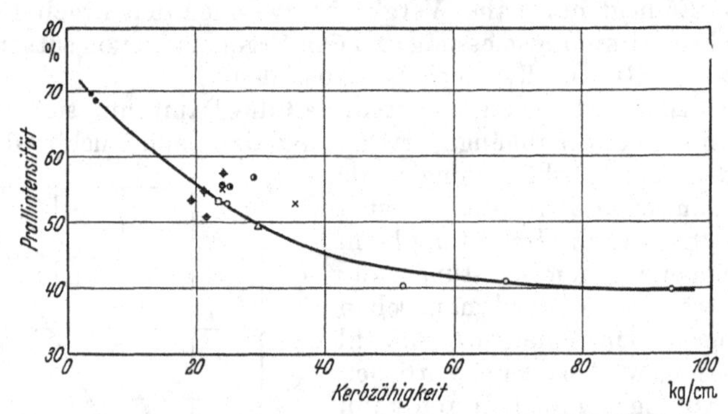

Abb. 165. „Prallintensität" in Abhängigkeit von der Kerbzähigkeit (Hauser, Hdbch. Ges. Kautsch. Techn.)

3. Rückprallhärte und Kerbzähigkeit.

Eine weitere interessante Versuchsreihe, die den Zusammenhang zwischen Kerbzähigkeit und Rückprallhärte klarstellt, ist bei Hauser (*48*) veröffentlicht. Die „Prallelastizität" nimmt danach mit wachsender Kerbzähigkeit zunächst schnell, dann langsamer ab, Abb. 165.

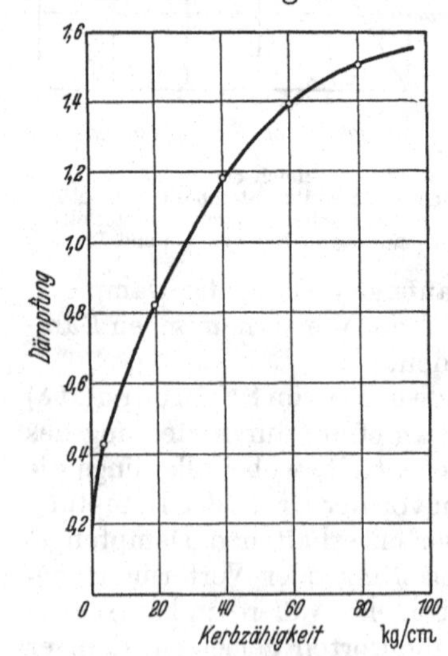

Abb. 166. Dämpfung, errechnet aus Abb. 165, in Abhängigkeit von der Kerbzähigkeit.

Es sei angemerkt, daß bei Gummiuntersuchungen zur Messung der Kerbzähigkeit das Prüfstück mit einem oder mehreren Einschnitten versehen wird, worauf das Versuchsstück zerrissen wird. Das Prüfstück beginnt dann von diesen Einschnitten ausgehend, zu zerreißen. Die Kerbzähigkeit wird als kg Zerreißkraft je cm Breite des Versuchsstücks angegeben.

In Abb. 166 ist die Abhängigkeit der so definierten Kerbzähigkeit von der inneren Dämpfung, ermittelt aus Rückprallversuchen, dargestellt. Man erkennt, daß diese Kurve angenähert in den Nullpunkt einmündet. Je kleiner also die

Dämpfung ist, desto geringer ist die Kerbzähigkeit. Mit weiter gesteigerter Dämpfung nimmt die Kerbzähigkeit zu, wobei allerdings

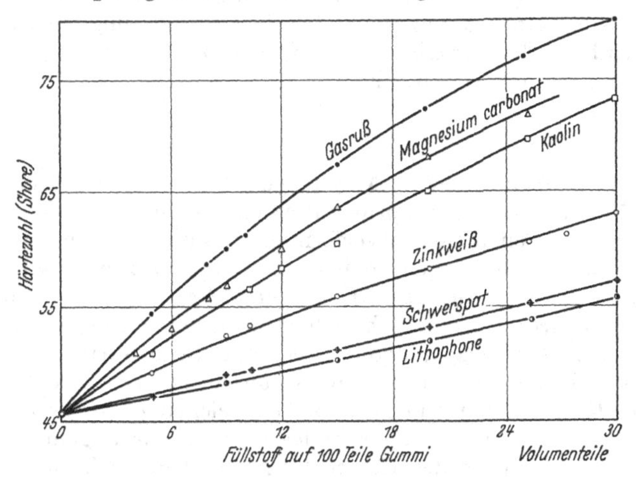

Abb. 167. Abhängigkeit der Shorehärte vom Hundertsatz des Füllstoffes (Hauser, Hdbch. Ges. Kautsch. Techn.).

die Dämpfung weniger schnell ansteigt, als die Kerbzähigkeit. Dies kann wenigstens zum Teil in der rohen Begriffsbestimmung der „Kerbzähigkeit" begründet sein. Diese Kerbzähigkeit wird in der Gummiprüfung lediglich auf die Probenbreite bezogen und in kg/cm gemessen, ohne Rücksicht auf die Dicke der Probe.

Zum Schluß sei noch in Abb. 167 die Shorehärte in Abhängigkeit vom Füllstoff dargestellt, Hauser (*48*). Abb. 168 zeigt die hier aus errechnete Abhängigkeit der Dämpfung vom Hundertsatz des Füllstoffs.

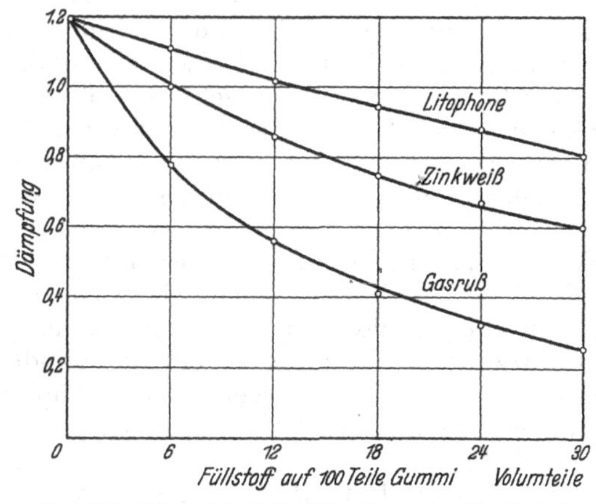

Abb. 168. Abhängigkeit der Dämpfung vom Hundertsatz des Füllstoffs, errechnet aus Abb. 167.

III. Untersuchung von Kunststoffen.

Ein Anwendungsgebiet der Härteprüfung, dem in letzter Zeit besondere Aufmerksamkeit geschenkt wird, ist die Prüfung der Kunststoffe. Die vielfachen Anwendungsmöglichkeiten, die diese Kunststoffe sich heute erobern, lassen eine zweckmäßige Prüfung dringend nötig erscheinen, vgl. auch (*62*) und (*158*).

1. Bisherige Prüfung.

Nach der VDE-Vorschrift 0302/1924 wird die Härte von Kunststoffen mittels einer 5 mm-Kugel bei 50 kg Belastung geprüft. Gemessen wird die Eindrucktiefe t nach 10 und 60 sec. Hieraus wird der Härtewert errechnet nach der Formel

$$H = \frac{P}{\pi D t}.$$

Bei der Durchführung solcher Messungen zeigen sich jedoch im Gegensatz zu Metallen elastische Formänderungen, die einen merklichen Anteil an der gemessenen Gesamtverformung ausmachen. Im Zusammenhang mit solchen Messungen an Kunststoffen sind zwei Fragen aufgetaucht, Erk u. Holzmüller (*23*). Die erste Frage gilt der Bedeutung der Eindruckhärte bei elastisch sich verformenden Körpern ganz allgemein, die zweite Frage, deren bejahende Beantwortung eigentlich selbstverständlich ist, geht dahin, ob es wünschenswert sei, die Eindruckhärte von Kunststoffen und Metallen vergleichen zu können.

Es handelt sich also letzten Endes darum, eine allgemein gültige Formel zur Auswertung des Eindruckversuchs bei gleichzeitiger elastischer und plastischer Verformung aufzustellen, die den Fall der überwiegenden bleibenden Verformung an Metallen als Sonderfall mitenthält.

Für praktische Messungen ist die Beantwortung der Frage besonders dringlich, ob man die aufgebrachte Last auf den Eindruck unter Last, also auf die ganze Eindruckfläche zu beziehen hat, oder aber, ob die Härte nur aus dem bleibenden Eindruck nach der Entlastung zu berechnen ist. Von Kuntze (*90*) wurden zu dieser Frage Untersuchungen angestellt, aus denen hervorgeht, daß die nach der VDE-Vorschrift auf die Gesamttiefe bezogene Härte und der nach der Entlastung gemessene Härtewert ganz erheblich voneinander abweichen. Nach Kuntze geben die hohen, auf den Entlastungseindruck bezogenen Werte einen ganz unnatürlichen Begriff vom Härtewiderstand, da die Last hier auf eine Eindruckfläche bezogen wird, die während der Beanspruchung in Wirklichkeit viel größer ist. Auch zeigt sich, daß die aus dem bleibenden Eindruck ermittelte spezifische Härte abhängig ist von der Größe der Last bzw. der durch sie hervorgerufenen Eindrucktiefe. Kuntze kommt daher zum Schluß, „daß bei einem zukünftigen Verfahren der Härteprüfung von Kunststoffen die Gesamtverformung zugrunde zu legen sein dürfte“.

Erk und Holzmüller (*22*) gelangen zu der Auffassung, daß es im Hinblick auf den großen Anteil der elastischen Verformung zweckmäßig ist, die Eindruckhärte nicht aus der gesamten, sondern nur aus der bleibenden Verformung zu ermitteln, vgl. auch (*21*).

Die gleiche Auffassung kommt in der Diskussion zu obigem Aufsatz von Kuntze (*90*) zum Ausdruck. Danach soll „die Härteprüfung der Praxis Anhaltspunkte für den Widerstand eines Werkstoffs gegen Oberflächenverletzungen, also bleibende Eindrücke, Risse usw. geben. Bestimmt man nun gemäß der genannten VDE-Vorschrift die Härte aus der Gesamtverformung, so überlagert sich der Härte als Widerstand gegen bleibende Verformung ein Wert der elastischen Verformung, der von der Größe des E-Moduls abhängt. Deshalb sollte die Härte nur aus der bleibenden Verformung berechnet werden. Nur die aus dem bleibenden Eindruck ermittelten Härtewerte sind mit denen anderer Werkstoffe vergleichbar. Das bisherige Meßverfahren, bei Belastung aus der Gesamtverformung die Härte zu bestimmen, wurde von der Prüfung von Gummimischungen leider auf die Kunststoffprüfung übertragen. Für Gummimischungen ist das Verfahren wegen des dort geltenden Zusammenhangs zwischen Festigkeit und E-Modul brauchbar."

2. Vorgänge beim Eindruckversuch.

Von Erk und Holzmüller (*23*) wurden die Vorgänge beim Eindrücken eines Prüfkörpers in Kunststoffe näher untersucht. Hierbei werden die Eindrücke mit dem Lichtschnittverfahren nach Schmaltz

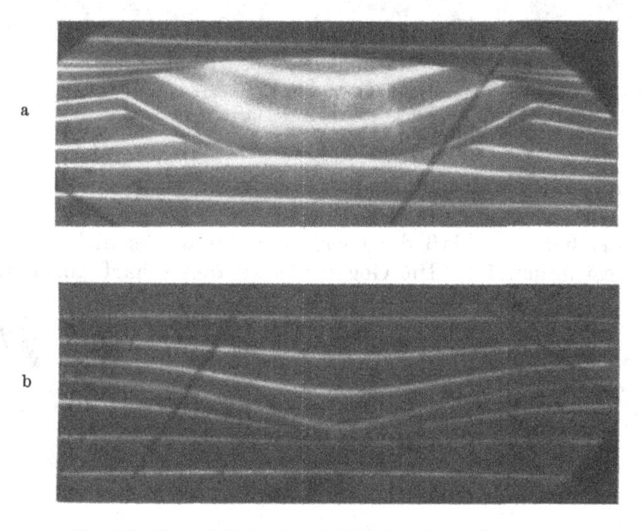

Abb. 169. Kugeleindruck (a) und Kegeleindruck (b) in Kunsthorn. (Erk u. Holzmüller, Kunststoffe 1939.)

(*149*) näher verfolgt, wobei durch Verschieben der Probe mehrere Schnitte und damit eine Art von Höhenschichtlinien durch den Eindruck erzeugt werden, Abb. 169.

Die Abb. 170 und 171 zeigen zum Vergleich je einen Kugel- und einen Kegeleindruck an einem Kunstharz und an einem metallischen Stoff. Infolge des geringen und zu vernachlässigenden Anteils der elastischen Verformung bei Metallen bleibt bei diesen die Eindruckform praktisch vollständig erhalten, während bei Kunststoffen nach Wegnehmen der Last eine weitgehende Rückbildung eintritt. Bei Metallen verläuft der Eindruckvorgang fast völlig irreversibel, während bei Kunststoffen sehr hohe elastische Verformungen auftreten, die nach Wegnahme der Last verschwinden. Aber auch die bleibenden Verformungen bilden sich durch Erwärmen auf 100° wieder zurück. So wird der Kegeleindruck durch eine solche Erwärmung fast völlig zum Verschwinden

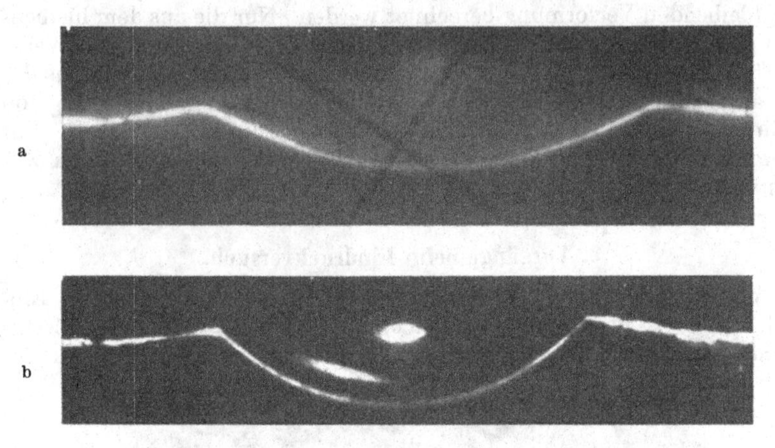

Abb. 170. Vergleich von Kugeleindrücken in Kunstharz (a) und Metall (b).
Oben: Typ *K*, Belastung 250 kg, Kugeldurchmesser 2,5 mm.
Unten: Blei, Belastung 25 kg.
(Erk u. Holzmüller, Kunststoffe 1939.)

gebracht (Abb. 172), während der Kugeleindruck weitgehend abgeflacht wird (Abb. 173).

Es zeigt sich ferner, daß die Größe des Eindrucks nicht genügend genau zu bestimmen ist. Im Gegensatz zu den scharf ausgeprägten

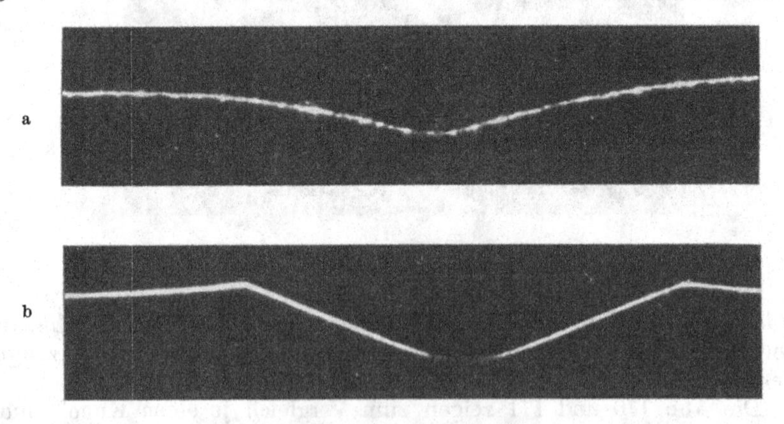

Abb. 171. Vergleich von Kegeleindrücken in Kunstharz (a) und Metall (b).
Oben: Typ *K*, Belastung 250 kg; Unten: Kupfer, Belastung 250 kg.
(Erk u. Holzmüller, Kunststoffe 1939.)

Rändern des Eindrucks bei Metallen sind die Eindrücke bei Kunststoffen infolge der durch die elastische Rückverformung eintretenden Abrundung der Kanten unscharf. Es unterliegt daher nach Erk und Holzmüller (*23*) keinem Zweifel, daß die Eindruckhärtemessung bei Kunststoffen sich nur auf die Messung der Eindrucktiefe beziehen kann, wenn auch die Bestimmung des Eindruckdurchmessers nach dem Entlasten an sich genauer wäre, vgl. auch Nitzsche (*114*).

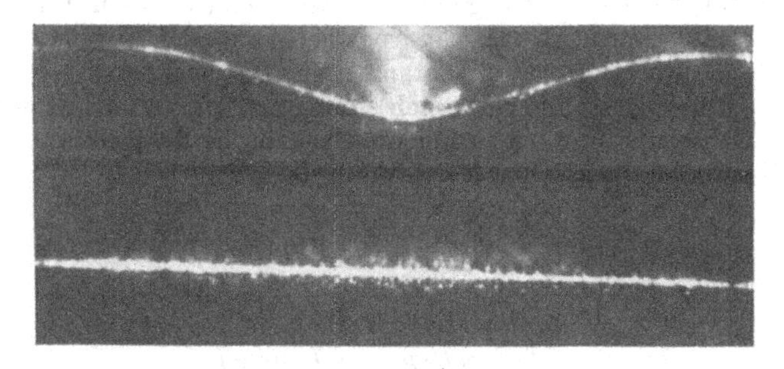

Abb. 172. Thermische Rückverformung von Kegeleindrücken.
Oben: Kegeleindruck nach Entlastung (Mipolam);
Unten: gleicher Eindruck nach einstündigem Erhitzen auf 100°.
(Erk u. Holzmüller, Kunststoffe 1939.)

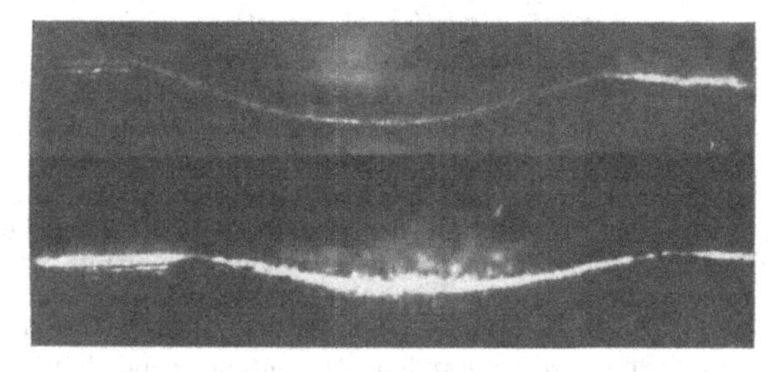

Abb. 173. Thermische Rückverformung von Kugeleindrücken.
Oben: Eindruck nach Entlastung, Typ *S*;
Unten: gleicher Eindruck nach einstündigem Erhitzen auf 100°.
(Erk u. Holzmüller, Kunststoffe 1939.)

3. Neue Begriffsbestimmung.

Im folgenden sei nun versucht, am Beispiel der Kunststoffe eine allgemein gültige Begriffsbestimmung für die Härte eines Werkstoffes zu geben. Es sei zunächst eine Kugel als Eindringkörper angenommen, die unter der Last P um das Stück t in die Oberfläche des Prüfkörpers einsinkt. Die mittlere spezifische Flächenbelastung in der Kalotte ist dann gegeben durch

$$\sigma = \frac{P}{\pi D t}$$

wobei allerdings dahingestellt bleiben mag, ob an Stelle dieses Ausdrucks nicht die Bezugnahme auf die Fläche des Eindruckkreises günstiger ist. Der Gesamtwiderstand, d. h. das Verhältnis der spezifischen Flächenpressung zu der unter dieser Pressung entstehenden Verformung kann dann angesetzt werden zu

$$\mathfrak{H} = \frac{\sigma}{t} = \frac{P}{\pi D t^2}. \tag{69}$$

Dieser Wert stellt demnach den Gesamtwiderstand des Werkstoffs unter den besonderen Belastungsbedingungen dar.

Wird nun die Last P weggenommen, so bildet sich ein Teil der Gesamtverformung zurück. Die Eindrucktiefe nach der Entlastung sei p, die elastische Rückverformung entsprechend e, wobei $e = t - p$ ist. Der elastische Teilwiderstand ergibt sich sinngemäß als Verhältnis der wirksamen Flächenpressung, unter der diese elastische Verformung entstanden ist, zu dieser elastischen Verformung, also zu

$$\mathfrak{H}_e = \frac{P}{\pi D t e} = \frac{P}{\pi D} \cdot \frac{1}{e(e+p)}. \tag{70}$$

Der plastische Einzelwiderstand ist

$$\mathfrak{H}_p = \frac{P}{\pi D t p} = \frac{P}{\pi D} \cdot \frac{1}{p(e+p)}. \tag{71}$$

Die Summe dieser beiden Einzelwiderstände, nach der Vorschrift für parallel geschaltete Widerstände gebildet, liefert

$$\mathfrak{H} = \frac{P}{\pi D t(e+p)} = \frac{P}{\pi D t^2} \tag{72}$$

d. h. man erhält, wie ersichtlich, den Gesamtwiderstand gemäß Gl. (69).

Wenn man also eine Kugel mit einer bestimmten Last P in die Oberfläche eindrückt, so ist die Größe e der elastischen Verformung auch für den jeweiligen Wert des plastischen Widerstandes insofern von Bedeutung, als bei merklicher elastischer Verformung die spezifische Flächenpressung kleiner ist, und damit der plastische Widerstand bei einer verhältnismäßig kleinen plastischen Verformung ermittelt wird. Die Größe der elastischen Verformung ist demnach zum Teil mitverantwortlich an der im Eindruck herrschenden Flächenpressung, unter der die bleibende Verformung p entstanden ist, entsprechend hängt gemäß Gl. (71) der plastische Widerstand auch von der elastischen Verformung ab und umgekehrt. Damit ist die oben angeführte Frage, ob die Last auf den Eindruck unter Last oder aber auf den sich nach der Entlastung zeigenden Eindruck zu beziehen ist, beantwortet. Zur Errechnung der spezifischen Flächenpressung, unter der die elastische und plastische Verformung entsteht, muß selbstverständlich die aufgebrachte Last auf den Gesamteindruck bezogen werden, denn die Größe des Gesamteindrucks ist für die Höhe der entstehenden Flächenpressung maßgeblich.

Zur Errechnung des plastischen Widerstandes, d. h. also zur Bestimmung des Verhältnisses dieser Flächenpressung zu der erzeugten plastischen Verformung, darf man sich aber nicht auf die Gesamteindrucktiefe, sondern nur auf den plastischen Anteil beziehen. Die der neu abgeleiteten Härte $\mathfrak{H}$ von Metallen entsprechende plastische Härte von Kunststoffen ist demnach durch Formel 71 gegeben.

Aus dieser Gleichung geht hervor, daß auch in der plastischen Härte die elastische Verformung mitbestimmend wird.

Wie man weiter erkennt, enthält die Gl. (72) ohne weiteres den Sonderfall für metallische Werkstoffe, bei denen die elastische Verformung gegenüber der plastischen Verformung zu vernachlässigen ist, so daß die Gesamteindrucktiefe durch den plastischen Verformungsanteil allein gegeben ist. Setzt man $e = 0$, so wird der elastische Widerstand unendlich groß, ferner kann man $p = t$ setzen, so daß sich die bereits auf S. 78 abgeleitete Formel

$$\mathfrak{H} = \frac{P}{\pi D t^2}$$

ergibt. Dieselbe Gleichung erhält man auch aus der Formel 71, wenn man $e = 0$ setzt. Dann ist sowohl die spezifische Flächenpressung, als auch die Eindrucktiefe durch den plastischen Anteil allein bestimmt. Setzt man nun an Stelle von p üblicherweise t, so erhält man den gleichen Ausdruck.

Diese Verhältnisse lassen sich wiederum an Hand der Weiche wesentlich übersichtlicher darstellen. Die Gesamtweiche, d. h. die Eindrucktiefe für 1 kg Flächenpressung ist offensichtlich gegeben durch:

$$\mathfrak{W} = \frac{t}{\sigma} = \frac{\pi D t^2}{P} = \frac{\pi D}{P}(e + p)^2 . \tag{73}$$

Die elastische Weiche ergibt sich als Verhältnis der elastischen Verformung zu der im Eindruck herrschenden Flächenpressung, zu

$$\mathfrak{W}_e = \frac{\pi D}{P} e (e + p) \tag{74}$$

und entsprechend die plastische Weiche

$$\mathfrak{W}_p = \frac{\pi D}{P} p (e + p) . \tag{75}$$

Diese beiden Einzelwerte für die elastische und plastische Weiche ergeben, unmittelbar zusammengezählt, die Gesamtweiche. Auch hier sei darauf hingewiesen, daß im Ausdruck für die plastische Weiche der elastische Anteil eine gewisse Rolle spielt, da auch hier dieser elastische Anteil zur Berechnung der Flächenpressung beiträgt.

Ähnliche Formeln seien noch für den Kegel bzw. die Pyramide als Eindringkörper abgeleitet. Ist t wiederum die gesamte Eindringtiefe unter der Last P, so ist, von konstanten Faktoren für den jeweiligen Öffnungswinkel abgesehen, die spezifische Beanspruchung, also die Kegelhärte im heutigen Sinne

$$\sigma = \frac{P}{t^2} .$$

Der Gesamtwiderstand als Verhältnis dieser spezifischen Flächenbelastung zu der erzeugten Gesamtverformung ist

$$\mathfrak{H} = \frac{\sigma}{t} = \frac{P}{t^3} . \tag{76}$$

Sind die beiden Einzelwerte für die elastische und plastische Eindrucktiefe wiederum e und p, so sind diese Einzelwiderstände gegeben durch das Verhältnis der bei der Belastung vorhanden gewesenen spezifischen Beanspruchung, also P/t^2, zu der durch diese Beanspruchung erzeugten elastischen bzw. plastischen Verformung. Somit sind die beiden Einzelwiderstände

$$\mathfrak{H}_e = \frac{P}{e t^2} \tag{76a}$$

$$\mathfrak{H}_p = \frac{P}{p t^2} . \tag{76b}$$

Bildet man wiederum den Ausdruck nach Formel 6 zur Gewinnung des Gesamtwiderstandes, so erhält man auch hieraus die Gl. (76).

Andererseits ist die Gesamtweiche für Kegel oder Pyramide

$$\mathfrak{W} = \frac{t^3}{P}. \tag{77}$$

Die elastische Weiche ist entsprechend

$$\mathfrak{W}_e = \frac{e\,t^2}{P} \tag{78a}$$

und die plastische Weiche

$$\mathfrak{W}_p = \frac{p\,t^2}{P}, \tag{78b}$$

deren einfache Zusammenzählung wiederum obige Formel 77 für die Gesamtweiche ergibt. Ist in dieser Formel der elastische Anteil 0, so ist die elastische Weiche 0, und die Gesamtweiche ist dann durch die plastische Weiche allein gegeben.

Leider stehen noch keine systematischen Versuche an Kunststoffen, insbesondere bei schrittweise veränderter Last mit gesonderter Ausmessung des elastischen und plastischen Anteils zur Verfügung. Derartige Versuche sind sehr wünschenswert. Sie lassen sich offensichtlich wesentlich besser mit Hilfe der Weiche als mit der Härte darstellen, gerade in diesen Fällen zeigt die Weiche ihre Überlegenheit. Wird etwa die Last allmählich gesteigert, und ist hierbei die bleibende Verformung zunächst 0, so ist die Weiche durch den elastischen Anteil allein gegeben, d. h. das Verhalten des Körpers ist im wesentlichen durch die elastische Dehnungszahl gegeben. Treten mit gesteigerter Last bleibende Verformungen auf, so tritt eine von 0 ansteigende plastische Weiche auf, die Summe aus elastischer und plastischer Weiche gibt die Gesamtweiche. Dieser Fall entspricht also den Kunststoffen. Wird schließlich die plastische Verformung wesentlich größer als die elastische Verformung, so ist sowohl die spezifische Flächenbelastung als auch die Verformung durch den plastischen Anteil allein gegeben, wie es für Metalle der Fall ist. Man erhält also auch beim Eindruckversuch Erscheinungen, die für den üblichen Belastungsversuch bereits in Abb. 5 dargestellt wurden.

4. Härte, Weiche, Dämpfung.

Schon auf S. 90 wurde ein enger Zusammenhang zwischen dem neuen Härtebegriff und der Dämpfung für den Fall abgeleitet, daß nur die plastischen Verformungen, wie dies bei Metallen der Fall ist, zu berücksichtigen sind. Es ergab sich hierbei die einfache Beziehung

$$\mathfrak{H} = \frac{E}{\delta}.$$

Auch diese Formel stellt demnach nur den Sonderfall einer allgemeineren Beziehung dar, die nunmehr am Beispiel der Kunststoffe aufgestellt werde.

Die spezifische Flächenpressung, also im wesentlichen der Ausdruck P/t bei der Kugel bzw. P/t^2 beim Kegel, kann angesetzt werden als

$$\sigma = eE,$$

d. h. als Produkt aus der elastischen Verformung e und dem Elastizitätsmodul E. Die Gesamthärte ergibt sich demnach gemäß Gl. (69) zu

$$\mathfrak{H} = \frac{\sigma}{t} = \frac{eE}{e+p} = \frac{E}{1+p/e}.$$

Das Verhältnis von plastischer zu elastischer Verformung kann aber mit gewissen Einschränkungen als Maß der Dämpfung des Werkstoffs angesehen werden, so daß man also endgültig erhält

$$\mathfrak{H} = \frac{E}{1+\delta}. \tag{79}$$

Diese Formel stimmt mit der beim statischen Belastungsversuch für den Verformungswiderstand abgeleiteten Formel 19 überein.

Die elastische Härte ist entsprechend

$$\mathfrak{H}_e = E,$$

die plastische Härte

$$\mathfrak{H}_p = \frac{E}{\delta}$$

ergibt den bereits oben erwähnten Ausdruck. Damit ist auch die Gesamthärte auf zwei grundlegende Begriffe, den Elastizitätsmodul und die Dämpfung zurückgeführt. Ist die plastische Verformung gegenüber der elastischen sehr groß, d. h. ist die Dämpfung wesentlich größer als 1, wie dies beim Eindruckversuchen an Metallen der Fall ist, so geht obige Gl. (79) in den bereits auf S. 90 abgeleiteten Sonderfall über.

Wesentlich übersichtlicher lassen sich die Verhältnisse wiederum an Hand der Weiche darstellen. Die Gesamtweiche ist

$$\mathfrak{W} = \frac{e+p}{eE} = (1+\delta)\frac{1}{E} \tag{80}$$

oder da die Dehnungszahl a als Umkehrwert des Elastizitätsmoduls sich darstellt

$$\mathfrak{W} = a\,(1+\delta). \tag{81}$$

Auch diese Formel haben wir bereits auf S. 38 beim statischen Belastungsversuch kennengelernt. Die Einzelweichen sind

$$\begin{aligned} \mathfrak{W}_e &= a \\ \mathfrak{W}_p &= a\delta. \end{aligned} \tag{82}$$

Diese Einzelwerte der elastischen und plastischen Weiche ergeben durch einfache Addition sofort den Gesamtwert der Weiche.

Die Formel 81 enthält alle drei möglichen Sonderfälle. Ist nur elastische Verformung vorhanden, so ist die Dämpfung 0 und die Weiche wird durch die elastische Dehnungszahl bestimmt. Tritt gleichzeitig jedoch eine plastische Verformung auf, so daß die plastische und elastische Verformung von gleicher Größenordnung sind, so ist die allgemeingültige Gl. (81) maßgebend, wie dies etwa bei Kunststoffen der Fall ist. Überwiegt jedoch die plastische Verformung, so daß die Dämpfung größer als 1 wird, so ist die Weiche im wesentlichen durch den Ausdruck $a\delta$ gegeben.

IV. Untersuchung von Holz.

Die Untersuchung der Härte des Holzes hat heute einen neuen Auftrieb erfahren, darüber hinaus bietet die Holzprüfung durch den Eindruckversuch in mehrfacher Hinsicht grundsätzliches Interesse. Zur Orientierung über die Technologie des Holzes sei auf das Buch von Kollmann verwiesen (*73*).

Die nicht mehr erneuerte Vornorm DIN DVM 3011 schrieb das Brinellsche Kugeldruckverfahren zur Ermittlung der Holzhärte vor. Danach wurde eine Kugel von 10 mm Durchmesser mit einer Kraft von 50 kg eingedrückt, bei sehr harten Hölzern wird eine Kraft von 100 kg

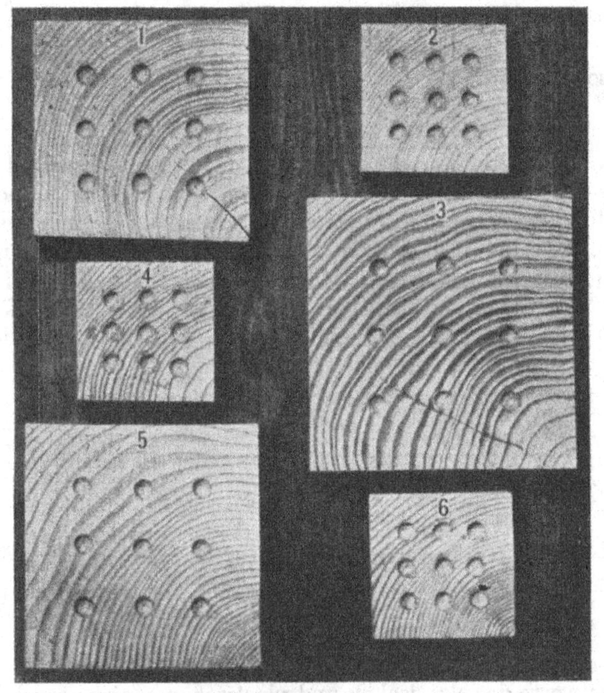

Abb. 174. Kugeleindrücke in verschiedenen Holzarten. (Janka: Int. Verb. Mat. Prüf. d. Techn. New-York 1912.)

genommen, bei sehr weichen Hölzern dagegen 10 kg. Diese Zahlen erwuchsen aus dem Bestreben, bei allen Hölzern ungefähr die gleiche Eindrucktiefe zu erhalten.

Die Schwierigkeiten dieser Prüfung sind mannigfaltiger Art. Die Eindruckränder sind nicht immer scharf, auch wird besonders bei Radialschnitten fast stets ein ellipsenförmiger Eindruck erhalten, wobei in Faserrichtung die kleinere Achse liegt. Abb. 174 zeigt einige Eindrücke in Holz nach Janka (*64*).

Die Beanspruchung, die eine in Holz eindringende Kugel zeigt, muß wegen der größer werdenden Seiten- (Spalt-) Kräfte um so verwickelter werden, je tiefer diese eindringt. Deshalb schlägt Hoeffgen (*61*) an Stelle der Kugel einen Stempel als Eindringkörper vor. In Abb. 175 und 176 sind zwei Querschnitte durch einen Kugel- und einen Stempeleindruck gezeigt. Durch die Jahresringe wird hierbei die Verformung im Eindruck besonders deutlich. Bei der Kugel werden die Fasern stark beiseite gedrückt, so daß die Querfestigkeit stärker in Anspruch genommen wird wie die Längsfestigkeit. Die Fasern im Kugeleindruck sind zum Teil geknickt. Beim Stempel dagegen sind die Verformungen einheitlich. Das Holz unter dem Stempel wird wellenförmig zusammengedrückt.

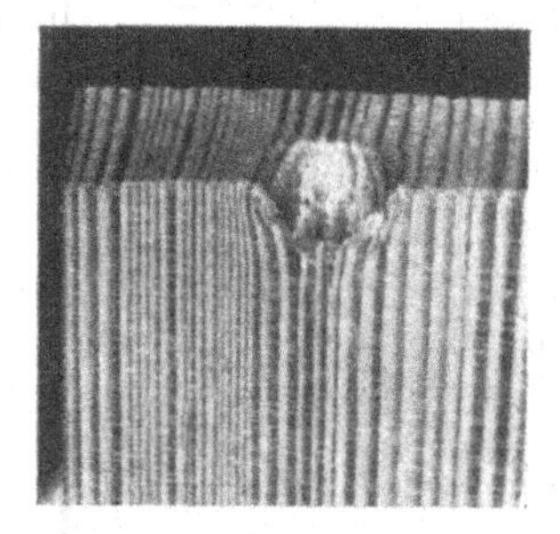

Abb. 175. Kugeleindruck in Holz. (Hoeffgen, Holz 1938.)

Bei dem Prüfverfahren nach Janka wird eine Stahlkugel, die genau zur Hälfte aus einer ebenen Stahlflasche hervorragt, in das Holz eingedrückt. In dem Augenblick, wo die Kugel bis zur Hälfte eingedrungen ist, steigt die Last sehr steil an; die kritische Last, bei der dieser Anstieg einsetzt, wird als Härte in kg/cm² genommen. Wir erkennen hierin die grundsätzliche Durchführung von Kugeldruckversuchen nach Martens, bei der die Eindrucktiefe gleich groß gehalten wird. Diese Gleichhaltung der Eindrucktiefe wird in einfacher Weise hier durch einen „Anschlag“ erzielt.

Mit diesem Verfahren hat Hoeffgen (*61*) sehr interessante Untersuchungen durchgeführt. Besonders hervorzuheben ist, daß hierbei der Eindringvorgang durch einen Schreibapparat aufgezeichnet wurde, so daß also ein dem Belastungs-Verformungs-Schaubild beim üblichen Zug- oder Druckversuch entsprechendes Diagramm erhalten wird, während man merkwürdigerweise bei der Untersuchung von Metallen im Eindruckversuch nach einem solchen aufschlußreichen und übersichtlichen Schaubild vergeblich sucht. Es wäre sehr zu wünschen, daß bei wissenschaftlichen Untersuchungen auch in der Metallkunde allgemein der Eindringvorgang möglichst vollständig aufgezeichnet wird.

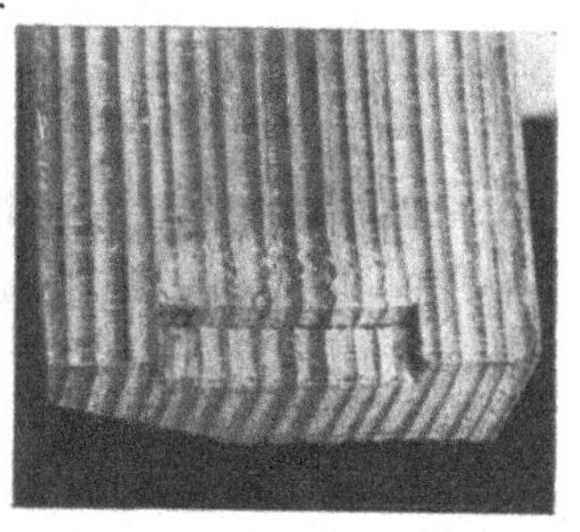

Abb. 176. Stempeleindruck in Holz. (Hoeffgen, Holz 1938.)

Die sich an drei verschiedenen Hölzern ergebenden Belastungs-Verformungs-Schaubilder sind in Abb. 177 bis 179 gezeigt, und zwar je für Kugel und Stempel als Eindringkörper. Für die bis zur Hälfte in eine Stahlfläche eingebettete Stahlkugel steigt die jeweilige Kurve wegen des Aufliegens bei einer Eindrucktiefe von 6,64 mm sehr steil an. Der Knickpunkt entspricht der Härte nach Janka. Aus den Abbildungen ergibt sich eine verschiedene Wertigkeit je nach der Eindringtiefe.

Beim Stempel dagegen bleiben die Tiefen anfänglich sehr klein,

der belastete Holzquerschnitt plötzlich, mit einem Lastabfall beginnend, unter Abscheren seines Umfanges eingedrückt wird. In dieser

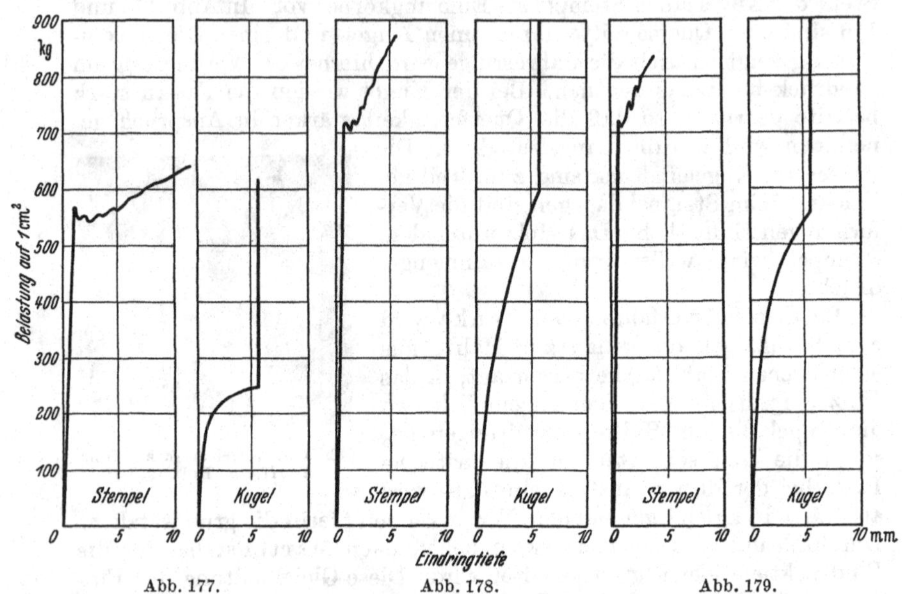

Abb. 177. Abb. 178. Abb. 179.
Verlauf der Belastung in Abhängigkeit von der Eindrucktiefe für drei verschiedene Hölzer, jeweils mit Stempel und Kugel aufgenommen. (Hoeffgen, Holz 1938.)

so erhaltenen „Streckgrenze" wird also ein wirklicher Festigkeitswert erhalten, die zugehörige auf 1 cm² bezogene Kraft wird von Hoeffgen als Stempelhärte bezeichnet.

Siebenter Teil.

Härte und andere Werkstoffeigenschaften.

Die Bemühungen, die Härte der Werkstoffe mit anderen wichtigen Eigenschaften in klare Beziehungen zu bringen, sind sehr zahlreich. So wäre es z. B. von großer Bedeutung, aus einem einfachen Härteversuch etwa auf die Zerspanbarkeit, die Verschleißfestigkeit und ähnliche Eigenschaften schließen zu können. Auch für die Wissenschaft wären klar aufzeigbare Beziehungen zwischen der Härte und anderen physikalischen Eigenschaften wie Atomkonzentration, Magnetostriktion usw. von hohem Interesse.

Die bisher üblichen Härtewerte lassen meist einen mehr oder weniger klar hervorstechenden Zusammenhang der verschiedenen Eigenschaften erkennen, ohne daß eine völlig befriedigende Zuordnung bis heute gelungen wäre. Es erhebt sich daher die Frage, inwieweit durch die neuen Begriffsbestimmungen für die Härte bzw. die Weiche diese Gebiete eine Befruchtung erfahren können. Gerade an solchen Aufgaben kann sich die Zweckmäßigkeit der neuen Begriffsbestimmungen erproben; der Praktiker dürfte durch Fortschritte in dieser Hinsicht eher geneigt sein diesen Überlegungen einige Beachtung zu schenken.

I. Härte und Zerspanbarkeit.

Der wichtigste Teil der mechanischen Bearbeitung ist die spanabhebende Formgebung durch Drehen, Bohren, Fräsen, Hobeln, Schleifen usw. Die Erforschung der hierbei auftretenden Vorgänge wird in der Zerspanungslehre zusammengefaßt. Die Schwierigkeiten, die sich einer systematischen Durchdringung entgegenstellen, sind sehr zahlreich und erklären sich aus der Mannigfaltigkeit der bei solchen Bearbeitungsvorgängen zusammenwirkenden Einflüsse, vgl. z. B. Krystof (*87*).

Zur Untersuchung der Zerspanungsvorgänge führt man heute in Anlehnung an die Betriebsverhältnisse systematische Zerspanungsversuche durch, unter gleichzeitiger Beobachtung der verschiedensten Faktoren. Die Lehre von der Zerspanung hat sich in der letzten Zeit zu einem umfangreichen Sonderzweig entwickelt. Insoweit sich Zusammenhänge der Zerspanbarkeit mit der Härte der zu bearbeitenden Werkstoffe andeuten, sei auf einige im Schrifttum veröffentlichte Meßreihen näher eingegangen. Für eine weitergehende Unterrichtung wird auf die zahlreichen Bücher, die dieses Gebiet behandeln, verwiesen, so auf die Darstellungen von Brödner (*13*), Klopstock (*71*), Krekeler (*82*), Kronenberg (*83*), Leyensetter (*94*), Taylor-Wallichs (*173*) u. a.

1. Standzeit und Schnittgeschwindigkeit.

Die zwei wichtigsten Begriffe bei Zerspanungsversuchen sind Standzeit und Schnittgeschwindigkeit. Unter Standzeit wird die reine Schnittzeit bis zum Ende der Schnitthaltigkeit der bearbeitenden Schneide verstanden. Das Aufhören der Schneidhaltigkeit wird verursacht durch die zerstörenden Einflüsse beim Zerspanungsvorgang. Die Kennzeichen für das Aufhören der Schneidhaltigkeit, und damit für das Ende der Standzeit sind verschieden, je nachdem ein Werkzeug aus Schnellstahl oder Hartmetall Verwendung findet, und je nachdem ob im Grobschnitt, Schlichtschnitt oder Feinschnitt gearbeitet wird. Auch sind zwischen Eisen- und Nichteisenmetallen kennzeichnende Unterschiede vorhanden (*192*). Siehe ferner (*184*), (*185*).

Im Grobschnitt ist meist die sogenannte Blankbremsung für das Ende der Standzeit maßgebend. Sie entsteht dadurch, daß die Schneide durch die Zerspanungswärme „auskolkt“, d. h. an der Schneidkante erweicht und ohne zu schneiden, über das Werkstück reibt. Bei Verwendung von Hartmetallen tritt aus ähnlichen Ursachen „Rundfeuern“ auf, das mit einer deutlich erkennbaren Verfärbung der Werkstückoberfläche verbunden ist. Bei anderen Werkstoffen, z. B. bei Leichtmetallen wird das Werkzeug durch Abrieb unbrauchbar. Hier kommt das Ende der Standzeit nicht klar zum Ausdruck und man nimmt dann die Abstumpfung des Werkzeugs um ein bestimmtes Maß zur Kennzeichnung der Standzeit an.

Unter Schnittgeschwindigkeit versteht man beim Drehen den in der Zeiteinheit am Drehstahl in der Drehrichtung vorbeieilenden Weg des Werkstücks. Streng genommen entstehen infolge der endlichen Schnittiefe sehr viele Schnittgeschwindigkeiten; es ist vielfach üblich, den Mittelwert zwischen dem Durchmesser des Werkstücks vor und hinter dem Drehstahl zu nehmen, die Schnittgeschwindigkeit also auf den Radius der halben Schnittiefe zu beziehen.

Standzeit und Schnittgeschwindigkeit sind die beiden Grundgrößen bei Zerspanungsversuchen. Zu jeder Schnittgeschwindigkeit gehört bei Gleichhaltung aller anderen Schnittbedingungen eine ganz bestimmte Standzeit. Die ermittelten Zusammenhänge zwischen Standzeit und Schnittgeschwindigkeit liefern das sog. Zerspanungsschaubild nach Wallichs-Dabringhaus (*184*). Aus ihm kann man die Schnittgeschwindigkeit v_{60} entnehmen, bei der die Standzeit des Werkzeugs 60 min erreicht. Insbesondere beim Grobschnitt wird diese kritische Stundenschnittgeschwindigkeit als Kennzahl gewählt. Bei Bohrversuchen gibt man üblicherweise nicht die Zeit, sondern die Länge der gebohrten Löcher an.

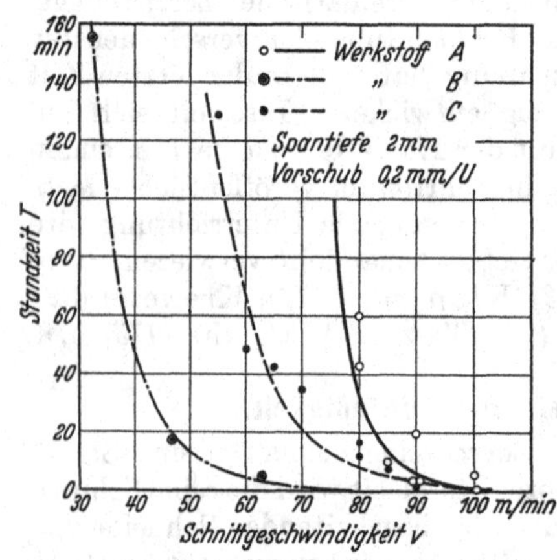

Abb. 180. Standzeit-Schnittgeschwindigkeitskurven verschiedener Automatenstähle (Wallichs u. Opitz, Masch.-Bau 1933).

Derartige Standzeit-Schnittgeschwindigkeits-Kurven nach Wallichs und Opitz (*186*) sind in Abb. 180 wiedergegeben. Für große Schnittgeschwindigkeiten sind die Standzeiten sehr klein. Je kleiner die Schnittgeschwindigkeit gewählt wird, desto länger hält das Werkzeug die verlangte Beanspruchung aus, desto größer wird also die Standzeit. Die Standzeit-Schnittgeschwindigkeitkurven fallen daher zunächst steil ab, um dann in einen wesentlich langsamer abfallenden Ast einzubiegen.

Eine allgemeine Bemerkung sei hier eingeschaltet. Standzeit und Schnittgeschwindigkeit sind zwei gegenläufige Begriffe. Die Untersuchung der Frage, ob durch Wahl zweier gleichgeschalteter Größen die Beziehungen deutlicher zum Ausdruck kommen, ist von einigem Interesse. Hierfür bietet sich, wenn man von der Standzeit ausgeht, der Umkehrwert der Schnittgeschwindigkeit an. Dieser Umkehrwert, gemessen in min/m, stellt die Zeit in Minuten dar, die für 1 m Schnittlänge gebraucht wird. In Abb. 181 ist aus Abb. 180 der Zusammenhang dieser „Schnittzeit" mit der Standzeit dargestellt. Ein wesentlicher Fortschritt wird demnach in diesem Fall nicht erreicht.

Zerspanungsversuche sind langwierig und in ihrer Durchführung außerordentlich teuer. Es lag daher nahe, für praktische Bedürfnisse nach Kurzzeitversuchen zu suchen, die eine Beurteilung der Bearbeitbarkeit wenigstens in groben Umrissen durch einfache und schnell durchzuführende Messungen ermöglichen.

Als wichtigste Eigenschaft bietet sich in dieser Hinsicht die Härte des zu bearbeitenden Werkstoffs dar, wobei man heute meist die Brinellhärte zugrunde legt. Von vornherein erkennt man, daß der Vergleich der Zerspanbarkeit mit der Brinellhärte unter dem grundsätzlichen Mangel leidet, daß zwei gegenläufige Größen miteinander in Beziehung gesetzt werden. Je größer die Brinellhärte eines Werkstoffes ist, desto kleiner ist im allgemeinen seine Bearbeitbarkeit, je kleiner dagegen die Härte ist, desto größer ist die Zerspanbarkeit; theoretisch wird für die Härte Null, die Zerspanbarkeit unendlich groß. Die heute üblichen Vergleichskurven zwischen Bearbeitbarkeit und Härte zeigen daher, von Einzelheiten abgesehen, einen hyperbolischen Verlauf, der für die Erkennung der einzelnen Einflüsse sehr hinderlich ist. Abgesehen davon, daß nicht die Brinellhärte, sondern die dem Plastizitätsmodul entsprechende neue Härte für derartige Vergleiche in Frage kommt, ist die mit der Zerspanbarkeit gleichlaufende Werkstoffkennzahl offensichtlich nicht die Härte, sondern die Weiche. Zerspanbarkeit und Weiche müssen im wesentlichen gleichsinnig zu- und abnehmen. Es besteht daher die begründete Hoffnung, daß die neu eingeführte Weiche eine übersichtlichere Darstellung der Versuchsergebnisse ermöglicht.

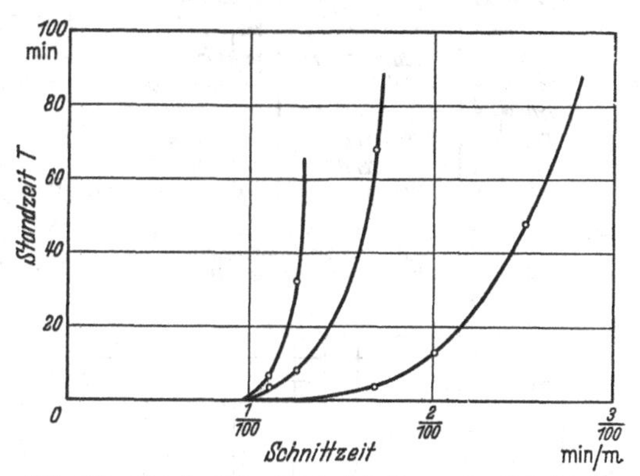

Abb. 181. Standzeit in Abhängigkeit von der Schnittzeit in min/m, errechnet aus Abb. 180.

Zur Beurteilung der Bearbeitbarkeit von Werkstoffen und der Schneidhaltigkeit von Werkzeugen hat man, um dies kurz zu erwähnen, ferner die entstehende Schnittemperatur herangezogen. Die unter bestimmten Arbeitsbedingungen an der Werkzeugschneide entstehende Schnittemperatur wird hierbei als Kennzeichen der Bearbeitbarkeit angesehen. Von diesen Verfahren hat das Zweistahlverfahren nach Gottwein und Reichel (*40*) in einem von der Firma Wolpert Ludwigshafen hergestellten Gerät betriebsmäßige Reife erlangt. Mit Hilfe zweier Drehmeissel aus thermoelektrisch verschiedenem Metall, etwa Schnellstahl und Hartmetall, wird der gleiche Spanquerschnitt abgehoben. Die entstehende Schnittemperatur wird an einem Spannungsmesser ermittelt, wobei durch die besondere Anordnung die Thermokraft des Werkstoffs selbst bedeutungslos wird. Ferner sei auf das Pendel von Leyensetter (*94*) zur Prüfung der Bearbeitbarkeit hingewiesen. Eine Zusammenfassung dieser Kurzzeitverfahren findet sich bei Schallbroch, Schaumann und Wallichs (*145*).

2. Versuchsergebnisse.

Im allgemeinen findet man, daß die Bearbeitbarkeit mit wachsender Härte abnimmt. Diese Beziehung tritt um so klarer in Erscheinung, je ähnlicher die Beschaffenheit der zu vergleichenden Werkstoffe ist. Bei sehr ungleichmäßigen Werkstoffen können beträchtliche Abweichungen in der Reihenfolge auftreten. Besonders die jedem Werkstoff eigentümliche Spanbildung ist sehr wichtig, ein Werkstoff, der kurze Späne gibt, ist im allgemeinen leichter zu bearbeiten. Ebenso setzen geschmeidige Werkstoffe der Bearbeitung einen höheren Widerstand entgegen als spröde.

Kugeldruckhärte $P_{0,05}$ in kg (300 250 200 150 100 50)	Material	Bohrtiefe t_{100} in mm (0 1 2 3 4 5)
259,2	Flußeisen B.O.5	2,0
249,1	Gußeisen N.G.2	4,59
243,5	Nickelstahl E.220J.	2,34
225,2	Gußeisen N.G.1	4,19
205,0	Flußeisen A.3	1,4
189,7	Flußeisen A.2	1,76
173,5	Flußeisen B.O.3	2,01
172,7	Messing M.19	1,26
169,4	Tombak T.2	1,095
143,0	Flußeisen B.O.1	1,68
141,6	Deltametall D.1	3,84
128,0	Flußeisen A.1	1,77
124,5	Flußeisen B.R.E.1	3,09
120,7	Messing M.R.F.1	3,70
120,7	Messing M.R.H.1	4,45
110,0	Kupfer K.3	1,27
102,2	Messing M.R.D.1	5,19

Abb. 182. Vergleich zwischen Kugeldruckhärte nach Martens-Heyn und Bohrtiefe (Kessner, Forsch.-Geb. Ing.-Wes., Heft 208).

Von älteren Versuchen seien die Bohrversuche von Kessner (*68*) genannt. Hierbei dringt ein Bohrer von besonderer Form bei

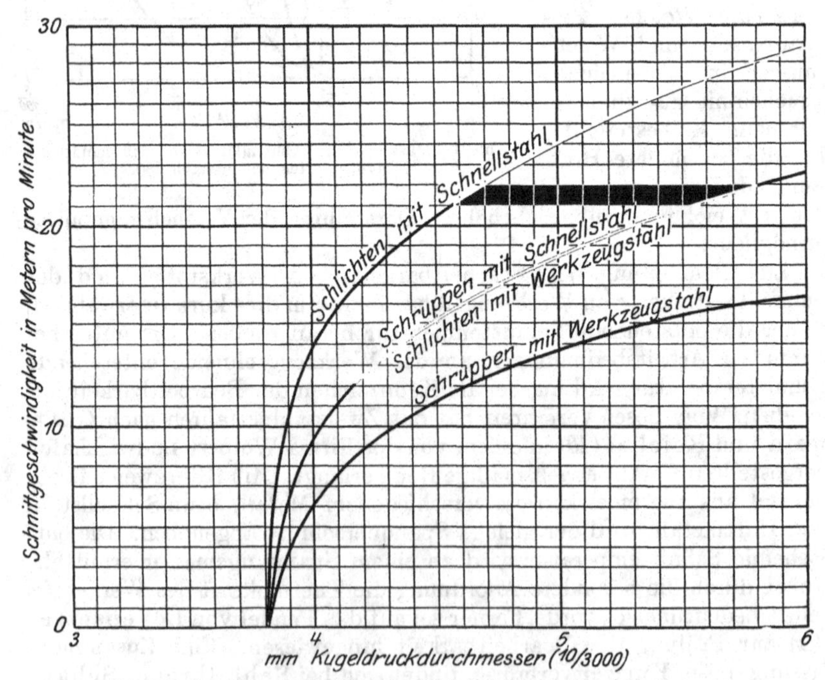

Abb. 183. Schnittgeschwindigkeit in Abhängigkeit vom Kugeldurchmesser (P. W. Döhmer, Die Brinellsche Kugeldruckprobe).

gleichbleibender Umlaufzahl und gleichbleibendem Bohrdruck in den Werkstoff ei . Als Maß der Bearbeitbarkeit dient die erzielte Lochtiefe für 100 Umdrehungen in Millimeter. Als Vergleichshärte wird von Kessner die Kugeldruckhärte nach Martens angegeben. Die von Kessner auf diese Weise untersuchten sehr verschiedenartigen Werkstoffe zeigen keinen Gleichlauf der Härte mit der Zerspanbarkeit, Abb. 182.

In Abb. 183 sind einige Ergebnisse von Döhmer dargestellt. Bemerkenswert hierbei ist, daß nicht die Härte selbst, sondern der Kugeleindruck als Bezugsgröße gewählt wird, d. h. eine mit der Bearbeitbarkeit immerhin gleichlaufende Größe. Unterhalb eines Eindruckdurchmessers von 3,8 mm werden die untersuchten Werkstoffe so gut wie unbearbeitbar. Bei Nickelstählen ist nach Döhmer die Bearbeitbar-

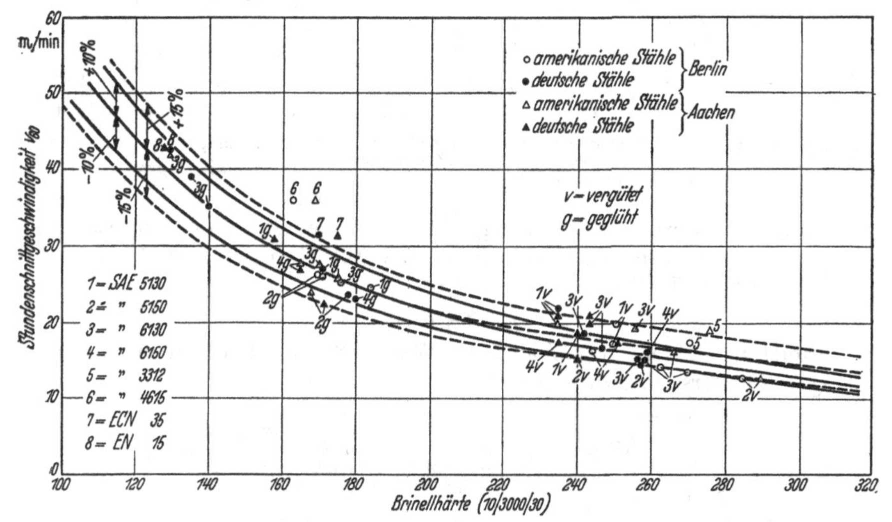

Abb. 184. Stundenschnittgeschwindigkeit und Brinellhärte für den Spanquerschnitt 4 × 1 mm². (A. Wallichs, Stahl u. Eisen 1935.)

keit noch bis 3,5 mm Eindruckdurchmesser vorhanden, während bei Manganstählen mit hohem Mangangehalt eine normale Bearbeitung mit Schneidwerkzeugen unmöglich ist, trotz einem Kugeleindruck von 4,3—4,1 mm. Als extremes Beispiel ist hier Hartgummi zu nennen, müssen doch Schreibmaschinenwalzen mit Diamanten abgedreht werden, da kein Stahl bei deren Bearbeitung die Schneide behält.

In neuerer Zeit wurden umfangreiche Zerspanungsversuche von Wallichs und seinen Mitarbeitern durchgeführt, wobei gleichartige Werkstoffe verglichen werden. Damit entfallen eine Reihe von besonderen Einflüssen, so daß der Zusammenhang mit der Härte deutlicher zum Vorschein kommt. Die Ergebnisse an Baustählen deutscher und amerikanischer Herkunft sind in Abb. 184, Wallichs (*183*), dargestellt. Bemerkenswert ist die verhältnismäßig kleine Streuung von nur 15%. Ein enger Zusammenhang zwischen Brinellhärte und Zerspanbarkeit ist unverkennbar, diese nimmt mit wachsender Brinellhärte zunächst schnell, dann langsamer ab.

In Abb. 185 sind diese Versuchsergebnisse in Abhängigkeit von der neuen Weiche dargestellt. Zu diesem Zweck wurde aus Abb. 73 die Brinellhärte in Weiche umgerechnet und die Zerspanbarkeit in Abhängigkeit von diesen so gewonnenen Werten aufgetragen. Wenn man sich an die Unsicherheit in der genauen Bestimmung der Standzeit und auch an die Unsicherheit der Eintragung des mittleren Verlaufs der Kurve in Abb. 184 durch die einzelnen Streuwerte erinnert, so ist der geradlinige Anstieg der Zerspanbarkeit in Abhängigkeit von der Weiche sehr bemerkenswert. Allerdings geht diese Gerade nicht durch den Ursprung, sondern schneidet auf der Ordinatenachse ein Stück ab. Immerhin kann aus Abb. 185 dem Praktiker die Zerspanbarkeit in der einfachen Form

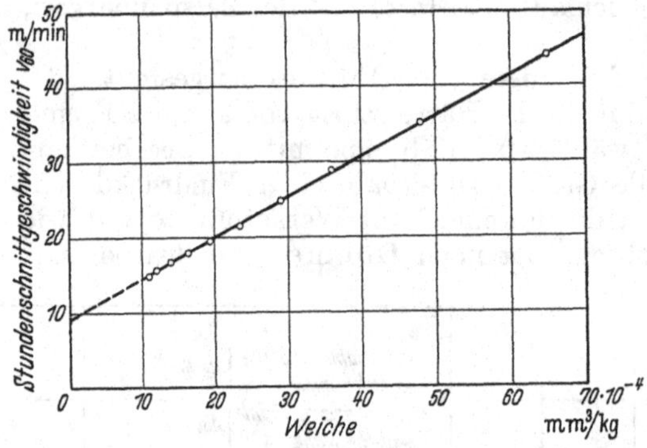

Abb. 185. Stundenschnittgeschwindigkeit in Abhängigkeit von der Weiche $\mathfrak{W}$ für den Spanquerschnitt 4×1 mm², errechnet aus Abb. 184 (mittlere Kurve).

$$Z = a + b \cdot \mathfrak{W} \tag{83}$$

übermittelt werden, wobei also die Weiche $\mathfrak{W}$ durch einen einfachen Kugeldruckversuch zu ermitteln ist.

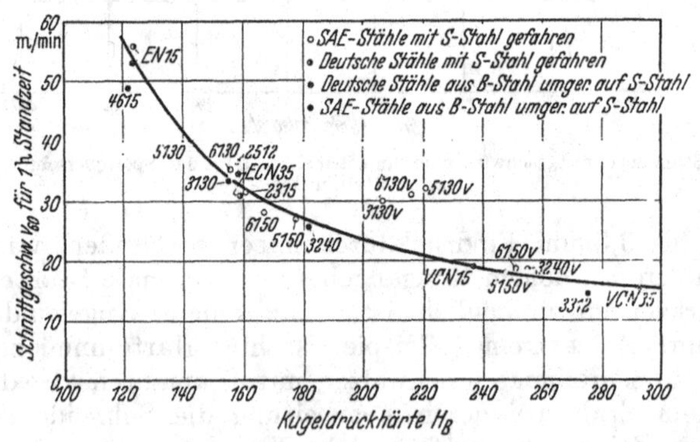

Abb. 186. Zusammenhang von Bearbeitbarkeit und Kugeldruckhärte. (G. Schlesinger, Werkst.-Techn. 1928.)

Dieses Ergebnis ist so auffällig, daß weitere Auswertungen von Messungen im Schrifttum wünschenswert sind. In Abb. 186 sind die Ergebnisse von Meßreihen nach Schlesinger (*148*) dargestellt, die einen ungefähr gleichartigen Verlauf der Zerspanbarkeit mit der Brinellhärte wie in Abb. 184 erkennen lassen. Eine entsprechende Auswertung nach der

Weiche ergibt Abb. 187. Auch hier zeigt sich wenigstens für große Weichen, also kleine Härten, ein geradliniger Verlauf, wobei die Verlängerung dieses geraden Stücks sogar angenähert durch den Nullpunkt hindurchgeht. Für kleinere Werte der Weiche bildet sich jedoch eine deutliche Abbiegung vom geradlinigen Verlauf aus. Auch hier zeigt demnach die Weiche ihre besonderen Vorzüge. Während ein Vergleich der beiden Abb. 184 und 186 nicht ohne weiteres das Auftreten einer besonderen Erscheinung erkennen läßt, ist aus der Abb. 187 dieses Auftreten sofort zu ersehen. Diese Abweichung kann verschiedene Ursachen haben. Vielleicht ist die in Abb. 186 dargestellte Ausgleichkurve zu hoch eingezeichnet. Es kann aber auch ein Einfluß der Verfestigung vorliegen, worauf weiter unten noch eingegangen wird.

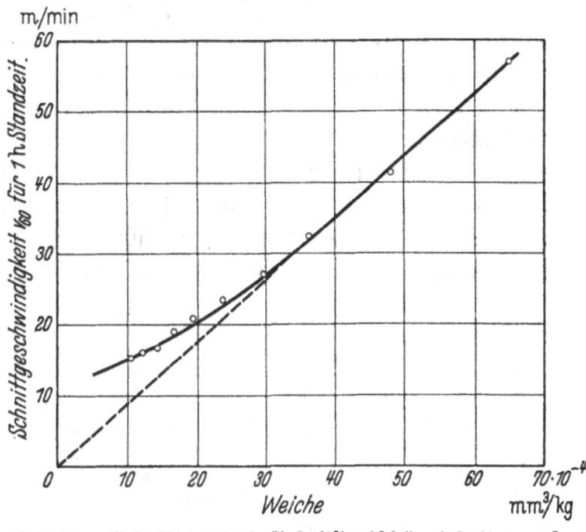

Abb. 187. Schnittgeschwindigkeit in Abhängigkeit von der Weiche, errechnet aus Abb. 186.

Diese bisher ausgewerteten Meßreihen wurden jeweils bei gleichem Spanquerschnitt aufgenommen. Zur Erweiterung des experimentellen Tatbestandes ist das Studium des Einflusses des Vorschubes von besonderem Interesse. In Abb. 188 sind Meßreihen von Krekeler (*82*) für Bohrversuche in doppelt-logarithmischem Maßstab aufgetragen. Aus diesen für drei verschiedene Vorschübe gewonnenen Kurven läßt sich entnehmen, daß erwartungsgemäß die Schnittgeschwindigkeit um so größer ist, je kleiner der Vorschub gewählt wird.

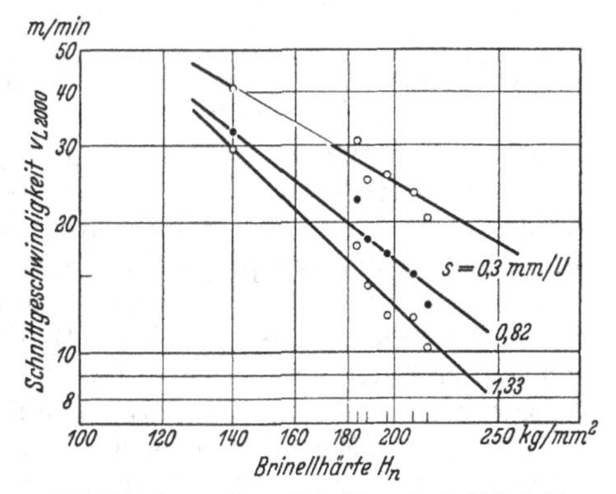

Abb. 188. Anwendbare Schnittgeschwindigkeit für Gußeisen in Abhängigkeit von der Brinellhärte. (K. Krekeler, Die Zerspanbarkeit der Werkstoffe, Werkstattbücher, Heft 61.)

In Abb. 189 sind diese Kurven wiederum in Abhängigkeit von der Weiche aufgetragen. Es ergeben sich hierdurch gemäß Abb. 189 drei unter sich parallele, gerade Linien. Die mittlere Gerade geht fast durch den Ursprung, die Gerade für den kleinen Vorschub schneidet ein positives Stück auf der Ordinatenachse ab, ähnlich wie in Abb. 185. Die Gerade für den großen Vorschub schneidet jedoch ein Stück auf der Abszissenachse ab.

Die Weiche zeigt demnach auch hier ihre unverkennbaren Vorzüge. In ihr treten die Grunderscheinungen nicht nur wesentlich klarer in Erscheinung, es sind auch verschiedene Einflüsse der Versuchsdurchführung deutlich zu erkennen, worauf im folgenden eingegangen wird.

3. Zerspanbarkeit und Verfestigung.

Der Vorgang bei der Zerspanung gleicht insofern dem Prüfvorgang bei der Kugeldruckprobe, als der jeweilige Eindringkörper, also die bearbeitende Schneide, bzw. die Prüfkugel, in einem einzigen Hube große Verformungen erzeugt. In beiden Fällen treten demnach kräftige Kaltverfestigungen auf.

So ist seit langem bekannt, daß durch spanabhebende Bearbeitung bis zu einer gewissen Tiefe unterhalb der Oberfläche des Werkstücks Spannungen erzeugt werden. Eine Zusammenfassung des zahlreichen Schrifttums über diese Frage ist bei Schmaltz (*149*) gegeben. In einer neueren Arbeit hat Ruttmann (*138*) sich mit diesen Spannungen beschäftigt. Seine Versuche ergeben überraschend hohe Spannungen und zwar verlaufen diese Spannungen derart, daß in einer äußersten Schicht Längsdruckspannungen vorhanden sind, welche an einer bestimmten Stelle verschwinden und dann in verhältnismäßig kleine Zugspannungen übergehen. Auch mit Hilfe von Röntgenstrahlen wurden diese Spannungen untersucht. In Abb. 190 und 191 sind einige Ergebnisse von Ruttmann (*138*) dargestellt, ferner wird auf die Arbeiten von Renninger (*132*) und Wever (*193*) verwiesen. Bemerkenswert ist, daß die Tiefe der verformten Schichten nahezu proportional mit dem Schnittdruck zunimmt.

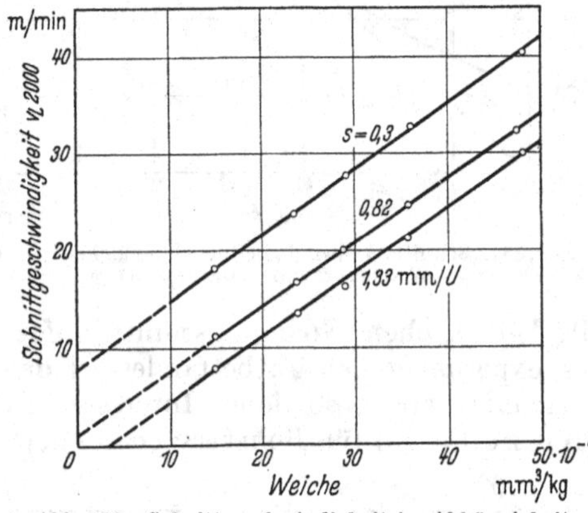

Abb. 189. Schnittgeschwindigkeit in Abhängigkeit von der Weiche 𝔚 für verschiedene Vorschübe, errechnet aus Abb. 188.

Auch bei der Kugeldruckprobe tritt Kalthärtung auf. Bei der üblichen Brinellprüfung ist jedoch der Einfluß dieser Kalthärtung insofern nicht zu erfassen, als die Härte jeweils auf die unverformte Oberfläche bezogen wird, wie dies auf S. 154 ausführlich dargelegt wurde. Ferner wird die dem Zerspanungsversuch vorangehende Härteprüfung üblicherweise an unverformtem Werkstoff vorgenommen. Wenn nun z. B. beim Drehen ein Span auf dem Umfang des Werkstücks weggenommen wird, so verfestigt sich die Oberflächenschicht gemäß den oben genannten Untersuchungen, d. h. der Widerstand gegen eine zweite von der angedrehten Oberfläche aus gerechnete Verformung beim folgenden Schnitt wird größer. Bei der zweiten und allen folgenden Umdrehungen des Werkstücks dringt die bearbeitende Schneide daher in vorverfestigtes Material ein, und diese Verfestigung ist nach den obigen Untersuchungen bis zu Tiefen vorhanden, die den üblichen Spanabmessungen bzw. dem Vorschub durchaus nahekommen. Die Bestimmung des Vergleichs-

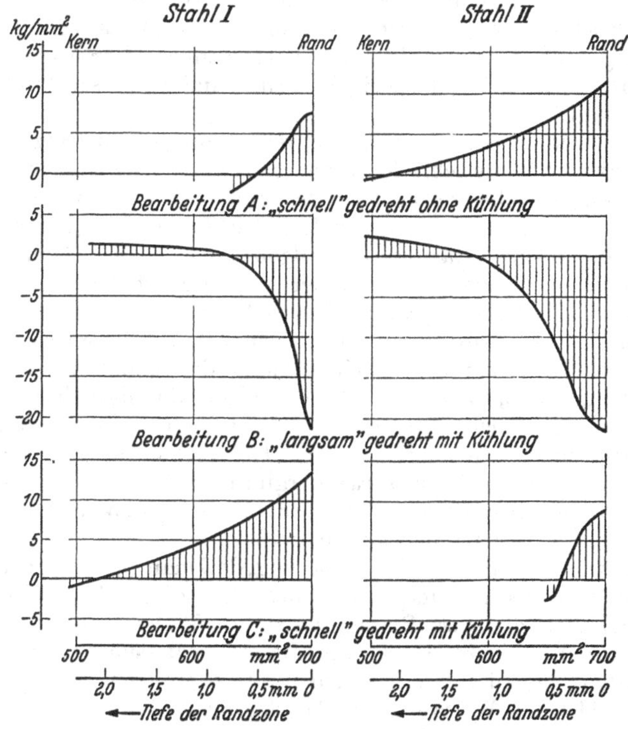

Abb. 190. Innere Spannungen in der Grenzschicht nach der Bearbeitung durch Drehen. (Ruttmann, Masch.-Bau 1936.)

härtewertes müßte demnach für die zweite und alle folgenden Umdrehungen, d. h. praktisch für den ganzen Zerspanungsversuch an der Schnittfläche selbst vorgenommen werden, um die wahren Eigenschaften des zu zerspanenden Werkstoffes zu erfassen. Da die beim Drehen auftretende Verfestigung von verschiedenen Einflüssen abhängig ist, wie Schnittgeschwindigkeit, Schnittdruck, Spantiefe usw., so ergibt sich demnach eine starke Beeinflussung der auf diese Weise gewonnenen Härtewerte.

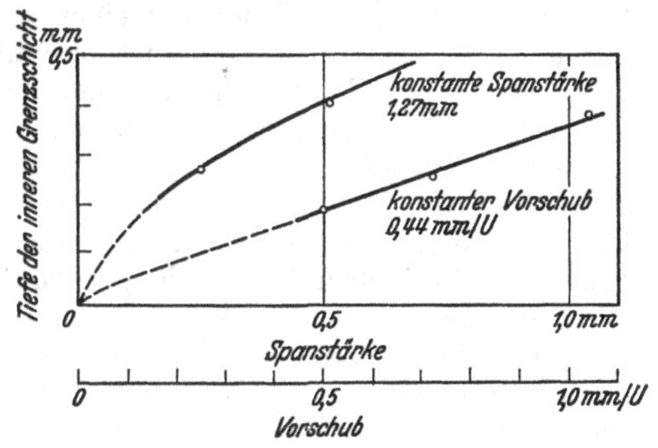

Abb. 191. Tiefe der inneren Grenzschicht in Abhängigkeit von der Spanstärke. (Ruttmann, Masch.-Bau 1936.)

Bei ähnlichen Werkstoffen, die insbesondere ein ähnliches Verhalten in bezug auf die Kalthärtung aufweisen, wird durch die Ermittlung der ursprünglichen Härte im Anlieferungszustand immerhin ein Vergleichswert für die Zerspanbarkeit erhalten. Werkstoffe dagegen mit verschiedenem Verhalten gegenüber Kaltverformung können durch Härteversuche im unbearbeiteten Zustand unter Umständen ein abweichendes Verhalten im Zerspanungsversuch zeigen, da eben die tatsächliche Härte des zu zerspanenden Werkstoffs mit derjenigen im Anlieferungszustand nicht übereinstimmt.

Hierdurch kann die Beobachtung, daß Manganstahl trotz verhältnismäßig kleiner Härte schlecht zu bearbeiten ist, ohne weiteres erklärt werden. Manganstähle zeigen ein sehr großes Verfestigungsvermögen, so daß also beim Zerspanungsversuch durch die vorangegangene Kalthärtung ein anderer Härtewert maßgebend ist. Der Zerspanungsversuch wird sozusagen an ganz anderem Werkstoff durchgeführt, als er durch die Kugeldruckprobe im Anlieferungszustand erfaßt wird. Auch von Döhmer wird darauf verwiesen (*17*), „daß man bei der Beurteilung der Zerspanbarkeit notwendigerweise die Veränderlichkeit nicht nur der Brinellhärte, sondern der Härte schlechthin mit steigender Last und Verformung berücksichtigen muß. Es ist dies der versuchstechnisch so schwierig zu erfassende Einfluß der Kaltverfestigung während der Spanbildung. Für die Betriebspraxis ergibt sich, daß der Betriebsmann mit dem Meyerschen Potenzgesetz und seinen Anwendungen auf die Härteprüfung sich vertraut machen muß".

Meßtechnisch ergibt sich die Forderung, daß man die Härte des frisch bearbeiteten Werkstücks mißt, d. h. man hat einen Eindruckversuch auf der Schnittfläche auszuführen, um so den Widerstand der bearbeiteten Oberflächenschicht zu erfassen. Derartige Messungen dürften sich schon deshalb in Zukunft empfehlen, weil die inneren Spannungen in der verschiedensten Weise von der Art der Bearbeitung abhängig sind. Allerdings kommt hierfür der übliche Brinellversuch mit 10 mm Kugel nicht in Frage, da die zur Verfügung stehende Oberfläche nur klein ist.

Eine weitere Beobachtung sei hier noch kurz gestreift. Automatenstähle z. B. werden meist im gezogenen Zustand bearbeitet, wodurch Kaltverfestigung, verbunden mit einer Erhöhung der Festigkeitswerte und auch der Härte verbunden ist. Trotzdem kann man nicht in allen Fällen von einer Verschlechterung der Zerspanbarkeit sprechen, Brödner (*13*). Dies kann seinen Grund darin haben, daß beim Zerspanungsversuch eine wesentlich stärkere Kalthärtung als beim vorangehenden Ziehen eintritt. Trotzdem also durch das Ziehen die Härte erhöht wird, ist der von dem Werkzeug tatsächlich zu zerspanende Werkstoff ungefähr gleich hart, weil eben die ausschlaggebende Kalthärtung erst unter dem Werkzeug selbst erfolgt. Demnach müßten sich immerhin gewisse Unterschiede in der Zerspanbarkeit bei sehr kleinem Vorschub mit entsprechend kleiner Kaltverfestigung ergeben, während bei großem Vorschub sich etwaige Unterschiede immer mehr verwischen.

Die Erscheinung, daß kaltverfestigte Werkstoffe sich nicht nur nicht entsprechend ihrer größeren Härte schlechter, sondern sogar besser bearbeiten lassen, als der unverfestigte Werkstoff, ist mehrfach beobachtet worden. Diese Beobachtung kann etwa dadurch erklärt werden, daß in beiden Fällen der Werkstoff im verfestigten Zustand zerspant wird. Während jedoch beim Werkstoff ohne vorhergehende Verfestigung diese erst durch die Bearbeitung erzeugt wird, und dadurch vom Schnittwerkzeug eine zusätzliche Leistung aufzubringen ist, ist diese Leistung beim vorverformten Werkstoff dem Werkzeug abgenommen worden. Vom Werkzeug ist also bei unverfestigtem Werkstoff eine doppelte Arbeit zu leisten. Einmal hat es den Span wegzunehmen, dann aber muß es auch die Leistung zur Kalthärtung der Schnittfläche und der benachbarten Schichten aufbringen. Bei verfestigtem Material dagegen hat das Werkzeug im wesentlichen nur den Span abzulösen, die Kalthärtung der Schicht ist ihm durch die vorangehende Kaltverfestigung in einem besonderen Arbeitsprozeß abgenommen worden.

4. Einfluß des Vorschubes.

Trotzdem durch die Bezugnahme der Zerspanbarkeit auf die Weiche eine übersichtliche Ordnung der Versuchsergebnisse möglich ist, zeigt die Abb. 185 eine auf den ersten Blick nicht recht verständliche Erscheinung. Die Verlängerung der Geraden schneidet positive Stücke auf der Ordinatenachse ab. Für die Weiche Null, also unendlich große Härte, ist demnach eine merkliche Zerspanbarkeit vorhanden, während ein Körper mit der Weiche Null offensichtlich nicht bearbeitbar sein sollte.

Diese Erscheinung hat ihren Grund in der üblichen Versuchsdurchführung des Kugeldruckversuchs. Wie eingehend dargelegt wurde, ist die neue Härte bzw. Weiche eines Werkstoffs nicht durch eine einzige Zahl zu kennzeichnen, vielmehr sind diese Werte weitgehend von der Größe der jeweiligen Verformung abhängig. Je härter ein Werkstoff ist, desto weniger tief dringt die Prüfkugel unter der gleichbleibenden Prüflast ein, die Härte wird demnach mit wachsender Härte auf eine abnehmende Verformung bezogen. Bei Zerspanungsversuchen dagegen wird der Spanquerschnitt, also bei gleichbleibender Schnittiefe, der Vorschub, unabhängig von der Art des Werkstoffs, stets gleich groß gehalten. Im Gegensatz zum Kugeldruckversuch mit gleichbleibender Prüflast sind die am Werkzeug auftretenden Schnittkräfte sehr verschieden groß, sie nehmen mit wachsender Härte des zu zerspanenden Werkstoffs zu. Zerspanungsversuche an verschieden harten Stoffen können daher grundsätzlich mit Belastungsversuchen verglichen werden, bei denen die Prüfkraft erfaßt wird, während die Verformung gleich groß ist.

So verschieden auch die Vorgänge beim Zerspanungs- und beim Kugeldruckversuch sein mögen, so gleichen sie sich doch insofern, als der Werkstoff in beiden Fällen durch einen Eindringkörper stark verformt wird. Das Grundsätzliche der Versuchsdurchführung sollte daher in beiden Fällen gewahrt bleiben. Da die Zerspanungsversuche bei gleichbleibender Verformung, d. h. gleichbleibendem Vorschub durchgeführt werden, und damit die Größe der jeweiligen Schnittkräfte in der Standzeit zum Ausdruck kommt, so sollten die entsprechenden Vergleichshärteprüfungen ebenfalls bei gleichbleibender Verformung unter Messung der hierzu nötigen Prüflasten durchgeführt werden.

Die in den obigen Abbildungen aufgetragenen Härtewerte, bzw. aus den üblichen Brinellwerten errechneten Werte der Weiche entsprechen demnach nicht gleich großen Verformungen. Mit zunehmender Härte wird infolge der kleiner werdenden Eindrucktiefe die Weiche zu klein gefunden. Eine Berücksichtigung der auf gleiche Verformungstiefe bezogenen Weiche würde eine Schwenkung der Geraden entgegengesetzt zum Uhrzeigersinn bewirken, so daß die Geraden schließlich die Abszissenachse schneiden. Die Schnittgeschwindigkeit wird demnach jetzt zu Null bei endlichen Werten der Weiche.

Je größer der Vorschub gewählt wird, desto größer sind die die Schneide zerstörenden Kräfte, bei desto größeren Werten der Weiche wird demnach die Schnittgschwindigkeit von Null beginnend einsetzen. Bei kleiner werdendem Vorschub rückt dieser Einsatzpunkt nach links. Schließlich kann durch weitere Verkleinerung des Vorschubes ein Anstieg aus dem Nullpunkt heraus erwartet werden. Es muß demnach eine kritische Größe des Vorschubes geben, bei der eine lineare Beziehung zwischen Weiche und Zerspanbarkeit besteht. Oder auch umgekehrt, die Tiefe des Eindrucks beim Kugeldruckversuch muß der Spangröße angepaßt werden, um möglichst einfache Beziehungen zu erhalten.

Bei den eingangs erwähnten Versuchen von Kessner wurde, abweichend von der meist üblichen Durchführung, nicht der Vorschub beim Bohren konstant gehalten, sondern der Bohrdruck. Auch wird nicht die kritische Schnittgeschwindigkeit angegeben, sondern es wird als Maß der Bearbeitbarkeit die Bohrtiefe in Millimetern angegeben, die bei 100 Umdrehungen der Bohrspindel bei gleichbleibendem Bohrdruck erreicht wird. Bei diesen Versuchen wäre daher eher ein Vergleich mit der Kugeldruckprobe unter gleichbleibendem Prüfdruck und entsprechend wechselnder Eindrucktiefe am Platze. Außerdem würde die Berücksichtigung der Verfestigung eine bessere Ordnung ergeben.

Zur weiteren Klärung des gesamten Fragenbereichs sind eingehende Messungen erforderlich, immerhin dürften diese wenigen Beispiele gezeigt haben, daß auch auf dem Gebiet der Zerspanungslehre einige Fortschritte durch die neuen Härtebegriffe möglich sind.

II. Härte und Verschleiß.

Unter Verschleiß oder Abnutzung versteht man nach einer Zusammenstellung im Werkstoffhandbuch des Vereins Deutscher Eisenhüttenleute (*192*) die durch mechanischen Angriff, insbesondere Reibung erfolgende, unbeabsichtigte, allmähliche Abtragung der Oberfläche eines festen Körpers. Im einzelnen kann hierbei der Verschleiß durch rollende Reibung mit und ohne Schmiermittel, oder durch gleitende Reibung, ebenfalls mit oder ohne Schmiermittel verursacht werden. Hierher gehören ferner Fälle, in denen das angreifende Mittel teilweise flüssig oder gasförmig ist. Auswaschungen durch Wasser in Verbindung mit schleifenden Bestandteilen, Erosion, ferner die Auswaschung durch stark aufschlagende Wasserstrahlen, Kavitation, endlich der Verschleiß durch strömenden, trockenen oder nassen Dampf gehören ebenfalls hierher und bilden wichtige Einzelfragen der Technik. Ferner ist zu nennen der Verschleiß mit Reiboxydation und mit rein oxydischem Abrieb, sowie Verschleiß mit rein metallischem Abrieb.

Die Abnutzung hat eine außerordentlich große wirtschaftliche Bedeutung, bestimmt doch ihre Größe unmittelbar die Lebensdauer der ihr unterworfenen Teile. So ist die Lebensdauer, bzw. Reparaturanfälligkeit von Maschinen aller Art, von Kraftfahrzeugen usw. im wesentlichen durch den Verschleiß wichtiger, aufeinandergleitender Teile bestimmt. Dasselbe gilt für den Verschleiß bei rollender Reibung, etwa für die Abnutzung der Schienen und Radreifen, ebenso für den Verschleiß von Gummireifen.

Die Bemühungen, die Verschleißfestigkeit der Werkstoffe durch besondere Prüfmethoden zu messen, und diese so gefundenen Werte mit anderen Werkstoffeigenschaften, insbesondere mit der Härte in Beziehung zu setzen, sind daher von jeher sehr zahlreich gewesen. Doch sind die zu berücksichtigenden Einflüsse so mannigfaltig, daß eine befriedigende Gesamtschau noch nicht erzielt werden konnte. Immerhin besteht auch hier die Hoffnung, daß durch die neuen Begriffe für die Härte eine gewisse Auflockerung der Probleme möglich ist und neue Ansatzpunkte für weitere Forschungen gewonnen werden. Einige Meßreihen aus dem Schrifttum seien daher in dieser Hinsicht ausgewertet.

Eine Zusammenstellung der vom Jahre 1864 ab erschienenen Arbeiten ist von Füchsel (*38*) gegeben. Die neueren Arbeiten sind bei Schmaltz (*149*) zu finden, siehe ferner Hankins (*45*). Besonders sei auch auf die Vorträge der VDI — Verschleißtagung, Stuttgart 1938 (*128*) und den Bericht über die IV. Int. Schienentagung, Düsseldorf 1938 (*147*) hingewiesen, vgl. auch H. Meyer (*109*).

Es würde hier zu weit führen, auf die verschiedenen zur Messung der Verschleißfestigkeit entwickelten Prüfeinrichtungen näher einzugehen, in dieser Hinsicht wird auf das Schrifttum verwiesen.

1. Versuchsergebnisse.

Sehr ausführliche Verschleißmessungen wurden von Eilender, Oertel und Schmaltz (*20*) auf der Maschine von Spindel (Man) durchgeführt. Als Maß der Abnutzung wurde die Segmentfläche der von der rotierenden Scheibe in den Prüfkörper geschliffenen Furche bestimmt. Es ergibt sich hierbei, daß der Verschleiß immer bei einer bestimmten Geschwindigkeit, die bei allen Werkstoffen verschieden ist, einen Höchstwert erreicht, um dann auf einen Tiefstwert abzufallen. Hierauf steigt der Verschleiß wieder an.

In Abb. 192 sind die so gewonnenen Höchstwerte des Verschleißes in Abhängigkeit von der Brinellhärte aufgetragen. Die Abnutzung, gemessen in mm² der eingeschliffenen Sehnenfläche fällt demnach mit wachsender Brinellhärte zunächst sehr steil ab, um dann allmählich für hohe Brinellhärten in einen flacheren Abfall einzubiegen. Diese Kurve macht immerhin den Eindruck, daß eine enge Beziehung zwischen Verschleiß nnd Brinellhärte besteht.

Auch der Vergleich des Verschleißes mit der Härte leidet ähnlich wie derjenige der Zerspanbarkeit, unter dem grundsätzlichen Mangel, daß zwei gegenläufige Begriffe miteinander verglichen werden. Die mit dem Verschleiß gleichgeschaltete Größe ist nicht die Härte, sondern die Weiche. Es wurde daher eine Umrechnung auf die Weiche vorgenommen, wodurch die Abb. 193 erhalten wird. Diese Umrechnung liefert demnach einen mit großer Annäherung linearen Anstieg des

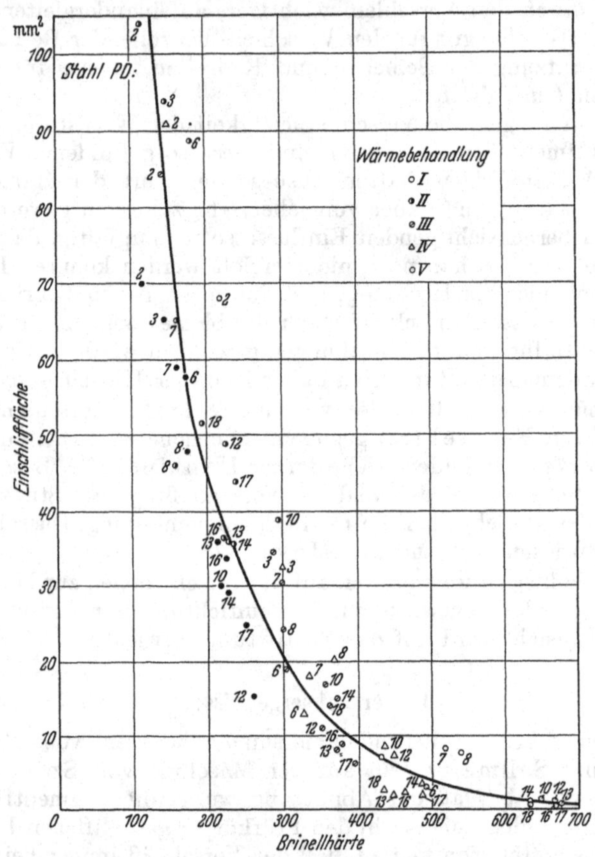

Abb. 192. Verschleiß in Abhängigkeit von der Brinellhärte bei Stahl. (H. Eilender, H. Oertel, G. Schmaltz, Arch. Eisenhüttenwes. 1934/35.)

Verschleißes mit der Weiche, ja in diesem Beispiel steigt die Gerade vom Nullpunkt an, so daß der Verschleiß in einfachste Beziehung zu der aus dem Kugeleindruck zu errechnenden Weiche gebracht ist. Dieser einfache Zusammenhang ist sehr bemerkenswert, er würde bei allgemeiner Gültigkeit die Beurteilung des Verschleißes durch Härtemessungen sehr erleichtern.

Über den Verschleiß von Eisenlegierungen auf mineralischen Stoffen berichtet Knipp (*72*). Hierbei wird die Probe in jedem Augenblick mit neuen Stoffschichten in Berührung gebracht. Die Abhängigkeit des Verschleißes gemäß diesen Versuchen von Knipp zeigt Abb. 194. Eine entsprechende auf Weiche bezogene Umrechnung liefert eine gerade Linie, die allerdings nicht durch den Ursprung geht. Abb. 195 zeigt eine weitere Auswertung von Verschleißversuchen.

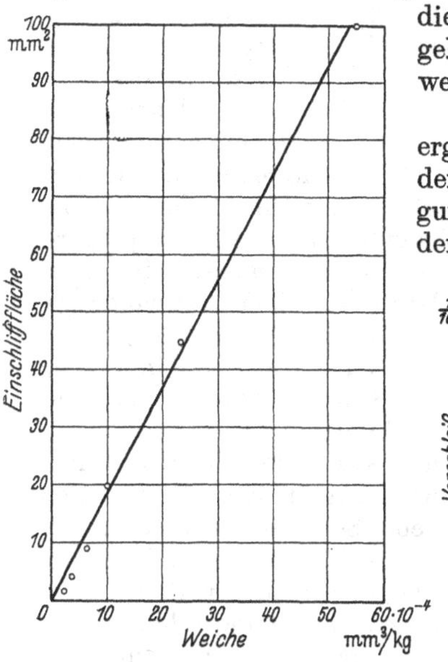

Die Verschleißwerte der reinen Metalle ergeben nach Tonn (*178*) bei den verschiedenen Prüfverfahren und Versuchsbedingungen andere Reihenfolgen. Die Neigung der Verschleißwerte mit zunehmender Härte

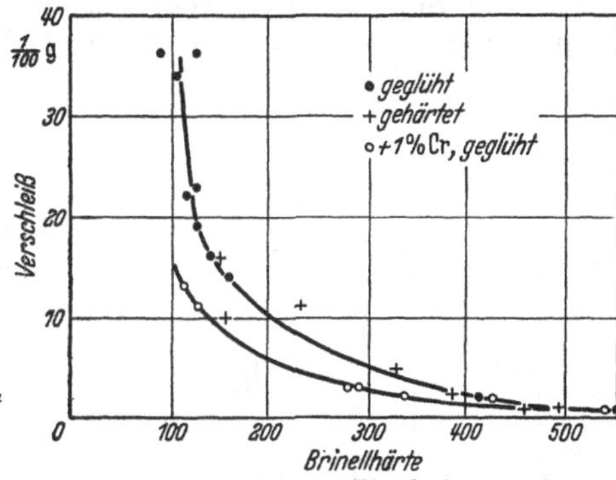

Abb. 193. Verschleiß in Abhängigkeit von der Weiche 𝔚 bei Stahl, errechnet aus Abb. 192.

Abb. 194. Verschleiß von Eisenlegierungen in Abhängigkeit von der Brinellhärte. (E. Knipp.)

der Metalle abzunehmen, ist nur unklar zu erkennen. Entsprechend den jeweiligen Versuchsbedingungen tritt eine gegenseitige Beeinflussung der beiden reibenden Körper ein. Es bilden sich für jedes Metall andersgeartete Reibbedingungen. Durch eine besondere Versuchsanordnung beim Schmiergelpapierverfahren gelang es, diese Ungleichwertigkeit der Versuchsbedingungen zu vermeiden. Unter diesen einfachsten Versuchsbedingungen ordnen sich nach Tonn die Verschleißwerte der reinen Metalle und homogenen Legierungen nach den Brinellhärten. Bei heterogenen Legierungen trifft dies jedoch nicht zu. Die von Tonn erhaltenen Ergebnisse werden als Umkehrwert des Verschleißes in Abhängigkeit von der Brinellhärte aufgetragen. Diese Werte liegen angenähert auf einer Geraden.

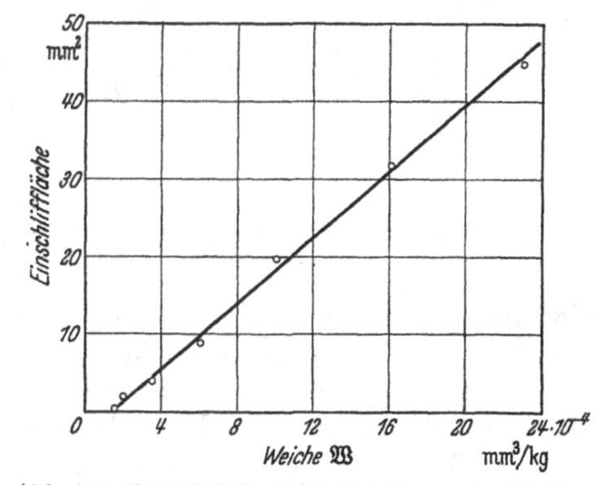

Abb. 195. Verschleiß in Abhängigkeit von der Weiche.

2. Verschleiß und Verfestigung.

Die Vorgänge bei der allmählichen Abtragung einer Oberfläche durch Verschleiß zeigen ein wesentlich anderes Bild als diejenigen bei der Zerspanung. Während bei der Bearbeitung der Werkstoffe dieser in einem einzigen Hub bis zur endgültigen Trennung verformt wird, tritt bei der Abnutzung eine vielmals wiederholte Beanspruchung auf, die an örtlich begrenzten Stellen plastische Verformungen und schließlich eine Abtrennung kleiner Einzelteilchen herbeiführt. Hierbei werden zunächst alle höchsten Teile der Oberfläche eingeebnet, bis schließlich im Laufe eines langen Zeitraumes die beiden sich berührenden Flächen mehr oder weniger glatt sind, und die weitere Abnutzung nur noch sehr wenig fortschreitet. Bei gleichbleibenden Umständen wird in erster Annäherung die Abnutzungsgeschwindigkeit umgekehrt proportional der Summe der jeweils tragenden Flächenelemente sein. Zur Beurteilung dieser tragenden Fläche im Laufe des Abnutzungsvorgangs kommt die Abbottsche Funktion oder Tragkurve in Frage, vgl. Schmaltz (*149*). Zur Kennzeichnung der Tragkurve denkt man sich die Profilkurve schrittweise abgetragen, d. h. verschiedene Schnittebenen durch sie gelegt. Man bestimmt die ganze Länge der in der Profilkurve liegenden Teile der Schnittebene und trägt diese als Funktion des Abstandes der Schnittebene von der Basislinie auf.

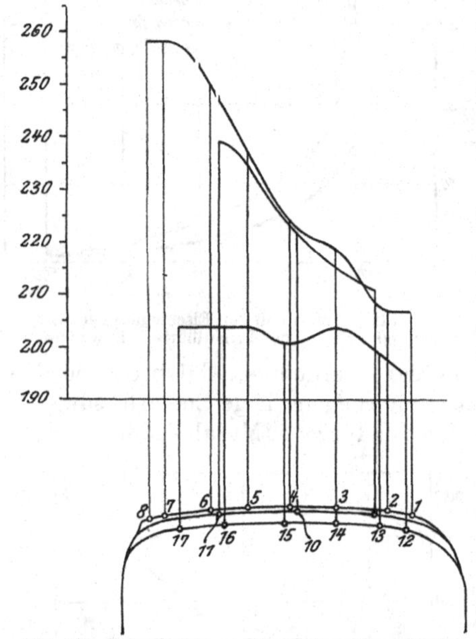

Abb. 196. Brinellhärte an Eisenbahnschienenköpfen. (Wawrziniok, Hdbch. d. Materialprüfwesens.)

Zur Verfolgung dieser Schnittebenen, wie überhaupt zur Bestimmung der Oberflächengüte kann das bekannte Lichtschnittverfahren von Schmaltz dienen.

Als neuestes Gerät kommt für diese Aufgabe ferner das Oberflächenprüfgerät nach Dreyhaupt (Hahn & Kolb, Stuttgart) in Frage (*19*). Hierbei wird mit einem bestimmten Druck ein Glasprisma gegen die Oberfläche des zu untersuchenden Werkstücks gedrückt. Mit Hilfe eines Mikroskops betrachtet man nun das Licht, das durch eine Kathetenfläche des Prismas auf die Hypothenusenfläche fällt. Infolge der Störung der Totalreflexion erscheinen im Gesichtsfeld die tragenden Teile deutlich erkennbar und können ausgemessen werden. Durch Ermittlung dieser tragenden Teile in Abhängigkeit von dem verstellbaren Anpreßdruck des Glasprismas kann die wirklich tragende Fläche in Hundertteilen in Abhängigkeit vom Anpreßdruck ermittelt werden.

Durch die Einebnung der hervorstehenden Teile zu Beginn des Abnutzungsversuches ist eine beträchtliche Kaltverfestigung bedingt. Diese Verfestigung an Schienenköpfen zeigt Abb. 196. Wenn auch gemäß den Abb. 193 und 195 eine sehr befriedigende Einordnung der Verschleißwerte nach der Weiche vorhanden ist, so ist doch zu erwarten, daß vorverfestigtes Material nicht mehr den Brinellwerten folgt. So findet Tonn (*177*), daß bei Armcoeisen und Kupfer die Brinellhärte mit dem Walzgrad sehr stark ansteigt, während Ritzhärte und Schmirgelpapierverschleiß von ihm unabhängig sind. Der Verschleiß nach Spindel ist ebenfalls von der vorangegangenen Kaltverfestigung unabhängig. Auch hier muß daher angenommen werden, daß der zu verschleißende Werkstoff durch die Einebnung der höchsten Stellen selbst kalt verfestigt wird, vgl. auch (*11*), (*66*), (*100*), (*180*).

Durch das Einlaufen und die hiermit verbundene Einebnung und Glättung tritt eine Kalthärtung ein. Diese Kalthärtung ist ausschlaggebend, so daß eine vorangehende Kalthärtung, etwa infolge Walzens, keine entscheidende Rolle spielen kann. Da jedoch die Härte von gewalztem Material größer als von unverformtem ist, kann die Brinellhärte in einem solchen Fall nicht völlig gleichlaufend mit dem Verschleiß sein.

Stähle mit guter Kalthärtbarkeit verhalten sich in vielen Fällen mit steigender Kalthärtung immer günstiger, so daß mit steigender Belastung der Verschleiß abnehmen kann.

Der Verschleißvorgang kann etwa in zwei Abschnitte zerlegt werden. Der erste Abschnitt ist der Einlauf. Hier ist eine kleine Härte insofern günstig, als die Einebnung erleichtert wird. Dadurch kommen sehr viele Stellen allmählich gleichmäßig zum Tragen und die spezifische Beanspruchung nimmt ab. Für den anschließenden eigentlichen Verschleißvorgang muß dagegen der Werkstoff durch die vorangehende Kalthärtung eine hohe Härte annehmen. Im statischen Belastungsversuch soll daher der Werkstoff eine starke Erhöhung der Festigkeitswerte durch Vorbelastung zeigen. Im dynamischen Versuch soll entsprechend der Werkstoff eine anfänglich hohe Dämpfung zeigen, die durch Trainierung auf sehr niedrige Werte herabsinkt.

3. Einfluß von Schleifmitteln.

Bekanntlich wird der Verschleißvorgang insbesondere auch von dem Vorhandensein von Schleifkörnern zwischen den aufeinanderreibenden Flächen beeinflußt. Die Verhältnisse können sich durch solche Schleifmittel geradezu umkehren, so daß der weichere Stoff eine kleinere Abnutzung zeigt, vgl. z. B. Siebel (*128*), Sporkert (*128*).

Daß solche Schleifmittel den Verschleißvorgang grundlegend ändern können, ist an einem einfachen Versuch darzustellen. Es seien zwei ebene Platten mit sehr verschiedener Härte, etwa aus Stahl und Gummi angenommen. Zwischen diesen beiden Platten möge sich eine das Schleifmittel darstellende Stahlkugel befinden. Werden nun die beiden Platten mit der dazwischenliegenden Kugel unter einer Presse belastet, so dringt die Stahlkugel sowohl in die Stahlplatte als auch in die Gummiplatte ein. Da der E-Modul der Gummiplatte sehr klein ist, gibt diese elastisch sehr stark nach und nimmt den Druck daher im wesentlichen elastisch auf. Die Kugel stützt sich hier auf eine sehr große Fläche ab, und die Beanspruchung erfolgt rein elastisch, da die spezifische Flächenpressung entsprechend klein bleibt. Die Stahlplatte dagegen gibt kaum merklich elastisch nach. Die Flächenpressung wird daher sehr groß und diese hohe Flächenpressung kann zur Erzeugung eines bleibenden Eindrucks ausreichen. Werden die beiden Platten gegeneinander bewegt, so wird demnach die Stahlplatte plastisch geritzt und abgenutzt, während die Gummiplatte die Verformung elastisch aufnimmt, und daher keinen Verschleiß zeigt. Die Größe des Verschleißes hängt somit in diesem Fall auch vom E-Modul ab.

An diesem einfachen Beispiel kann demnach gezeigt werden, daß unter Umständen von zwei aufeinandergleitenden Stoffen nicht der weiche, sondern der harte Stoff verschlissen wird, wenn Schleifmittel zwischen beiden Flächen wirksam sind. Es ergibt sich aber auch, daß hierbei die elastische Verformung, bzw. das Verhältnis der plastischen zur elastischen Verformung, d. h. die Dämpfung, eine große Rolle spielt. Zur Untersuchung dieser Verhältnisse dürften daher in Zukunft Rückprallversuche in erhöhten Maß mit Erfolg herangezogen werden, da ja durch diesen Versuch die innere Dämpfung erfaßt wird. Bekanntlich liefert ein solcher Rückprallversuch Gummi „härter" als Stahl, so daß der Rückprallversuch bei Verschleißversuchen mit Schleifmitteln damit auch ein Bild vom Verschleißvorgang liefern kann. Leider stehen in dieser Hinsicht keine Messungen zur Verfügung.

Da beim üblichen Verschleißvorgang Einzelteilchen abgelöst werden, die als Schleifkörner wirken, kann auch ohne besonderes Schleifmittel der oben beschriebene Einfluß auftreten.

III. Härte und physikalische Eigenschaften.

Die bisher behandelten Zusammenhänge der Härte mit anderen Eigenschaften besitzen für die Technik große Bedeutung. Aber auch für Beziehungen der Härte mit Kennwerten mehr physikalisch-wissenschaftlichen Interesses lassen sich auf Grund der angestellten Überlegungen einige Einblicke gewinnen. Auch hier zeigen die neuen Werte für die Härte bzw. Weiche ihre besonderen Vorteile.

1. Härte und Atomkonzentration.

Zuerst sei der Zusammenhang zwischen Härte und Atomkonzentration einer kurzen Untersuchung unterzogen. Unter Atomkonzentration wird bekanntlich die Anzahl der in der Volumeinheit enthaltenen Atome verstanden, sie ergibt sich demnach als Quotient aus dem Atomgewicht und dem spezifischen Gewicht.

Beziehungen zwischen Atomkonzentration und Härte wurden schon im Jahre 1873 von Bottone vermutet, auch später wurde dieser Gedanke immer wieder aufgegriffen, so von Benedicks, Rydberg, Traube u. a. Auch Ludwik befaßte sich mit diesem Zusammenhang. Es wird angenommen, daß die härtende Wirkung des Zusatzes von der in der Volumeinheit einer Legierung enthaltenen Zahl der Atome des gelösten Stoffes abhängig ist. Die Härte fester Lösungen soll unter gewissen Umständen im Verhältnis zu ihrer Atomkonzentration stehen.

Von Mars (*101*) wurden einige Messungen hierüber veröffentlicht. Er berechnet für eine Reihe von Stählen aus ihrer Zusammensetzung die Atomkonzentration und stellt diese in Vergleich mit der Brinellhärte. Abb. 197 zeigt den sich hierbei ergebenden Zusammenhang. Danach steht die Atomkonzentration in einem gewissen Zusammenhang mit der Brinellhärte. Allerdings zeigt sich mit wachsender Atomkonzentration ein wesentlich langsamerer Anstieg der Brinellhärte.

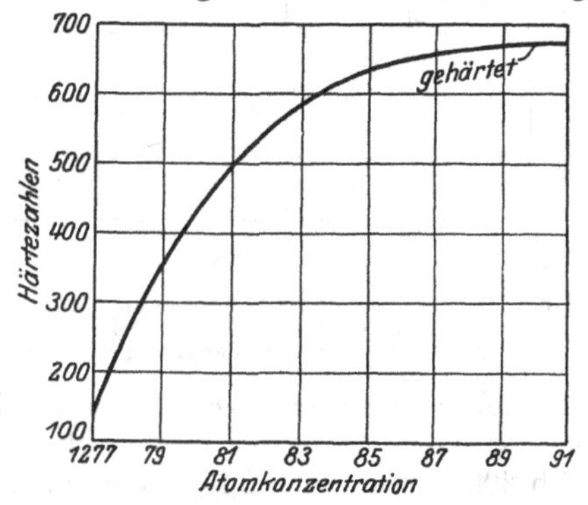

Abb. 197. Zusammenhang von Härte und Atomkonzentration. (Mars, Die Spezialstähle, 2. Aufl.).

In Abb. 198 wurde eine Umrechnung auf die neuen Härtewerte vorgenommen. Demnach steigt die neue Härte zunächst angenähert geradlinig an. Für große Härten zeigt sich jedoch auch hier eine starke Verflachung. Die Erklärung für diese Erscheinung dürfte darin gefunden werden, daß die Brinellhärte infolge der Kugelabplattung bei großen Härten sich als viel zu klein ergibt. Wie auf S. 89 gezeigt wurde, muß sich eine solche Abplattung in den neuen Härtewerten sehr stark auswirken, da ja die Eindrucktiefe nicht gesondert ausgemessen wird und diese sich aus der Eindruckmessung als viel zu groß errechnet. Damit ergeben sich die neuen Härtewerte als zu klein und die zu erwartenden Abweichungen sind durchaus in einer Größenordnung, die eine Geradstreckung der Kurve in Abb. 198 ermöglicht. Dazu kommt, daß die üblichen Brinellwerte sich auf verschieden große Verformungen beziehen. Demnach könnte durch einwandfreie Messungen eine Streckung des gebogenen Kurvenastes in einen geradlinigen Verlauf durchaus erwartet werden.

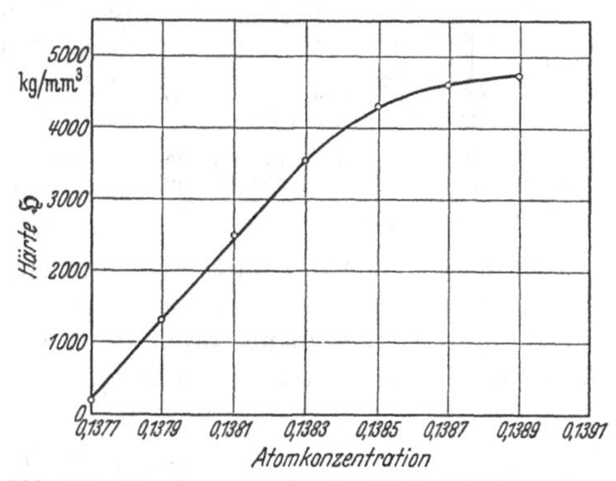

Abb. 198. Atomkonzentration in Abhängigkeit von der neuen Härte ℌ, errechnet aus Abb. 197.

2. Härte und Magnetostriktion.

Auch die Beziehungen zwischen der magnetischen und mechanischen Härte sind vielfach untersucht worden. Hier sei ein besonderer magnetischer Effekt, die Magnetostriktion näher betrachtet. Unter Magnetostriktion versteht man bekanntlich die Längenänderung einer magnetisierbaren Probe in einem magnetischen Feld.

Dieser Effekt wurde in Abhängigkeit von der Rückprallhärte der jeweiligen magnetisierbaren Probe von Rawdon (*127*) untersucht. Die Abb. 199 zeigt, daß mit steigender Rückprallhärte die Magnetostriktion abnimmt.

Auch an diesem Beispiel kann gezeigt werden, daß es bei allen derartigen Versuchen wesentlich einfacher ist, gleichlaufende Werte miteinander zu vergleichen. Wie auf S. 108 ausführlich gezeigt wurde, ist die dem Rücksprungversuch zu entnehmende Kennzahl die innere Dämpfung des Werkstoffs. Durch Umrechnung der Rückprallwerte aus Abb. 199 in Dämpfungswerte gemäß der Formel (53) erhält man die Abb. 200.

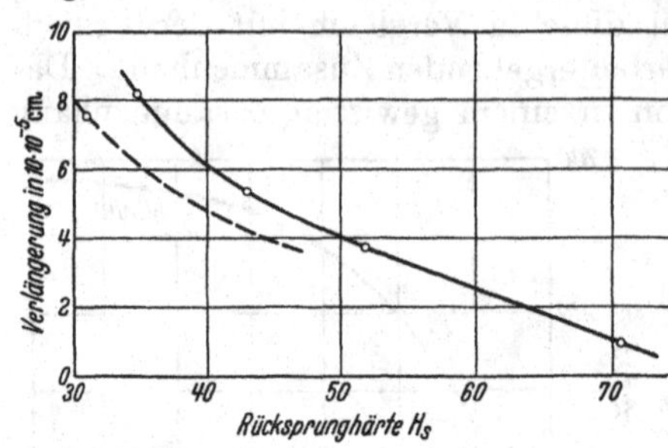

Abb. 199. Zusammenhang der Rücksprunghärte mit der Magnetostriktion nach Rawdon. (Franke, Gmelins Hdbch. der Anorg. Chemie).

Der Zusammenhang der beiden in Vergleich gesetzten Kennwerte ist nun wesentlich übersichtlicher geworden. Die Magnetostriktion steigt ungefähr linear mit der inneren Dämpfung des Werkstoffs an. Allerdings scheint die in Abb. 200 durch die Meßpunkte gezeichnete Gerade nicht durch den Nullpunkt zu gehen. Dies kann seinen Grund in heute noch nicht berücksichtigten Meßfehlern haben. Diese Abweichung tritt bei großen Härten auf, wo also durch den Rückprallversuch sehr kleine Dämpfungen zu erfassen sind. In diesem Fall spielt aber die Leerlaufdämpfung eine Rolle, die um so ausschlaggebender wird, je kleiner die eigentliche Werkstoffdämpfung ist, vgl. S. 110. Wird diese Leerlaufdämpfung berücksichtigt, so muß offensichtlich die Kurve in Abb. 200 mehr zum Nullpunkt geführt werden, da ja die tatsächlichen, dem Werkstoff selbst zuzuschreibenden Dämpfungswerte kleiner werden.

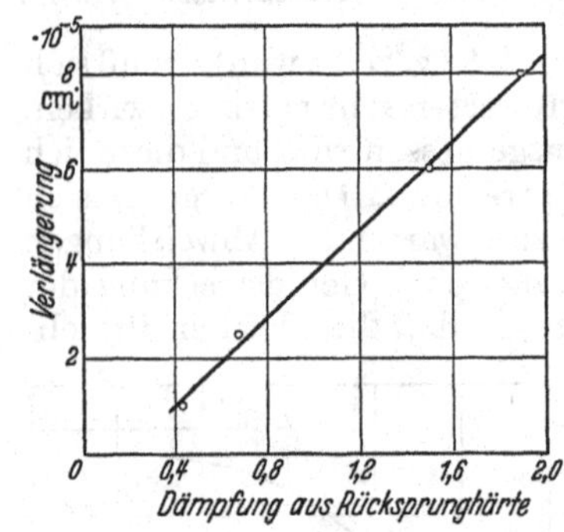

Abb. 200. Zusammenhang zwischen mechanischer Dämpfung, entnommen aus Rückprallversuchen (Abb. 199) und Magnetostriktion.

Diese Beispiele mögen zeigen, daß ein Einblick in die verschiedenen physikalischen und technischen Vorgänge auf Grund der neuen Begriffsbestimmungen wesentlich erleichtert wird und daß sich mannigfaltige Anregungen für weitere Forschungen ergeben.

Achter Teil.

Die Härte im Rahmen der Werkstoffprüfung.

Nachdem bisher eine Fülle von Einzelfragen behandelt wurde, die sich letzten Endes aus den grundsätzlichen Erwägungen des ersten Teiles ergeben, sei abschließend die Stellung der Härteprüfung im Rahmen der gesamten Werkstoffprüfung betrachtet.

Die Prüfverfahren zur Ermittlung der als Härte bezeichneten Werkstoffeigenschaft laufen darauf hinaus, eine bestimmte Kraft auf eine örtlich begrenzte Stelle des Prüfkörpers zu bringen, und die Wirkung dieser örtlichen Beanspruchung auf den Werkstoff zu beobachten. Im Grundsätzlichen gleicht demnach die Härteprüfung durchaus der statischen oder auch dynamischen Werkstoffprüfung. Auch hier wird auf den Prüfkörper eine Kraft zur Einwirkung gebracht und die Wirkung dieser Kraft beobachtet.

Allerdings wird bei der Härteprüfung nicht ein besonderes Prüfstück als Ganzes untersucht, sondern es wird nur eine eng begrenzte Stelle der Oberfläche einer Prüfung unterzogen. Hierin sind die großen Vorteile der Härteprüfung und ihre weite Verbreitung begründet. Ein Werkstück kann ohne Zerstörung und ohne besonders hergestellte Prüfstäbe in einfachster Weise schnell geprüft werden.

Durch diese besondere Art der Prüfung sind jedoch eine Reihe von Schwierigkeiten entstanden, die die bisherige Sonderstellung der Härteprüfung im Rahmen der gesamten Werkstoffprüfung bedingen und ihre Einreihung in die Gesamtschau so schwierig gestalten. Während beim statischen Belastungsversuch die Verteilung der Beanspruchungen und Verformungen über den Prüfquerschnitt angenähert gleichmäßig ist, treten beim Eindringversuch sehr verwickelte Verteilungen der Beanspruchungen und Verformungen eines in seiner Ausdehnung nicht erfaßbaren Prüfvolumens auf.

Es kann aber kein Zweifel darüber bestehen, daß die Grundeigenschaften der Werkstoffe, wie sie bei den statischen und auch den dynamischen Belastungsprüfungen an ganzen Probestücken erfaßt werden, maßgeblich am Zustandekommen der bei der Härteprüfung ermittelten Zahlenwerte beteiligt sind. Schon Kirsch (*70*) glaubt, daß die Eigentümlichkeiten eines Stoffes beim Eindringen eines anderen Körpers auch beim einfachen Zugversuch zum Ausdruck kommen müssen. Kirsch frägt daher mit einigem Recht, „warum man bei der Bestimmung der Härte eine Ausnahme macht, und die gesuchten Stoffeigenschaften bei verwickelten Formänderungen, wie Eindrücken, Ritzen zu bestimmen versucht, während man gleichlaufende Kennzahlen etwa auch durch den einfachen und übersichtlichen Zugversuch bestimmen kann". Die Fragestellung ist heute allerdings eher umgekehrt, es handelt sich heute darum, aus dem einfach durchzuführenden Härteversuch, trotz den verwickelten Verformungsbedingungen, möglichst einfache und übersichtliche Beziehungen zu anderen Werkstoffeigenschaften zu gewinnen.

Ähnliche Überlegungen, wie sie Kirsch anstellte, finden sich immer wieder im Schrifttum. Besonders die enge Proportionalität zwischen der Zugfestigkeit und der Brinellhärte, wenigstens an einigen Werkstoffen, weist auf eine enge Verwandtschaft des Zugversuchs und der Kugeldruckprobe hin. Danach wären alle Festigkeitsversuche viel besser geeignet, Vergleichswerte für die Härte zu liefern, insbesondere da sie nicht nur die Oberfläche, sondern auch das Innere des Körpers zur Prüfung heranziehen. Dieser inneren Härte wird von Krüger (*84*) große Bedeutung zugemessen. Ein Körper wäre demnach härter als ein anderer, wenn er einer Einwirkung äußerer Kräfte einen größeren Widerstand entgegensetzt, also eine geringere Formänderung erleidet. Von diesem Standpunkt aus betrachtet, würde das Spannungs-Dehnungs-Schaubild des Zerreißversuchs gewissermaßen eine ideelle Härtekurve sein. Jedoch fehlt dabei ein besonders ausgezeichneter Bezugspunkt, von dem aus man die Härtevergleiche vornehmen kann. Die E-Grenze schien als solcher Bezugspunkt besonders geeignet zu sein, doch sind nach Krüger alle Bemühungen in dieser Hinsicht erfolglos geblieben.

Diese anscheinend unüberwindliche Schwierigkeit, das Fehlen eines besonderen Bezugspunktes, von dem aus man die Härte rechnen könnte, wird im Schrifttum immer wieder betont, da man mehr oder weniger unbewußt der Auffassung ist, daß die Härte eines Werkstoffes eine durch eine einzige Zahl erfaßbare Größe sein muß. Es würde zu weit führen, auf das einschlägige, sehr umfangreiche Schrifttum näher einzugehen. Das Ergebnis aller Bemühungen in dieser Richtung faßt Döhmer (*16*) dahin zusammen, „daß der augenblickliche Stand der wissenschaftlichen Erkenntnis nicht erlaubt, die Härte auch nur für die einfachsten Fälle durch physikalisch-mathematische Betrachtungen auf eine einzige Meßgröße zurückzuführen. Ja, die Bedeutung der Härte selbst hat sich bisher einer einwandfreien physikalischen Begriffsbestimmung entzogen, soviel Versuche in dieser Richtung auch schon gemacht wurden". Und Unwin führt aus, daß bedeutende Physiker daran zweifeln, daß es überhaupt eine als Härte zu definierende Werkstoffeigenschaft gibt.

Auch in dieser Richtung ist die Hoffnung nicht ganz unbegründet, daß durch die Einführung der neuen Begriffsbestimmung für die Härte eine gewisse Auflockerung der Auffassungen und Meinungen möglich sein muß. Die heute als unüberwindlich angesehenen Schwierigkeiten sind letzten Endes, um dies hier schon zu betonen, im wesentlichen auf die üblichen Festsetzungen der verschiedenen Härtewerte zurückzuführen, die den tatsächlichen Erfordernissen nicht gerecht werden. Durch die Aufstellung eines gleichartigen Kennwertes beim statischen und dynamischen Belastungsversuch, und auch bei den verschiedenen Härteprüfverfahren, muß es möglich sein, die vielfältigen Schwierigkeiten mit neuen Mitteln in Angriff zu nehmen, und den Begriff der Härte in ein Gesamtbild der Werkstoffprüfung einzubauen.

I. Härte und Festigkeitswerte.

1. Härte und Elastizitätsgrenze.

Bekanntlich wurde von Hertz (*59*) die Härte eines Stoffes definiert durch den Normaldruck je Flächeneinheit, der im Mittelpunkt eines Kugeleindrucks aufgebracht werden muß, um gerade die E-Grenze zu überschreiten. Eine solche Bestimmung ist meßtechnisch nur für spröde Stoffe wie Glas durchführbar, da sich hier das Überschreiten der E-Grenze durch einen Sprung anzeigt. Für zähe Stoffe versagt diese Methode, da die Festlegung einer E-Grenze so gut wie unmöglich ist. Wenn schon beim üblichen statischen Belastungsversuch die Angabe einer solchen E-Grenze besondere Schwierigkeiten macht, so ist dies beim Kugeldruckversuch in erhöhtem Maß der Fall. Nur an einer eng begrenzten Stelle im Grunde des Eindrucks wird der zur Überschreitung der E-Grenze nötige Druck erreicht, während die übrigen Stellen des Eindrucks schwächer belastet werden und hier die E-Grenze demnach noch nicht überschritten wird, vgl. auch (*170*) und (*171*).

Auch beim üblichen Druckversuch hat man die E-Grenze als Maß der Härte vorgeschlagen, Krulla (*85*).

Abgesehen von diesen meßtechnischen Schwierigkeiten bietet die Hertzsche Begriffsbestimmung grundsätzliches Interesse, da sie heute als „physikalische" Härte in Gegensatz zu der üblichen „technischen" Härte gestellt wird, vgl. S. 7.

Ohne auf zahlreiche Arbeiten, die sich mit diesen Fragen beschäftigen, näher einzugehen, sei an Hand der Formel 79 diese Hertzsche Begriffsbestimmung diskutiert. Wenn ein Körper rein elastisch verformt wird, so ist der bleibende Verformungsrest nach der Entlastung Null. Entsprechend wird die Dämpfung im Nenner ebenfalls zu Null, oder genauer ausgedrückt, die plastische Dämpfung wird zu Null. Als Maß der Härte liefert diese Gleichung innerhalb des elastischen Bereichs nichts anderes als den Elastizitätsmodul. Die Härte zweier Stoffe innerhalb des elastischen Bereichs verhält sich demnach wie ihre E-Moduln, denn diese E-Moduln geben den Formänderungswiderstand, d. h. das Verhältnis von Belastung zu elastischer Verformung an.

Allerdings ist beim Kugeldruckversuch die elastische Eindrucktiefe nicht auf eine bestimmte Meßlänge zu beziehen, auch sind die elastischen Verformungen der Prüfzone nicht gleich groß. Der Eindruckversuch im elastischen Bereich kann daher nur das Verhältnis der auf die Eindruckfläche bezogenen mittleren Spannung zu der größten Eindrucktiefe liefern, der E-Modul selbst ist aus einem Eindruckversuch infolge der verwickelten Verteilung von Last und Verformung nicht ohne weiteres zu erhalten. Wenn man jedoch annehmen darf, daß die wechselnde Verteilung der Beanspruchung mit wachsender Eindrucktiefe einer Kugel keinen sekundären Effekt bedingt, so ist innerhalb des elastischen Bereichs die Härte durch eine einzige Zahl zu kennzeichnen. Für den statischen Belastungsversuch mit seinen klaren Versuchsbedingungen sind Spannungen und Verformungen gleichmäßig mit wachsender Last verteilt, hier gibt also der E-Modul unmittelbar ein Maß für die Härte im ganzen elastischen Bereich. Der Gedanke, daß die Härte eines Stoffes durch den im statischen Belastungsversuch ermittelten E-Modul zu kennzeichnen sei, taucht im Schrifttum mehrfach auf. So betrachtet Mach nach Mitteilung von Kirsch (*70*) den E-Modul unmittelbar als Härteziffer.

Innerhalb des elastischen Bereichs ist der plastische Formänderungswiderstand unendlich groß. Der Gesamtwiderstand ist daher durch den elastischen Widerstand allein gegeben. Oder umgekehrt ausgedrückt, im elastischen Bereich ist die elastische Dehnungszahl allein für den Formänderungswiderstand verantwortlich, die plastische Dehnungszahl und damit die Dämpfung beträgt im ganzen elastischen Bereich Null, vgl. Abb. 5.

Zur praktischen Bestimmung der physikalischen Härte nach Hertz genügt es aber nicht, im elastischen Bereich zu bleiben, die Belastung muß vielmehr soweit gesteigert werden, daß die E-Grenze wenigstens am Grunde des Eindrucks meßbar überschritten wird, so daß also eine, wenn auch kleine, bleibende Verformung auftritt. Damit nimmt aber die Dämpfung im Nenner der Formel 79 einen endlichen Wert an. Allerdings ist der absolute Betrag dieser Dämpfung gegenüber dem Wert 1 noch sehr klein, d. h. das Verhältnis von bleibender zu elastischer Verformung ist entsprechend klein. Auch jetzt ist demnach der Gesamtwiderstand des Werkstoffs im wesentlichen durch die elastische Verformung, gegeben. Durch das Auftreten des kleinen plastischen Widerstandes wird der Gesamtwiderstand nicht merklich verkleinert. Oder umgekehrt, auch jetzt ist die elastische Dehnungszahl ausschlaggebend, diese wird durch die zusätzliche plastische Dehnungszahl nur wenig vergrößert.

Die sog. physikalische Härte nach Hertz gibt demnach keine elastische, sondern vielmehr eine plastische Härte an. Diese plastische Härte bezieht sich allerdings auf bleibende Verformungen, die bei zähen Stoffen im Vergleich zu der gleichzeitig auftretenden elastischen Verformung und auch zu den bleibenden Verformungen des üblichen Kugeldruckversuchs sehr klein sind. Zur Gewinnung dieser Härtezahl hat man die zur Erreichung des vorgeschriebenen Verformungsrestes nötige Beanspruchung durch diesen Verformungsrest zu teilen. Dieser so gewonnene plastische Formänderungswiderstand gibt gemäß den Ausführungen auf S. 76 den maßgeblichen Kennwert an. Wird dieser Verformungsrest jedoch in der üblichen Weise auf eine bestimmte Größe durch Übereinkunft festgelegt, so kann man, da nun der Nenner dieses Quotienten stets gleich groß gehalten wird, den Zähler allein, also die Beanspruchung als Maß der Härte angeben, wie dies ja beim statischen Belastungsversuch stets üblich ist. Dieser Wert liefert aber keine Vergleichsgrundlage, um Formänderungswiderstände bei verschiedenen bleibenden Verformungen zu beurteilen. Wie groß man im übrigen diesen Verformungsrest zur Festlegung der „absoluten Härte" annehmen will, ist Sache der Genauigkeit der Messung. Nur bei ideal spröden Stoffen, wo das Auftreten einer geringen bleibenden Verformung sofort zur völligen Trennung führt, ist diese Frage von vornherein entschieden.

Wird die Belastung weiter gesteigert, so nimmt die Beanspruchung entsprechend zu, die zugehörige Verformung wächst dagegen im allgemeinen wesentlich stärker an. Das Verhältnis beider nimmt ab, wie dies an Hand der Abb. 5 ausführlich dargelegt wurde. Schließlich gelangt man in das Gebiet des üblichen Eindruckversuchs, wo die bleibende Verformung wesentlich größer als die elastische Verformung ist. Für jeden mit wachsender Prüflast sich ausbildenden Gleichgewichtszustand kann der jeweilige Formänderungswiderstand entnommen und als Maß der Härte angesetzt werden, ähnlich wie man bei der Auswertung des statischen Belastungsversuchs die Spannungen für verschiedene Verformungszustände angibt.

Man hat die Hertzsche Begriffsbestimmung als physikalische Härte der üblichen Kugeldruckhärte als technische Härte gegenübergestellt, wobei man annimmt, daß beide Kennwerte grundsätzlich verschiedene

Begriffe sind, vgl. S. 7. Dies trifft jedoch nicht zu. Genau so wenig wie etwa die Elastizitätsgrenze als 0,01 %-Grenze und die Streckgrenze als 0,2 %-Grenze grundsätzlich verschiedene Begriffe sind, sondern im Gegenteil stets Spannungen angeben, die sich auf allerdings sehr verschieden große, bleibende Verformungen beziehen, genau so wenig sind auch physikalische und technische Härte im Wesen verschiedene Begriffe. Der einzige Unterschied besteht lediglich in einem allerdings sehr starken, quantitativen Unterschied der vorgeschriebenen bleibenden Dehnung bzw. Eindrucktiefe, auf die sich die ermittelten Spannungen beziehen.

Wie schon oben ausgeführt, ist für die Größe des Gesamtwiderstandes eines Werkstoffes auch nach Überschreiten der E-Grenze der jeweilige E-Modul ausschlaggebend, da die bleibenden Verformungen in diesem Bereich noch klein gegenüber den elastischen sind. Die Größe des E-Moduls muß daher einen bestimmenden Einfluß auf solche Härteprüfverfahren besitzen, bei denen die bleibende Verformung sehr klein ist, und bei denen der jeweilige Härtewert unter Last bestimmt wird. Ein Beispiel hierfür bieten die Untersuchungen von Sandifer (*142*) mit dem Pendelhärteprüfer. Dieser bestimmte an 23 reinen Metallen die Zeithärte, vgl. S. 64, und vergleicht die so gewonnenen Härtezahlen mit dem auf übliche Weise bestimmten E-Modul. Es ergibt sich hierbei, daß die Zeithärte sehr angenähert mit dem E-Modul linear ansteigt (Abb. 201). Dies ist leicht erklärlich, denn bei der Pendelhärteprüfung sind die beiden oben aufgestellten Bedingungen erfüllt. Einmal sind die bleibenden Eindrücke sehr klein und damit ist die elastische Verformung nicht zu vernachlässigen, dann aber wird der Härtewert unter Last, d. h. bei aufgesetztem Pendel bestimmt. Die Pendellänge wird daher nicht nur von dem bleibenden Eindruck, sondern ausschlaggebend von der Größe des elastischen Eindrucks beeinflußt. Je kleiner der E-Modul ist, desto mehr sinkt die Kugel des Pendelapparates unter dem gleichbleibenden Eigengewicht des Pendels ein, um so größer wird demnach die Pendellänge, und desto kleiner ist entsprechend die Schwingungsdauer. Letzten Endes handelt es sich hier also um elastische Feinmessungen, ähnlich wie bei Spiegelmessungen im statischen Versuch, nur daß die elastischen Verformungen über den Umweg der Schwingzeitbestimmung beurteilt werden. Die gefundene Proportionalität zwischen E-Modul und Zeithärte ist demnach leicht erklärlich.

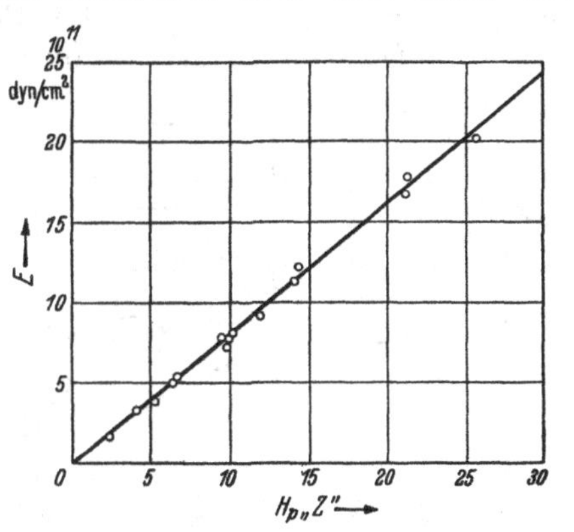

Abb. 201. Zusammenhang von Pendelhärte und Elastizitätsmodul. (Sandifer, J. Inst. Met., Lond. 1930.)

Diese Übereinstimmung zwischen E-Modul und Zeithärte muß sinngemäß um so klarer zum Ausdruck kommen, je leichter das Pendel ist, oder auch je größer die Prüfkugel gewählt wird. Je schwerer das Pendel und je größer die spezifische Belastung, etwa durch Wahl einer kleineren Kugel ist, desto größer wird der Anteil der bleibenden Verformung an der Gesamtverformung. Unter Umständen kann hierbei, je nach der Größe und Zusammensetzung der Verformungsanteile die Reihenfolge der Werkstoffe, nach ihrer Zeithärte geordnet, eine andere werden.

Gerade umgekehrt liegen die Verhältnisse bei Härteprüfverfahren mit Ablesung des Kennwertes nach der Entlastung. Ein Beispiel hierfür bietet die Härteprüfung mit Vorlast. Solange die plastische Härte klein ist, d. h. der plastische Eindruck nach der Entlastung die elastische Verformung weit überwiegt, ist die Größe des E-Moduls auf die abgelesene Härtezahl nicht entscheidend von Einfluß. Bei sehr harten Stoffen dagegen ist die elastische Verformung infolge der geringen Eindrucktiefe nicht mehr zu vernachlässigen. Der Prüfdruck wird demnach zum Teil elastisch aufgenommen. Werkstoffe mit kleinem E-Modul müssen demnach zu hart erscheinen. Dies geht aus Messungen von Wegel und Walther (39) hervor (Abb. 202). Würde man etwa den Prüfdruck bei der Rockwellprüfung kleiner als üblich wählen, so müßte dieser Einfluß schon bei geringeren Härten auftreten.

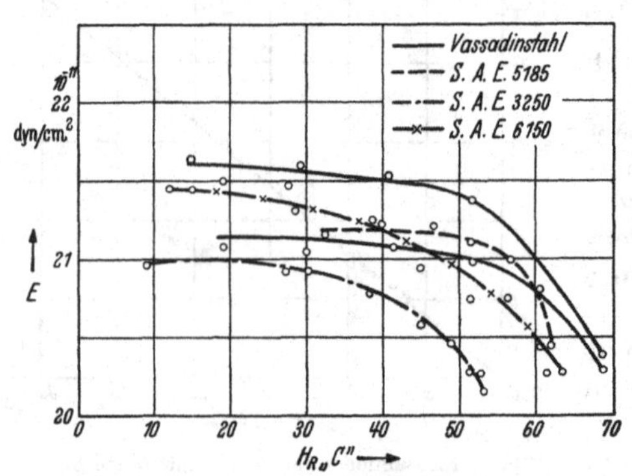

Abb. 202. Rockwellhärte und E-Modul für verschiedene Stähle nach Wegel und Walther. (Gmelins Hdbch. Anorg. Chemie.)

Es ist natürlich nicht ausgeschlossen, daß ein Werkstoff mit kleiner elastischer Härte, also mit kleinem E-Modul, einen solchen mit höherem E-Modul zu ritzen vermag. Es ist sehr wohl möglich, daß ein elastisch weicher Stoff sich bis zu großen Belastungen rein elastisch verhält, während ein elastisch steiferer Stoff sehr bald sich zusätzlich bleibend verformt. So verhält sich z. B. Glas bis zum spröden Bruch rein elastisch. Diese Bruchgrenze kann höher liegen als die kritische Spannung, bei der an zähen Metallen die ersten bleibenden Verformungen auftreten. Eisen z. B. kann daher von Glas geritzt werden, trotzdem die elastische Verformung unter dem Ritzdruck infolge des wesentlich kleineren E-Moduls bei Glas größer ist.

Man hat sich heute daran gewöhnt, die Härte nur nach dem plastischen Verhalten zu beurteilen. Dies hat auch in vielen Fällen einige Berechtigung insofern, als sehr häufig das plastische Verhalten für die Beurteilung eines Werkstoffs ausschlaggebend ist. Im Interesse eines geordneten Gesamtüberblicks ist es jedoch angebracht, auch das elastische Verhalten nicht aus dem Auge zu verlieren, insbesondere bei der Untersuchung von Werkstoffen mit sehr verschiedenem E-Modul, wenigstens solange man sich gemäß der Formel 79 in einem Bereich befindet, in dem das Verhältnis von bleibender zu elastischer Verformung, also mit anderen Worten die innere Dämpfung klein gegenüber 1 bleibt.

Sowohl für Eisen als auch Stahl ist, der E-Modul und auch die Poissonsche Konstante nahezu gleich groß. Im elastischen Bereich verhalten sich beide Stoffe demnach völlig gleichartig, die elastische Härte ist entsprechend gleich groß.

Durch einen Härtungsprozeß bei Stahl wird dessen E-Modul und auch die Poissonsche Konstante nur unerheblich geändert, damit wird im rein elastischen Bereich gemäß Formel 79 der Wert für die Härte nicht geändert.

Außerordentlich stark wird durch die Härtung jedoch die Dämpfung geändert, die wesentlich kleiner an gehärteten Stählen sich ergibt. Die plastische Härte von gehärtetem Stahl nimmt daher gemäß Formel 40 sehr stark zu. Oder mit anderen Worten ein Verformungsrest bestimmter Größe wird jetzt bei wesentlich höheren Spannungen als im ungehärteten Zustand erreicht. Trotz gleichbleibendem E-Modul, vermag daher Stahl entsprechend Eisen zu ritzen.

2. Härte und Streckgrenze.

Auch der Zusammenhang der Härte mit der Streckgrenze (0,2%-Grenze) ist vielfach untersucht worden, da hier eine besonders enge Beziehung vermutet wurde. Jedoch ist das Verhältnis der Härte zur Streckgrenze durch keine brauchbare Beziehung von weiterreichender Gültigkeit wiederzugeben. In bezug auf diese Frage sei wiederum auf das Schrifttum in Döhmer (*16*) und Franke (*39*) verwiesen. Hier sei lediglich auf ausführliche Messungen von Kürth (*91*) näher eingegangen, da an Hand dieser Messungen einige wichtige Fragen geklärt werden können.

Die Messungen an der Streckgrenze eignen sich besser zur Untersuchung grundsätzlicher Beziehungen, da die zu erfassenden bleibenden Verformungen wesentlich größer als an der E-Grenze sind. Mannigfaltige meßtechnische Schwierigkeiten fallen daher hier weg. Auch kommt die absolute Größe der zu ermittelnden bleibenden Verformungen schon eher denjenigen gleich, die bei manchen Härteprüfungen auftreten, wenn sie auch noch nicht die Größe der im Eindruckversuch auftretenden, bleibenden Verformungen erreicht.

Grundsätzlich gelten die folgenden Überlegungen nicht nur für den Vergleich der Streckgrenze mit der Härte, sondern für jeden anderen, auf bleibende Verformungen bestimmter Größe bezogenen Festigkeitswert, also z. B. auch für die E-Grenze.

Zweck der Versuche von Kürth ist, durch gleichmäßige Änderung des Zustandes eines Stoffes infolge Vorbelastung eine planmäßige Härteänderung zu erzielen, und die hierbei gleichzeitig auftretenden Änderungen anderer Werkstoffeigenschaften zu verfolgen.

Mit Rücksicht auf Gefügegleichmäßigkeit führt Kürth die Versuche an chemisch reinem Kupfer und mit sehr reinem Nickel durch. Hier sei jedoch nur auf die Versuche an Kupfer eingegangen, da auch bei Nickel entsprechende Erscheinungen auftreten. Ein Kupferstab wurde nach Bestimmung der Anfangshärte durch den Kugeldruckversuch in einer

Zerreißmaschine eingespannt, und die Streckgrenze als 0,2%-Grenze bestimmt. Hierauf wurde der Stab zwecks Erhöhung seiner Streckgrenze unter sehr langsamer Belastungssteigerung gedehnt. Nach Erreichen einer bestimmten Verlängerung wurde entlastet und nach einer Ruhezeit von 20 Min. die Streckgrenze erneut bestimmt. Hierauf wurde der Versuchsstab sofort ausgespannt, um die durch die Vorbelastung angenommene neue Härte zu messen, was stets in mehreren Punkten und für verschiedene Belastungen geschah.

In Abb. 203 sind die verschiedenen Belastungs-Dehnungs-Stufen eingetragen. Es zeigt sich, daß die neue Streckgrenze jeweils bis zu der Belastung gehoben wird, mit der vorher der Stab beansprucht war. In Abb. 203 sind ferner die Kurven der wirklichen, auf den jeweilig vorhandenen Querschnitt bezogenen Streckgrenzen und die Härtezahlen für den

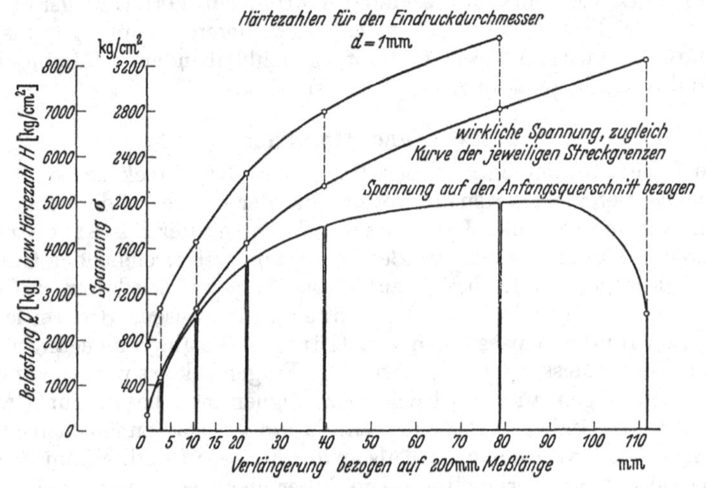

Abb. 203. Spannung und Härte in Abhängigkeit von einer vorausgehenden Dehnung. (Kürth, Mitt. Forsch.-Arb. Heft 66.)

Eindruckdurchmsser $d = 1$ mm eingetragen, beide ebenfalls als Funktion der Dehnungen. Demnach besteht zwischen dem Verlauf der Härte und der Streckgrenze ein gewisser Zusammenhang.

Um diesen Zusammenhang näher zu beleuchten, wurden von Kürth die für verschiedene Eindruckdurchmesser ermittelten Härtezahlen als Funktion der augenblicklichen Streckgrenze des Stoffes aufgezeichnet. Hierbei ergibt sich die Abb. 204, woraus mit großer Annäherung ein lineares Ansteigen der verschiedenen Härtewerte mit wachsender durch die Vorbelastung gehobener Streckgrenze zu entnehmen ist. Leider wurden von Kürth die Versuche lediglich in dem Bereich von 1—6 mm Eindruckdurchmesser durchgeführt. Einerseits werden die Messungen bei noch kleineren Durchmessern schwierig und ungenau, andererseits werden von Kürth größere Belastungen nicht gewählt, da die hierdurch auftretende Härtung sich im anschließenden Zugversuch bemerkbar macht. So wurde beobachtet, daß der Probestab dort, wo die ersten

Kugeleindrücke im ursprünglichen Zustand gemacht wurden, im Laufe des weiteren Streckens sich weniger zusammenzieht, so daß sich deutlich erkennbare Knoten bilden. Die Annahme erscheint aber durchaus begründet, daß für kleinere Eindruckdurchmesser als 1 mm die Neigung der entsprechenden Geraden in Abb. 204 größer wird, und daß schließlich diese Gerade durch den Nullpunkt geht. Andererseits läßt sich vermuten, daß bei einer Steigerung des Eindruckdurchmessers über 6 mm hinaus eine entsprechende Verflachung der Geraden auftritt, und daß schließlich im Grenzfall eine ungefähr waagerecht verlaufende Gerade erhalten wird.

Zur Erzielung eines einfachen, linearen Zusammenhangs zwischen Härte und Streckgrenze muß demnach die spezifische Flächenbeanspru-

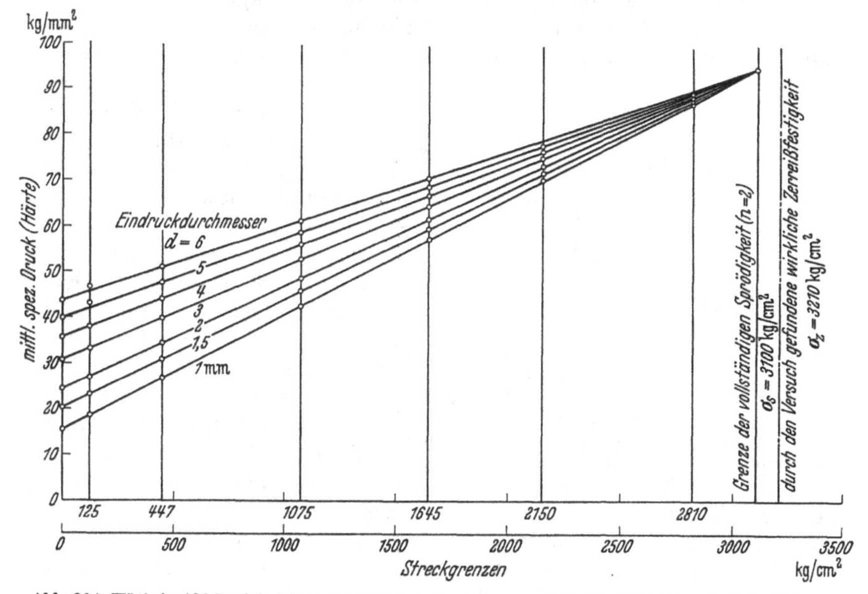

Abb. 204. Härte in Abhängigkeit von der Lage der Streckgrenze. (Kürth, Mitt. Forsch.-Arb. Heft 66.)

chung für wesentlich kleinere Eindruckdurchmesser bestimmt werden. Kürth kommt zu dem Ergebnis, daß die Streckgrenze kein Maß für die Härte ist, nur die Änderung der Streckgrenze ist ein Maß für die Änderung der Härte, geometrisch ähnliche Eindringungen vorausgesetzt, auch deutet er die Möglichkeit einer unmittelbaren Abhängigkeit der Härte von der Streckgrenze an, wenn man den Eindruckdurchmesser wesentlich kleiner als 1 mm wählt, so daß also beiden Versuchen ungefähr gleiche Verformungszustände entsprechen.

Um diesen Fragen weiter nachzugehen, wurde versucht, einen Überblick über die Größe der spezifischen Verformungen beim Eindruckversuch zu erhalten. Für den kleinsten von Kürth gewählten Eindruckdurchmesser von 1 mm errechnet sich bei einem Kugeldurchmesser von 10 mm eine Eindrucktiefe von 0,025 mm. Legt man zur ungefähren Berechnung der verformten Prüflänge die Versuche von Meyer (*108*) zugrunde, so stellt man den Hauptteil der bleibenden Verformungen bis zu einer Tiefe von 5 mm fest. Es muß also die bleibende Verformung von 0,025 mm auf eine Prüflänge von 5 mm bezogen werden, woraus sich eine verhältnismäßige Verformung von 0,5% ergibt.

Trotzdem es sich hierbei um ganz rohe Berechnungen handelt, so ist immerhin zu folgern, daß selbst beim kleinsten Kugeleindruck von 1 mm Durchmesser größere auf die Längeneinheit bezogene Verformungen auftreten als an der 0,2%-Grenze. Nach Untersuchungen von Schwarz (*155*) entsprechen die üblichen Brinellzahlen Spannungen im Zugversuch, die bei 5—15 proz. Dehnung erreicht werden, die damit weit oberhalb der Streckgrenze liegen.

Es ergibt sich demnach beim Vergleich der Streckgrenze mit der üblichen Härte, daß zwei Belastungswerte in Vergleich gesetzt werden, denen verschieden große, bleibende Verformungen entsprechen. Ein derartiger Vergleich kann aber grundsätzlich auch ohne den Umweg über die „Härte" angestellt werden. Man braucht zu diesem Zweck lediglich die jeweilige Streckgrenze mit Spannungen zu vergleichen, bei denen höhere bleibende Dehnungen erreicht werden. Zur Gewinnung einer solchen Beziehung wurden aus Abb. 203 diejenigen kritischen Belastungen entnommen, bei denen bleibende Verformungen von 1,4 und 8 mm sich zeigen, oder auf die Prüflänge von 200 mm bezogen, von 0,62, 2,45 und 4,92%. Trägt man diese für die einzelnen Belastungshübe gewonnenen Spannungen in Abhängigkeit von der Streckgrenze auf, so erhält man nach Abb. 205 Kurven, die mit einem schwachen Bogen angenähert in einen geradlinigen Anstieg übergehen, und schließlich in einen Punkt einmünden.

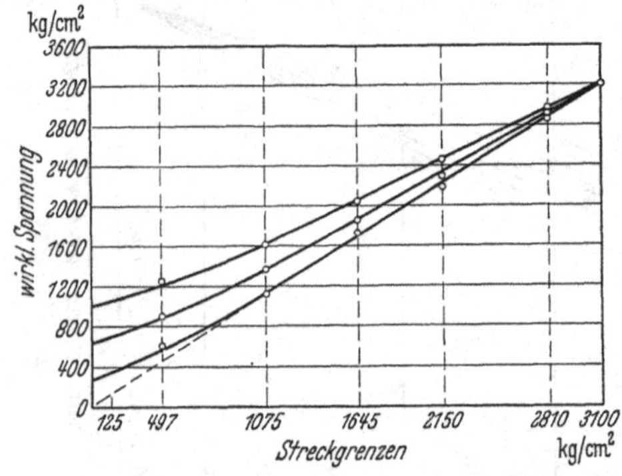

Abb. 205. Verschiedene Spannungswerte für bleibende Verformungen bestimmter Größe in Abhängigkeit von der Lage der Streckgrenze.

Die Übereinstimmung des grundsätzlichen Verlaufs dieser allein aus dem statischen Belastungsversuch ermittelten Kurvenschar mit den Härtevergleichskurven ist augenscheinlich. Man erhält demnach durch Vergleich kritischer Spannungen mit vorgeschriebener, bleibender Dehnung mit der jeweiligen Streckgrenze durchaus das gleiche Bild, wie beim Vergleich der Härtewerte mit der Streckgrenze.

Der Umweg über die „Härte" ist demnach bei solchen Vergleichen eigentlich überflüssig, man kann das Grundsätzliche auch an Hand von statischen Festigkeitswerten allein verfolgen. Liegt die Streckgrenze im ersten Belastungshub z. B. sehr tief, ja wird sie im Grenzfall Null, so braucht eine kritische Spannung zur Erzielung einer weitaus höheren bleibenden Verformung nicht Null zu sein. Sie wird meist mit einem endlichen Wert einsetzen. Je höher nun durch die Vorbelastung die

Streckgrenze infolge Verfestigung ansteigt, je stärker aber auch nach Überschreiten dieser neuen Streckgrenze der Fließvorgang einsetzt, desto geringer wird der Unterschied zwischen der Streckgrenze und der Vergleichsspannung sein.

Je kleiner dagegen der Unterschied der bleibenden Verformungen an beiden kritischen Spannungen gemacht wird, desto übersichtlicher wird der Zusammenhang sein. Vergleicht man etwa die 0,2 %-Grenze mit einer zur Erzielung einer nur wenig größeren, etwa 0,3 % betragenden, bleibenden Dehnung nötigen Spannung, so ist diese Spannung bei Beginn des Versuchs nur wenig größer als die Streckgrenze. Die entsprechende Kurve wird also auf der Ordinatenachse nur ein sehr kleines Stück abschneiden. Dieser Unterschied wird aber bei den weiteren Belastungshüben infolge der einsetzenden Verfestigung immer mehr verschwinden. Der Grenzfall einer vom Nullpunkt aus ansteigenden Geraden wird erhalten, wenn die Streckgrenze mit sich selbst verglichen wird, was in dieser Formulierung eine Selbstverständlichkeit ist.

Wird andererseits die Vergleichsspannung bei immer stärkerer, bleibender Verformung angesetzt, wird schließlich die Bruchfestigkeit selbst als Vergleichsspannung angenommen, so setzt die entsprechende Kurve mit dieser Zerreißfestigkeit ein und behält diesen Wert im wesentlichen bei, gleichgültig wie hoch die Streckgrenze durch die Vorbelastungen erhöht wird.

Wählt man nun umgekehrt eine Vergleichsspannung, die einer kleineren, bleibenden Dehnung als 0,2 % entspricht, so setzen die entsprechenden Kurven nicht auf der Ordinatenachse, sondern auf der Abszissenachse ein. Wird etwa die 0,01 %-Grenze zum Vergleich herangezogen, so kann diese Grenzbeanspruchung Null oder noch sehr klein sein, während die Streckgrenze bereits endliche Werte besitzt. Bei den folgenden Belastungshüben wird schließlich diese 0,01-Grenze ebenfalls endliche Werte annehmen, die mit wachsender Streckgrenze ansteigen.

Die Vergleichskurven gemäß Abb. 205 können demnach ergänzt werden. Vergleicht man mit der Streckgrenze kritische Belastungszustände mit größerer Verformung als 0,2 %, so ergeben sich Linien oberhalb der durch den Ursprung gehenden Geraden. Linien unterhalb dieser Geraden entsprechen Vergleichskurven, denen Spannungswerte mit einem Verformungsrest kleiner als 0,2 % zugrunde liegen.

Genau so wenig, wie man durch Ermittlung eines einzigen statischen Kennwertes, also entweder der E-Grenze, der Streckgrenze oder auch Bruchfestigkeit auf alle anderen schließen kann, genau so wenig kann man aus einer einzigen Härtebestimmung bei einem bestimmten Verformungszustand auf die statischen Kennwerte schließen, da diesen statischen Festigkeitswerten im allgemeinen ganz andere Verformungen zugrunde liegen. Bei solchen Vergleichen muß der Verformungszustand wenigstens ungefähr demjenigen bei der zu vergleichenden statischen Spannung entsprechen. Nur in diesem Fall kann man eine vom Ursprung ansteigende Gerade erwarten, so daß also nicht nur die Änderung der Streckgrenze ein Maß für die Änderung der Härte ist, sondern die Streckgrenze unmittelbar die Härte anzugeben vermag.

Oder auch umgekehrt ausgedrückt, die heute übliche Streckgrenze, ebenso alle anderen sich auf bestimmte Verformungsreste bezogenen Festigkeitswerte des statischen Belastungsversuchs sind sehr wohl unmittelbar als Maß der Härte anzusehen. Allerdings gilt dieses Härtemaß jeweils nur für die angegebene Verformung. Da beim üblichen Härteversuch selbst bei einem Eindruckdurchmesser von nur 1 mm wesentlich größere spezifische Verformungen als an der 0,2%-Grenze erzeugt werden, kann kein einfacher Zusammenhang der so erhaltenen Härtewerte mit den Belastungswerten des statischen Belastungsversuch erwartet werden, genau so wenig wie nach Bestimmung eines einzigen Festigkeitswertes nun durch eine allgemein gültige Formel alle anderen Festigkeitswerte errechnet werden können.

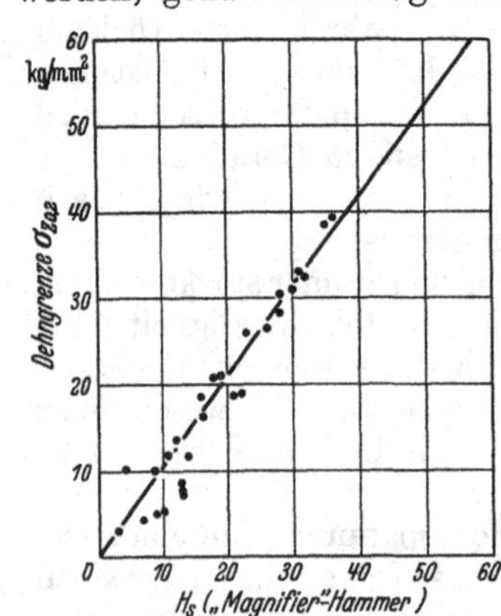

Abb. 206. Beziehung zwischen Rücksprunghärte und Dehn-(0,2%) Grenze an geschmiedeten Aluminiumlegierungen. (Templin, Proc. Amer. Soc. Test. Mat. 1935.)

Beim Vergleich der üblichen Brinellhärte mit der Streckgrenze ist ferner zu bedenken, daß die Streckgrenze sich auf eine gleichbleibende plastische Verformung bezieht, während die Brinellhärte bei ganz verschiedenen Eindrucktiefen bestimmt wird, so daß also die erhaltenen Härtewerte sich auf ganz verschiedene Verformungen beziehen. Aus diesem Grunde ist für die übliche Brinellhärte noch viel weniger eine übersichtliche Beziehung zu erwarten.

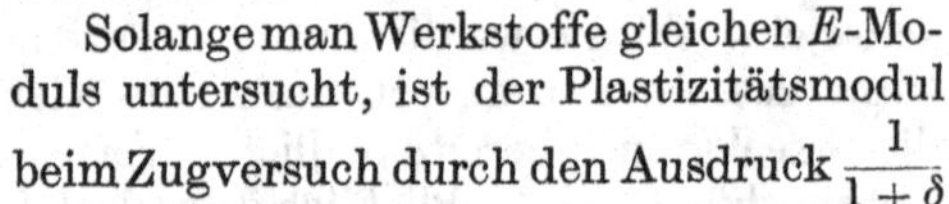

Solange man Werkstoffe gleichen E-Moduls untersucht, ist der Plastizitätsmodul beim Zugversuch durch den Ausdruck $\frac{1}{1+\delta}$ gegeben. Beim Rücksprungversuch wird gemäß den Ausführungen auf S. 142 der gleiche Ausdruck ermittelt. Da außerdem die auftretenden plastischen Verformungen größenordnungsmäßig sich in beiden Fällen entsprechen, oder durch richtige Wahl der Versuchsbedingungen beim Rückprallversuch einander angepaßt werden können, so ist hier ein ungefähr aus dem Nullpunkt heraus ansteigender Zusammenhang der Streckgrenze mit der Rückprallhärte zu erwarten.

Vergleichsversuche zwischen Rücksprunghärte und Streckgrenze wurden von Templin (*174*) für geschmiedete Aluminiumlegierungen durchgeführt, die tatsächlich einen von Null ansteigenden Verlauf ergeben, Abb. 206.

3. Härte und Zugfestigkeit.

Die Untersuchung des Zusammenhangs zwischen der Zugfestigkeit eines Werkstoffes und dessen Härte, insbesondere der Brinellhärte, hat seit jeher großes Interesse gefunden. Eine Fülle von Arbeiten beschäftigt sich bis in die neueste Zeit mit dieser Frage, wäre doch die Möglichkeit der Bestimmung der Zugfestigkeit aus einem einfachen Eindruckversuch für die Praxis von erheblichem Wert.

Schon Brinell kam auf Grund seiner Vergleichsversuche an Stahl und Eisen zu einer einfachen Beziehung, die sich in der Form

$$\sigma_{ZB} = C \cdot H_B$$

darstellt, worin C zu 0,347 angegeben wird. Über die zahlreichen Bemühungen zur Verfeinerung dieser Gleichung und auch zur Aufstellung von entsprechenden Gleichungen für andere Werkstoffe wird bei Döhmer (*16*) und Franke (*39*) sehr ausführlich berichtet. Hier seien nur noch die Angaben des Normblattes DIN 1605 Blatt 315 erwähnt, wonach

$$\sigma_{ZB} \cong 0{,}36\, H_B \; (10/3000/30)$$

und für Chromnickelstahl

$$\sigma_{ZB} = 0{,}34\, H_B \; (10/3000/30)$$

angesetzt wird, vgl. auch Krainer (*81*) und Waizenegger (*181*).

Bei der Besprechung des Zusammenhangs der Härte mit der Elastizitäts- und Streckgrenze wurde darauf hingewiesen, daß schon wegen des sehr verschiedenen Verformungszustandes keine einfachen Beziehungen bestehen können. In dieser Hinsicht nähern sich die Verformungsbedingungen beim statischen Versuch denjenigen des Kugeldruckversuchs. In beiden Fällen tritt meist eine erhebliche, bleibende Verformung auf, die groß gegenüber der gleichzeitig sich ausbildenden elastischen Verformung ist. Aus diesem Grunde wäre hier eine einfache Beziehung zwischen Härte und Zugfestigkeit zu erwarten.

Doch müssen die zu erwartenden einfachen Beziehungen durch andere Einflüsse beeinträchtigt werden, und zwar aus zwei Gründen. Die Zugfestigkeit wird beim statischen Belastungsversuch aus der Höchstlast entnommen, die sich auf den heute üblichen Prüfmaschinen bei der betreffenden Prüfgeschwindigkeit zeigt. Ganz abgesehen davon, daß naturnotwendig beim Zugversuch sich Einflüsse der Maschinenfederung und auch der Zerreißgeschwindigkeit wesentlich stärker ausbilden müssen, als beim Kugeldruckversuch, stellt die übliche Zugfestigkeit nur einen rechnerischen Kennwert dar. Die Zugfestigkeit wird üblicherweise aus der Höchstlast durch Bezugnahme dieser Höchstlast auf den Prüfstabquerschnitt bei Beginn des Versuchs gewonnen. Um eine der spezifischen Belastung des Kugeldruckversuchs entsprechende Kennzahl zu gewinnen, muß die Höchstlast auf den tatsächlich in diesem Augenblick vorhandenen Prüfquerschnitt bezogen werden. Für solche Vergleiche wäre daher die wahre spezifische Spannung am Platze.

Auf einen zweiten, grundlegenden Unterschied muß hier besonders verwiesen werden. Es wurde bereits betont, daß die Elastizitäts- und auch die Streckgrenze insofern als Maß der Härte bei der betreffenden Verformung angesehen werden können, als sie wenigstens Verhältniswerte des Quotienten aus Belastung und Verformung angeben. Da der Nenner dieses Quotienten, also die bleibende Verformung, von Versuch zu Versuch gleich groß gehalten wird, kann die im Zähler stehende Spannung als Maß für den jeweiligen Formänderungswiderstand im Sinne der Ausführungen auf S. 15 gelten.

In ähnlicher Weise kann, um auf den Vergleich mit elektrischen Verhältnissen zurückzukommen, als Maß für den elektrischen Widerstand diejenige elektrische Spannung angenommen werden, die zur Erzeugung einer bestimmten Stromstärke, etwa von der Größe 1, nötig ist. Den eigentlichen Widerstand geben diese so gewonnenen Spannungswerte aber nicht an, dazu ist die Division mit der jeweiligen Stromstärke nötig; insbesondere beim Vergleich des Widerstandes bei verschiedenen Stromstärken muß stets auf die Definition des Widerstandes als Verhältnis der aufgebrachten Spannung zu erzeugter Stromstärke zurückgegriffen werden.

Die Zugfestigkeit entspricht nun einer elektrischen Spannung, bei der nicht etwa eine bestimmte und gleichbleibende Stromstärke auftritt, sondern bei der die vorhandene Stromstärke zur Zerstörung des Widerstandes führt, dieser also durchbrennt. Dieses Durchbrennen erfolgt je nach den Eigenschaften des Widerstandes bei ganz verschiedenen Stromstärken. Zur Angabe der im Augenblick des Durchbrennens vorhandenen Größe des Widerstandes genügt daher offensichtlich die Kenntnis der kritischen Spannung allein noch nicht. Hierzu ist die Kenntnis des fließenden Stromes nötig. Aus Spannung und Stromstärke im Augenblick des Durchbrennens kann der Widerstand bestimmt werden.

Ähnlich liegt der Fall beim Zugversuch. Die Zerreißfestigkeit allein gibt keinen Anhalt für die Größe des Formänderungswiderstandes, sie stellt lediglich die kritische Höchstspannung dar, die Verformung kann hierbei ganz verschieden groß sein. Um ein Bild von dem Formänderungswiderstand selbst zu erhalten, muß die Höchstlast durch die Bruchdehnung geteilt werden.

Während also die *E*-Grenze, Streckgrenze und andere Festigkeitswerte, die sich auf bestimmte bleibende Dehnungen beziehen, wenigstens Vergleichswerte für den jeweiligen Formänderungswiderstand liefern, gilt dies für die Zerreißfestigkeit nicht. An der Höchstlast kann die bleibende Dehnung bei verschiedenen Stoffen ganz verschieden groß sein. Der Bruch kann spröde (Gußeisen) oder zäh (Stahl) erfolgen. Die Zerreißfestigkeit gibt demnach noch nicht einmal einen Vergleichswert für den Formänderungswiderstand, geschweige denn diesen selbst an. Zur Gewinnung des eigentlichen Formänderungswiderstandes muß gerade hier auf die strenge Begriffsbestimmung zurückgegangen werden, d. h. man hat die Zerreißfestigkeit mit der Dehnung zu dividieren. Gefühlsmäßig kommt die heute übliche Angabe der Dehnung neben der Zerreißfestigkeit dieser Forderung nahe. Man gibt die beiden Bestimmungsstücke des Widerstands, Beanspruchung und Verformung, allerdings getrennt, zur Kennzeichnung des Werkstoffs an. Ist die Dehnung annähernd gleich groß, so können auch jetzt die Werte der Zugfestigkeit als Vergleichswerte dienen, ähnlich wie die Streckgrenze, bei der die Dehnung künstlich konstant gehalten wird. Ist jedoch bei der Untersuchung verschiedenartiger Werkstoffe die Zerreißdehnung sehr verschieden groß, so gibt die jeweilige Zugfestigkeit kein geeignetes Maß für den Formänderungswiderstand an.

Damit lassen sich einige Schwierigkeiten ohne weiteres beseitigen. Nach einer Definition von Reiser (*131*) soll Härte der Widerstand sein, welchen ein Körper sowohl dem Eindringen eines anderen Körpers,

Bohren, Sägen, Feilen, als auch einer bleibenden Formänderung durch Druck oder Zug entgegensetzt. Mit der Härte steigt die Elastizitätsgrenze, so daß Körper, deren Elastizitätsgrenze hoch liegt, auch bedeutende Härte zeigen. Liegen in diesem Fall auch die Elastizitätsgrenze und Festigkeit nahe beieinander, so ist der Körper hart und spröde; liegt dagegen zwischen Elastizitätsgrenze und Festigkeit noch ein großer Zwischenraum, so ist der Körper zäh und hart."

Martens (*103*) kann dieser Begriffsbestimmung nicht zustimmen, er führt zu diesem Vorschlag aus: „Da nun Gußeisen wie viele andere Materialien, keine vollkommene Elastizität besitzt, die Elastizitätsgrenze damit beim Gußeisen sehr tief liegt, so wäre Gußeisen kein harter Körper. Da nach Reiser der Zwischenraum zwischen *E*-Grenze und Festigkeit entscheidend für die Benennung „zäh" und „spröde" sein soll, so würde, da für Gußeisen $\sigma_B - \sigma_E$ groß ist, Gußeisen ein weicher und zugleich zäher Körper sein; das widerspricht offenbar unserer Erfahrung. Wollen uns die Vertreter der *E*-Grenze als Härtemaß auch die Benutzung der *P*-Grenze (oder noch besser der Streckgrenze) einräumen, so wird die Schwierigkeit keine geringere. Man denke nur an die Versuche von Bauschinger über die Veränderung der *E*-Grenze durch Überanstrengung. Welche von den vielen *P*-Grenzen (oder Streckgrenzen), die künstlich erzeugt werden können, soll als Härtemaßstab angenommen werden?".

Dieses Beispiel zeigt mit aller Deutlichkeit, welche Schwierigkeiten durch Vergleich nicht gleichwertiger Begriffe entstehen können. Zur Beurteilung der Frage, ob ein Stoff zäh oder spröde ist, kann selbstverständlich nicht der Zwischenraum etwa zwischen *E*-Grenze und Zugfestigkeit herangezogen werden, denn die Zugfestigkeit ist eine ohne jegliche Rücksicht auf die auftretende Dehnung bestimmte Spannung, während die *E*-Grenze (und auch die *P*-Grenze bzw. 0,2%-Grenze) auf ganz bestimmte Dehnungen bezogene Spannungen sind, also letzten Endes Formänderungswiderstände im Sinne der Ausführungen S. 15 angeben. Infolge der geringen Bruchdehnung von Gußeisen ist der Formänderungswiderstand, also das Verhältnis von Zugfestigkeit zu Dehnung, wesentlich größer, als die Zugfestigkeit allein vermuten läßt. Dieses Verhältnis ist nicht viel kleiner als an der *E*-Grenze; nimmt man etwa gemäß Abb. 3 eine linear mit der Belastung ansteigende bleibende Verformung an, so ändert sich in diesem Grenzfall der Formänderungswiderstand bis zum Bruch überhaupt nicht, und die Differenz zwischen dem Formänderungswiderstand an der *E*-Grenze und an der Bruchgrenze wird in diesem Fall sogar Null. Bei einem stark einschnürenden Stahl dagegen sinkt der Formänderungswiderstand gemäß Abb. 5 an der Bruchgrenze infolge des starken Anwachsens der bleibenden Verformung trotz höherer Zugfestigkeit, sehr stark ab, und die genannte Differenz wird entsprechend groß. Die Differenz des Formänderungswiderstandes an der *E*-Grenze und der Bruchgrenze gibt demnach sehr wohl ein Maß für die Zähigkeit bzw. Sprödigkeit eines Werkstoffes an, wenn man die Zugfestigkeit ebenfalls auf die bleibende Dehnung bezieht, und damit einen Formänderungswiderstand erfaßt, der mit der

E- oder *S*-Grenze vergleichbar ist. Damit wäre auch eine physikalisch einwandfreie Begriffsbestimmung für die Zähigkeit bzw. Sprödigkeit gegeben, doch sei diese viel erörterte Frage hier nicht weiter verfolgt (*110*).

Bei Anstellung von Vergleichsversuchen müssen demnach tatsächlich vergleichbare Größen in Beziehung gesetzt werden. Auf jeden Fall müssen sowohl aus dem Zerreißversuch als auch dem Kugeleindruckversuch die wirklichen Formänderungswiderstände berechnet und verglichen werden. Wird nach dem Vorschlag von Martens die Eindrucktiefe konstant gehalten, oder wird nach dem Vorschlag von O'Neill die Grenzbelastung ermittelt, bei der eine 10 mm-Kugel gerade bis zur Hälfte eingedrückt wird, so geben diese Härtewerte wenigstens Vergleichswerte für den Formänderungswiderstand. Allerdings dürfte die von Martens gewählte Eindrucktiefe von nur 0,05 zu klein sein.

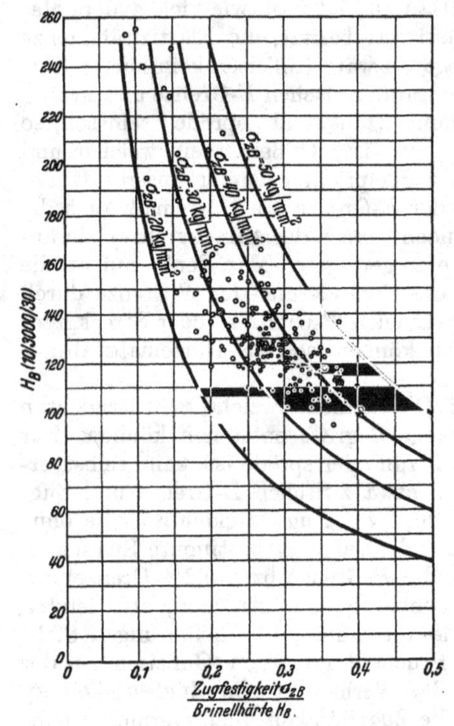

Abb. 207. Die Brinellhärte in Abhängigkeit von dem Verhältnis der Zugfestigkeit zu Brinellhärte für Schweißverbindungen verschiedener Festigkeit. (O. Dahl und S. Sandelowsky, Z. VDI 1930.)

Von Norburg wurden Vergleichsversuche zwischen der Grenzbelastung nach O'Neill und der Zugfestigkeit angestellt. Er findet hierbei eine fast geradlinige Beziehung und zwar von Zinn angefangen bis zum vergüteten Stahl, mit Ausnahme von Gußeisen und abgeschrecktem, hochprozentigen, austenitischen Manganstahl. Eine Nachprüfung durch Deutsch ergab einen Faktor, der innerhalb der verhältnismäßig engen Grenzen von 0,39—0,45 schwankt (*15*). Daß insbesondere Gußeisen aus dieser Versuchsreihe herausfällt, ist nicht weiter verwunderlich. Die Berücksichtigung der Dehnung dürfte in dieser Hinsicht weitere Fortschritte bringen.

Abschließend sei noch Abb. 207 gebracht, die das Verhältnis von Zugfestigkeit zu Brinellhärte in Abhängigkeit von der Brinellhärte für Schweißverbindungen nach Messungen von Dahl und Sandelowsky zeigt. Auch hier werden zwei gegenläufige Größen in Beziehung gebracht, es wäre wesentlich übersichtlich, etwa auf der Abszissenachse den Umkehrwert aufzutragen. Doch sei hierauf nicht weiter eingegangen.

Aus den angestellten Überlegungen dürfte sich immerhin ergeben, daß in Zukunft noch weitere Fortschritte zu erzielen sein dürften, wenn wirklich vergleichbare Größen in Beziehung gebracht werden.

4. Härte und Dehnung.

Bei der Kennzeichnung eines Werkstoffs durch die E-Grenze, die Streckgrenze, oder eine beliebige andere kritische Spannung, bei der eine vorgeschriebene und gleichbleibende Dehnung erreicht wird, genügt die Angabe dieser kritischen Spannung, um den jeweiligen Gleichgewichtszustand zu kennzeichnen, weil der eine der beiden Faktoren, also die jeweilige Dehnung, von vornherein bekannt ist.

Die Höchstlast im Belastungsdiagramm dagegen ist nicht durch das Auftreten einer bleibenden Dehnung bestimmter Größe gekennzeichnet, vielmehr ist die entsprechende kritische Beanspruchung dieser Höchstlast zugeordnet. Der zweite zur Kennzeichnung des Gleichgewichts nötige Faktor kann hierbei beliebig groß sein. Zur Kennzeichnung des Gleichgewichtszustandes, und damit auch zur Errechnung des Formänderungswiderstandes an der Höchstlast muß daher die hier auftretende Dehnung angegeben werden. Die Zugfestigkeit allein stellt kein Maß für den Formänderungswiderstand, auch nicht eine Verhältniszahl wie die Streckgrenze, dar. Tatsächlich wird ja bei solchen Zerreißversuchen neben der Zerreißfestigkeit die Dehnung angegeben, um ein Maß für die „Zähigkeit" zu gewinnen.

Auch diese Dehnung wurde mit der Härte verglichen, obwohl keine gleichartigen und gleichlaufenden Begriffe vorliegen. Ehe in die Besprechung dieses Zusammenhanges näher eingegangen wird, müssen einige Sonderheiten solcher Vergleichversuche dargelegt werden, die eine klare Zuordnung erschweren.

Während man beim Vergleich der Zugfestigkeit mit der Härte die im Zerreiß-Schaubild auftretende Höchstlast zugrunde legt, bei der also im allgemeinen noch nicht der Bruch eintritt, ist es üblich als Bruchdehnung die nach dem endgültigen Bruch vorhandene Dehnung in Verhältnisteilen der Meßlänge anzugeben. Bis zur Zerreißlast ist die Dehnung innerhalb der Versuchslänge des Stabes annähernd gleichmäßig verteilt. Beträgt im Augenblick der Ausbildung der örtlichen Einschnürung die Verlängerung der Meßstrecke λg, dann ist

$$Eg = \frac{\lambda g}{l} \tag{83}$$

die gleichmäßige Dehnung. Durch die örtliche Einschnürung ist eine zusätzliche Dehnung bis zum Bruch bedingt, wodurch sich die Gesamtdehnung, bezogen auf die ursprüngliche Länge l als

$$E = \frac{\lambda \gamma + \lambda e}{l} \tag{84}$$

ergibt. Dieser Ausdruck ist rein formaler Natur, er stellt keinen eigentlichen Werkstoffkennwert dar. Während die gleichmäßige Dehnung wenigstens angenähert auf die Längeneinheit bezogen werden kann, gilt dies für die zusätzliche Dehnung im Einschnürgebiet nicht. Streng genommen müßte die verhältnismäßige Dehnung auf die Einschnürlänge bezogen werden. Die nach Gl. 84 formal angesetzte, gesamte Bruchdehnung wird um so größer, je kleiner die Meßlänge ist, sie erreicht einen Höchstwert für eine sehr kleine, innerhalb der Einschnürzone abgesteckte Meßstrecke.

Es ist daher zu erwarten, daß die Beziehung der im praktischen Versuch festgestellten Gesamtdehnung zur Härte, insbesondere bei sehr verschiedenartigen Werkstoffen, kein klares Bild geben kann. Darüber hinaus wird der Vergleich der Härte mit der Dehnung von vornherein dadurch erschwert, daß auch hier zwei gegenläufige Begriffe miteinander verglichen werden. Je größer die Härte ist, desto kleiner ist im allge-

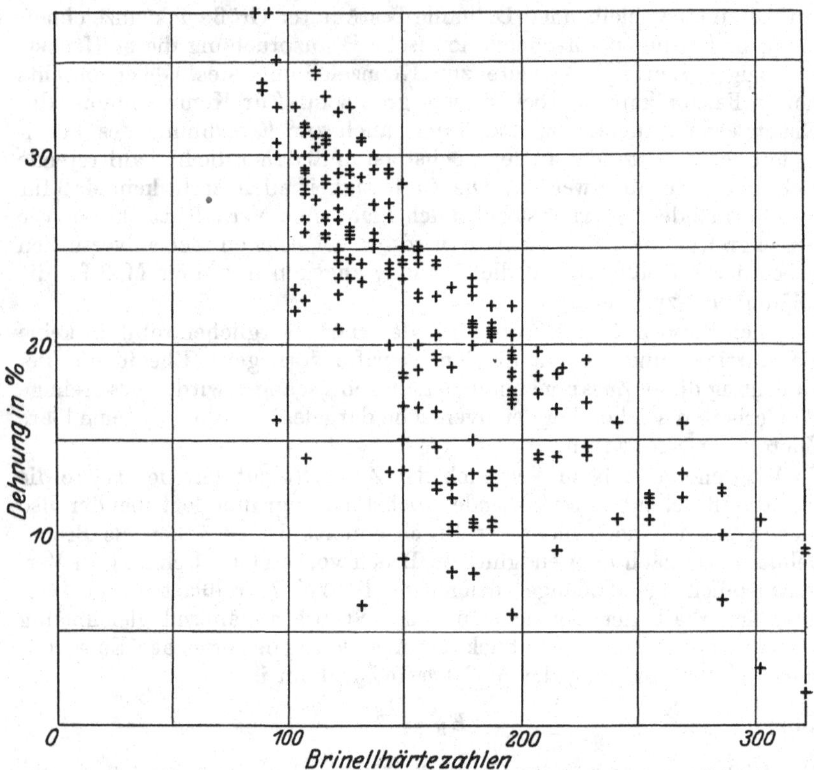

Abb. 208. Abhängigkeit der Dehnung von der Brinellhärte (Döhmer, Die Brinellsche Kugeldruckprobe).

meinen die Dehnung, und umgekehrt. Die mathematische Beziehung zwischen Dehnung und Härte muß daher mindestens zweiten Grades sein. Aus diesen Gründen ist es nicht verwunderlich, daß eine Beziehung zwischen Härte und Dehnung mit einigermaßen befriedigender Treffsicherheit noch nicht gefunden wurde.

Untersucht man z. B. Eisen- und Stahlsorten von wechselnder Zusammensetzung, so wird nach Döhmer (*17*) keine übersichtliche Beziehung erhalten. Seine Ergebnisse sind in Abb. 208 dargestellt. Immerhin erkennt man aus dieser Abb. 208, daß die Dehnung für kleine Härten im allgemeinen groß ist und umgekehrt.

Eingehend mit diesen Fragen beschäftigte sich ferner Pomp (*120*). Für kohlenstoffarmes Flußeisen gibt Pomp die Ergebnisse seiner Untersuchungen gemäß Abb. 209 an. Hier ordnen sich die einzelnen Meßpunkte nach einem klarer erkennbaren Gesetz. Durch Probieren mit dem Zirkel ergibt sich nach Pomp, daß die durch die Meßpunkte gelegte Kurve den Teil eines Kreises darstellt. Nach Ausmessen des Radius dieses Kreises, sowie durch Abmessen der Entfernungen des Kreismittelpunktes von den Achsen des Koordinatensystems war es nicht schwer, aus der allgemeinen Kreisgleichung eine Formel für diese Kurve zu finden. Nach verschiedenen Umformungen gibt Pomp für den Zusammenhang der Dehnung mit der Brinellhärte die Formel

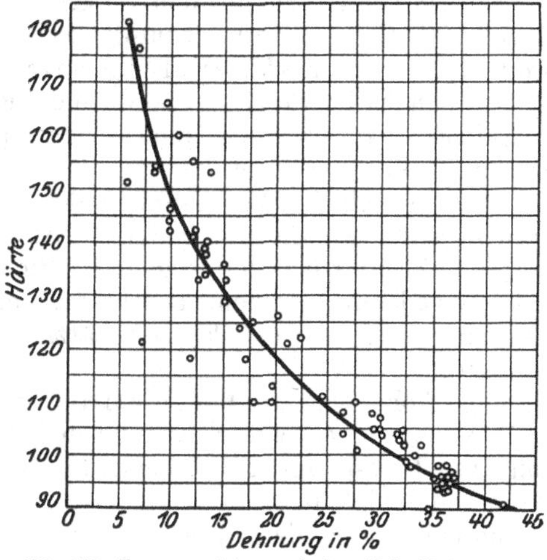

Abb. 209. Zusammenhang zwischen Brinellhärte und Dehnung bei kohlenstoffarmen Flußeisen. (Pomp, Stahl u. Eisen 1920.)

$$D = 59 - 0{,}83\sqrt{138\,H - 0{,}36\,H^2 - 9000}\,\%$$

an. Selbstverständlich gilt diese Beziehung mit ihren Festwerten nur für das untersuchte Material.

Auch hier zeigt die Weiche ihre besonderen Vorzüge, nicht nur, weil ihre Begriffsbestimmung der Sachlage besser angepaßt ist, sondern weil zum Vergleich mit der Dehnung nicht die Härte, sondern deren Umkehrwert heranzuziehen ist. Die in Abb. 209 angegebenen Brinellwerte wurden daher mit Hilfe der Abb. 73 unmittelbar in Weiche umgerechnet und die Dehnung in Abhängigkeit von dieser Weiche gemäß Abb. 210 aufgetragen. Es ergibt sich offensichtlich eine geradlinig ansteigende Beziehung, so daß die Dehnung in Abhängigkeit von der Weiche in der einfachen Gleichung

$$D = a + b\mathfrak{W}$$

erfaßbar ist. Der Vergleich dieser Formel mit der aus der Abb. 209 abgeleiteten läßt die durch Einführung der Weiche erzielten Fortschritte, die gerade auch den Praktiker interessieren werden, mit aller wünschenswerten Deutlichkeit erkennen. Allerdings müßten noch weitere Versuchsreihen in dieser Form ausgewertet werden.

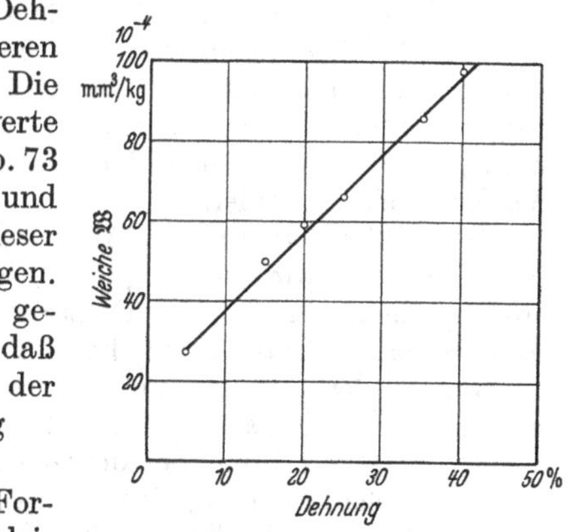

Abb. 210. Abhängigkeit der Dehnung von der Weiche errechnet aus Abb. 209.

5. Härte und Vorlast.

Wenn in dem zu untersuchenden Prüfstück Spannungen vorhanden sind, sei es infolge einer äußeren Vorlast, oder aber infolge innerer Spannungen, so müssen die mit den verschiedenen Härteprüfverfahren zu ermittelnden Kennwerte beeinflußt werden, und zwar können die Härtewerte größer oder kleiner als im spannungsfreien Zustand ausfallen. Wenn auch die Vorgänge im einzelnen infolge des dreiachsigen Spannungszustandes sehr verwickelt sind, so kann das Wichtigste kurz folgendermaßen gedeutet werden.

Wenn durch die Vorspannung der Werkstoff etwa auf Zug beansprucht wird und die durch den nachfolgenden Härteprüfversuch entstehende Zusatzspannung in gleicher Richtung wirksam ist, so muß der Härtewert kleiner werden. Reicht die Vorlast z. B. bis in der Nähe der E-Grenze, so genügt eine kleine zusätzliche Spannung, um diese zu überschreiten.

Umgekehrt liegt der Fall, wenn die Vorspannung und die beim Härteprüfversuch entstehende Spannung entgegengesetzt gerichtet sind. Jetzt muß die Prüfspannung zunächst die Gegenspannung ausgleichen, um dann schließlich nach der entgegengesetzten Richtung bleibende Verformungen zu erzielen. Der entsprechende Härtewert ergibt sich demnach jetzt höher. An Hand eines Zugdiagramms ist diese verschiedene Beeinflussung der Härtewerte ohne weiteres deutlich zu machen.

Für praktische Messungen ergeben sich hieraus einige Folgerungen. Beim üblichen Kugeldruckversuch mit seinen sehr großen bleibenden Verformungen kann offensichtlich der Prüfvorgang durch eine Vorspannung nur wenig beeinflußt werden. Je geringer jedoch die durch die Härteprüfung entstehende Verformung ist, desto stärker müssen sich in den Härtekennwerten die Vorspannungen bemerkbar machen.

Eine bis zur E-Grenze reichende Vorlast wird irgendwelche Vorgänge in einem Verformungsbereich mit hohen bleibenden Verformungen nur wenig beeinflussen können. Dagegen muß eine solche Vorlast die Vorgänge in der Nähe der E-Grenze selbst sehr stark beeinflussen. Es genügt z. B. jetzt eine wesentlich kleinere zusätzliche Spannung, um bleibende Verformungen einzuleiten.

So findet Kostron (*77, 78*), daß durch eine lineare Zugspannung die Härte niedriger wird, wobei gleichzeitig auch die Rotationssymmetrie gestört erscheint. Lineare Druckspannungen haben nach Kostron keinen nachweisbaren Einfluß auf die Härte.

Ganz anders dagegen müssen nach obigen Überlegungen die Bedingungen an Pendelhärteprüfern, Rückprallprüfern usw. liegen, d. h. bei solchen Prüfverfahren, bei denen die zusätzlichen bleibenden Verformungen verhältnismäßig klein, und vergleichbar groß mit den elastischen Verformungen sind. Hier muß sich die Beeinflussung der Härtewerte durch eine Vorlast wesentlich deutlicher zeigen.

Gerade der Rückprallversuch scheint berufen zu sein, in dieser Hinsicht für neue Aufgaben eingesetzt zu werden. Bei Kohlenflößen z. B. ist der Einfluß des Bergdrucks sehr groß auf die Ergebnisse von Rückprallversuchen, so daß solche Versuche zur Beurteilung des Bergdrucks und der Bearbeitbarkeit der Kohle herangezogen werden, vgl. z. B. Th. Mathes (*104*) und Kühn (*88*).

6. Vorgänge im Eindruck.

Bei dem üblichen statischen Zugversuch wird eine möglichst gleichmäßige Verteilung der Beanspruchung über den Prüfstabquerschnitt, und auch über die ganze Meßlänge angestrebt. Es kann dann angenommen werden, daß, von sekundären Einflüssen abgesehen, das Belastungs-Verformungs-Schaubild ein getreues Abbild von den im Werkstoff sich abspielenden Vorgängen liefert. Würde aus dem ganzen Prüfquerschnitt eine Einzelfaser ausgeschnitten werden, wo würde auch an dieser Einzelfaser ein entsprechendes Diagramm wie am ganzen Prüfstück erhalten werden. Die Erfahrung zeigt, daß schon geringe Störungen des Spannungsfeldes beim Zugversuch, etwa durch zusätzliche Biegebeanspruchungen infolge exzentrischer Einspannung, den Charakter des Schaubildes durchgreifend verändern können, so daß ein falsches Bild von den eigentlichen Werkstoffeigenschaften erhalten wird.

Wenn schon beim Zugversuch mit seinen einfachen Belastungsbedingungen durch geringfügige Störungen eine starke Beeinflussung des Belastungs-Verformungs-Schaubildes auftreten kann, so ist dies beim Kugeleindruckversuch in erhöhtem Maße zu erwarten. Hier ist die Verteilung von Beanspruchung und Verformung über den Prüfquerschnitt außerordentlich ungleichmäßig, so daß die rechnerische Bezugnahme der aufgebrachten Gesamtlast auf die jeweilige Eindruckfläche keinen Anhalt über die wahre Belastungsverteilung ergibt. In der rechnerisch ermittelten Flächenbelastung kommt daher nicht nur das eigentliche Werkstoffverhalten, sondern auch ein geometrischer Effekt der Spannungsverteilung zum Ausdruck.

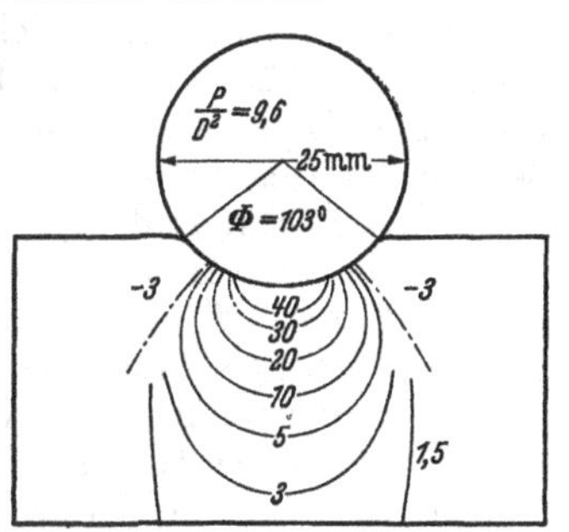

Abb. 211. Verhältnismäßige Verformung unter einer Kugel. (O'Neill, Hardness of Metals.)

Meyer (*108*) hat zur Klärung der Verformungsverhältnisse beim Kugeldruckversuch eine Anzahl von dünnen Kupferplättchen aufeinander geschichtet und diese durch eine Kugel belastet. Nach dem Versuch wurde die Dicke der einzelnen Plättchen ausgemessen. O'Neill (*116*) stellte die Meßergebnisse von Meyer gemäß Abb. 211 zusammen. In dieser Abbildung sind Punkte gleicher Zusammendrückung verbunden. Bei Kupfer dringt demnach die Verformung sehr tief ein, entsprechend den sehr schnell mit wachsender Last auftretenden bleibenden Verformungen an unverformtem Kupfer. Bei anderen Werkstoffen muß selbstverständlich ein anderes Bild von der Verformungsverteilung erwartet werden, vgl. auch (*123*) und (*179*).

Auf jeden Fall ergibt sich aus dieser Abb. 211, daß die Verteilung der Verformung unter der Prüffläche außerordentlich großen Schwankungen unterworfen ist, d. h. im Gegensatz zum üblichen Zugversuch kann beim Kugeldruckversuch ein reiner Werkstoffwert nicht erhalten werden, vielmehr muß sich diese geometrische Verteilung der auftretenden Verformungen sehr stark bemerkbar machen. Zwei der hierdurch bedingten Erscheinungen seien hier besprochen. Die eine ist die Abhängigkeit der Kugeldruckhärte von der Prüflast, die zweite betrifft die absolute Größe der heute üblichen Eindruckhärten. Obgleich eine genaue Behandlung dieser Verhältnisse nicht möglich erscheint, so können immerhin durch die folgenden Überlegungen die Versuchsergebnisse wenigstens in ihrem allgemeinen Zustandekommen deutlich gemacht werden.

Es sei zunächst ein Werkstoff angenommen, der sich im Zugversuch bis zu einer bestimmten Belastung vollkommen elastisch verhält, nach Überschreitung einer Fließgrenze sich jedoch unter gleichbleibender Last bis zum Bruch weiter plastisch dehnt, vgl. Prandtl (*122*). Das Belastungsschaubild verläuft somit nach Überschreiten der Fließgrenze waagerecht. Wird in einen solchen Werkstoff eine Kugel gedrückt, so wird zuerst unterhalb des Kugelmittelpunktes die Fließgrenze überschritten, die Belastung steigt demnach hier nicht mehr weiter an. Denkt man sich nun die Prüfzone in einzelne Elementarsäulen zerlegt, so ist die mittlere Säule plastisch verformt, sie liefert demnach einen gleichbleibenden Beitrag zur Gesamtlast, während die anschließenden Säulen noch rein elastisch verformt sind, und somit eine weiter wachsende Spannung aufnehmen können. Allerdings wird hierbei nicht wie beim Zugversuch, jede einzelne Säule auf ihrer ganzen Länge gleichmäßig vom Fließen erfaßt, der Fließvorgang schreitet vielmehr von oben beginnend, nach unten fort.

Mit weiter wachsender Gesamtlast wird schließlich in den benachbarten Säulen ebenfalls die Fließgrenze überschritten, so daß auch diese Säulen einen Beitrag zur Gesamtfließerscheinung liefern, wobei die Beanspruchung nicht mehr weiter steigt. Auch dringt die Fließerscheinung gleichzeitig tiefer ein. Das außen meßbare Schaubild des Gesamtvorgangs setzt sich demnach aus vielen Einzelschaubildern zusammen, wobei die Elementarsäulen nacheinander mit wachsendem Prüfdruck vom Fließen erfaßt werden. An Stelle des scharf ausgeprägten Fließpunktes der gleichmäßig belasteten Einzelsäule muß sich eine allmähliche Abweichung vom geradlinigen Verlauf im Belastungsschaubild zeigen, etwa ähnlich wie beim Verdrehversuch, bei dem ebenfalls die einzelnen Fasern nacheinander erfaßt werden. Erst wenn alle Säulen zum Fließen gekommen sind, wird schließlich der waagerecht verlaufende Ast sich im Gesamtschaubild zeigen können, d. h. erst von einer bestimmten außen aufgebrachten Gesamtlast an wird die spezifische Beanspruchung nicht mehr weiter mit wachsender Verformung ansteigen.

Im Gegensatz zu der heute üblichen Auffassung, nach der das Anwachsen der Brinellhärte, also der mittleren spezifischen Beanspruchung, mit wachsendem Prüfdruck durch die „Kalthärtung" erklärt wird, ist diese Zunahme vielmehr auf einen geometrischen Effekt der Spannungsverteilung zurückzuführen, vgl. Endhärte nach Döhmer (*18*).

Schon auf S. 70 wurde darauf verwiesen, daß auch beim Kegeldruckversuch eine Erhöhung der Härte mit wachsendem Prüfdruck zu erwarten ist, wenn die entsprechende Zunahme der Kugeldruckhärte aus der Kalthärtung zu verstehen sei, denn auch hier wird der Werkstoff sehr stark bleibend verformt. Da die Kegelhärte jedoch sich von der Prüflast unabhängig erweist, kann die Kalthärtung nicht für den Anstieg der Brinellhärte mit der Prüflast verantwortlich gemacht werden. Beim Kegel als Eindruckkörper sind die Verhältnisse wesentlich anders. Wie schon aus Abb. 140 hervorgeht, ist die Härte im Kegeleindruck überall ungefähr gleich groß. Daraus kann gefolgert werden, daß auch die Verformungen, und damit auch die Spannungen, im Eindruck ungefähr gleichmäßig verteilt sind. Wenn also beim Eindrücken des Kegels der Werkstoff zum Fließen kommt, so wird der kritische Fließpunkt im Kegeleindruck ungefähr gleichzeitig an allen Stellen überschritten, und der Fließpunkt muß in einem entsprechenden Schaubild klar in Erscheinung treten. Bei weiterer Steigerung der Prüflast muß die spezifische Flächenbelastung gleich groß bleiben. Der Kegeldruckversuch entspricht einem Zugversuch mit gleichmäßig verteilter Beanspruchung, während der Kugeldruckversuch, wie schon oben erwähnt, einem Torsionsversuch gleicht.

Wie außerordentlich stark das Gesamtschaubild durch diese geometrische Lastverteilung beeinflußbar ist, geht mit aller Deutlichkeit aus den Abb. 177 bis 179 hervor. Wenn auch diese Schaubilder an Holz gewonnen worden sind, so dürften sie auch grundsätzlich für andere Stoffe gelten.

Auf eine weitere Besonderheit des Eindruckversuchs sei kurz verwiesen. Wenn an verschiedenen Werkstoffen Eindruckversuche mit gleichbleibender Eindrucktiefe gemacht werden, so folgt daraus nicht, daß die spezifische Verformung gleich groß ist. Ein Werkstoff, der schon bei geringen Spannungen zum Fließen kommt, muß ein tieferes Eindringen der Fließerscheinung zeigen, d. h. es sind in diesem Fall tiefere Schichten an der außen meßbaren, gesamten Eindrucktiefe beteiligt. Die spezifische Verformung ist demnach kleiner als etwa bei einem Werkstoff, der nach Überschreiten eines Fließpunktes plötzlich zum Fließen kommt.

Die zweite Erscheinung, die hier einzureihen ist, muß ebenfalls auf den Einfluß der Vorgänge im Eindruck zurückgeführt werden. Es ist dies die außerordentlich große Verschiedenheit der beim Eindruckversuch gewonnenen Härtezahlen im Vergleich zu der Bruchfestigkeit. Auch hier ist eine genaue Behandlung nicht möglich, doch dürfte eine Klärung des Grundsätzlichen gelingen. Die Vorgänge beim Eindrücken können etwa so zusammengefaßt werden, daß unterhalb des Eindringkörpers eine stark verformte Zone entsteht. Diese Zone ist eingeschlossen zwischen dem eigentlichen Eindringkörper einerseits und dem elastischen, noch nicht bleibend verformten Werkstoff andererseits. Ohne auf Einzelheiten einzugehen, folgt daraus, daß die drückende Fläche sozusagen nicht durch den Eindringkörper gegeben ist, sondern durch die Grenzfläche zwischen plastisch und elastisch verformtem Stoff, vgl. Abb. 212, Nieberding (*113*).

Besonders deutlich kann dies beim Kegel gemäß Abb. 213 gemacht werden, wobei wiederum ein Werkstoff mit plötzlich einsetzender Fließerscheinung vorausgesetzt wird. Wenn eine genügend hohe Prüflast aufgebracht wird, so ist beim Kegel die Beanspruchung auf dem Kegelmantel überall gleich groß, und es kommt demnach eine bestimmte Schichtdicke gleichmäßig zum Fließen ein. Diese Fließerscheinung dringt in das Innere des Werkstoffs, bis die Fließgrenze unterschritten und

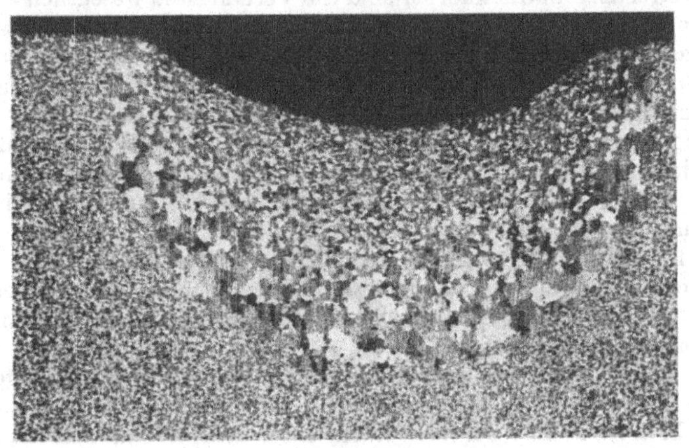

Abb. 212. Schnitt durch einen Kugeleindruck nach Nieberding. (Schmaltz, Techn. Oberflächenkunde.)

der Werkstoff mit scharf abgesetzter Grenzschicht nur noch elastisch beansprucht wird. Die pressende Fläche ist demnach nicht durch den eigentlichen Prüfkegel gegeben. Die maßgebliche Prüffläche, auf die die Gesamtlast zu beziehen ist um die kritische Fließspannung zu erhalten, ist vielmehr durch die Mantelfläche der Grenzzone zwischen elastischem und plastischem Verhalten gegeben. Der plastisch verformte Bereich ist somit zum Eindringkörper zu rechnen, und zur Bestimmung der Fließspannung muß die Gesamtlast nicht auf den eigentlichen Kegel, sondern auf eine durch die Fließerscheinung vergrößerte Fläche bezogen werden. Die Last ist demnach auf eine weit größere Fläche zu beziehen, so daß die übliche Kegeldruckhärte und auch alle anderen Eindruckhärtezahlen viel zu große Werte für die Fließspannung bzw. Bruchgrenze ergeben.

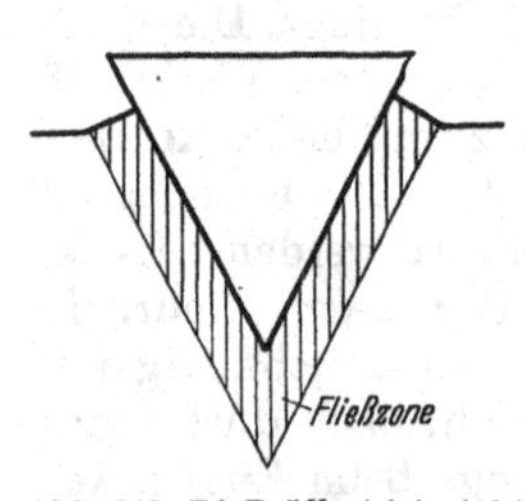

Abb. 213. Die Prüflast ist nicht auf die Mantelfläche des Eindringkörpers, sondern auf die Grenzfläche der Fließzone zu beziehen.

Entsprechende Erscheinungen werden auf den verschiedensten Gebieten beobachtet. Ein Beispiel ist die Vergrößerung der schwingenden Masse bei Schwingungsversuchen an schwingenden Schichten. Wird z. B. der Erdboden durch einen auf der Erde aufgestellten Schwinger (*162*) in Schwingungen versetzt, so zeigt sich eine deutlich ausgeprägte Resonanzstelle. Die Entstehung dieser Eigenfrequenz kann naheliegend dadurch erläutert werden, daß die Masse des Schwingers durch die Rückstellkraft des Erdbodens federnd gelagert ist, daß also ein Schwingungssystem, bestehend aus der Masse des Schwingers und der Federkonstanten des Erdbodens vorhanden ist. Dies trifft nicht ganz zu. Wird die Größe der an den Schwingungen beteiligten Masse durch Schwingungsversuche ermittelt, etwa dadurch, daß man die Masse des Schwingers durch ein bekanntes Zusatzgewicht vergrößert und die nunmehr sich zeigende Resonanzfrequenz bestimmt, so ergibt sich die tatsächlich an den Schwingungen teilnehmende Masse als ein Vielfaches der Masse des eigentlichen Schwingers. Eine dem Schwinger benachbarte Zone nimmt daher an den Vorgängen nicht als Elastizität, sondern als Masse teil, entsprechend verteilt sich die Schwinglast auf eine größere Fläche, als der Auflagefläche des Schwingers entspricht.

Es wäre interessant, entsprechende Versuche auch an Werkstoffen auszuführen. Hierzu müßte also gegen die Oberfläche des Prüflings der Eindruckkörper, etwa durch eine Feder, gepreßt werden. Durch elektromagnetische Erregung kann dann die Eigenfrequenz dieses Körpers auf der elastisch nachgiebigen Oberfläche bestimmt werden. Nun wird ein zweiter Versuch gemacht, wobei die Masse des Eindringkörpers durch eine bekannte Masse vergrößert wird. Es muß dann eine schwingende Masse gefunden werden, die größer ist als die Masse des Eindringkörpers. Daraus folgt, daß ein Teil der gedrückten Zone zu dem Eindringkörper zu schlagen ist, daß also die eigentliche Druckfläche größer ist.

Auf diese Weise kann man sich in groben Zügen Rechenschaft über die Verhältnisse im Eindruck geben. Allerdings sind hier noch eingehende Untersuchungen nötig. Eine Tatsache geht aber aus diesen Überlegungen hervor. Der Kegel verdient den Vorzug vor der Kugel als Eindringkörper. Beim Kegel sind, wenn man von der unvermeidlichen Spitzenabrundung absieht, wesentlich klarere und übersichtlichere Verhältnisse als bei der Kugel zu erwarten. Dazu kommt, daß wie bereits auf S. 91 ausgeführt wurde, eine Abplattung im Gegensatz zur Kugel nicht zu befürchten ist, eine Feststellung, der in Hinsicht auf die Messung der neuen Härtewerte besondere Bedeutung zukommt.

Wenn man die Unregelmäßigkeiten der Spannungsverteilung an den Kanten einer Pyramide vernachlässigen darf, so ist die Pyramide dem Kegel gleichzusetzen. Außerdem hat die Pyramide den Vorzug, daß die Ecken des Eindrucks sehr scharf erfaßbar sind.

II. Härte und Dämpfung.

Schon Aristoteles beschäftigte sich mit dem Wesen der Härte. Er kommt zu dem Ergebnis, daß die Härte der Stoffe durch deren „Tönbarkeit" zu kennzeichnen sei. Je länger demnach der akustische Ton eines angeschlagenen Werkstückes anhält, je geringer also in der heutigen Ausdrucksweise die innere Dämpfung eines Werkstoffes ist, desto härter soll dieser sein.

Es ist erstaunlich, wie scharf in dieser Feststellung der innere Zusammenhang der Härte mit der Dämpfung erkannt wurde. Trotz dieser frühen Erkenntnis finden sich im Schrifttum des technischen Zeitalters nur in neuester Zeit einige Hinweise auf die Dämpfung in bezug auf das

Problem der Härte. Ausführlichere Messungen, die von vornherein auf die Klärung dieses Zusammenhangs zielen, wurden von Förster und Köster (*30*) unternommen. Diese untersuchen den Einfluß des Anlassens auf Härte, Elastizitätsmodul und Dämpfung. Abb. 214. Die Dämpfung wird aus der Breite der Resonanzkurve eines elektromagnetisch erregten Probestücks ermittelt. Hierbei ergibt sich, daß die Härte mit der mechanischen Dämpfung der Schwingungen in einem gewissen Zusammenhang steht, wobei allerdings die Härte nicht etwa, wie zu erwarten wäre, mit wachsender innerer Dämpfung abnimmt, sondern im Gegenteil ansteigt. Es zeigt sich demnach ein dem Ausspruch von Aristoteles entgegengesetztes Verhalten. Auch stehen diese Beobachtungen im Gegensatz zu den bisherigen Betrachtungen, wonach stets die Dämpfung im Nenner des Ausdrucks für die Härte, auftritt, vgl. z. B. Formel 40. Auch diese Formel ergibt im Gegensatz zu der Beobachtung von Förster und Köster eine Zunahme der Härte mit abnehmender Dämpfung.

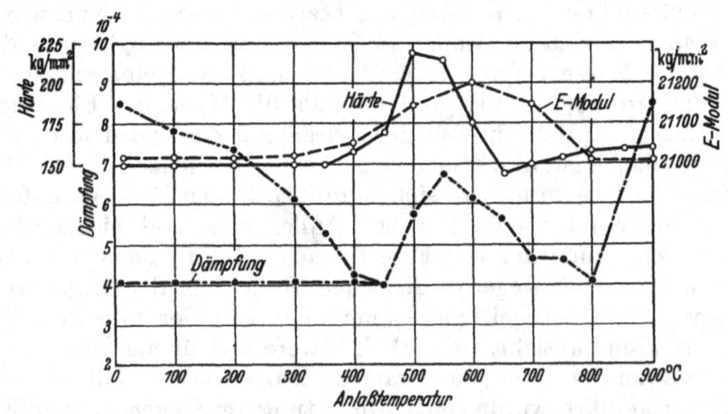

Abb. 214. Einfluß des Anlassens auf Härte, Elastizitätsmodul und Dämpfung eines kupferlegierten Stahles. (Förster und Köster, Z. Metallkde. 1937.)

Zur Deutung dieses Widerspruchs wird von Stäblein (*167*) ausgeführt, daß bei den Versuchen von Förster und Köster die innere Dämpfung für sehr kleine Verformungen ermittelt wird, die in keinem Verhältnis zu den bleibenden Verformungen bei den üblichen Härteprüfungen stehen. Bei diesen Versuchen wird die „elastische" Dämpfung für außerordentlich kleine Verformungen ermittelt, während die Härtewerte sich auf große bleibende Verformungen beziehen, für die die „plastische" Dämpfung maßgebend ist. So ist beim üblichen Eindruckversuch an Metallen der bleibende Eindruck wesentlich größer als die elastische Verformung, das Verhältnis beider, also im wesentlichen die Dämpfung, ist demnach größer als 1. Die von Förster und Köster gemessenen Dämpfungswerte liegen jedoch bei einer Größenordnung von 10^{-4}, sie sind daher unvergleichlich kleiner als beim Eindruckversuch, und auch beim üblichen dynamischen Dämpfungsversuch. Zwischen der elastischen und plastischen Dämpfung ist aber, wie stets betont, scharf zu unterscheiden.

Im übrigen finden sich im Schrifttum mehrfach Hinweise darauf, daß die Härte mit wachsender Dämpfung abnimmt. Allerdings wird hierbei die Dämpfung nicht unmittelbar mit der Härte, sondern mit den Festigkeitswerten in Beziehung gebracht. Da aber die Härte mit den Festigkeitswerten im allgemeinen ansteigt, kann aus solchen Beobachtungen auch auf eine entsprechende Beziehung mit der Härte selbst geschlossen werden. Hierbei wurde festgestellt, daß die Dämpfung im allgemeinen mit steigender Festigkeit abnimmt. Die größten Werte der Dämpfung weisen *C*-Stähle und die geglühten Stähle auf, während auf höhere Festigkeit vergütete Stähle in der Regel nur eine sehr geringe oder gar keine Dämpfung besitzen (Föppl). Diese Feststellung ergibt sich im Grunde genommen aus der Begriffsbestimmung der miteinander verglichenen Größen von selbst (*163*).

Auf jeden Fall zeigt die Erfahrung, daß in Übereinstimmung mit den hier angestellten Betrachtungen die Härte der Werkstoffe mit der bei technisch bedeutsamen Verformungen bzw. Belastungen gemessenen Dämpfung in umgekehrtem Verhältnis steht. Mit dieser Feststellung ist aber eine innige Verbindung zwischen dynamischen Dämpfungsmessungen und Härteprüfungen geknüpft, so daß zwei völlig verschiedene Forschungsrichtungen nunmehr unter gemeinsamen Gesichtspunkten betrachtet werden können. Diese Verbindung geht so weit, daß beide Forschungsrichtungen sich gegenseitig ergänzen. So läßt sich der grundsätzliche Verlauf der Härte auch aus dynamischen Dämpfungsmessungen ermitteln, oder man kann auch umgekehrt aus Härtemessungen auf den Verlauf der Dämpfung schließen.

Da aber nachgewiesen wurde (*163*), daß die Dämpfung ihrerseits in sehr enger Beziehung zu den Ergebnissen statischer Belastungsprüfungen steht, so sind damit Beziehungen zwischen den drei Forschungsrichtungen der Werkstoffprüfung, also der statischen Belastungsprüfung, der dynamischen Belastungsprüfung und der Härteprüfung geknüpft. Für alle drei Gebiete, d. h. praktisch für die ganze mechanische Werkstoffprüfung stellt demnach die Dämpfung die verbindende Grundgröße dar. Im folgenden wird auf einige sich hier andeutende Beziehungen aufmerksam gemacht. Bei dem Mangel an ausführlichen Messungen, mögen die folgenden Betrachtungen nur als Anregung für neu anzustellende Forschungen betrachtet werden.

1. Verschiedene Dämpfungsanteile.

Daß die bei den üblichen dynamischen Dämpfungsmessungen erfaßbare Gesamtdämpfung sich aus mindestens zwei Einzelbestandteilen mit jeweils besonderer Eigengesetzlichkeit zusammensetzen muß, wurde immer wieder betont (*163*). Wenn man etwa einen Werkstoff wiederholt belastet und entlastet, so zeigt sich im allgemeinen eine Schleife, die nicht geschlossen ist; nach der Entlastung bleibt eine bestimmte bleibende Verformung zurück. Wenn die Prüflast einen bestimmten Grenzwert nicht überschreitet, so wird dieser bleibende Verformungsrest bei häufiger Wiederholung des Belastungsversuchs allmählich kleiner, bis dieser schließlich ganz zu vernachlässigen ist. Die Schleife ist jetzt geschlossen. Der Inhalt der Endschleife kann der elastischen Dämpfung zugeschrieben werden, da nunmehr bleibende Verformungen nicht mehr auftreten. Die durch den Inhalt der Anfangsschleife gegebene Dämpfung muß sich demnach in zwei Anteile aufspalten lassen. Zum mindesten ist zwischen einer elastischen Dämpfung, die ein Werkstoff beliebig lang zeigen kann, und einer plastischen Dämpfung zu unterscheiden. Das Belastungsgebiet, in dem sich diese Veränderungen abspielen, hat für die Festigkeitslehre ein besonderes Interesse, sind doch hier bei Beginn des Versuchs elastische und plastische Verformungen von der gleichen Größenordnung vorhanden. In diesem Bereich werden auch meist die üblichen Dämpfungsmessungen angestellt und für diesen Fall gelten insbesondere auch die in Abb. 13 und 14 dargestellten Beziehungen.

Wird die aufgebrachte Last jedoch sehr klein gewählt, bleibt diese etwa weit unter der E-Grenze, so kann die bleibende Verformung und damit die plastische Dämpfung vernachlässigt werden. Eine etwaige Schleifenbildung ist nunmehr der elastischen Dämpfung allein zuzuschreiben, die allerdings meist sehr klein sein wird und nur durch besonders genaue Dämpfungsmeßeinrichtungen, etwa durch den Ausschwingversuch, bestimmbar ist.

Ist dagegen die aufgebrachte Last sehr groß, so ist entsprechend die plastische Verformung und damit die plastische Dämpfung ausschlaggebend. Dieser Fall ist von besonderem Interesse für Bearbeitungsvorgänge aller Art.

Hieraus folgt, daß man die Ergebnisse eines Eindruckversuchs nicht ohne weiteres mit den üblichen Dämpfungsmessungen vergleichen kann, und noch viel weniger mit Dämpfungsmessungen, die bei außerordentlich kleiner Belastung durchgeführt werden. Die Werkstoffe besitzen keine Dämpfung schlechthin. Bei solchen Vergleichsversuchen muß man sich stets wenigstens in der gleichen Größenordnung der Belastungs- oder Verformungsverhältnisse bewegen.

Auch erkennt man, daß bei den verschiedenen Härteprüfverfahren verschiedene Anteile der Dämpfung erfaßt werden. Bei Eindruckversuchen mit Messung des Eindrucks nach der Entlastung wird der bleibende Verformungsrest gemessen, es wird demnach die plastische Dämpfung erfaßt. Bei einem Rücksprungversuch dagegen wird die Gesamtdämpfung ermittelt, da beim Stoß sowohl die elastische als auch die plastische Dämpfung aufzubringen ist.

Die beim Rückprallversuch unter geeignet gewählten Versuchsbedingungen entstehenden Verformungen liegen in der Nähe der Streckgrenze, demnach auch der Dauerfestigkeit, wenigstens der Größenordnung nach. Von diesem Standpunkt aus erscheint der Rückprallversuch besonders geeignet, wichtige Fragen der Festigkeitslehre klären zu helfen. Irgendwelche Vorgänge müssen sich in den Anzeigen des Rückprallversuchs besonders klar abzeichnen.

2. Veränderungen der Härte.

Die oben erwähnte Frage von Martens (S. 223), welche der vielen P-Grenzen oder Streckgrenzen, die künstlich erzeugt werden können, als Maß der Härte zu verwenden ist, kann demnach sehr einfach beantwortet werden. Jeder dieser Kennwerte ist für den augenblicklichen Wert der Härte maßgebend. Die Härte nimmt entsprechend der Zunahme dieser Festigkeitswerte durch die vorangegangene Vorbelastung zu.

Tatsächlich zeigt sich ja, wie dies im Abschnitt über die Kalthärtung, S. 158 gezeigt wurde, eine beträchtliche Zunahme der verschiedenen Härtewerte durch eine vorangehende Belastung, etwa durch Walzen, Ziehen usw. Die hierbei auftretenden Verformungen sind so durchgreifend, daß sie selbst im Eindruckversuch deutlich sich bemerkbar machen. Je geringer allerdings die Veränderungen im Werkstoff durch eine entsprechend kleinere Vorbelastung ausfallen, desto weniger kann der nur auf große bleibende Verformungen ansprechende Eindruckversuch Einblick in die inneren Vorgänge geben, ebenso wie die Zugfestigkeit durch eine kleine Vorbelastung, etwa bis zur Streckgrenze, nicht sehr stark beeinflußt wird.

Will man diese durch wesentlich kleinere Vorbelastungen erzeugten Veränderungen, also etwa durch Vorbelastungen im Bereich der Dauerfestigkeit, messen, so muß die durch den Härteversuch erzeugte Verformung möglichst in der gleichen Größenordnung bleiben. Am günstigsten ist es, wenn die Prüflast gerade so groß ist, wie der zu verfolgende Festigkeitswert. Dasselbe gilt für den Härteversuch. Die im Bereich der Dauerfestigkeit sich abspielenden Veränderungen können befriedigend nur durch Härteprüfungen ermittelt werden, bei denen die zusätzliche Verformung entsprechend klein ist. Wie oben gezeigt wurde, ist dies z. B. der Fall beim Rückprallversuch.

Wenn man demnach Rückprallversuche an ein und derselben Stelle eines Prüfstücks häufig wiederholt und hieraus die Dämpfung ermittelt, so müssen sich Verhältnisse zeigen, wie sie in Abb. 13 und 14 dargestellt sind. Allerdings tritt hierbei ein sekundärer Effekt auf, der die Einzelheiten verwischt. Bei Wiederholung eines Stoßversuchs an der gleichen Stelle ändern sich die Stoßbedingungen. Die Stoßenergie verteilt sich allmählich auf eine größere Fläche, so daß die spezifische Flächenbelastung kleiner wird, damit muß auch die Dämpfung abnehmen. Die Rückprallhöhe wird also größer. Über diesen Effekt lagert sich der eigentliche Werkstoffvorgang. Wenn ein Werkstoff z. B. im Dauerschwingversuch eine mit der Zeit stark abnehmende Gesamtdämpfung zeigt, wie dies ja sehr häufig der Fall ist, so muß die Rückprallhöhe beim wiederholten Stoß zunehmen. Dies ist häufig beobachtet worden, in Abb. 148 sind entsprechende Versuche von Franke (*33*) dargestellt.

In Abb. 14 ist auch der Fall gegeben, daß die Dämpfung nach einem Tiefstwert wieder zunimmt. Insbesondere bei Belastungen, die schließlich zum Bruch führen, muß die Dämpfung ebenfalls wieder ansteigen. Entsprechend muß die heutige Rückprallhärte nach Erreichen eines Höchstwertes wieder abnehmen. Tatsächlich sind solche Veränderungen z. B. von Roudié (*136*) festgestellt worden.

Anstatt die Vorbelastung durch vorangehende Härteprüfungen zu erzeugen, kann diese Vorbelastung auch durch eine statisch wirkende Last, oder auch durch eine dynamische Dauerlast erreicht werden. Der Werkstoff muß im Laufe eines Dauerversuchs, oder auch eines Dauerstandversuchs, eine zunehmende Rückprallhärte aufweisen, selbst dann, wenn stets an einer anderen Stelle geprüft wird. Eine Fülle von Folgerungen lassen sich hier anknüpfen. Da jedoch das Versuchsmaterial noch sehr spärlich in dieser Hinsicht ist, sei hierauf nicht weiter eingegangen.

3. Härte, Nachwirkung, Dämpfung.

Wie in (*163*) ausführlich gezeigt wurde, ist die Nachlängung eines Werkstoffs in Abhängigkeit von der Zeit unter der Einwirkung einer gleichbleibenden Last, unmittelbar ein Beweis dafür, daß Festigkeitswerte wie E-Grenze, Streckgrenze usw. durch diese Belastung gehoben werden. Ebenso folgt aus solchen Nachwirkungskurven ohne weiteres, daß zum mindesten ein Teil der Dämpfung abnehmen muß, und zwar so lange, bis die Nachwirkungskurve einen waagerechten Verlauf annimmt. Die Nachwirkung ergibt sich letzten Endes als Integralkurve der in einzelnen Belastungshüben auftretenden bleibenden Verformungen, wobei ein Dauerstandversuch in zahlreiche kurz dauernde Belastungshübe zerlegt werden kann. Die Nachwirkung ist demnach in enge Beziehung zur Verfestigung, d. h. Erhöhung der verschiedenen Festigkeitswerte, ferner zur Dämpfung und damit auch zur Härte gebracht. In bezug auf die abzuleitenden Folgerungen sei auf (*163*) verwiesen, wo der Zusammenhang der Dämpfung mit der Nachwirkung eingehend behandelt wurde. Hieraus ergeben sich auch entsprechende Folgerungen für den Verlauf der Härte. Hier sei nur auf zwei wichtige Folgerungen eingegangen.

Bekanntlich werden im statischen Belastungsversuch beträchtlich höhere Festigkeitswerte erhalten, wenn der Belastungsversuch sehr schnell, etwa durch einen Stoß erfolgt. Es tritt hierbei allerdings nicht eine eigentliche Verfestigung auf, vielmehr hat der Werkstoff keine Zeit, bleibende Verformungen auszubilden. Der E-Modul ist demnach bis zu höheren Belastungen für den Formänderungswiderstand maßgebend. Wird der Belastungsversuch jedoch in der üblichen Weise verhältnismäßig langsam durchgeführt, so zeigen sich infolge der Nachwirkung wesentlich stärkere bleibende Verformungen, womit eine Erniedrigung verschiedener Festigkeitswerte, eine Erhöhung der plastischen Dämpfung, und damit eine Verringerung der Härte verbunden sein muß.

Streng genommen muß demnach ein Härteprüfversuch in der gleichen Zeit durchgeführt werden, in der ein zu untersuchender Vergleichsvorgang sich abspielt. Dies muß sich in praktisch bedeutsamen Fällen auswirken.

Die Härte eines Werkstoffs ist bekanntlich auch eine Funktion der Zeit, was ja auch schon in der Vorschrift für die Durchführung des Brinellversuchs, daß die Belastungsdauer 30 Sekunden betragen soll, zum Ausdruck kommt. Besonders deutlich muß sich dieser Einfluß bei schnellen Belastungsvorgängen auswirken. Beim Zerspanen z. B. erfolgt die Belastung an der jeweiligen Arbeitsstelle sehr schnell, während der Meißel selbst im wesentlichen statisch belastet wird. Streng genommen müßte daher die Härte des zu zerspanenden Werkstoffs durch einen entsprechend kurz dauernden Härteversuch ermittelt werden, während für die

Härte des Meißels die übliche statische Härte in Frage kommt. Hierdurch können gewisse Verschiebungen in der Reihenfolge der Zerspanbarkeit der Werkstoffe bedingt sein, insbesondere bei Werkstoffen mit sehr verschieden ausgeprägter Nachwirkung.

Umgekehrt liegt der Fall, wenn das Werkzeug bei der Bearbeitung in schnellem Wechsel stets neue Arbeitsstellen an den zu bearbeitenden Prüfkörper bringt. Dies ist der Fall z. B. beim Schleifen, Sägen, Fräsen usw. Hier muß die Härte des Werkzeugs größer sein, als der übliche statische Härteprüfversuch vermuten läßt. Dies ist durch praktische Beobachtungen erwiesen. So ist man imstande, durch eine schnell rotierende Scheibe aus Gußeisen ein hartes Stahlstück zu durchschneiden, trotzdem die Härte von Gußeisen, gemessen im statischen Eindruckversuch, kleiner als die des Stahles ist.

Es wäre reizvoll, den engen Beziehungen zwischen Härte, Dämpfung, Verfestigung, Trainierung, Nachwirkung usw., insbesondere auch deren Verlauf während einer statischen oder dynamischen Dauerbelastung, weiter nachzugehen. Doch mögen diese Ausführungen hier genügen.

Schlußbetrachtung.

1. Verschiedene Gebiete der Werkstoffprüfung.

Das Ergebnis eines bis zum Bruch durchgeführten Belastungsverformungsversuches kann nicht durch eine einzige Zahl erfaßt werden. Genau so wenig kann man das plastische Verhalten eines Werkstoffes gegenüber dem Eindringen eines anderen Körpers durch einen einzigen Härtewert beschreiben. Die Angabe eines Eindringwiderstandes kann sich nur auf einen bestimmten Verformungszustand beziehen.

Das gesamte Gebiet der Werkstoffprüfung läßt sich gemäß Formel 19 bzw. 79 etwa in drei Einzelgebiete mit abgegrenzter technischer Bedeutung aufteilen.

Das erste Gebiet umfaßt den rein elastischen Bereich, für den die in Formel 19 auftretende Dämpfung zu Null wird. In diesem Gebiet ist der Formänderungswiderstand und auch die Härte durch den E-Modul E allein gegeben. Diese Werkstoffkennzahl interessiert insbesondere den Statiker, gibt ihm doch der E-Modul die Möglichkeit, den Formänderungswiderstand seiner Konstruktionen, insbesondere die unter den Betriebslasten zu erwartenden elastischen Verformungen zu berechnen. Aber auch für den Dynamiker ist die Kenntnis des E-Moduls wichtig, da der elastische Formänderungswiderstand, d. h. die Federkonstante, maßgebend in die Gleichungen für die Eigenfrequenzen seiner Gebilde eingeht.

Das zweite Gebiet, etwa von der üblichen E-Grenze bis zur Streckgrenze reichend, ist für die Festigkeitslehre von besonderer Wichtigkeit, liegen doch in diesem Bereich die für die Haltbarkeit der technischen Konstruktionen wichtigen Festigkeitswerte, also Dauerwechselfestigkeit, Dauerstandfestigkeit usw. Für dieses Gebiet ist die plastische Dämpfung vergleichbar groß mit 1. Die hier liegenden kritischen Festigkeitswerte können nur durch Dauerversuche ermittelt werden, da sie erst nach geraumer Einwirkungszeit der Belastung unter Abwicklung der verschiedensten Vorgänge, wie Nachwirkung, Erhöhung der Festigkeitswerte, Trainierung, Dämpfungsänderungen sich ausbilden. Gleichzeitig hiermit muß auch eine entsprechende Änderung der Härte eintreten. Allerdings können maßgebliche Werte der Härte in diesem Bereich nur durch solche Prüfverfahren erhalten werden, die bei Formänderungen entsprechender Größe durchzuführen sind. Neben der plastischen Härte ist in diesem Gebiet der E-Modul für den Gesamtwiderstand maßgebend, was in manchen heute üblichen Härtekennwerten sich auswirkt.

Das dritte Gebiet zeichnet sich durch überwiegend plastisches Verhalten aus, wo also in Formel 19 die Dämpfung größer als 1 ist. In diesem Gebiet ist die Härte unmittelbar verhältnisgleich mit dem Umkehrwert der Dämpfung. Die meisten der heute üblichen Eindringverfahren sind hier einzureihen. Dieses Gebiet hat besonderes Interesse für Bearbeitungsvorgänge aller Art, da hierbei plastische Verformungen auftreten, die im Vergleich zu den elastischen Verformungen sehr groß sind.

2. Wahre E-Grenze, Dauerfestigkeit, absolute Härte.

In dem Buch von Späth (*163*) wurde darauf verwiesen, daß eine wahre E-Grenze, d. h. eine kritische Belastung, die gerade noch keine bleibende Verformung erzielt, im allgemeinen bei einer erstmaligen Belastung von Werkstoffen nicht auftritt. Entsprechend empfindliche Meßgeräte vorausgesetzt, mag ein bleibender Verformungsrest und damit auch eine plastische Dämpfung selbst für sehr geringe Belastungen nachweisbar sein. Auch bei einem zweiten sich anschließenden Versuch tritt eine weitere bleibende Verformung auf. Wird jedoch der Belastungsversuch sehr häufig wiederholt, so muß dieser bleibende Verformungsrest und damit auch die Dämpfung allmählich kleiner werden, um sich schließlich dem Wert Null zu nähern, wenn eine bestimmte Grenzbelastung nicht überschritten wird.

Die je Hub beim Dauerwechselversuch oder je Zeiteinheit beim Dauerstandversuch sich zeigenden, bleibenden Verformungen können zu einem Gesamteffekt, der Nachwirkung zusammengesetzt werden, die die Summierung aller bleibenden Einzelverformungen von Beginn des Dauerversuches an darstellt. Die tägliche Erfahrung zeigt nun, daß technische Gebilde unter den Beanspruchungen der Praxis keine beliebig sich weiter vergrößernde Nachwirkung zeigen, diese kommt vielmehr nach längerer oder kürzerer Zeit schließlich zum Stillstand, wenn eine bestimmte Grenzbelastung nicht überschritten wird. Die je Hub oder Zeiteinheit sich zeigenden Verformungsreste müssen demnach schließlich sich dem Wert Null nähern. Wäre dies nicht der Fall, so könnte offensichtlich die Nachwirkung nicht zum Stillstand kommen und jedes technische Gebilde müßte schließlich unbrauchbar werden. Diejenige kritische Grenzbelastung, unter der die Nachwirkung schließlich gerade noch zum Stillstand kommt, bei der also die bleibenden Verformungsreste verschwinden und die Dämpfung einem Grenzwert zustrebt, kann demnach als „wahre Elastizitätsgrenze" angesprochen werden. Die Bedingung für das Auftreten einer wahren E-Grenze, nämlich ein bleibender Verformungsrest von der Größe Null, wird hier, allerdings nicht sofort, aber immerhin nach genügend langer Einwirkung der Belastung erfüllt. Gleichzeitig hiermit sind Verlagerungen der Festigkeitswerte (Verfestigung) und auch Erhöhungen der Dauerfestigkeit (Trainierung) verbunden.

Ist jedoch die äußere Belastung von Anfang an größer als diese wahre E-Grenze, so kann die Nachwirkung nicht zum Stillstand kommen, diese muß vielmehr gegen Ende eines Dauerversuchs wieder zunehmen. Entsprechend behalten die bleibenden Verformungsreste einen endlichen Wert und die plastische Dämpfung muß gegen Ende des Versuchs wieder ansteigen. Unter Abwicklung dieser verwickelten Erscheinungen kommt der Werkstoff schließlich zu Bruch.

Diese wahre E-Grenze scheidet demnach zulässige Belastungen, unter denen der Werkstoff gerade noch zu einem stabilen Endverhalten kommt, von überelastischen Beanspruchungen, die bei dauernder Einwirkung zum Bruch führen. Auch die Dauerfestigkeit, bzw. die Dauerstandfestigkeit geben Grenzbelastungen an, bei deren Unterschreitung der Prüfstab nicht mehr bricht. Beide Kennwerte, die wahre E-Grenze und die Dauerfestigkeit, bzw. Dauerstandfestigkeit sind demnach, von den jeweiligen Versuchsbedingungen abgesehen, in ihrer grundlegenden Festsetzung identische Begriffe.

Andererseits wurde nachgewiesen, daß die innere Dämpfung eines Werkstoffs unter einer Dauerbelastung verwickelte Veränderungen erleidet, daß aber sich ein Grenzwert der Dämpfung ausbildet, wenn eine bestimmte Grenzbelastung nicht überschritten wird. Diese innere Dämpfung ist gemäß Formel 79 für die Härte eines Werkstoffs mitbestimmend. Auch die Härte eines Werkstoffs muß demnach unter Dauerlast verwickelte Veränderungen zeigen. Wird jedoch ein bestimmter Grenzwert nicht überschritten, so muß offensichtlich auch die Härte schließlich einen stabilen Endwert annehmen. Dieser Endwert kann als „absolute Härte" bezeichnet werden.

Damit ist also die wahre E-Grenze des statischen Belastungsversuchs, die Dauerwechselfestigkeit des dynamischen Versuchs, die Dauerstandfestigkeit beim statischen Dauerversuch und auch diese wahre Härte beim Eindringversuch in eine gemeinsame Blickrichtung gerückt. Alle diese Festigkeitswerte sind aus einer gemeinsamen Ursache zu begreifen.

Schrifttum-Nachweis.

1. Auerbach-Hort: Handbuch der phys. und technischen Mechanik. Leipzig 1931.
2. Baader, Th.: Die Kontrolle der Verarbeitbarkeit von Kautschukmischungen. Probleme und Ziele. Kautschuk XIV (1938) 223.
3. v. Bach, C.: Elastizität und Festigkeit, 8. Aufl. Berlin: Julius Springer 1920.
4. Baker, T u. T. F. Russel: Die Kugeldruckprobe. J. Iron SteelInst. (1920) 341.
5. Ballentine, W. J.: Amer. Mach. 30 (1907) 698.
6. Baumann, R.: Die Härte weicher Metalle. Z. VDI 70 (1926) 403.
7. Benedicks, C. u. V. Christiansen: Investigations on the Herbert Pendulum Hardness Tester. J. Iron Steel Inst. 60 (1924) 219.
8. Bericht über die IV. Int. Schienentagung. Düsseldorf: Stahl u. Eisen 1938.
9. Bierbaum, C.: Iron Age (1920) 106.
10. Bollenrath, F.: Brinellhärte, Eindringtiefe und Pendelhärte bei verschiedenen Leichtmetall-Legierungen. Metallwirtsch. 9 (1930) 625.
11. Bollenrath, F., W. Bungardt u. E. Schmidt: Beitrag zur Technologie und Metallurgie von Lagermetallen. Luftf.-Forschg XIV (1937) 417.
12. Brinell, J. A.: Mémoire sur les épreuves à bille en acier. II. Congr. Int. des Méthodes d'essai des Matériaux de construction. Paris 1900.
13. Brödner, E.: Zerspanung und Werkstoff. Berlin: VDI-Verlag 1934.
14. Deutsch, W.: Über die Härteprüfung weicher Metalle, insbesondere der Lagermetalle. Forschg Ing.-Wes. Sonderreihe M Heft 1.
15. Deutsch, W.: Meßtechnik 4 (1928) 14.
16. Döhmer, P. W.: Die Brinellsche Kugeldruckprobe. Berlin: Julius Springer 1925.
17. Döhmer, P. W.: Zerspanbarkeit und Brinellhärte. Techn. Z. prakt. Metallbearb. 45 (1935) 414.
18. Döhmer, P. W. Die Endhärte nach Döhmer, eine wertvolle Werkstoffkennzahl. Z. Metallkde 31 (1939) 15.
19. Dreyhaupt, W.: Oberflächenprüfung von Flächen mit hohem Gütegrad. Werkst.-Techn. XXXIII (1939) 321.
20. Eilender, W., W. Oertel u. H. Schmaltz: Grundsätzliche Untersuchungen des Verschleißes auf der Spindelmaschine. Arch. Eisenhüttenwes. 8 (1934/35) 63.
21. Erk, S. u. W. Holzmüller: Nachwirkungserscheinungen bei mechanischer und thermischer Beanspruchung von Kunstharzen. Physik. Z. 39 (1938) 535.
22. Erk, S. u. W. Holzmüller: Zur Messung der Härte von Kunstharzpreßstoffen. Kunststoffe 28 (1938) 109.
23. Erk, S. u. W. Holzmüller: Zur Bestimmung der Eindruckhärte von Kunstharzen. Kunststoffe 29 (1939) 129.
24. Esau, A. u. H. Kortum: Die Dämpfungsmessung als Grundlage eines Verfahrens zur Bestimmung der Schwingungsfestigkeit. Meßtechn. (1934) 21.
25. Esser u. Cornelius: Einfluß der Beleuchtung bei Ausmessung von Brinellkugeleindrücken Stahl u. Eisen 52 (1932) 495.
26. Föppl, A.: Härteversuche. Mitt. Mech. Lab. München Heft 25 und 28.
27. Föppl, L.: Spannungszustand und Werkstoffanstrengung bei der Berührung zweier Körper. Z. VDI 81 (1937) 305.
28. Föppl, O.: Qualifikation der Werkstoffe mit Hilfe der Werkstoffdämpfung. Mitt. Wöhler-Inst. Heft 18.

29. Föppl, O.: The Practical Importance of the damping Capacity of Metals, especially Steels. J. Iron Steel Inst. 2 (1936).
30. Förster, F. u. W. Köster: Elastizitätsmodul und Dämpfung in Abhängigkeit vom Werkstoffzustand. Z. Metallkunde 29 (1937) 116.
31. Fraenkel, H. W.: Die Verfestigung der Metalle durch mechanische Beanspruchung. Berlin: Julius Springer 1920.
32. Frank, K.: Neuere Vorlast-Härteprüfer für Rockwell-Brinell- und Vickers-Versuche. Werkzeugmasch. 41 (1937) 261.
33. Franke, E.: Der Einfluß einer Kaltverformung durch Stauchen und Recken auf die Härte von Eisen- und Nichteisenmetallen. Diss. Braunschweig 1931.
34. Franke, E.: Ein Beitrag zur Ermittlung der Anfangshärte bei der Kugeldruckprobe. Z. Metallkunde 25 (1933) 217.
35. Franke, E.: Die Messung der Kalthärtbarkeit von Werkstoffen nach dem Herbertschen Pendelverfahren. Meßtechn. IX (1933) 171.
36. Franke, E.: Ein Beitrag zur Bestimmung der Kalthärtbarkeit von Werkstoffen. Meßtechn. 12 (1936) 85.
37. Franke, E.: Die Bestimmung der Kalthärtbarkeit von Werkstoffen. Kalt-Walz-Welt (1938) 49.
38. Füchsel, M.: Über Verschleißbarkeit der Werkstoffe bei trockener Reibung. Erste Mitt. Neuen Int. Verb. Mat.-Prüf. Zürich 1930.
39. Gmelins Handbuch der anorganischen Chemie, Teil C Lief. 1. Abschnitt Härteprüfverfahren (Erich Franke). Berlin: Verlag Chemie 1937.
40. Gottwein u. Reichel: Techn. Zbl. prakt. Metallbearb. 48 (1938) 291.
41. Grodinski, P.: Zbl. prakt. Metallbearb. 44 (1934) 48.
42. Guillet, L. u. J. Galibourg: Quelques resultats d'essai au pendule Herbert. Rev. Met. 22 (1925) 238.
43. Hagen, H.: Die Plastizierung von Kautschuk. Kautschuk 14 (1938) 203.
44. Hagen, H.: Vergleichende Plastizitätsmessungen an Kautschuk und Kautschukmischungen mit verschiedenen Plastometern. Kautschuk 15 (1939) 88.
45. Hankins, G. A.: A synopsis of the present state of knowledge of the hardness and abrasion testing of metals with special reference of the work done during the period 1917—27 and a bibliography. Proc. Instn. mech. Engr. (1929) 317.
46. Hanriot: Comptes Rendues. 155 (1912) 713.
47. Harris, F. W.: J. Inst. Met., Lond. (1922) 327.
48. Hauser, A.: Handbuch der gesamten Kautschuktechnologie. Berlin: Union Deutsche Verlagsges. 1935.
49. Heller: Amer. Mach. 70 (1929) 536.
50. Heller: Amer. Mach. 70 (1929) 584.
51. Hempel, M.: Arch. Eisenhüttenwes. 8 (1934/35) 417.
52. Hengemühle, W.: Neuere Härteprüfer. Stahl u. Eisen 56 (1936) 1017.
53. Hengemühle, W. u. E. Claus: Unterschiedliche Anzeigen von Rücksprunghärteprüfern. Stahl u. Eisen 57 (1937) 657.
54. Herbert, E. G.: The Herbert Pendulum Hardness Tester. Engineer 135 (1923) 686.
55. Herbert, E. G.: The Work Hardening of Metals. Engineer 137 (1924) 279.
56. Herbert, E. G.: J. Iron Steel Inst. 118 (1927) 277.
57. Herbert, E. G.: A continous hardness tester. Engineering 144 (1937) 495.
58. Herold, W.: Dauerbeanspruchung, Gefüge und Dämpfung. Arch. Eisenhüttenwes. 2 (1928/29) 23.
59. Hertz, H.: Gesammelte Werke. Bd. I. Leipzig 1895.
60. Hock, L.: Beiträge zur Prüfung des elastischen Verhaltens von Kautschuk, Stahl und anderen Stoffen. Z. techn. Physik 6 (1925) 50.
61. Hoeffgen, H.: Härteprüfung des Holzes durch den Stempeldruck. Holz I (1938) 289.
62. Houwink, R.: Elasticity, Plasticity and Structure of Matter. Cambridge 1937.
63. Houwink, R. u. Ph. N. Heinze: Prüfung von Kunstharzen mit dem Plasmeter. Kunststoffe 28 (1938) 283.
64. Janka, G.: Härteprüfung des Holzes mittels Kugeldruckverfahrens. Int. Verb. Mat. Techn. VI. Kongr. New York 1912.
65. Johnstone-Taylor: Amer. Mach. 59 (1923) 697.

66. Kallen, H. u. H. Nienhaus, Anwendung der Oberflächenhärtung bei Achsen und Wellen von Schienenfahrzeugen. Glasers Ann. 121 (1937) 45.
67. Keller, J. D.: Comparison of Herbert pendulum hardness tester with other hardness testers. Mech. Engg. 46 (1924) 818.
68. Keßner, A.: Die Prüfung der Bearbeitbarkeit von Metallen. VDI-Forsch.-Heft 208.
69. Keßner, A.: Die Prüfung der Bearbeitbarkeit der Metalle und Legierungen, unter besonderer Berücksichtigung des Bohrverfahrens. Berlin: Dissertation 1915.
70. Kirsch, B.: Über die Bestimmung der Härte. Mitt. Techn. Gewerbemuseum Wien 1891.
71. Klopstock: Die Untersuchung der Dreharbeit. Berlin: Julius Springer 1928.
72. Knipp, E.: Über den Verschleiß von Eisenlegierungen auf mineralischen Stoffen. Gießerei 24 (1937) 25.
73. Kollmann, F.: Technologie des Holzes. Berlin: Julius Springer 1936.
74. Körber, F.: Verfestigung und Zugfestigkeit. Mitt. Kais.-Wilh.-Inst. Eisenforschg., Düsseld. 3 (1922) 1.
75. Körber, F.: Studien über die bildsame Verformung der Metalle. Stahl u. Eisen 48 (1928) 1433.
76. Körber, F. u. W. Rohland: Über den Einfluß von Legierungszusätzen und Temperaturänderungen auf die Verfestigung der Metalle. Mitt. Kais.-Wilh.-Inst. Düsseld. 5 (1934) 35.
77. Kostron, H.: Der Einfluß eines linearen Spannungszustandes auf die Kugeldruckhärte. Metallwirtsch. 12 (1933) 473.
78. Kostron, H.: Die Ermittlung von Eigenspannungen mit Härteprüfverfahren. Meßtechn. 10 (1934) 24.
79. Kostron, H.: Das Härtemaß bei der Kegelprobe mit Vorlastmessung. Meßtechn. 10 (1934) 207.
80. Kostron, H.: Ein Vielhärteprüfer zur Untersuchung der Zeitabhängigkeit der Härte. Metallwirtsch. 18 (1939) 106.
81. Krainer, H.: Ermittlung der Streckgrenze und Festigkeit von Stählen mit Hilfe des Kegeldruckverfahrens. Meßtechn. 13 (1937) 64.
82. Krekeler, K.: Zerspanbarkeit der Werkstoffe. Werkstattheft 61. Berlin: Julius Springer 1936.
83. Kronenberg, M.: Die Grundzüge der Zerspanungslehre. Berlin: Julius Springer 1927.
84. Krüger, A.: Über die Tiefenwirkung bei der Härtebestimmung nach Brinell. Kalt-Walz-Welt (1934) 1.
85. Krulla, R.: Ein absolutes Maß der Härte. Z. Metallkunde 13 (1921) 331.
86. Krupkowski, A.: Rév. Mét. 28 (1931) 641 und 29 (1932) 16.
87. Krystof, J.: Technologische Mechanik der Zerspanung. Berichte über betriebswissenschaftl. Arbeiten. Berlin: VDI-Verlag 1939.
88. Kühn: Elastizität und Plastizität des Gesteins und ihre Bedeutung für Gebirgsdruckfragen. Glückauf 68 (1932) 185.
89. Kuntze, W.: Richtlinien für einheitliche Härteprüfungen. Techn. Z. prakt. Metallbearb. 46 (1936) 575.
90. Kuntze, W.: Härte- und Schlagprüfung von Kunststoffen. Kunststoffe 28 (1938) 238.
91. Kürth, A.: Über die Beziehungen der Kugeldruckhärte zur Streckgrenze und Zerreißfestigkeit zäher Metalle. Mitt. Forsch. Arb. VDI (1909).
92. Lehr, E.: Die Abkürzungsverfahren zur Ermittlung der Schwingungsfestigkeit von Materialien. Stuttgart: Dissertation 1925.
93. Le Rolland, P.: Neue Anwendungsmöglichkeiten des Pendels zu industriellen Aufgaben, besonders zur Werkstoffprüfung. Bull. Soc. Encourag. Ind. 133 (1934) 317.
94. Leyensetter, W.: Grundlagen und Prüfverfahren der Zerspanung. Berlin: B. G. Teubner 1938.
95. Ludwik, P.: Die Kegelprobe, ein neues Verfahren zur Härtebestimmung. Berlin: Julius Springer 1908.

96. Ludwik, P. u. R. Scheu: Die Veränderlichkeit der Werkstoffdämpfung. Z. VDI 76 (1932) 683.
97. Mahin, E. G. u. H. J. Foß jr.: Verfahren zur Ermittlung der absoluten Härte von Metallen. Bericht in Stahl u. Eisen 59 (1939) 315.
98. Mailänder, R.: Die Härteprüfung von plastischen Stahlen. Kruppsche Monatshefte 6 (1925) 204.
99. Malam, J. E.: J. Inst. Met., Lond. (1928) 375.
100. Mann, H.: Lagermetalle und ihre Prüfung. Jb. Lilienthalges. Luftfahrtforsch. (1937) 459.
101. Mars, G.: Die Spezialstähle, 2. Aufl. Stuttgart: F. Enke 1922.
102. Martel, R.: Commission d. méthodes d'essai des matériaux de construction. Paris 1895, Bd. 3 S. 261.
103. Martens, A. u. E. Heyn: Handbuch der Materialienkunde für den Maschinenbau, Bd. I. Berlin: Julius Springer 1912.
104. Matthes, Th.: Härtemessungen am Kohlenstoß. Glückauf 33 (1934).
105. Memmler, K.: Handbuch der Kautschukwissenschaft. Leipzig: S. Hirzel 1930.
106. Memmler, K.: Materialprüfwesen, 4. Aufl. Berlin: W. de Gruyter & Co.
107. Memmler, K. u. A. Laute: Dauerversuche an der Hochfrequenz-Zug-Druck-Maschine. Forschg. Ing.-Wes. Nr. 329.
108. Meyer, E.: Untersuchungen über Härteprüfungen und Härte. Forschg. Ing.-Wes. Heft 65.
109. Meyer, H.: Die Bestimmung des Abnutzungswiderstandes als Aufgabe der Werkstoffprüfung. Arch. Eisenhüttenwes. 9 (1935/36) 501.
110. Meyersberg, G.: Ist Gußeisen ein spröder Werkstoff? Gießerei 24 (1937) 28.
111. Mintrop, H.: Die Stoßdauer beim Stoß einer Kugel gegen eine ebene Platte. Z. techn. Physik 20 (1939) 314.
112. Moser, M.: Fehlergrenzen der betriebsmäßigen Brinellhärteprüfung. Stahl u. Eisen 53 (1933) 16.
113. Nieberding: Feinstbearbeitung und Werkstück. Maschinenbau 11 (1932) 261.
114. Nitzsche, R.: Ein neues Härteprüfverfahren für Kunststoffe. Techn. Z. prakt. Metallbearb. 47 (1937) 410.
115. Obermüller, H.: Der Pendelhärteprüfer. Z. VDI 67 (1923) 864.
116. O'Neill, H.: The hardness of metals and its measurement. London: Chapman and Hall Ltd. 1934.
117. Pallay, N.: Über die Holzhärteprüfung. Holz 1 (1938) 128.
118. Petrenko, S. N., W. Ramberg u. B. Wilson: Determination of the Brinell-number of metals. J. Res. Nat. Bur. Stand. 17 (1936) 59.
119. Plaut: Wissenschaftliche und technische Härtemessung. Z. Metallkunde 15 (1923) 328.
120. Pomp, A.: Kritische Wärmebehandlung von kohlenstoffarmem Eisen. Stahl u. Eisen 40 (1920) 1366.
121. Pomp, A. u. H. Schweintz: Der Herbert-Pendelhärteprüfer und seine Eignung für die Werkstoffprüfung. Mitt. Kais.-Wilh.-Inst. Eisenforschg., Düsseld. VIII (1926) 80.
122. Prandtl, L.: Siehe bei Nadai, A.: Der bildsame Zustand der Werkstoffe. Berlin: Julius Springer 1927.
123. Prandtl, L.: Über die Eindringfestigkeit (Härte) plastischer Baustoffe und die Festigkeit von Schneiden. Z. angew. Math. Mech. 1 (1922) 15.
124. Rapatz, F. u. F. P. Fischer: Beitrag zur Sprunghärteprüfung. Stahl u. Eisen 46 (1926) 1437.
125. Rapatz, F.: Prüfung der Automatenstähle auf ihre Zerspanbarkeit. Stahl u. Eisen 56 (1936) 617.
126. Rasch, E.: Prüfung von Gußstahlkugeln. Berlin 1900.
127. Rawdon: Sci. Pap. Bur. Stand. 18 (1922) 405.
128. Reibung und Verschleiß. Vorträge der VDI-Verschleißtagung Stuttgart 1938.
129. Reicherter, G.: Die Rockwellprüfung mit Verspannung. Werkzeugmasch. 36 (1932) 333.

130. Reicherter, G.: Der Kugeldruckversuch nach Brinell, die Härteprüfung mit Vorlast und die Härteprüfung nach Vickers. Ein Handbuch für den Betriebsmann. Eßlingen 1938.

131. Reiser, F.: Das Härten des Stahles in Theorie und Praxis. Leipzig: Arthur Felix 1881.

132. Renninger, M.: Verformung und Regelung durch Oberflächenbearbeitung (Spanabhub bei Eisen). Metallwirtsch. 13 (1935) 889.

133. Roelig, A:. Dynamische Bewertung der Dämpfung und Dauerfestigkeit von Vulkanisaten. Kautschuk 15 (1939) 7.

134. Ros, M. u. A. Eichinger: Elastizität, Plastizität und Härte. Int. Verb. Mat. Kongreß Zürich 1931 II S. 542.

135. Rosenberg: Neues Gerät zur Härteprüfung durch Ritzen. Saw. labor. 7 (1938) 1290.

136. Roudié, P.: Le contrôle de la dureté des métaux dans l'industrie. Paris: Dunod 1930.

137. Russenberg, M.: Härteprüfmethoden mit Diamantstempeln. Schweiz. techn. Z. (1937) 765.

138. Ruttmann, W: Über Bearbeitungsspannungen. Maschinenbau 15 (1936) 557.

139. Sachs, G.: Mechanische Technologie der Metalle. Leipzig: Akad. Verlagsges. 1926.

140. Sachs, G. u. G. Fiek: Der Zugversuch. Leipzig: Akad. Verlagsges. 1926.

141. Sancery, R.: Le durometre „Alpha“. Aciers spéciaux 6 (1930) 183.

142. Sandifer, D. A. N.: Pendulum hardness tests of comercially pure metals. J. Inst. Met., Lond. 44 (1930) 118.

143. Sawin, N. N. u. E. Stachrowski: Vergleichende Versuche mit Eindruckhärteprüfern an gehärtem Stahl. Trans. Amer. Soc. Steel. Treating 20 (1932) 256.

144. Schallbroch, H. u. R. Wallichs: Schnittkräfte bei der Zerspanung von Temperguß. Techn. Z. prakt. Metallbearb. 48 (1938) Nr. 23/24.

145. Schallbroch, H., H. Schumann u. R. Wallichs: Zerspanbarkeitsprüfung durch Meßverfahren für Schnittemperatur und Werkzeugverschleiß. Z. Metallkde (1938) Sonderheft.

146. Scheil, G. u. W. Tonn: Vergleich von Brinell- und Ritzhärte. Arch. Eisenhüttenwes. 8 (1934/35) 259.

147. Schienentagung, IV. Internationale, Düsseldorf 1938. Düsseldorf: Verlag Stahl u. Eisen.

148. Schlesinger, G.: Der Bohrversuch als Kennzeichen der Bearbeitbarkeit. Werkstattechn. 22 (1928) 677.

149. Schmaltz, G.: Technische Oberflächenkunde. Berlin: Julius Springer 1936.

150. Schmidmer, L.: Ein Beitrag zur statischen und dynamischen Härteprüfung. Forsch.-Arb. Metallkde u. Röntgenmetallographie Folge 5 (1933).

151. Schneider, J. J.: Die Kugelfallprobe. Diss. Berlin 1910.

152. Schob, A.: Ein neuer Elastizitätsprüfer für Weichgummi. Mitt. staatl. Mat.-Prüfg-Anst. Berlin (1919) 227.

153. Schuler, M. u. A. Dimker: Z. Instrumentenkde 55 (1935) 65.

154. Schulze-Manitius, H.: Meßtechn. 12 (1936) 184.

155. Schwarz, O.: Zugfestigkeit und Härte bei Metallen. VDI-Forsch.-Heft 313.

156. Schwarz, O.: Brinell-Rockwell- und Skleroskophärte bei Nichteisenmetallen. Z. Metallkde 22 (1930) 198.

157. Schwarz, M. von: Z. Feinmech. Präz. 4 (1924) 53.

158. Schwittmann, A.: Neues Verfahren zur Bestimmung des Fließvermögens und der Härtegeschwindigkeit härtbarer Kunststoffe. Kunststoffe 29 (1939) 29.

159. Seehase: Forsch. Arb. Ing. Wesen. Heft 182.

160. Shore, A. F.: J. Iron Steel Inst. 2 (1918) 59.

161. Smith, R. u. G. Sandland: Die Verwendung von Diamantpyramiden für die Härteprüfung. J. Iron Steel Inst. (1925) 285.

162. Späth, W.: Theorie und Praxis der Schwingungsprüfmaschinen. Berlin: Julius Springer 1934.

163. Späth, W.: Physik der mechanischen Werkstoffprüfung. Berlin: Julius Springer 1938.
164. Sporkert, K.: Über die Abnutzung von Metallen bei gleitender Reibung. Werkst.-Techn. 30 (1936) 221.
165. Sporkert, K.: Messungen mit einem neuen Ritzhärteprüfer. Metallwirtsch. 16 (1937) 854.
166. Sporkert, K.: Die Bestimmung der zum Ausmessen von Vickers-Eindrücken erforderlichen Vergrößerung. Z. Metallkde 29 (1937) 168.
167. Stäblein: Stahl u. Eisen 57 (1937) 1148.
168. Steinborn, B.: Die Dämpfung als Qualitätsmaß für Gummi. Mitt. Wöhler-Inst. Braunschweig Heft 31 (1937).
169. Stribeck, R.: Prüfverfahren für gehärteten Stahl unter Berücksichtigung der Kugelform. Z. VDI 51 (1907) Nr. 37—39.
170. Tammann, G.: Lehrbuch der Metallkunde. 4. Aufl. Leipzig 1932.
171. Tammann, G. u. W. Müller: Zur Bestimmung der Eindruckelastizitätsgrenze im Anschluß an die Härtebestimmung. Z. Metallkde 28 (1936) 49.
172. Tammann, G. u. R. Tampke: Bemerkungen über die Ritzhärte. Z. Metallkde 28 (1936) 336.
173. Taylor-Wallichs: Dreharbeit und Werkzeugstähle. 3. Aufl. Berlin: Julius Springer 1917.
174. Templin, R. L.: The hardness testing of light metals and alloys. Amer. Soc. Test. Mater. Proc. 35 Pt2 (1935) 283.
175. Thum, A.: Forschungsarbeiten über Werkstoff u. Festigkeit, Mitt. Forschg. Ing.-Wes. 2 (1931) 75.
176. Timoshenko, S.: The Herbert-Pendulum-Hardness-Tester. Engng. 136 (1923) 21 u. 248.
177. Tonn, W.: Verschleiß von Eisenlegierungen auf Schmiergelpapier und ihre Härte. Arch. Eisenhüttenwes. 8 (1934/35) 467.
178. Tonn, W.: Beitrag zur Kenntnis des Verschleißvorgangs beim Kurzversuch am Beispiel der reinen Metalle. Z. Metallkde 29 (1937) 198.
179. Unckel, H.: Versuche über Eindruckvorgänge bei Metallen. Z. techn. Physik 19 (1938) 7.
180. Väth, A.: Die Brinellhärte von Lagermetallen. Z. Metallkde 26 (1934) 83.
181. Waizenegger, F.: Beitrag zur Härteprüfung. VDI-Forsch.-Heft 238 (1921).
182. Walker, J.: The mathematical theorie of the Herbert Pendulum Hardness Tester Engng. 136 (1923) 244.
183. Wallichs, A.: Zerspanbarkeit deutscher und amerikanischer Baustähle. Stahl u. Eisen 55 (1935) 581.
184. Wallichs, A. u. H. Dabringhaus: Die Zerspanbarkeit und die Festigkeitseigenschaften bei Stahl und Stahlguß. Masch.-Bau 9 (1930) 257.
185. Wallichs, A. u. K. Krekeler: Versuche mit dem Herbert-Pendelhärteprüfer bei der Bearbeitung durch spanabhebende Werkzeuge. Stahl u. Eisen 48 (1928) 626.
186. Wallichs, A. u. H. Opitz: Zerspanung von Automatenstählen. Masch.-Bau 12 (1933) 303.
187. Wallichs, A. u. Schallbroch: Die Härteprüfung mit Vorlast bei Anwendung genormter Brinellversuchsgrößen. Stahl u. Eisen 51 (1931) 366.
188. Walther, H.: Sci. Monthly XLI (1935) 275.
189. Walzel, R.: Statische und dynamische Warmhärte von Stählen. Arch. Eisenhüttenwes. 10 (1937) 577.
190. Wawrziniok, O.: Handbuch des Materialprüfungswesens. 2. Aufl. Berlin: Julius Springer 1923.
191. Weingraber, H. V.: Die Fehlerquellen bei der Vickershärteprüfung. Werkstattechn. 32 (1938) 361.
192. Werkstoffhandbuch, 2. Aufl. Bearb. von K. Daeves. Düsseldorf: Stahl u. Eisen.
193. Wever: Über die Walzstruktur kubisch-kristallisierender Metalle. Mitt. Kais.-Wilh.-Inst. Eisenforsch., Düsseld. 5 (1924) 69.
194. Wien, W. u. F. Harms: Handbuch der Experimentalphysik, Bd. V. Leipzig: Akad. Verlagsges. 1930.

195. Williams, J.: Ind. Engng. Chem. 16 (1934) 362.
196. Wretblad, P. E.: Einheitliche Härteprüfungen durch Vorlastverfahren. Bemerkungen zu einem Aufsatz von Kuntze. Techn. Z. prakt. Metallbearb. 47 (1937) 409.
197. Wretblad, P. E.: Svenska Metallografförbundets Hardhets-Handbok. Stockholm: A. B. Nordiska Bokhandeln i Distribution 1937.
198. Wretblad, P. E.: Die Form und die Genauigkeit des Diamant-Eindruckkörpers bei der Härteprüfung. Werkst.-Techn. 32 (1938) 264.
199. Wüst, F. u. P. Bardenheuer: Mitt. Kais.-Wilh.-Inst. Eisenforsch., Düsseld. 1 (1920) 4.
200. Zimmermann, A.: Materialprüfung mit dem Skleroskop. Z. prakt. Masch.-Bau 4 (1913) 1596.

Sachverzeichnis.

Druck von Julius Beltz in Langensalza.

rade auch für technisch wichtige Prozesse wie Zerspanbarkeit, Verschleißwiderstand, Kalthärtung und für physikalische Zusammenhänge wie Atomkonzentration, Magnetostriktion ergeben sich aus der ordnenden Kraft der neuen Begriffsbestimmung.

Inhaltsübersicht

Einige Grundbegriffe.

I. Formänderungswiderstand: Begriffsbestimmung. Widerstand und Beanspruchung. Elastizitätsmodul. Plastizitätsmodul. Gesamtmodul. Auswertung eines Belastungs-Verformungs-Schaubildes. Plastizitäts-Modul und Festigkeitswerte. Dehnungszahl. Modul oder Dehnungszahl? „Härte" oder „Weiche"? — II. Verfestigung: Einmalige Belastung. Wiederholte Belastungen. — III. Dämpfung: Messung und Begriffsbestimmung. Verlustwinkel. Änderung der Dämpfung. Dämpfung und statische Festigkeitswerte. Modul, Dehnungszahl, Dämpfung.

Die gebräuchlichsten Härteprüfverfahren.

I. Kugeldruckprobe: Begriffsbestimmung. Prüfeinrichtungen. Bestimmung des Eindruckdurchmessers. — II. Härteprüfung mit Vorlast: Begriffsbestimmung. Prüfeinrichtungen. — III. Pyramidenhärte: Begriffsbestimmung. Prüfeinrichtungen. — IV. Schlaghärte. — V. Rücksprunghärte. — VI. Ritzhärte. — VII. Pendelhärte. — VIII. Plastometerhärte.

Physik der Härte.

I. Kugeldruckprobe: Abhängigkeit vom Prüfdruck. Vergleich mit anderen Belastungsversuchen. Neue Begriffsbestimmung. Einige Anwendungen. Abhängigkeit vom Kugeldurchmesser. Kugeldruckhärte nach Martens. Kugeldruckhärte und Dämpfung. — II. Kegeldruckprobe: Die Kegeldruckhärte. Neue Begriffsbestimmung. Kegeldruckversuche nach Ludwik. Weitere Kegeldruckversuche. — III. Härteprüfung mit Vorlast: Rockwellhärte. Alpha-Härte. Neue Begriffsbestimmung. Abhängigkeit vom Prüfdruck. — IV. Rücksprungversuch: Einige Versuchsergebnisse. Neue Begriffsbestimmung. Leerlaufdämpfung. Einfluß der Versuchseinrichtung. Werkstoffe mit verschiedenem Elastizitätsmodul. Abhängigkeit von der Fallenergie. Einfluß des Stoßgewichts. Einfluß der Hammerform. Rücksprunggeräte mit neuer Skaleneinteilung. — V. Ritzhärteprüfung: Einige Versuchsergebnisse. Neue Begriffsbestimmung. Abhängigkeit vom Prüfdruck. — VI. Pendelhärteprüfung.

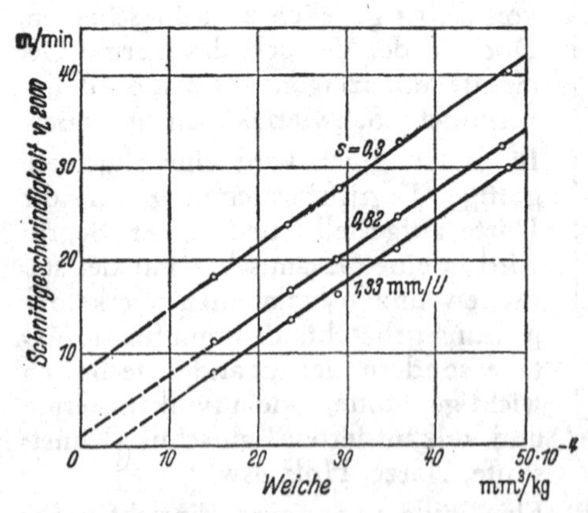

Abb. 189. Schnittgeschwindigkeit in Abhängigkeit von der Weiche für verschiedene Vorschübe.

Zusammenhang der verschiedenen Härtewerte.

I. Brinellhärte — Rockwellhärte: Versuchsergebnisse. Auswertung. Abhängigkeit vom Prüfdruck. Einfluß des Eindringkörpers. — II. Brinellhärte — Rücksprunghärte: Versuchsergebnisse. Auswertung. — III. Brinellhärte — Pendelhärte: Versuchsergebnisse. Auswertung. —

S. 40. 360.
Printed in Germany